零基础学
机器学习

黄佳 ——————— 著

人民邮电出版社

北　京

图书在版编目（CIP）数据

零基础学机器学习 / 黄佳著. -- 北京 ：人民邮电
出版社，2020.12
ISBN 978-7-115-54599-2

Ⅰ．①零… Ⅱ．①黄… Ⅲ．①机器学习 Ⅳ.
①TP181

中国版本图书馆CIP数据核字(2020)第142991号

内 容 提 要

本书的目标，是让非机器学习领域甚至非计算机专业出身但有学习需求的人，轻松地掌握机器学习的基本知识，从而拥有相关的实战能力。

本书通过 AI"小白"小冰拜师程序员咖哥学习机器学习的对话展开，内容轻松，实战性强，主要包括机器学习快速上手路径、数学和 Python 基础知识、机器学习基础算法（线性回归和逻辑回归）、深度神经网络、卷积神经网络、循环神经网络、经典算法、集成学习、无监督和半监督等非监督学习类型、强化学习实战等内容，以及相关实战案例。本书所有案例均通过 Python 及 Scikit-learn 机器学习库和 Keras 深度学习框架实现，同时还包含丰富的数据分析和数据可视化内容。

本书适合对 AI 感兴趣的程序员、项目经理、在校大学生以及任何想以零基础学机器学习的人，用以入门机器学习领域，建立从理论到实战的知识通道。

◆ 著　　　　黄　佳
　　责任编辑　颜景燕
　　责任印制　王　郁　马振武

◆ 人民邮电出版社出版发行　　北京市丰台区成寿寺路 11 号
　　邮编 100164　　电子邮件 315@ptpress.com.cn
　　网址 https://www.ptpress.com.cn
　　固安县铭成印刷有限公司印刷

◆ 开本：787×1092　1/16
　　印张：22.25　　　　　　　　2020 年 12 月第 1 版
　　字数：560 千字　　　　　　 2025 年 3 月河北第 20 次印刷

定价：89.80 元

读者服务热线：(010)81055410　印装质量热线：(010)81055316
反盗版热线：(010)81055315

《零基础学机器学习》跳脱出俗套，真正从初学者视角为我们呈现了一幅人工智能的技术画卷，令人耳目一新。

——清华大学长聘教授，计算机网络技术研究所副所长，青年长江学者 李丹

AI 是未来，它将重塑每个行业和领域。对于这种迎面而来的宏大变化，是临渊羡鱼还是退而结网？如果你是后者，《零基础学机器学习》是一种轻松打开 AI 世界的方式。

——壹心理创始人 黄伟强

20 年前，黄佳是我算法课上的高才生。廿载光阴荏苒，如白驹过隙。他在国外多年，现在已是世界知名公司的高级顾问。欣闻他在繁忙工作之余，还创作了如此优秀的机器学习书。愿黄佳的新书把更多读者引入人工智能领域，也衷心希望机器学习技术的落地越来越实际。

——北京师范大学教授，未来教育学院副院长 孙波

黄佳在《零基础学机器学习》中反复强调机器学习是非常接地气的技术，希望大家用来解决自己工作，甚至是生活中的具体问题。本书的"实战案例"讲解得都很细、很透。期待本书把机器学习技术推入"寻常百姓家"。

——中国信息通信研究院安全研究所主任，工业互联网产业联盟安全组副主席 田慧蓉

写法新颖，内容也出彩：理论严谨，案例实用，算法剖析简明扼要。全书读罢，相信读者能够高效地掌握书中所介绍的各种基础知识和算法工具。

——阿里巴巴蚂蚁集团教授级高工，LedgerDB 创始人 杨新颖

如何引导编程知识有限、实践经验相对较少的 IT 新人进入机器学习的世界？本书真正做到了化繁为简，全面覆盖了机器学习的基础知识点，且读起来毫不费力。这是一本值得大力推荐的用心之作。

——对外经济贸易大学信息学院教授 李兵

阅读了黄佳的作品《零基础学机器学习》，我非常喜欢他对于线性回归、逻辑回归和神经网络等内容循序渐进、层层深入的理论剖析。他用灵活的方法诠释深奥的理论，在课程深度上也拿捏到位。此外，该书的集成学习和强化学习部分也很精彩，简略但重点突出，概念介绍特点鲜明。我向希望入门机器学习的朋友们推荐此书。

——中国人民大学信息学院副教授，人工智能专家 刘桃

本书深入浅出，切入点与市面上已有的人工智能和机器学习书迥然不同，十分易读易懂。全书结构严谨，脉络清晰，能让读者轻松进入机器学习的殿堂。

——中国人民大学信息学院副教授，《区块链核心算法解析》译者 陈晋川

很难想象，作者竟然把一本"硬核"计算机图书写得这么有趣。本书在输出技术知识点的同时插播了轻松笑点，有梗有料，又毫无违和感。能看出作者是一个热爱生活的人，也把自己工作和传道授业的过程当成了一种乐趣。

——思维发展型学校联盟发起人，第1～7届全国思维教学年会大会主席 赵国庆

黄佳的《零基础学机器学习》，是难得一见的"人人都能读懂"的人工智能书。我期待它的问世，并会介绍给公司的员工阅读学习。

——矽景科技创始人，工业自动化机器人专家 陆大为

　　这是一个充满变革与挑战的时代。今天的体系和风向在明天就有可能突然调转，而一场流行疾病的到来，可以一夜之间改变整个社会的生存方式。

　　然而，风险与机遇共存。任风云变幻，人类的恒常议题仍然是如何在充满挑战的环境中生存与发展，继续前行。新的发展和突破性的变革，将由科技的不断创新，尤其是日益成熟的 5G 通信、大数据和人工智能技术所驱动。万物互联，人们足不出户，就可以与家人和同事无障碍沟通；出门则能随时随地接收云端信息、享受云音乐和云影视；我们刷脸购物，而机器人为我们送餐、送货、或提供清洁、消毒服务。这一切，不再是科幻电影，而已逐步成为了现实。因此，未来可期！

　　在此背景之下，人工智能（Artificial Intelligence，AI）及其关键技术机器学习，成了当前 IT 领域毋庸置疑的热点。

　　■　众多计算机和其他理工科专业的在校大学生积极学习人工智能技术，希望日后从事相关的工作。很多高校开设了人工智能学院，以培养更多人工智能领域的人才。

　　■　大量的程序员、项目经理等 IT 从业人员，也开始涉猎机器学习，参与相关项目。

　　这股热潮的出现，并不是单纯地"炒作热点"，而是时代的必然，是"自然选择"的结果。因为机器学习的应用范围的确广泛，具体技术已经"落地"各行各业。尤其是"互联网大厂"的诸多产品，背后都有海量数据。**而大数据的背后，核心竞争力必然是机器学习。**机器学习以大数据为基础，发现数据背后的规律，优化产品的性能，可解决很多日常问题，也可为战略决策提供方向。从淘宝的商品推荐系统，到大规模疾病的防控，从 Google 的搜索结果，再到计算机视觉和自然语言处理，都离不开机器学习的身影。

　　所以，时代要发展（时代无论如何都会进一步发展，而且还会是爆发式的发展），机器学习技术要更广泛地应用，就需要越来越多的人掌握机器学习知识，参与其相关的项目和应用的领域。目前，优秀的机器学习人才还远不能满足市场的需求。人才的匮乏，可以说在某种程度上制约着技术应用的速度和质量。

　　因此，拿起这本书的您，应该是希望了解机器学习的知识，抑或已经决定选择机器学习技术作为专攻方向。然而问题是**只有基本的 IT 知识或实战经验尚不丰富的学生或职业人士，该如何轻松且快捷地领会机器学习内涵、掌握基本机器学习知识、精通机器学习算法，从而拥有在人工智能领域进一步深耕的能力？**这就是本书所力求解决的问题的关键之处。

　　机器学习书籍很多，其中的知识点也多，体系庞大繁杂，对于初学者来说，一不小心就会被淹没在浩瀚的知识海洋中，觉得学习难以继续。本书给出了一个机器学习入门路线图，从一个零基础的初学者（主角小冰）的视角出发，让读者跟着她一步一步向前，循序渐进地学习知识；老师咖哥将即时解答其各种疑问，手把手地帮忙扫清路途中的障碍，轻松地把大家引入机器学习的知识殿堂。

本书还有以下特色。

■ 本书针对的是入门级的读者，学起来非常简单，读起来风格轻松，还略有幽默，一扫机器学习给人带来的晦涩难懂、都是高深算法的印象。其实入门机器学习，并不一定马上就需要研究艰深的算法，那样只会把初学者吓跑。

■ 虽然本书行文风格是轻松幽默的，但是内容很实用，非常强调实战。书中的案例大多源自真实项目，不仅接地气，还便于动手操作。

■ 覆盖面广，包括机器学习、深度学习和强化学习的基础内容。

■ 呈现的形式灵活。所有机器学习内容在书中都以课程、对话、答疑和练习的形式呈现。

本书的具体内容包括以下部分。

■ 机器学习的基本原理。

■ 机器学习相关的数学和 Python 基础知识。

■ 机器学习算法及实战案例。

■ 深度学习原理及实战案例。

■ 强化学习算法及简单实战。

总而言之，本书的写作初衷是降低机器学习的门槛，设计出比较合理的学习路线图，让入门变得更容易，让大家都能学，而且是快乐地学。在写作过程中，我时时刻刻告诉自己要写一本读者能看得懂、学得进去的书。读者需要读一本风格轻松的书，而不是论文集，如果要读论文，网上有很多。

那么我的写作目标——**写一本"轻松"而"实用"的机器学习入门书**，是否实现了呢？这就留待大家去检验了，您随便翻几页，应该就看得出我在写作风格方面的努力与尝试。

如果大家在书中发现任何差错，可以联系 yanjingyan@ptpress.com.cn 指正。如果大家希望了解更多机器学习的相关内容，欢迎关注公众号"咖哥数据科学讲习所"，让我们共同进步。

最后，还必须要感谢各位机器学习领域的前辈，如吴恩达、李宏毅、莫烦等老师，他们无私分享的机器学习教学资源，以及 Kaggle 网站中的机器学习数据集，都是包括我在内的每一个探索者在学习之路上不可或缺的财富。感谢我的朋友武卫东和夏新松在本书写作期间对我的鼓励和建议，也要感谢人民邮电出版社的编辑老师们，尤其是责任编辑颜景燕女士，从全书的内容结构到文字细节，再到版式设计，她都倾注了大量精力。没有以上各位朋友的支持与参与，这本书就无法呈现于读者面前。

黄佳

2020 年 4 月

资源与支持

本书由异步社区出品，社区（https://www.epubit.com/）为你提供相关资源和后续服务。

配套资源

本书为读者提供如下配套资源：

● 实例配套源代码；

● 实例和练习案例数据集（部分）。

要获得以上配套资源，请在异步社区本书页面中找到"配套资源"栏，按提示进行操作。注意：为保证购书读者的权益，该操作会给出相关提示，要求输入提取码进行验证。

提交勘误

作者和编辑尽最大努力来确保书中内容的准确性，但难免会存在疏漏。欢迎您将发现的问题反馈给我们，帮助我们提升图书的质量。

当您发现错误时，请登录异步社区，按书名搜索，进入本书页面，单击"提交勘误"，输入勘误信息，单击"提交"按钮即可（见下图）。本书的作者和编辑会对您提交的勘误进行审核，确认并接受后，您将获赠异步社区的 100 积分。积分可用于在异步社区兑换优惠券、样书或奖品。

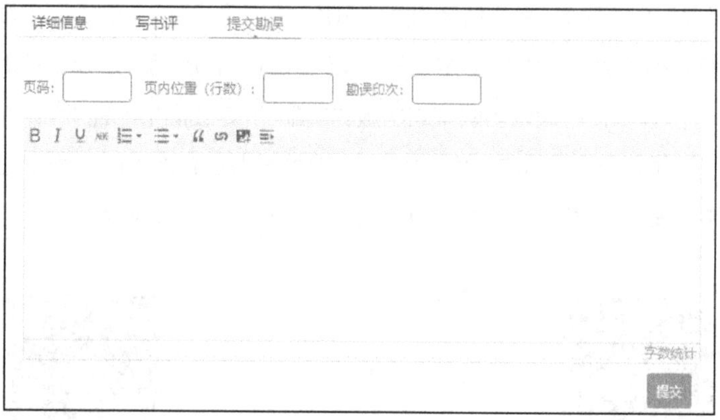

扫码关注本书

扫描下方二维码，您将会在异步社区微信服务号中看到本书信息及相关的服务提示。

与我们联系

我们的联系邮箱是 contact@epubit.com.cn。

如果您对本书有任何疑问或建议，请您发邮件给我们，并请在邮件标题中注明本书书名，以便我们更高效地做出反馈。

如果您有兴趣出版图书、录制教学视频，或者参与图书翻译、技术审校等工作，可以发邮件给我们；有意出版图书的作者也可以到异步社区在线提交投稿（直接访问 www.epubit.com/contribute 即可）。

如果您所在学校、培训机构或企业，想批量购买本书或异步社区出版的其他图书，也可以发邮件给我们。

如果您在网上发现有针对异步社区出品图书的各种形式的盗版行为，包括对图书全部或部分内容的非授权传播，请您将怀疑有侵权行为的链接发邮件给我们。您的这一举动是对作者权益的保护，也是我们持续为您提供有价值的内容的动力之源。

关于异步社区和异步图书

"异步社区"是人民邮电出版社旗下 IT 专业图书社区，致力于出版精品 IT 技术图书和相关学习产品，为作译者提供优质出版服务。异步社区创办于 2015 年 8 月，提供大量精品 IT 技术图书和电子书，以及高品质技术文章和视频课程。更多详情请访问异步社区官网 https://www.epubit.com。

"异步图书"是由异步社区编辑团队策划出版的精品 IT 专业图书的品牌，依托于人民邮电出版社近 30 年的计算机图书出版积累和专业编辑团队，相关图书在封面上印有异步图书的 LOGO。异步图书的出版领域包括软件开发、大数据、AI、测试、前端、网络技术等。

异步社区　　　　　　　　　　　微信服务号

目 录
CONTENTS

第 1 课
机器学习快速上手路径——唯有实战

第 2 课
数学和 Python 基础知识——一天搞定

第 3 课
线性回归——预测网店的销售额

第 4 课
逻辑回归——给病患和鸢尾花分类

第 5 课
深度神经网络——找出可能流失的客户

第 6 课
卷积神经网络——识别狗狗的图像

第 7 课
循环神经网络——鉴定留言及探索系外行星

第 8 课
经典算法"宝刀未老"

第 9 课
集成学习"笑傲江湖"

第 10 课
监督学习之外——其他类型的机器学习

第 11 课
强化学习实战——咖哥的冰湖挑战

引 子

AI 菜鸟的挑战——
100 天上线智能预警系统

小冰，"90后"，研究生毕业，非资深程序员，目前在一家软件公司工作。工作虽忙但尚能应付，还和朋友合伙开了一个网店。她的生活风平浪静。

故事从大老板今天早晨踏进她们项目组这一刻开始。

她到公司比别人早，刚刚收拾了一下混乱的房间，正要打开电脑，大老板进来了。

"小冰，你们经理呢？还没来吗？这都10点了！"老板似乎生气了。

小冰说："昨天经理带着我们赶进度，到晚上12点多才走，可能今天要晚到一会儿。"

"唉，算了。不等他了。就你吧，你跟我过来一下。还有你们两个，"老板指着其他项目组的另外两个同事说，"也来一下。"

到了会议室，老板开口了："我这边有一个很紧急、也很重要的项目哈。合作方是老客户了，因为信任咱们，才直接交给咱们。但是时间非常非常紧，100天内必须上线。我琢磨着你们手头上的几个项目都在收尾阶段了，本来是准备跟你们经理商量，抽调一两个人做这个新项目。但是他们又都迟到，我这儿又着急。算了，我也不和他们商量了，就定你们几个吧！"说完，又补了一句："叫他们带头迟到！"

小冰和其他几位同事面面相觑。

过了3秒，小冰弱弱地问："请问是什么方面的项目？"

老板答："**人工智能！**"

小冰他们吓了一跳。

老板接着说："不是让你们去研发一个会端茶倒水的机器人。具体讲，是**机器学习**方面的项目。机器学习，听说过吗？属于人工智能的一个分支领域，最近是热得很呢。这是一个银行客户，他们的信用卡申请系统是我们前年做的，现在也开始做大数据和机器学习的项目了。这次是请我们给他们做一个诈骗行为预警的应用，根据现有的数据智能化地判断哪些客户可能存在欺诈性的刷卡行为。这个项目如果完成得好，他

小冰被新项目吓了一跳

们还会继续开发一个人脸识别应用，加入信用卡的申请验证过程，那就需要**深度学习**的技术了。深度学习也算是机器学习的分支吧。"

老板一谈起项目，那是滔滔不绝啊！停都停不下来。但是几个听众有点觉得云山雾罩的。

"可是……这些技术我们都不懂啊……"几人在同一时间表达了同一个意思。

"**学啊！**" 老板说。

"有那么容易吗？"一个比较大胆的同事问，"我看过一些机器学习的文档，也买过几本书，里面的数学公式、算法，难度可不低啊，我一个专业程序员都感觉看不大懂。"

"嗯，这样啊……" 老板思索了一下，"我倒觉得这机器学习项目，门槛没有你们想象的那么高。以你们目前的编程背景和数学知识，如果学习路线正确，应该可以快速上手。不过，我其实也考虑到这点了，如果没有一个适当的培训来引导你们，完全自学的话应该还是挺艰苦的。我安排了一个短期培训，找的是专家，一个在大厂任资深数据科学家的朋友。让他带一带你们，先入门。据他说，他的第一个机器学习项目也是临危受命，同样是半年之内从不懂到懂，'摸爬滚打'几个月之后，最终完成了。因此，几个月搞定这个项目不算是开玩笑。我们做IT的，哪个项目不是这样边学边做拼出来的？"

紧接着老板大手一挥，斩钉截铁地说："好，这事儿就这么定了！这是好事，别人想要做这机器学习项目还没机会呢。"

"明天开始机器学习培训！"

这样，小冰似乎不是很情愿，而又幸运地开启了她的机器学习之旅。

第1课　机器学习快速上手路径——唯有实战

第二天清晨，小冰准时来到上课地点。

出乎她的意料，等待他们的讲师——老板口中的"大厂资深数据科学家"竟然是她很久没见的高中同桌。这位哥从小喜欢编程，经常熬夜，年纪轻轻就养成了喝浓咖啡的习惯，因此人称"咖哥"。毕业时小冰只知道他考入了某校计算机系，之后就再也没联系过了。

意外重逢，二人很是激动。不过，他们只能简单寒暄几句，咖哥迅速进入正题。

"同学们好，"咖哥说，"你们可知道为什么来上这门课程？"

"要做机器学习项目。"3人很默契地回答道。

"好，既然是为了做项目而学，那么我们会非常强调实战。当然理论是基础，在开始应用具体技术之前，总要先厘清概念。机器学习，是属于人工智能领域的技术，小冰，你怎么理解'人工智能'这个概念？"

"啊，你还真问倒我了，"小冰说，"成天说人工智能，可是我还真说不清楚它到底是什么。"

咖哥说："好，我们就从人工智能究竟是什么说起。不过，先给出本课重点。"

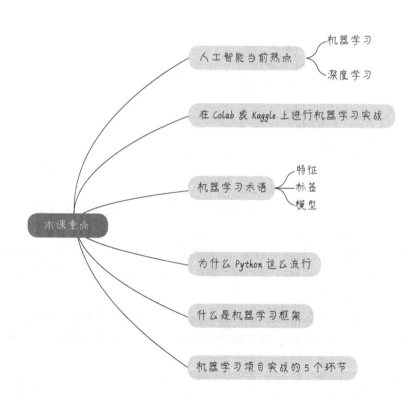

人工智能，也就是我们每天挂在嘴边的 AI，可以被简单地定义为**努力将通常由人类完成的智力任务自动化**[①]。这个定义内涵模糊而外延广阔，因而这个领域可谓异彩纷呈：手机里的 Siri、围棋场上的 AlphaGo、购物时出现的推荐商品、无人驾驶的汽车，它们无不与人工智能有关。为了后面方便讲述，我们[②] 就用其英文缩写"AI"来代替。

1950 年，图灵发表了一篇划时代的论文《计算机器与智能》，文中预言了创造出"有智慧的机器"的可能性。当时他已经注意到"智能"这一概念难以确切定义，因而提出了著名的图灵测试：如果一台计算机可以模仿特定条件下的人类反应，回答出特定领域的问题，而提问者又无法正确判断回答者是人类还是机器，就可以说它拥有人工智能。后来，1956 年，众多的学者和学科奠基人在达特茅斯学院举行了一次大会，现代 AI 学科从此正式成立。

老板通知咖哥：咖哥本人的图灵测试未通过

这之后大概每隔一二十年，就会出现一波 AI 热潮，热潮达到顶点后又会逐渐"冷却"，进入低谷期。这形成了周而复始的 **AI 效应**，该效应包括以下两个阶段。

（1）AI 将新技术、新体验带进人类的生活，完成了一些原本需要人类智慧才能完成的工作，此时舆论会对 AI 期待极高，形成一种让人觉得"真正的"AI 时代马上就要到来的氛围。人们兴奋不已，大量资金涌入 AI 研发领域。

（2）然而一旦大家开始习惯这些新技术，就又开始认为这些技术没什么了不起，根本代表不了真正的人类智慧，此时又形成一种对 AI 的现状十分失望的氛围，资金也就纷纷"离场"。

---

① 肖莱. Python 深度学习 [M]. 张亮，译. 北京：人民邮电出版社，2018.

② 从本节开始，所有正文文字除小冰和同学们的提问之外，都是咖哥课程讲述内容，为保证真实课堂体验，将以咖哥为第一人称叙述。其中的"我"均指代咖哥。

小冰插嘴："这也太悲催了！"

咖哥说："但是 AI 的定义和应用的领域正是在上述循环的推动下不断地被升级、重构，向前发展的。"

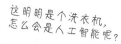

一旦大家习惯新技术，就觉得没什么了不起

目前第三波 AI 热潮正火热兴起。AI 是当前整个 IT 业界的热点，而 AI 领域内的热点，就是这里要讲的两个技术重点——机器学习和深度学习。**机器学习是 AI 的分支技术，而深度学习是机器学习的技术之一**。从人工智能到机器学习，再到深度学习，它们之间是一种包含和被包含的关系，如下图所示。

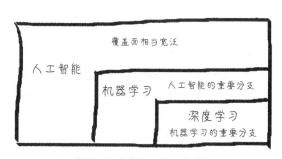

人工智能、机器学习和深度学习的关系

这种热点的形成有多方面的原因。

首先，是**数据**。在大数据时代，我们终于拥有了算法所需要的海量数据。如果把机器学习比作工业革命时的蒸汽机，那么数据就是燃料。有了燃料，机器才能够运转。

其次，在**硬件**方面，随着存储能力、计算能力的增强，以及云服务、GPU（专为执行复杂的数学和几何计算而设计的处理器）等的出现，我们几乎能够随意构建任何深度模型（model）。

最重要的是，两种技术都有特别良好的**可达性**，几乎能够触达任何一个特定行业的具体场景。简单地说就是实用、"接地气"，大大拓展了 AI 的应用领域。小到为客户推荐商品、识别语音图像，大到预测天气，甚至探索宇宙星系，只要你有数据，AI 几乎可以在任何行业落地。**这种可达性和实用性，才是机器学习和深度学习的真正价值所在。**

1.1.1 新手入门机器学习的 3 个好消息

说到这次课程的具体目的，那就是**快速入门机器学习**。不得不说，媒体把机器学习、深度学习"渲染"得太夸张了。它们其实没那么神奇，门槛也没有大家想象得那么高。业界的共识是：机器学习技术不能是曲高和寡的"阳春白雪"，应该让它走出象牙塔，"下凡到人间"。既然这两种技术的实用性强，那么当务之急就是将其部署到一个个应用场景，也就是需要让尽可能多的人接触这门技术，尤其是非专家、非研究人员。未来，非 IT 专业背景的人群也应该了解、学习 AI 技术。**只有推广给大众，才能充分发挥技术的全部潜能**。

在这一理念的驱动之下，简单实用的机器学习和深度学习框架、库函数不断涌现，可重用的代码和技术层出不穷。分享与合作也成了 AI 业界的精神内核之一。这对于初学者来说，无疑是天大的好事。而像我们这样的普通软件工程师，在 AI 落地的过程中肯定是要起到重要作用的。

此时咖哥用期待的眼光向同学们望去，好像在说："天将降大任于我们啊，同学们！"

然而同学们仍然略有困惑。"真的不难吗？"小冰开口问道，"听说机器学习对数学要求高啊。数学从来都不是我的强项，高中之后的数学知识都还给老师了。"

咖哥笑着回答："以你们现在的基础，肯定没问题。而且关于机器学习新手入门，我总结出来了 3 个好消息。先给你们背首"诗"吧。"

> C 程序犹如拿着剃刀在刚打过蜡的地板上劲舞
> C++ 学起来很难，因为它天生如此
> Java 从很多方面来说，就是简化版的 C++
> 接下来请欣赏与众不同的表演[1]

小冰说："嘿，咖哥，我这儿都急得睡不好觉了，你还在这儿乱侃！"

咖哥道："这首'诗'，隐喻的是目前最流行的机器学习语言 Python。它是一种非常容易上手的编程语言，很多小孩子都在学。你作为一个研究生，还写过 Java 代码，学 Python 会有什么问题呢？而且 Python 功能性超强，很实用，自带很多强大的框架和库函数，你说这有多方便！这就是第一个好消息。"

"我再给你们背首'诗'吧。"咖哥接着说。

"不用了，"小冰说，"请直接说第二个好消息的要点。"

第二个好消息是，机器学习的确需要一些数学基础，但是就入门阶段来说，要求并不高，也就是函数、概率统计，再加上线性代数和微积分最基础的内容。而且，机器学习中的**数学内容重在理解，不重在公式的推演**。

最后，也是最给力的好消息就是刚才提过的 **AI 业界的分享精神**了。我们学机器学习，学的是各种模型（也就是算法），并用它们进行实战。这比的不是多高的编程水平和数学水平，而是模型的选择、整合、参数的调试。这要求的主要是逻辑分析与判断能力，再加上点直觉和运气。有人甚至把搭建机器学习模型的过程形容为"搭积木"。因此，说以"游戏的态度"学机器学习、做机器学习项目也不算是不负责任的说法。

所以，机器学习没什么可怕的，我自己的项目团队里面文科生都有好几个呢。不过学习路线

---

[1] Magnus Lie Hetland. Python 基础教程（第 3 版）[M]. 袁国忠，译. 北京：人民邮电出版社，2018.

图很重要，因为机器学习领域的覆盖面非常的庞杂，初学者很容易"找不着北"。所以如果在学习过程中能有正确的引导，可以省下很多力气，那么入门就更顺利了。

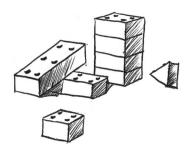

有人甚至把搭建机器学习模型的过程形容为"搭积木"

同学们此时都以十分期待的眼光看着咖哥。

咖哥微笑着点头说道："你们猜对了，这门课程，正是要为你们梳理出一条清晰而顺畅的入门脉络，我本人有信心让你们在较短的时间内把握机器学习的本质，领略机器学习的威力，并顺利进入机器学习的殿堂！"

1.1.2 机器学习就是从数据中发现规律

那么何为机器学习？其实机器学习（machine learning）这个概念和 AI 一样难以定义。因为其涵盖的内容太多了。美国作家 Peter Harrington 在他的《机器学习实战》一书中说"机器学习就是把无序的数据转换成有用的信息"[1]。英国作家 Peter Flach 在他的《机器学习》一书中，将机器学习概括为"使用正确的特征来构建正确的模型，以完成既定的任务"[2]。这里面的特征，其实也是数据的意思。

既然学者们的定义并不统一，那么我也来说说自己的看法——**机器学习的关键内涵之一在于利用计算机的运算能力从大量的数据中发现一个"函数"或"模型"，并通过它来模拟现实世界事物间的关系，从而实现预测或判断的功能。**

这个过程的关键是建立一个正确的模型，因此这个建模的过程就是机器的"学习"。

小冰打断咖哥："你能不能讲大家能听懂的话？什么是现实世界事物间的关系的模拟，说清楚一点。"

咖哥回答："现实世界中，很多东西是彼此**相关**的。"

比如，爸爸（自变量 x_1）高，妈妈（自变量 x_2）也高，他们的孩子（因变量 y）有可能就高；如果父母中有一个人高，一个矮，那么孩子高的概率就小一些；当然如果父母都矮，孩子高的概率就非常小。当然，孩子的身高不仅取决于遗传，还有营养（自变量 x_3）、锻炼（自变量 x_4）等其他环境因素，可能还有一些不可控的或未知的因素（自变量 x_n）。

又比如，一颗钻石的大小（自变量 x_1）、重量（自变量 x_2）、颜色（自变量 x_3）、密度（自变量 x_4）和它的价格（因变量 y）的关系，也体现出了明显的相关性，如下图所示。

---

[1] HARRINGTON P. 机器学习实战 [M]. 李锐，李鹏，曲亚东等译. 北京：人民邮电出版社：2013.

[2] FLACH P. 机器学习 [M]. 段菲，译. 北京：人民邮电出版社：2016.

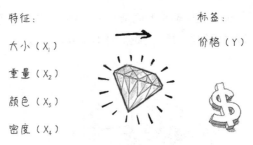

特征：   标签：

大小（X_1）   价格（Y）

重量（X_2）

颜色（X_3）

密度（X_4）

机器学习——从特征到标签

咖哥发言

有一点你先记住，这些自变量（$x_1, x_2, x_3, \cdots, x_n$），在机器学习领域叫作**特征**（feature），因变量 y，在机器学习领域叫作**标签**（label），有时也叫标记。这两个名词现在听起来比较怪，但是用着用着就会习惯。

机器学习，就是在已知**数据集**的基础上，通过反复的计算，选择最贴切的**函数**（function）去描述数据集中自变量 $x_1, x_2, x_3, \cdots, x_n$ 和因变量 y 之间的关系。如果机器通过所谓的**训练**（training）找到了一个函数，对于已有的 1000 组钻石数据，它都能够根据钻石的各种特征，大致推断出其价格。那么，再给另一批同类钻石的大小、重量、颜色、密度等数据，就很有希望用同样的函数（模型）推断出这另一批钻石的价格。此时，已有的 1000 组有价格的钻石数据，就叫作**训练数据集**（training dataset）。另一批钻石数据，就叫作**测试数据集**（test dataset）。

因此，正如下图所示，通过机器学习模型不仅可以推测孩子身高和钻石价格，还可以实现影片票房预测、人脸识别、根据当前场景控制游戏角色的动作等诸多功能。

机器学习   ≈   从数据中
                         寻找一个函数

预测票房的函数：

$f\left(\begin{array}{l}x，x 为制作成本、\\ 演员、广告等数据\end{array}\right)$ =500万！（票房数字）

人脸识别的函数：

$f($ 🙂 $)$ =咖哥！（脸的主人）

玩游戏的函数：

$f($ 🎮 $)$ =大力跳！（下一步指令）

机器学习就是从数据中发现关系，归纳成函数，以实现从 A 到 B 的推断

听到这里，小冰叫了起来："啊？这不就是数学吗，有什么深奥的！——统计学，大学学过的，对不对？"

咖哥回答道："小冰，你说得没错。"

其实所谓机器学习，的确是一个统计建模的过程。但是当特征数目和数据量大到百万、千万，甚至上亿时，原本属于数学家的工作当然只能通过机器来完成喽。而且，机器学习没有抽样的习惯，对于机器来说，数据是多多益善，有多少就用多少。

下面的图展示了机器从数据中训练模型的过程，而人类的学习，是从经验中归纳规律，两者何其相似！越是与人类学习方式相似的 AI，才是越高级的 AI！这种从已知到未知的学习能力是机器学习和以前的符号式 AI 最本质的区别。

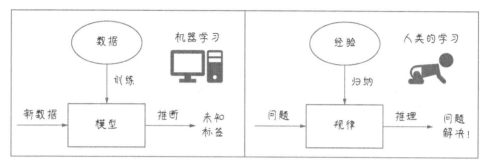

机器：从数据中学习；人类：从经验中学习。两者何其相似

机器学习的另外一个特质是从错误中学习，这一点也与人类的学习方式非常相似。

你们看一个婴儿，他总想吞掉他能够拿到的任何东西，包括硬币和纽扣，但是真的吃到嘴里，会发生不好的结果。慢慢地，他就从这些错误经验中学习到什么能吃，什么不能吃。这是通过试错来积累经验。机器学习的训练、建模的过程和人类的这个试错式学习过程有些相似。机器找到一个函数去拟合（fit）它要解决的问题，如果错误比较严重，它就放弃，再找到一个函数，如果错误还是比较严重，就再找，一直到找到相对最为合适的函数为止，此时犯错误的概率最小。这个寻找的过程，绝大多数情况不是在人类的"指导"下进行的，而是机器通过机器学习算法自己摸索出来的。

因此，机器学习是突破传统的学习范式，它与专家系统（属于符号式 AI）中的规则定义不同。如下图所示，它不是由人类把已知的规则定义好之后输入给机器的，而是机器从已知数据中不断试错之后，归纳出来规则。

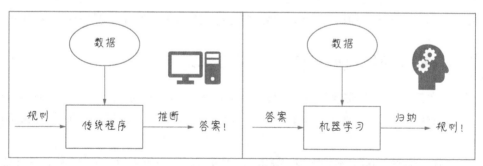

机器学习是突破传统的学习范式，是从数据中发现规则，而不是接受人类为它设定的规则

上述这些能够引导机器进行自我学习的算法，我们只是要在"理解的基础上使用"，而算法的设计，那是专业人士才需要进行的工作。因此，**重点在于解释这些算法，并应用它们建立机器学习模型（函数）来解决具体问题。**

1.1.3 机器学习的类别——监督学习及其他

机器学习的类别多，分类方法也多。最常见的分类为**监督学习**（supervised learning）、**无监督学习**（unsupervised learning）和**半监督学习**（semi-supervised learning）。监督学习的训练需要标签数据，而无监督学习不需要标签数据，半监督学习介于两者之间。使用一部分有标签数据，如下图所示。

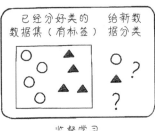

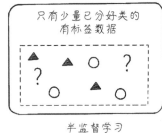

以分类问题展示监督、无监督和半监督学习的区别

"停，"小冰喊道，"刚才讲的听不大懂！"

咖哥说："那么我换一种比较容易理解的说法。如果训练集数据包含大量的图片，同时告诉计算机哪些是猫，哪些不是猫（这就是在给图片贴标签），根据这些已知信息，计算机继续判断新图片是不是猫。这就是一个监督学习的示例。如果训练集数据只是包含大量的图片，没有指出哪些是猫，哪些是狗，但是计算机经过判断，它能够把像猫的图片归为一组，像狗的图片归为一组（当然它无法理解什么是什么，仅能根据图片特征进行归类而已）。这就是一个无监督学习的示例。"

"那么半监督学习又是怎么一回事呢？"小冰问。

简而言之，半监督学习就是监督学习与无监督学习相结合的一种学习方法。因为有时候获得有标签数据的成本很高，所以半监督学习使用大量的无标签数据，同时使用部分有标签数据来进行建模。

当然，机器学习分类方式并不只有上面一种，有时候人们把监督学习、无监督学习和强化学习并列起来，作为机器学习的几大分类，但各类机器学习之间的界限有时也是模糊不清的。

1.1.4 机器学习的重要分支——深度学习

上面说的监督学习与无监督学习，主要是通过数据集有没有标签来对机器学习进行分类。本课程中的一个重点内容深度学习（deep learning），则是根据机器学习的模型或者训练机器时所采用的算法进行分类。

也可以说，监督学习或无监督学习，着眼点在于数据即问题的本身；是传统机器学习还是深度学习，着眼点在于解决问题的方法。

那么深度学习所采用的机器学习模型有何不同呢？答案是4个字：**神经网络**。当然这种神经网络不是我们平时所说的人脑中的神经网络，而是人工神经网络（Artificial Neural Network，ANN），是数据结构和算法形成的机器学习模型，由大量的所谓人工神经元相互联结而成，这些神经元都具有可以调整的参数，可以实现监督学习或者无监督学习。

　　初期的神经网络模型比较简单，后来人们发现网络层数越多，效果越好，就把**层数较多、结构比较复杂的神经网络的机器学习技术叫作深度学习**，如下图所示。这其实是一种品牌重塑，因为神经网络在 AI 业界曾不受重视，起了一个更高大上的名字之后果然"火了起来"。当然，火起来是大数据时代到来后的必然结果，换不换名字其实倒无所谓。

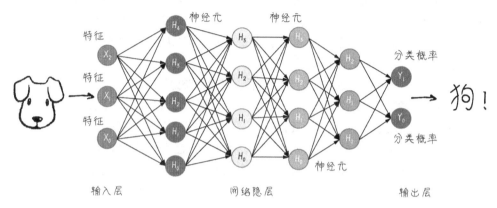

深度学习中的神经网络是神经元组合而成的机器学习模型

　　神经网络本质上与其他机器学习方法一样，也是统计学方法的一种应用，只是它的结构更深、参数更多。

　　各种深度学习模型，如卷积神经网络（Convolutional Neural Network, CNN）、循环神经网络（Recurrent Neural Network，RNN），在计算机视觉、自然语言处理（Natural Language Processing，NLP）、音频识别等应用中都得到了极好的效果。这些问题大多很难被传统基于规则的编程方法所解决，直到深度学习出现，"难"问题才开始变简单了。

　　而且深度学习的另一大好处是对数据特征的要求降低，自动地实现非结构化数据的结构化，无须手工获取特征，减少特征工程（feature engineering）。特征工程是指对数据特征的整理和优化工作，让它们更易于被机器所学习。在深度学习出现之前，对图像、视频、音频等数据做特征工程是非常烦琐的任务。

　　小冰说："什么是'**自动地实现非结构化数据的结构化**'，听着像绕口令，你还是再解释一下。"
　　咖哥："好，解释一下。"

　　有些数据人很容易理解，但是计算机很难识别。比如说，下图中一个 32px×32px 的图片，我们一看到就知道写的是 8。然而计算机可不知道这图片 8 背后的逻辑，计算机比较容易读入 Excel 表格里面的数字 8，因为它是存储在计算机文件系统或者数据库中的结构化数据。但是一张图片，在计算机里面存储的形式是数字矩阵，它很难把这个 32px×32px 的矩阵和数字 8 联系起来。

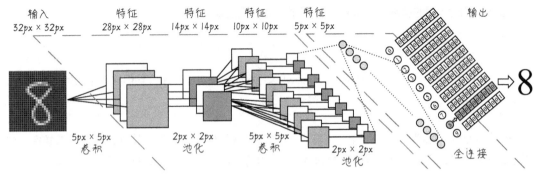

从图片"8"到数字"8"，图形逐渐变得"计算机友好"

然而，通过深度学习就能够完成图片上这种从非结构化到结构化的转换，你们可以研究一下上图中的这个从图片"8"到数字"8"的过程。通过卷积神经网络的处理，图片'8'变成了［0000000010］的编码，虽然这样的编码未必让人觉得舒服，但是对于计算机来说这可比 32px×32px 数字的矩阵好辨认多了。"

因此，数据结构化的目标也就是：使数据变得"**计算机友好**"。

看一看下图所示的这个图片识别问题的机器学习流程。使用传统算法，图片识别之前需要手工做特征工程，如果识别数字，可能需要告诉机器数字 8 有两个圈，通常上下左右都对称；如果辨别猫狗，可能需要预定义猫的特征、狗的特征，等等，然后通过机器学习模型进行分类（可麻烦了）。而深度学习通过神经网络把特征提取和分类任务一并解决了（省了好多事儿）！

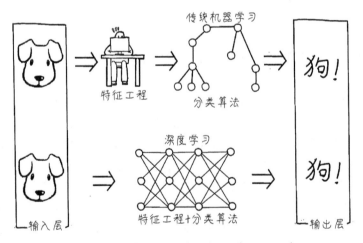

深度学习的优势——减少手工进行的特征工程任务

因此，深度学习的过程，其实也就是一个"**数据提纯**"的过程！在大数据时代，深度学习能自动搞定这个提纯过程，可是很了不起的事儿。

1.1.5 机器学习新热点——强化学习

强化学习，也是机器学习领域中一个很抢眼的热点。

强化学习（reinforcement learning）研究的目标是**智能体**（agent）**如何基于环境而做出行**

动反应，以取得最大化的累积奖励。如下图所示，智能体通过所得到的奖励（或惩罚）、环境反馈回来的状态以及动作与环境互动。其灵感据说来源于心理学中的行为主义理论——根据正强化或负强化（也就是奖惩）的办法来影响并塑造人的行为。

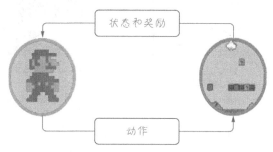

强化学习——智能体通过奖励、状态以及动作与环境互动

强化学习和普通机器学习的差异在于：普通机器学习是在开放的环境中学习，如自动驾驶，每一次向前驾驶都带给机器新的环境，新环境（新数据）永无止息；而强化学习的环境是封闭的，如智能体玩游戏，击中一个敌人，环境中就减少一个敌人，如 AlphaGo 下围棋，每落一个子，棋盘就少一个目，棋盘永远不会增大或减小。那么在这样的闭环中，就比较容易实现对机器刚才所采取的策略进行奖惩。

而强化学习和监督学习的差异在于：监督学习是从数据中学习，而强化学习是从环境给它的奖惩中学习。监督学习中数据的标签就是答案，具有比较明显的对、错倾向，如果把本来是猫的图片当成狗的图片，就要把权重往猫的方向调整；而强化学习得到惩罚后（比如下棋输了），没人告诉它具体哪里做错了，所以它调整策略的时候需要的智能更强，要求它的思路也更加广阔、更为长远。它不一定每次都明确地选择最优动作，而是要**在探索（未知领域）和利用（当前知识）之间找到平衡**。

注意了，除了上面说的监督学习、无监督学习、半监督学习、深度学习、强化学习之外，还有很多其他的机器学习方法（算法），比如说集成学习（ensemble learning）、在线学习（online learning）、迁移学习（transfer learning）等，每隔一段时间，就会有新的学习热点涌现。因此，一旦你们踏进了机器学习领域，也就等同于踏进了**"终身学习"**之旅了。

"看来，不好好'学习'真的不行啊。"小冰说。

1.1.6 机器学习的两大应用场景——回归与分类

机器学习都能做些什么呢？

它的各种应用早就已经"飞入寻常百姓家"了。从我们每天用的搜索引擎到淘宝的商品推荐系统，哪里没有机器学习的身影呢？因为应用场景太多了，所以已经不可能给出一个完整的机器学习应用列表了。

这样只好从要解决的问题类型来分析机器学习，那么请记住**回归**（regression）和**分类**（classification）是两种最常见的机器学习问题类型，如下图所示。

■ **回归问题**通常用来预测一个值，其**标签**的值是**连续**的。例如，预测房价、未来的天气等任何连续性的走势、数值。比较常见的回归算法是线性回归（linear regression）算法以及深度学习中的神经网络等。

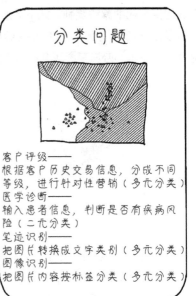

目前分类问题的机器学习应用场景比回归问题的更广泛

■ **分类问题**是将事物标记一个类别**标签**，结果为**离散**值，也就是类别中的一个选项，例如，判断一幅图片上的动物是一只猫还是一只狗。分类有二元分类和多元分类，每类的最终正确结果只有一个。分类是机器学习的经典应用领域，很多种机器学习算法都可以用于分类，包括最基础的逻辑回归算法、经典的决策树算法，以及深度学习中的神经网络等。还有从多元分类上衍生出来的多标签分类问题，典型应用如社交网站中上传照片时的自动标注人名功能，以及推荐系统——在网站或者 App 中为同一个用户推荐多种产品，或把某一种产品推荐给多个用户。

1.1.7 机器学习的其他应用场景

当然，除回归问题和分类问题之外，机器学习的应用场景还有很多。比如，无监督学习中最常见的**聚类**（clustering）问题是在没有标签的情况下，把数据按照其特征的性质分成不同的簇（其实也就是数据分类）；还有一种无监督学习是**关联规则**，通过它可以找到特征之间的影响关系。

又比如**时间序列**，指在内部结构随时间呈规律性变化的数据集，如趋势性数据、随季节变化的数据等。时间序列问题其实也就是和时间、周期紧密关联的回归问题。具体应用场景包括预测金融市场的波动，推断太阳活动、潮汐、天气乃至恒星的诞生、星系的形成，预测流行疾病传播过程等。

还有**结构化输出**。通常机器学习都是输出一个答案或者选项，而有时需要通过学习输出一个结构。什么意思呢？比如，在语音识别中，机器输出的是一个句子，句子是有标准结构的，不只是数字 0 ~ 9 这么简单（识别 0 ~ 9 是分类问题），这比普通的分类问题更进一步。具体应用场景包括语音识别——输出语法结构正确的句子、机器翻译——输出合乎规范的文章。

还有一部分机器学习问题的目标不是解决问题，而是令世界变得更加丰富多彩，因此 AI 也可以进行艺术家所做的工作，例如以下几种。

■ Google 的 Dreamwork 可以结合两种图片的风格进行艺术化的风格迁移。

■ 生成式对抗网络 GAN 能造出以假乱真的图片。

■ 挖掘数字特征向量的潜隐空间，进行音乐、新闻、故事等创作。

我们可以把这种机器学习应用称为**生成式学习**。

还有些时候，机器学习的目标是做出决定，这时叫它们**决策性问题**。决策性问题本质上仍然是分类问题，因为每一个决策实际上还是在用最适合的行为对环境的某一个状态进行分类。比如，自动驾驶中的方向（左、中、右），以及围棋中的落点，仍然是 19×19 个类的其中之一。具体应用场景包括自动驾驶、智能体玩游戏、机器人下棋等。在很多决策性问题中，机器必须学习哪些决策是有效的、可以带来回报的，哪些是无效的、会带来负回报的，以及哪些是对长远目标有利的。因此，强化学习是这种情况下的常用技术。

总体来说，机器学习的诀窍在于要了解自己的问题，并针对自己的问题选择最佳的机器学习方法（算法），也就是找到哪一种技术最有可能适合这种情况。如果能把场景或任务和适宜的技术连接起来，就可以在遇到问题时心中有数，迅速定位一个解决方向。下图将一些常见的机器学习应用场景和机器学习模型进行了连接。

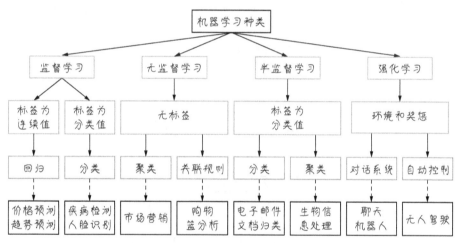

将一些常见的机器学习应用场景和机器学习模型进行连接

看到有些同学微微皱起了眉头，咖哥说："同学们不要有畏难情绪嘛，图中的名词儿你们觉得太多、太陌生，这很正常。当我们把课程学完，回头再看它们时，就变得容易啦！"

还要说一点：机器学习不是万能的，它只能作用于和已知数据集类似的数据，不能抽象推广——在猫狗数据集中已经训练成功的神经网络如果读到第一张人类图片，很可能会"傻掉"。因此，机器的优势仍在于计算量、速度和准确性，尚无法形成类似人类的智力思维模式（因为人类的智力思维模式难以描述，也难以用算法来形容和定义）。这大概是 AI 进一步发展的瓶颈所在吧。

不过，虽然道路是曲折的，但前途仍然是光明的，AI 的更多突破，指日可待。让我们群策群力，为 AI 领域已经相对成熟的技术，如机器学习的普及，添砖加瓦。

1.2 快捷的云实战学习模式

大家听了咖哥这一番剖析，感觉概念上清晰多了，也受到了很大的鼓舞，决心"面对"而不是"逃避"老板"丢过来"的挑战。现在，小冰甚至觉得有点小兴奋：攻克一个与未来息息相关的技术是多么有趣的事情。

咖哥接着说："说了半天各种'学习'的类型和特点，那些也只是概念和理论。现在，咱们亲自运行一个机器学习实例，看一看机器学习的项目实战是什么模样，到底能解决什么具体问题。"

"不过，我听说机器学习对硬件要求挺高的，好像需要配置很贵的 GPU？"小冰问。

"也不一定！"咖哥说。

咖哥对这个时代的学习方式有他的看法：他觉得，需要去培训中心进修，或者要先安装一大堆东西才能开始上手一项新技术的日子已经一去不复返了。

"学习新技能的门槛比以前低太多了。因为在线学习这么发达，最新的知识、技术甚至论文每时每刻都会直接被推送至世界的每一个角落，所以相对贫穷的地方也涌现出了一大堆高科技人才。**在线学习**，这是低成本自我提升的最好方法。"咖哥说，"不管是在通州、德州，还是在徐州、广州，你们完全可以和斯坦福大学的学生学习相同的 AI 课程。"

咖哥告诉小冰，在线学习非常方便

1.2.1 在线学习平台上的机器学习课程

想学机器学习的人，不大可能没有听说过吴恩达。他开设的机器学习课程已经造就了数以万计的机器学习人才，如果英文好，你们可以去他的 Coursera 网站看看。那是众多的大规模开放在线课程（Massive Open Online Course，MOOC）平台之一，里面还有一些免费课程。

吴恩达老师采用 Octave 和 MATLAB 作为他的机器学习教学环境。我当年学他的课程时，就惊讶于 MATLAB Online 的强大，什么都不用安装，就可以直接上网实战，如下图所示。

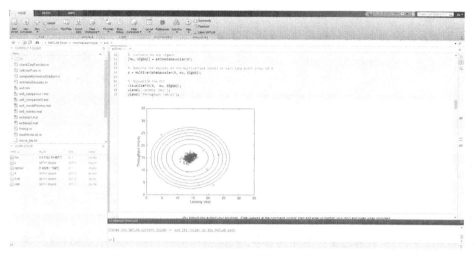

直接上网使用 MATLAB Online 进行机器学习项目实战

小冰插嘴问道："既然吴老师的机器学习课程这么好，又是免费的，我直接和他学不就好了？"咖哥笑答："也可以啊，但还是大有不同。吴老师的课程虽然深入浅出，不过仍有门槛，他已经尽量压缩了数学内容，可公式的推导细节还是不少啊！"咖哥喝了一口咖啡，很自信地说："我会把机器学习的门槛进一步降低，还会着重介绍深度学习的内容。**我保证，能让你们更轻松地听懂我设计的全部内容。**"

1.2.2 用 Jupyter Notebook 直接实战

注意，吴老师课程中的 MATLAB 环境虽然是机器学习的好工具，但它可不是开源软件，长期使用它需要购买版权。那么，有没有基于 Python 的免费平台，直接在线进行机器学习的实战？——有，而且还不止一个！

答案就是使用在线的 **Jupyter Notebook**。你们可以把 Jupyter Notebook 想象成一个类似于网页的多媒体文档，里面有字、有图、能放公式、有说明。但是，比普通网页更高一筹的是，它还能运行 Python 代码（如下图所示）。

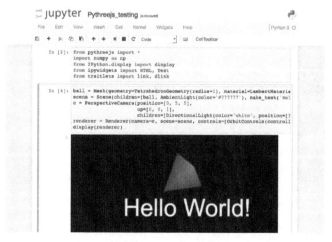

一个在线的 Jupyter Notebook

有了在线的 Jupyter Notebook，根本不需要在本机安装 Python 运行环境就可以"玩"机器学习。而且大多的 Python 库、机器学习库和深度学习库，在线的 Jupyter Notebook 都支持。

免费提供在线的 Jupyter Notebook 的网站有很多，比如 Binder、Kaggle Notebooks、Google Colaboratory、Microsoft Azure Notebooks、CoCalc 和 Datalore 等，都挺不错的，但是全部都介绍的话内容太多了。挑两个比较常用的说一说，让大家见识一下上手机器学习实战的速度。

1.2.3 用 Google Colab 开发第一个机器学习程序

Google Colaboratory（简称 Colab），是 Google 提供的一个 AI 研究与开发平台。Colab 给广大的 AI 开发者提供了 GPU，型号为 Tesla K80。在 Colab 中可以轻松地运行 Keras、TensorFlow、PyTorch 等框架。下面的图中，我随便写了一个"Hello World！！"程序。

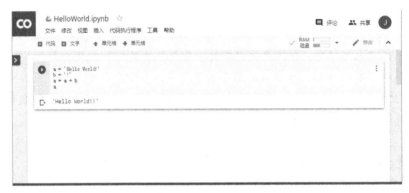

在 Colab 中写一个 Hello World 程序

在 Colab 中，也自带了很多非常优秀的机器学习入门教程以及示例代码，你们如果有兴趣，也可以去看一看，练习一下那些示例。话不多说，我们现在从头到尾写一个属于自己的机器学习程序。

本课程有配套的代码包和数据集，第一个程序的文件保存在"X: 源码包 \ 第 1 课 机器学习实战 \ 教学用例 1 加州房价预测"中，大家可以自行取用。

在搜索引擎中搜一下 Colab，通过链接直接进入其环境，选择"文件"→"新建 Python 3 记事本"，如下图所示。

在 Colab 中新建 Python 3 记事本

首先，请大家注意这个运行环境里面的代码段和文字信息段都是一块一块的。所以不需要把整个程序都编译完成后才进行调试。写一段，就运行一段。这样很容易及早发现问题。等到程序完成后，也可以通过整体运行功能从头到尾执行全部代码。

在新创建的 Python 3 记事本中输入下面几行代码：

```
import pandas as pd # 导入 Pandas，用于数据读取和处理
# 读入房价数据，示例代码中的文件地址为 internet 链接，读者也可以下载该文件到本机进行读取
# 如，当数据集和代码文件位于相同本地目录，路径名应为 "./house.csv"，或直接为 "house.csv" 亦可
df_housing = pd.read_csv("https://raw.githubusercontent.com/huangjia2019/house/
master/house.csv")
df_housing.head # 显示加州房价数据
```

上面的代码解释如下。

■ 先导入了 Pandas，这是一个常见的 Python 数据处理函数库。

■ 用 Pandas 的 read_csv 函数把一个网上的共享数据集（csv 文件）读入 DataFrame 数据结构 **df_housing**。这个文件是美国加利福尼亚州（后文简称加州）某个时期的房价数据集，我已经提前把它保存在 GitHub 中了。

■ 用 DataFrame 数据结构的 head 方法显示数据集中的部分信息。

单击代码左侧▶箭头就可以运行代码，读取并显示出加州房价数据集中的信息，结果如下：

```
<          longitude    latitude    ...    median_income    median_house_value
0          -114.31      34.19       ...    1.4936           66900.0
1          -114.47      34.40       ...    1.8200           80100.0
2          -114.56      33.69       ...    1.6509           85700.0
...        ...          ...         ...    ...              ...
16997      -124.30      41.84       ...    3.0313           103600.0
16998      -124.30      41.80       ...    1.9797           85800.0
16999      -124.35      40.54       ...    3.0147           94600.0

[17000 rows x 9 columns] >
```

如果上面这个数据读入和显示的过程通过其他语言来实现，可要费不少力气了。但是 Python 的功能性在这儿就体现出来了——通过一个函数或一个方法，直接完成一件事儿，不拖泥带水。

说一下这个数据集。这是加州各地区房价的整体统计信息（不是一套套房子的价格信息），是 1990 年的人口普查结果之一，共包含 17 000 个样本。其中包含每一个具体地区的经度（longitude）、纬度（latitude）、房屋的平均年龄（housing_median_age）、房屋数量（total_rooms）、家庭收入中位数（median_income）等信息，这些信息都是加州地区房价的特征。数据集最后一列"房价中位数"（median_house_value）是标签。这个机器学习项目的目标，就是根据已有的数据样本，对其特征进行推理归纳，得到一个函数模型后，就可以用它推断加州其他地区的房价中位数。

然后构建特征数据集 **X** 和标签数据集 **y**，如下段代码所示。注意，Python 是大小写区分的，而且在机器学习领域，似乎有一种习惯是把特征集 **X** 大写，把标签集 **y** 小写。当然，也并不是所有人都会遵循这个习惯。

```
X = df_housing.drop("median_house_value", axis = 1) # 构建特征集 X
y = df_housing.median_house_value # 构建标签集 y
```

上面的代码使用 drop 方法，把最后一列 median_house_value 字段去掉，其他所有字段都保留下来作为特征集 **X**，而这个 median_house_value 字段就单独赋给标签集 **y**。

现在要把数据集一分为二，80% 用于机器训练（训练数据集），剩下的留着做测试（测试数据集）如下段代码所示。这也就是告诉机器：你看，拥有这些特征的地方，房价是这样的，等一会儿你想个办法给我猜猜另外 20% 的地区的房价。

```
from sklearn.model_selection import train_test_split # 导入 sklearn 工具库
X_train, X_test, y_train, y_test = train_test_split(X, y,
        test_size=0.2, random_state=0) # 以 80%/20% 的比例进行数据集的拆分
```

其实，另外 20% 的地区的房价数据，本来就有了，但是我们假装不知道，故意让机器用自己学到的模型去预测。所以，之后通过比较预测值和真值，才知道机器"猜"得准不准，给模型打分。

下面这段代码就开始训练机器：首先选择 LinearRegression（线性回归）作为这个机器学习的模型，**这是选定了模型的类型，也就是算法**；然后通过其中的 fit 方法来训练机器，进行函数的拟合。**拟合**意味着找到最优的函数去模拟训练集中的输入（特征）和目标（标签）的关系，**这是确定模型的参数**。

```
from sklearn.linear_model import LinearRegression # 导入线性回归算法模型
model = LinearRegression() # 确定线性回归算法
model.fit(X_train, y_train) # 根据训练集数据，训练机器，拟合函数
```

运行代码段后，Colab 会输出 LinearRegression 模型中一些默认设定项的信息：

```
LinearRegression(copy_X=True, fit_intercept=True, n_jobs=None, normalize=False)
```

好了，此时已经成功运行完 fit 方法，学习到的函数也已经存在机器中了，现在就可以用 model（模型）的 predict 方法对测试集的房价进行预测，如下段代码所示。（当然，等会儿我们也可以偷偷瞅一瞅这个函数是什么样……）

```
y_pred = model.predict(X_test) # 预测验证集的 y 值
print ('房价的真值（测试集）', y_test)
print ('预测的房价（测试集）', y_pred)
```

预测好了！来看看预测值和真值之间的差异有多大：

```
房价的真值（测试集）[171400. 189600. 500001. ... 142900. 128300. 84700.]
预测的房价（测试集）[211157. 218581. 465317. ... 201751. 160873. 138847.]
```

虽然不是特别准确，但基本上预测值还是随着真值波动，没有特别离谱。那么显示一下这个预测能得多少分：

```
print("给预测评分：", model.score(X_test, y_test)) # 评估预测结果
```

结果显示：0.63213234 分！及格了！

给预测评分：0.63213234

小冰问道："等等，什么及格了？总得有个标准。0.63213234 分到底是怎么来的？"

咖哥说："Sklearn 线性回归模型的 score 属性给出的是 R2 分数，它是一个**机器学习模型的评估指标**，给出的是预测值的方差与总体方差之间的差异。要理解这个，需要一点儿统计学知识哦，现在你们只要知道，要比较不同的模型，都应采用相同的评估指标，在同样的标准下，哪个分数更高，就说明哪个模型更好！"

还有，刚才说过可以看这个机器学习的函数是什么样儿，对吧？现在可以用几行代码把它大致画出来：

```
import matplotlib.pyplot as plt # 导入 Matplotlib 库
# 用散点图显示家庭收入中位数和房价中位数的分布
plt.scatter(X_test.median_income, y_test, color='brown')
# 画出回归函数（从特征到预测标签）
plt.plot(X_test.median_income, y_pred, color='green', linewidth=1)
plt.xlabel('Median Income') #x 轴：家庭收入中位数
plt.ylabel('Median House Value') #y 轴：房价中位数
plt.show() # 显示房价分布和机器学习到的函数模型
```

x 轴的特征太多，无法全部展示，我只选择了与房价关系最密切的"家庭收入中位数"median_income 作为代表特征来显示散点图。下图中的点就是家庭收入 / 房价分布，而绿色线就是机器学习到的函数模型，很粗放，都是一条一条的线段拼接而成，但是仍然不难看出，这个函数模型大概拟合了一种线性关系。

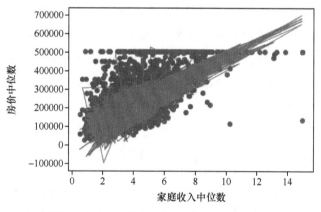

函数模型大概拟合了一种线性关系（请见 339 页彩色版插图）

加州各个地区的平均房价中位数有随着该地区家庭收入中位数的上升而增加的趋势，而机器学习到的函数也同样体现了这一点。

"这说明什么呢，同学们？"咖哥自问自答，"物以类聚，人以群分，这显示的就是富人区的形成过程啊！"

好，现在咱们看一下 Colab 的界面，这个 Jupyter Notebook 代码加上一部分输出大致如下图所示。

Colab 程序

至此，一个很简单的机器学习任务就被完成了！麻雀虽小，五脏俱全。不到 20 行的代码，我们已经应用线性回归算法，预测了大概 3000 多个加州地区的房价中位数。当然，很多代码你们可能还是一知半解的。而且这个示例很粗糙，没有做特征工程，没有数据预处理，机器学习模型的选择也很随意。但是那并不会影响，随着更深入的学习，同学们会越来越清楚自己在做什么，而且在以后的课程中，还会深入剖析 LinearRegression 这个模型背后到底隐藏了些什么。

"现在，最重要的是，你们已经能够开始利用 Colab 编写自己的 Python 程序代码了。Jupyter Notebook 正是为新手训练所准备的。一边试试代码，一边写一些文字笔记，这真是一种享受啊……"咖哥似乎十分开心，抿了一口手边的咖啡……

1.2.4　在 Kaggle 上参与机器学习竞赛

下面大力推荐我的最爱——Kaggle 网站，同学们搜一下"Kaggle"就能找到它。对于机器学习爱好者来说，Kaggle 大名鼎鼎，而且特别实用。它是一个数据分析和机器学习竞赛平台：企业和研究者在上面发布数据，数据科学家基于这些数据进行竞赛以创建更好的机器学习模型。Kaggle 的口号是 Making Data Science a Sport（使数据科学成为一项运动）。

Kaggle 就是一个机器学习小项目集散地。在这里，你们几乎可以找到你们想要的任何东西：竞赛（也就是机器学习实战项目）、数据集、源代码、课程、社区。这里是机器学习初学者的天堂。而且，你们有没有觉得 Kaggle、Kaggle 这发音很像"咖哥、咖哥"？

同学们忽然觉得咖哥相当自恋。

咖哥浑然不觉，接着说："好，现在你们去那儿先注册一个账号吧。"

账号注册好之后，在 Notebooks 中单击"New Notebook"，就可以新建一个自己的机器学习应用程序，页面会提示是创建一个比较纯粹的 Python Script 还是一个 Notebook，如下图所示。不过，我还是更喜欢图文并茂的 Notebook。

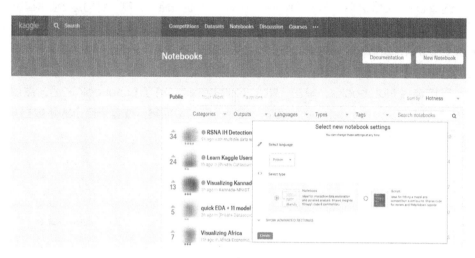

Kaggle：新建 Notebook

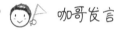 咖哥发言

同学们注意，Kaggle 里面的 Notebook 原来叫作 Kernel，后来跟着其他网站的习惯，统一用 Notebook。然而在 Kaggle 网站中，很多地方还是沿用 Kernel 这个名称。

比起 Colab，Kaggle 最大的优势可能在于自带很多的**数据集**（Datasets），这些数据集各有特色。在 Kaggle 中，"牛人"们纷纷创建自己的 Notebook 针对同一个数据集进行机器学习实战，然后互相比拼谁的更优秀，如下图所示。这种学习方式也大大地节省了自己搜集数据的时间。

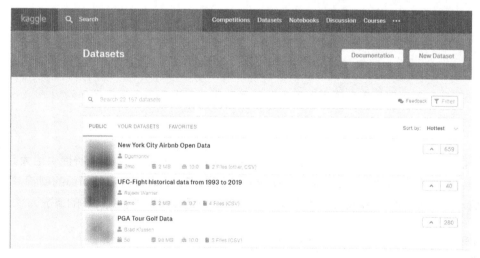

Kaggle 中的数据集：可以基于数据集创建 Notebook

如何把 Kaggle Notebook 和数据集链接在一起呢？主要有以下几种方法。

（1）选择任何一个数据集，然后单击"New Notebook"按钮，就可以基于这个数据集开始自己的机器学习之旅了。

（2）选择 Datasets 之后，单击"Notebooks"，看看各路"大咖"针对这个数据集已经开发出了一些什么东西，然后喜欢的话单击"Copy and Edit"，复制其 Notebook，慢慢研习，在"巨人的肩膀上"继续开发新模型。这里的课程中也是借鉴了一些大咖们的 Notebooks 代码，当然我已经通过邮件得到了他们的授权。

（3）直接选择 Notebooks，单击"New Notebook"，有了 Notebook 之后，然后再通过"File"→"Add or upload dataset"菜单项选择已有的数据集，或者把自己的新数据集上传到Kaggle，如下图所示。

上传自己的新数据集到 Kaggle

我个人比较喜欢用 Kaggle 而不是用 Colab，因为 Kaggle 强在其大量的共享数据集和大咖们无私分享的 Notebooks。另外，要在 Colab 中使用自己的数据集，需要先上传到 Google Drive，然后用特定方式读取，这样总觉得操作起来多了一些麻烦，不如 Kaggle 的 Datasets 用起来那么直接。

而且 Kaggle 也有 GPU，型号还是比 T80 更新的 P100！通过 Notebooks 页面右侧的Settings 选项（如下图所示），咱也能用上它（不过好像每周只有几小时的 GPU 配额）！

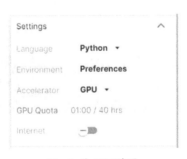

Kaggle 的 GPU 选项

还有，TPU 是比 GPU 更快的硬件加速器，Google 和 Kaggle 都免费提供给大家使用。另外，也有人声称 Colab 比 Kaggle Notebook 更稳定，比较不容易在网页的刷新过程中丢失代码。这只是道听途说而已，我使用 Kaggle 的时候还没出现过丢失代码的情况。

1.2.5 在本机上"玩"机器学习

如果还是希望在自己的电脑上安装一个开发工具，那么 Anaconda 是首选。Anaconda 下载页面如下图所示。

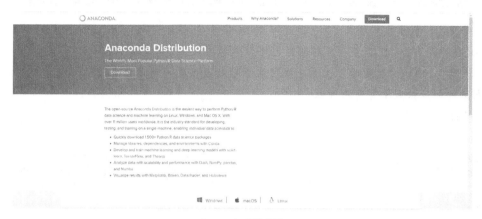

Anaconda 下载页面

Anaconda 是当前数据科学领域流行的 Python 编辑环境之一，安装使用都极为简单。从上面的图示中也可以看出，其中预装了很多 Python 数据科学工具库，比如 NumPy、Pandas 等。而且支持多种操作系统，比如 Windows、macOS，以及 Linux。

这里不赘述具体安装过程了，在官网上跟着说明进行安装即可。

由于 Anaconda 封装了很多的 Python 库，安装之后在本机创建 Jupyter Notebook 非常容易。而且无论是在线还是本机运行，Jupyter Notebook 最大优势是简单易用、强交互、易展示结果，即可视化功能很强，我们可以查看每一段代码的输出与运行效果。

作为入门学习工具，Jupyter Notebook 非常适合，但它也有局限性，比如版本控制难、不支持代码调试（debug）等。因此，在大型、复杂的机器学习和工程实践中，还需要配合更为强大的开发环境来使用。同学们进阶之后，也可以尝试用一用 PyCharm 这样的能够调试，以及便捷地查看数组结构和交互式图表的 Python 集成开发环境（IDE），如下图所示。

Python 集成开发环境——PyCharm

1.3 基本机器学习术语

咖哥问:"刚才我们进行了一次简单的机器学习项目实战,并且介绍了几个Jupyter Notebook开发平台。现在考一考同学们已经学过的内容。谁能说说机器学习的定义是什么?"

一位同学回答:"**机器学习,就是机器基于输入数据集中的信息来训练、确立模型,对以前从未见过的数据做出有用的预测**。"

咖哥说:"总结得不错。下面给出机器学习中其他一些基本术语的定义,如表1-1所示。"

表1-1 机器学习的基本术语

术语	定义	数学描述	示例
数据集	数据的集合	$\{(x_1, y_1), \cdots, (x_n, y_n)\}$	1000个北京市房屋的面积、楼层、位置、朝向,以及部分房价信息的数据集
样本	数据集中的一条具体记录	(x_1, y_1)	一个房屋的数据记录
特征	用于描述数据的输入变量	$\{x_1, x_2, \cdots, x_n\}$ 也是一个向量	面积(x_1)、楼层(x_2)、位置(x_3)、朝向(x_4)
标签	要预测的真实事物或结果,也称为目标	y	房价
有标签样本	有特征、标签,用于训练模型	(x, y)	800个北京市房屋的面积、楼层、位置、朝向,以及房价信息
无标签样本	有特征,无标签	$(x, ?)$	200个北京市房屋的面积、楼层、位置、朝向,但是无房价信息
模型	将样本的特征映射到预测标签	$f(x)$,其实也就是函数	通过面积、楼层、位置、朝向这些信息来确定房价的函数
模型中的参数	模型中的参数确定了机器学习的具体模型	$f(x)$这个函数的参数	如$f(x) = 3x + 2$中的3和2
模型的映射结果	通过模型映射出无标签样本的标签	y'	200个被预测出来的房价
机器学习	通过学习样本数据,发现规律,得到模型的参数,从而得到能预测目标的模型	确定$f(x)$和其参数的过程	确定房价预测函数和具体参数的过程

再稍微详细地说一说上表中最为重要的3个术语:特征、标签和模型。

1.3.1 特征

特征是机器学习中的输入,原始的特征描述了数据的属性。它是有维度的。**特征的维度指的是特征的数目**(不是数据集里面样本的个数),不同的数据集中的数据特征的维度不同,有多有少。

■ 少,可以少到仅有一个特征,也就是一维特征数据。比如房价(标签)仅依据房屋面积(特征)而定。

■ 多,可以多到几万,几十万。比如一个100px×100px的RGB彩色图片输入,每一个像素都可以视为一个特征,也就是1万维,再乘以RGB 3个颜色通道,那么这个小小的图片数据的特征维度就可以达到3万维。

举例来说，如果预测商品的销量，把商品的类别、价格和推荐级别这 3 个属性定义为商品的特征，那么这个数据集就是三维特征数据集。其中的一个样本的格式如下：

(x_1, x_2, x_3)

然而，所谓三维特征，其实只是二维数据结构中的一个轴（另一个轴是样本轴）上的数据个数。为了避免混淆，我们以后会把向量、矩阵和其他张量的维度统称为**阶**，或者称为 1D 向量、2D 矩阵、3D 张量等。因此，以后**一提"维"，主要指的就是数据集中特征 X 的数目**。一般来说，**特征维度越高，数据集越复杂**。这里的"维"和"阶"有点绕，以后还会反复强调。

 咖哥发言

这里提到的**张量**是机器学习的数据结构，其实也就是程序中的数组。在第 2 课中，才会很详细地讲解各种张量的结构。向量、矩阵都是张量的一种。简单地理解，向量张量是一个 1D 数组，而矩阵张量是一个 2D 数组。

1.3.2 标签

标签，也就是机器学习要输出的结果，是我们试图预测的目标。示例里面的标签是房价。实际上，机器学习要解决什么问题，标签就是什么。比如：未来的股票价格、图片中的内容（猫、狗或长颈鹿）、文本翻译结果、音频的输出内容、AlphaGo 的下一步走棋位置、自动导航汽车的行驶方向等。

下面是一个有标签数据样本的格式：

$(x_1, x_2, x_3; y)$

标签有时候是随着样本一起来的，有时候是机器推断出来的，称作**预测标签 y'**（也叫 y-hat，因为那一撇也可放在 y 的上方，就像是戴了一个帽子的 y）。比较 y 和 y' 的差异，也就是在评判机器学习模型的效果。

表 1-2 显示的是刚才实战案例中加州房价数据集中的部分特征和标签。

表 1-2 加州房价数据集中的特征和标签

人口特征	房屋数量特征	家庭收入中位数特征	房价中位数标签
322	126	8.325 2	452 600
2 401	1 138	8.301 4	358 500
496	177	7.257 4	352 100
558	219	5.643 1	341 300
565	259	3.846 2	342 200
413	193	4.036 8	269 700
1 094	514	3.659 1	299 200

并不是所有的样本都有标签。在无监督学习中，所有的样本都没有标签。

1.3.3 模型

模型将样本映射到预测标签 y'。其实模型就是函数，是执行预测的工具。函数由模型的内部参数定义，而这些内部参数通过从数据中学习规律而得到。

在机器学习中，先确定模型的类型（也可以说是算法），比如是使用线性回归模型，还是逻辑回归模型，或者是神经网络模型；选定算法之后，再确定模型的参数，如果选择了线性回归模型，那么模型 $f(x) = 3x + 2$ 中的 3 和 2 就是它的参数，而神经网络有神经网络的参数。类型和参数都确定了，机器学习的模型也就最终确定了。

1.4 Python 和机器学习框架

大家有没有想过，为什么 Python 不知不觉中成了最流行的机器学习语言之一？

1.4.1 为什么选择用 Python

Python 像 Java、C++、Basic 一样，是程序员和计算机交互的方式。

但是，为什么选择用 Python。有句话大家可能都听过：人生苦短，Python 是岸。

这话什么意思呢？ Python 易学、易用、接地气。这就好比一个学编程的人，在程序设计的海洋里面遨游，游啊，游啊，总觉得这海实在太浩瀚了，找不着北。突然发现了 Python 这种语言，就上岸了……

Python 是一种很简洁的语言，容易写、容易读，而且在机器学习方面有独特的优势。

机器学习的目的是解决实际问题，而不是开发出多强大的应用软件。因此，编写程序代码是工具而非目的，追求的是方便。搞数据科学和机器学习的人并不一定都是资深程序员，他们希望将自己头脑中的公式、逻辑和思路迅速转化到计算机语言。这个转化过程消耗的精力越少越好，而程序代码就不需要有多么高深、多么精致了。

而 Python 正是为了解决一个个问题而生的，比如数据的读取、矩阵的点积，一个语句即可搞定，要是用传统的 C++、Java，那还真的很费力气。还有切片、广播等操作，都是直接针对机器学习中的数据结构——张量而设计的。

上面说的数据操作如此容易，很大程度上也是 NumPy 的功劳，我们以后还会反复提到NumPy 这个数学函数库（扩展包）。因此，另外特别重要的一点就是 Python 的开发生态成熟，除 NumPy 外，还有非常多的库，这些库就是机器学习的开放框架。有很多库都是开源的，拿来就可以用。

综上，便捷和实用性强似乎是 Python 的天然优势。我觉得 Python 和一些老牌语言相比，有点像口语和文言文的区别，文言文虽然高雅，但是不接地气。因为 Python 接地气，所以用户社群强大、活跃。机器学习圈的很多大咖们也隶属于这个 Python 社群，开发了很多优质的库。这样一来 Python 在 AI 时代，搭着数据科学和机器学习顺风车，弯道超车 Java 和 C++，成了最流行的编程语言之一。

1.4.2 机器学习和深度学习框架

大家可能听说过机器学习和深度学习"框架"这个名词，这个框架的作用可是很大的。想象一下，有一天老板说："来，给你们一个任务，用机器学习的方法给咱们这些图片分类。"你们去 Google

查询了一下，发现这种图片分类任务用卷积神经网络来解决最好。但是你们很疑惑从头开始编写一个卷积神经网络是好做法吗？

Python 的机器学习框架，也就是各种 Python 库，里面包含定义好的数据结构以及很多库函数、方法、模型等（即 API）。我们只需要选择一个适合的框架，通过调用其中的 API，编写少量代码，就可以快速建立机器学习模型了。为什么刚才的机器学习实战中只用了不到 20 行代码就能够完成预测加州房价这么"艰巨"的任务？其中最大的秘密就是使用了框架中的 API。

良好的框架不仅易于理解，还支持并行化计算（即硬件加速），并能够自动计算微分、链式求导（"不明觉厉"是吧？不要紧，正因为框架把这些都做了，同学们就无须自己做这些不懂的东西）。

下图中，给出了 8 个机器学习中常用的库。

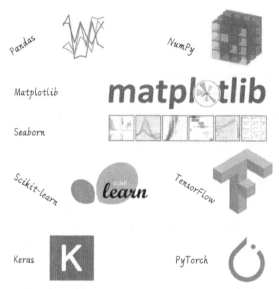

8 个机器学习常用的库

这 8 个库，可分为 3 大类：Pandas 和 NumPy 提供数据结构，支持数学运算；Matplotlib 和 Seaborn 用于数据可视化；后面 4 个库提供算法，其中的 Scikit-learn 是机器学习框架，TensorFlow、Keras 和 PyTorch 则是深度学习框架，可以选择一个来用。另有一些曾经有影响力的框架，如 Theano、Caffe、CNTK 等，随着"江山代有才人出"，使用率已经大大下降。而新的更方便的库呢？那也一定会继续涌现。

下面分别简单说说它们。

1. Pandas

我们已经使用过 Pandas 了！请回头看一下第一个机器学习项目的第一行代码，如下段代码所示。通过这一行代码，就可以把整个 Pandas 中的所有函数、数据结构导入当前机器学习程序的运行环境。

```
import pandas as pd # 导入 Pandas，用于数据读取和处理
```

Pandas 是基于 NumPy 的数据分析工具，里面预置了大量库函数和标准数据结构，可以高效地

操作大型数据集。Pandas，连同其下层的 NumPy，是使 Python 成为强大而高效的数据分析工具的重要因素之一。

Pandas 中的预置数据结构有下面几种。

■ Series：1D 数组，它与 NumPy 中的一维数组（array）类似。这两者与 Python 基本的数据结构列表（list）也很相似。

■ TimeSeries：以时间为索引的 Series。

■ DataFrame：2D 的表格型数据结构，Series 的容器。

■ Panel：3D 的数组，DataFrame 的容器。

我们这个课程里面 Pandas 数据结构用得不多，只用到了 2D 的数据结构 DataFrame，这种数据结构用来存储表格式的数据非常方便，可以直接被机器学习模型所读取。比如，刚才的加州房价机器学习项目，就先把数据文件读入一个 DataFrame，然后把 DataFrame 导入了线性回归模型进行学习。

2. NumPy

NumPy 是 Python 进行科学计算的基础库，有人称它为 Python 的数学扩展包。它提供了一个强大的多维数组对象 array，还提供了大量 API 支持数组运算。

本课程中将重点使用的数据结构就是 NumPy 中的数组。

NumPy 所自带的向量化运算功能在机器学习中也属于不可或缺的技能。目前的 CPU 和 GPU 都有并行处理的处理器，能够无缝衔接 NumPy 的向量化运算，大幅度提升机器学习的效率。

后面我们会专门讲 NumPy 的数组（在机器学习中称为张量）及其基本运算这部分内容。

3. Matplotlib

Matplotlib 是 Python 及其数学扩展包 NumPy 的可视化操作界面，通过应用程序接口（API）向应用程序提供嵌入式绘图功能。其中还有面向其他图像处理库（如开放图形库 OpenGL）的接口。

Matplotlib 的设计与 MATLAB 的绘图功能非常相似（名字都很相似！），然而它是开源的、免费的。这自然令大家觉得物超所值。

Matplotlib 好用又强大。刚才的实战过程中导入 Matplotlib 的绘图工具后，通过短短几行代码，就把加州房价分布的散点图和机器学习到的模型呈现出来了。

4. Seaborn

Seaborn 是在 Matplotlib 基础上设计出的绘图库，因此是更高级的视觉化工具，可以画出特别酷炫的数学统计图形。

5. Scikit-learn

Scikit-learn 刚才也已经用过了，如下段代码所示。用于预测加州房价的机器学习模型 Linear Regression 就是直接从那儿"拎"出来的。

```
from sklearn.linear_model import LinearRegression # 导入线性回归算法模型
model = LinearRegression() # 使用线性回归算法
```

它简称 Sklearn，是一个相当强大的 Python 机器学习库，也是简单有效的数据挖掘和数据分析工具。Sklearn 基于 NumPy、SciPy 和 Matplotlib 构建，其功能涵盖了从数据预处理到训练模型，再到性能评估的各个方面。

Scikit-learn 真的太好用了，它里面包含的大量可以直接使用的机器学习算法，这节省了很多时间。因为不必重复编写算法，更多的精力可以放在问题定义、数据分析、调整参数、模型性能优化等这些具体项目相关的工作上面。**本课程的机器学习模型，大多通过调用 Scikit-learn 库来实现。**

6. TensorFlow

Sklearn 是机器学习的工具集，而 TensorFlow 则是深度学习的设计利器。据说 Google 主要产品的开发过程都有 TensorFlow 的参与，并且它以某种形式进行机器学习。很惊讶吧。

但对于新手来说有个小小遗憾：TensorFlow 编程建立在"图"这个抽象的概念之上，据说其难度比起其他的深度学习框架更高，至少要研究几天才能搞清楚入门内容。这太耗时了！我们学机器学习和深度学习，目标是几个小时以内上手。因此，本课程的案例不采用 TensorFlow 进行设计。

小冰焦急地问："你不是说 TensorFlow 是很强大的深度学习工具吗？不用 TensorFlow，那你用什么讲课？"

咖哥回答："Keras！"

7. Keras

Keras 建立在 TensorFlow、CNTK 或 Theano 这些后端框架之上。这也就是说，Keras 比 TensorFlow 更高级。在计算机领域，高级是"**简单**"的代名词。高级意味着易学易用。

Keras 才出来没两年时，就已经大受欢迎，到现在已经是除 TensorFlow 外最流行的、排行第二位的深度学习框架。

搞机器学习的人，就喜欢简单易用的工具。

其实，写 Keras 的时候是在对其后端进行调用，相当于还是在 TensorFlow 上运行程序，只不过将程序经过 Keras 中转了一下变成 TensorFlow 听得懂的语言，再交给 TensorFlow 处理。

鉴于 Keras 易用且高效的特点，**本课程的深度学习模型，都使用 Keras 来实现。**

8. PyTorch

PyTorch 是 TensorFlow 的竞争对手，也是一个非常"优雅"的机器学习框架。相对 TensorFlow 而言，Facebook 开发的 PyTorch 上手相对简单一些，里面所有的算法都是用 Python 写的，源码也很简洁。近期 PyTorch 用户量的增长也是相当迅速的。

1.5 机器学习项目实战架构

今天课程的最后，我们来重点讲解如何进行机器学习项目的实战：如何开始、关键的步骤有哪些，以及每个步骤中要注意些什么。

李宏毅老师曾用将大象装进冰箱来比喻机器学习。大象怎么被装进冰箱？这分为 3 个步骤：打开冰箱门，将大象放进去，关闭冰箱门。机器学习也就是个"三部曲"：选择函数模型，评估函数的优劣，确定最优的函数，如下图所示。

机器学习建模三部曲：选择函数模型，评估函数的优劣，确定最优的函数

这个比喻非常精彩，但它主要聚焦于"建模"过程，未强调机器学习项目其他环节。机器学习项目的实际过程要更复杂一些，大致分为以下 5 个环节。

（1）问题定义。

（2）数据的收集和预处理。

（3）选择机器学习模型。

（4）训练机器，确定参数。

（5）超参数调试和性能优化。

这 5 个环节，每一步的处理是否得当，都直接影响机器学习项目的成败。而且，如下图所示，这些步骤还需要在项目实战中以迭代的方式反复进行，以实现最优的效果。

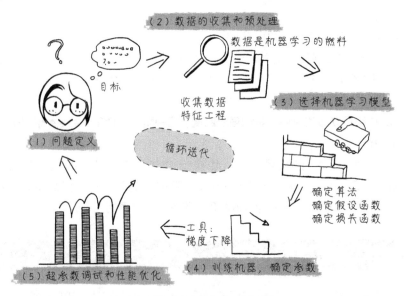

机器学习项目实战的 5 个环节

现在就详细说说机器学习项目实战中的每个具体环节都在做些什么。

1.5.1 第 1 个环节：问题定义

机器学习项目是相当直观的。换句话说，机器学习项目都是为了解决实际的问题而存在。

第一个环节是对问题的构建和概念化。同学们想象一下一个医生接到一个病人后，如果不仔细研究病情，分析问题出在何处，就直接开药、动手术，后果会如何呢？在心理咨询领域，有一个名词叫作"个案概念化"。它的意思是心理咨询师通过观察分析，先评估界定来访者的问题，以指导后续的咨询进程；否则，可能很多次的咨询、治疗，都是在原地绕圈。

我们做机器学习项目，道理也很类似。如果每个团队成员都知道项目要解决的是什么问题，那么项目也许已经成功了一半，然而有很多人其实是不知道大方向所在的。

因此，不是一开始就建立模型，而是首先构建你的问题。反复问一问自己、问一问客户和其他项目干系人，目前的痛点是什么、要解决的问题是什么、目标是什么。对这些关键问题的回答可以说是相当重要的，但是很奇怪的是在现实中最关键的内容反而最有可能被忽略。

举例来说，看一下下面这个问题的定义。

■ 痛点：某商家准备推出一系列促销活动，目的是增加顾客黏性，降低流失率。但是如果促销活动的参与度不高，就不会有好的效果，力气也就白费。因此，只有设计出来的活动是顾客所感兴趣的，才会起到作用。

■ 现状：已经收集了过去几年顾客的信息及其行为模式数据，如顾客所购买商品的价格、数量、频率等。

■ 目标：根据已有的顾客行为模式数据，推断（学习）出最佳的商品和折扣项目，以确保设计出来的活动有较高的参与度。

这就是一个定义比较清楚，有可能起到作用的机器学习项目。再看一下下面这个问题的定义。

■ 痛点：股票市场的波动性大，难以预测。

■ 现状：已经收集了股票市场过去 10 年的详细信息，例如每一只股票每天的收盘价、月报、季报等。

■ 目标：通过学习历史数据，预测股市。

这个"预测股市"，看起来也许是机器学习问题，实际上可能是一个伪机器学习问题。因为对目标的定义太不具体了。预测股市的什么内容？是某只股票的第二天的价格，还是未来一个月整体的走势？而且机器学习是否能在股市预测中发挥作用？似乎不大可能。我们可以运用这样一个简单的方法去评判机器学习是否会生效：如果机器学习无法预测历史，它就无法预测未来。这是因为机器学习只能识别出它曾经见过的东西。要想在过去的数据的基础上预测未来，其实存在一个假设，就是未来的规律与过去相同。但对于股价而言，事实往往并非如此[1]。也就是说，即使用1998—2007 年的全部数据去训练机器，机器也不能预测出 2008 年的金融危机，因此它也不大可能成功预测未来。

小冰点头称是。

咖哥接着说："下面我们一边讲，一边同步进行另一个机器学习项目的实战。"

这里要向大家介绍 **MNIST 数据集**。这个数据集相当于是机器学习领域的 Hello World，非常的经典，里面包含 60 000 张训练图像和 10 000 张测试图像，都是 28px×28px 的手写数字灰度图像，如下图所示。"

---

① 肖莱. Python 深度学习 [M]. 张亮，译. 北京：人民邮电出版社，2018.

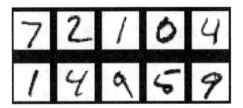

MNIST 数据集中的手写数字灰度图像

此处要解决的问题是：将手写数字灰度图像分类为 0，1，2，3，4，5，6，7，8，9，共 10 个类别。

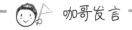 咖哥发言

灰度图像与黑白图像不同哦，黑白图像只有黑、白两种颜色，对应的像素的值是 0 和 1；而灰度图像在黑色与白色之间还有许多灰度级别，取值为 0 ～ 255。

1.5.2 第 2 个环节：数据的收集和预处理

数据是机器学习的燃料。机器学习项目的成败，数据很可能是关键。

下面主要介绍以下内容。

■ 原始数据的准备。

■ 数据的预处理。

■ 特征工程和特征提取。

■ 载入 MNIST 数据集。

1. 原始数据的准备

原始数据如何获得呢？有时候是自有的数据（如互联网公司拥有的大量的客户资料、购物行为历史信息），或者需要上网爬取数据；有时候是去各种开源数据网站下载（ImageNet、Kaggle、Google Public Data Explorer，甚至 Youtube 和维基百科，都是机器学习的重要数据源），或者可以购买别人的数据。

2. 数据的预处理

从本机或者网络中载入原始数据之后，预处理工作包括以下几个部分。

■ **可视化**（visualization）：要用 Excel 表和各种数据分析工具（如前面说的 Matplotlib 或者 Seaborn）从各种角度（如列表、直方图、散点图等）看一看数据。对数据有了基本的了解，才方便进一步分析判断。

■ **数据向量化**（data vectorization）：把原始数据格式化，使其变得机器可以读取。例如，将原始图片转换为机器可以读取的数字矩阵，将文字转换为 one-hot 编码，将文本类别（如男、女）转换成 0、1 这样的数值。

■ 处理**坏数据**和**缺失值**：一笔数据可不是全部都能用，要利用数据处理工具来把"捣乱"的"坏数据"（冗余数据、离群数据、错误数据）处理掉，把缺失值补充上。

■ **特征缩放**（feature scaling）：特征缩放方法有很多，包括数据**标准化**（standardization）

和**规范化**（normalization）等。

- □ 标准化，是对数据特征分布的转换，目标是使其符合正态分布（均值为 0，标准差为 1）。因为如果数据特征不符合正态分布的话，就会影响机器学习效率。在实践中，会去除特征的均值来转换数据，使其居中，然后除以特征的标准差来对其进行缩放。
- □ 标准化的一种变体是将特征压缩到给定的最小值和最大值之间，通常为 0 ~ 1。因此这种特征缩放方法也叫**归一化**。归一化不会改变数据的分布状态。
- □ 规范化，则是将样本缩放为具有单位范数的过程，然后放入机器学习模型，这个过程消除了数据中的离群值。
- □ 在 Sklearn 的 preprocessing 工具中可以找到很多特征缩放的方法。在实战中，要根据数据集和项目特点选择适宜的特征缩放方法。

数据预处理的原则如下。

- 全部数据应转换成数字格式（即向量、矩阵、3D、4D、5D）的数组（张量）。
- 大范围数据值要压缩成较小值，分布不均的数据特征要进行标准化。
- 异质数据要同质化（homogenous），即同一个特征的数据类型要尽量相同。

3. 特征工程

特征工程仍然是在机器对数据集学习之前进行的操作，广义上也算数据预处理。

特征工程是使用数据的领域知识来创建使机器学习算法起作用的特征的过程。特征工程是机器学习的重要环节，然而这个环节实施困难又开销昂贵，相当费时费力。

有时，我们也会听到特征提取（feature extraction）的概念，它是特征工程的一个类型，它是通过子特征的选择来减少冗余特征，使初始测量数据更简洁，同时保留最有用的信息。

为什么要对数据的特征进行处理？因为机器学习之所以能够学到好的算法，关键看特征的质量。那就需要思考下面的问题。

（1）如何选择最有用的特征给机器进行学习？

（2）如何把现有的特征进行转换、强化、组合，创建出来新的、更好的特征？

比如，对于图像数据，可以通过计算直方图来统计图像中像素强度的分布，得到描述图像颜色的特征。又比如，通过调整原始输入数据的坐标轴的方向（坐标变换），就有可能使问题得到更好的描述。总而言之，就是通过各种手段让数据更好地为机器所用。

在深度学习时代，对于一部分机器学习问题，自动化的特征学习可以减少对手动特征工程的需求。但特征工程在另一些机器学习问题中，仍然是不可或缺的环节。

4. 载入 MNIST 数据集

下面用 1.2.4 节中介绍过的方法新建一个 Kaggle Notebook，并在其中直接载入 Keras 自带的 MNIST 数据集，如下段代码所示（注意，需要打开屏幕右侧 Settings 的 Internet 选项才能载入该数据集，如下图所示）。

```
import numpy as np # 导入 NumPy 库
import pandas as pd # 导入 Pandas 库
from keras.datasets import mnist # 从 Keras 中导入 MNIST 数据集
# 读入训练集和测试集
(X_train_image, y_train_label), (X_test_image, y_test_label) = mnist.load_data()
```

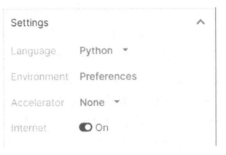

Kaggle Notebook 的 Internet 选项

单击 Kaggle Notebook 中的 ▶ 图标运行上面的代码后，这个数据集里面的数据就被读入以下 NumPy 张量。

- **X_train_image**：训练集特征——图片。
- **y_train_label**：训练集标签——数字。
- **X_test_image**：测试集特征——图片。
- **y_test_label**：测试集标签——数字。

数据向量化的工作 MNIST 数据集已经为我们做好了，可以直接显示这些张量里面的内容：

```
print ("数据集张量形状:", X_train_image.shape) # 用 shape 方法显示张量的形状
print ("第一个数据样本:\n", X_train_image[0]) # 注意 Python 的索引是从 0 开始的
```

代码运行后的输出结果如下：

```
数据集张量形状: (60000,28,28)
第一个数据样本:
[[  0   0   0   0   0   0   0   0   0   0   0   0   0   0   0   0   0   0
    0   0   0   0   0   0   0   0   0   0]
 ... ...
 ... ...
 [  0   0   0   0   0   0   0   0  30  36  94 154 170 253 253 253 253 253
  225 172 253 242 195  64   0   0   0   0]
 [  0   0   0   0   0   0   0  49 238 253 253 253 253 253 253 253 253 251
   93  82  82  56  39   0   0   0   0   0]
 ... ...
 ... ...
 [  0   0   0   0   0   0   0   0   0   0   0   0   0   0   0   0   0   0
    0   0   0   0   0   0   0   0   0   0]]
```

shape 方法显示的是 **X_train_image** 张量的形状。灰度图像数据集是 3D 张量，第一个维度是样本维（也就是一张一张的图片，共 60 000 张），后面两个是特征维（也就是图片的 28px×28px 的矩阵）。因为 28px×28px 的矩阵太大，这里省略了部分输入内容，你们可以发现灰度信息主要集中在矩阵的中部，边缘部分都是 0 填充，是图片的背景。数字矩阵的内容差不多如下图所示。

再看一下标签的格式：

```
print ("第一个数据样本的标签:", y_train_label[0])
```

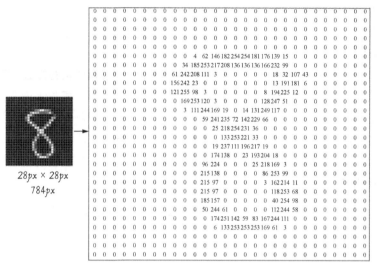

数字矩阵存储图片信息的方式——这个矩阵就是机器需要学习的内容

输出显示数字 8——上面这么大的一个数字矩阵,到头来只变成一个简单的信息 8:

第一个数据样本的标签:8

上面的数据集在输入机器学习模型之前还要做一些数据格式转换的工作:

```
from tensorflow.keras.utils import to_categorical # 导入 One-hot 编码工具
X_train = X_train_image.reshape(60000, 28, 28, 1) # 给标签增加一个维度
X_test = X_test_image.reshape(10000, 28, 28, 1) # 给标签增加一个维度
y_train = to_categorical(y_train_label, 10) # 特征转换为 one-hot 编码
y_test = to_categorical(y_test_label, 10) # 特征转换为 one-hot 编码
print ("训练集张量形状:", X_train.shape) # 训练集张量的形状
print ("第一个数据标签:", y_train[0]) # 显示标签集的第一个数据
```

输出新的数据格式:

训练集张量形状:(60000, 28, 28, 1)
第一个数据标签:[0. 0. 0. 0. 0. 0. 0. 0. 1. 0.]

解释一下为何需要新的格式。

(1) Keras 要求图像数据集导入卷积网络模型时为 4 阶张量,最后一阶代表颜色深度,灰度图像只有一个颜色通道,可以设置其值为 1。

(2) 在机器学习的分类问题中,标签 [0. 0. 0. 0. 0. 0. 0. 0. 1. 0.] 就代表着类别值 8。这是等会儿还要提到的 one-hot 编码。

1.5.3 第 3 个环节:选择机器学习模型

第 3 个环节先是选择机器学习模型的算法类型,然后才开始训练机器确定参数。

各种 Python 机器学习框架中有很多类型的算法,主要包括以下几种。

- 线性模型（线性回归、逻辑回归）。
- 非线性模型（支持向量机、k 最邻近分类）。
- 基于树和集成的模型（决策树、随机森林、梯度提升树等）。
- 神经网络（人工神经网络、卷积神经网络、长短期记忆网络等）。

那么究竟用哪个呢？

答案是——这与要解决的问题有关。没有最好的算法，也没有最差的算法。随机森林也许处理回归类型问题很给力，而神经网络则适合处理特征量巨大的数据，有些算法还能够通过集成学习的方法组织在一起使用。只有通过实践和经验的积累，深入地了解各个算法，才能慢慢地形成"机器学习直觉"。遇见的多了，一看到问题，就知道大概何种算法比较适合。

那么我们为 MNIST 数据集手写数字识别的问题选择什么算法作为机器学习模型呢？这里挑一个图片处理最强的工具，就是大名鼎鼎的卷积神经网络。

咖哥此处忽然笑了两声。小冰说："你笑什么呢？"咖哥说："卷积神经网络处理这个 MNIST 小问题，我都觉得'杀鸡用牛刀'了。下面看看代码吧。"

```python
from keras import models # 导入 Keras 模型，以及各种神经网络的层
from keras.layers import Dense, Dropout, Flatten, Conv2D, MaxPooling2D
model = models.Sequential() # 用序贯方式建立模型
model.add(Conv2D(32, (3, 3), activation='relu', # 添加 Conv2D 层
            input_shape=(28, 28, 1))) # 指定输入数据样本张量的类型
model.add(MaxPooling2D(pool_size=(2, 2))) # 添加 MaxPooling2D 层
model.add(Conv2D(64, (3, 3), activation='relu')) # 添加 Conv2D 层
model.add(MaxPooling2D(pool_size=(2, 2))) # 添加 MaxPooling2D 层
model.add(Dropout(0.25)) # 添加 Dropout 层
model.add(Flatten()) # 展平
model.add(Dense(128, activation='relu')) # 添加全连接层
model.add(Dropout(0.5)) # 添加 Dropout 层
model.add(Dense(10, activation='softmax')) # Softmax 分类激活，输出 10 维分类码
# 编译模型
model.compile(optimizer='rmsprop', # 指定优化器
            loss='categorical_crossentropy', # 指定损失函数
            metrics=['accuracy']) # 指定验证过程中的评估指标
```

这里先简单地解释一下代码中都做了些什么（当然更多的细节要以后再说）。这段代码把数据集放入卷积神经网络进行处理。这个网络中包括两个 Conv2D（二维卷积）层，两个 MaxPooling2D（最大池化）层，两个 Dropout 层用于防止过拟合，还有 Dense（全连接）层，最后通过 Softmax 分类器输出预测标签 y' 值，也就是所预测的分类值。这个 y' 值，是一个 one-hot（即"一位有效编码"）格式的 10 维向量。我们可以将 y' 与标签真值 y 进行比较，以计算预测的准确率。整个过程如下图所示。

 咖哥发言

我当然知道上面这段话里面出现了很多生词，比如 Softmax、卷积、最大池化、过拟合、one-hot、10 维向量等，我们后面将一点一点把这些词语全部搞明白。现在的目的主要是解释项目实战的流程，所以大家先不要害怕新概念，耐心一点跟着我往下走。

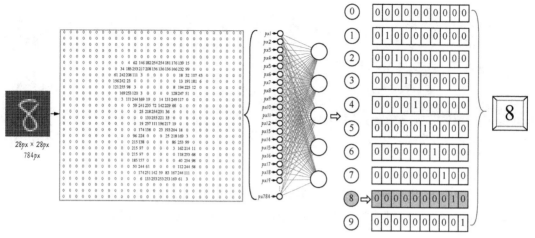

卷积神经网络实现手写数字识别

1.5.4 第 4 个环节：训练机器，确定参数

确定机器学习模型的算法类型之后，就进行机器的学习，训练机器以确定最佳的模型内部参数，并使用模型对新数据集进行预测。之所以说在这一环节中确定的是模型**内部参数**，是因为机器学习中还有超参数的概念。

■ **内部参数**：机器学习模型的具体参数值，例如线性函数 $y=2x+1$，其中的 2 和 1 就是模型内参数。在机器学习里面这叫作**权重**（weight）和**偏置**（bias）。神经网络也类似，每一个节点都有自己的权重（或称 kernel），网络的每一层也有偏置。模型内参数在机器的训练过程中被确定，机器学习的过程就是把这些参数的最佳值找出来。

■ **超参数**（hyperparameter）：位于机器学习模型的外部，属于训练和调试过程中的参数。机器学习应该迭代（被训练）多少次？迭代时模型参数改变的速率（即学习率）是多大？正则化参数如何选择？这些都是超参数的例子，它们需要在反复调试的过程中被最终确定。这是机器学习第 5 个环节中所着重要做的工作。

下面用 fit（拟合）方法，开始对机器进行 5 轮的训练：

```
model.fit(X_train, y_train, # 指定训练特征集和训练标签集
        validation_split = 0.3, # 部分训练集数据拆分成验证集
        epochs=5, # 训练轮次为 5 轮
        batch_size=128) # 以 128 为批量进行训练
```

在上面的训练过程中，fit 方法还自动地把训练集预留出 30% 的数据作为验证集（马上就会讲到什么是验证集），来验证模型准确率。

输出结果如下：

```
Train on 42000 samples, validate on 18000 samples
Epoch 1/5
42000/42000 [==============================] - 62s 1ms/step - loss: 0.9428 -
accuracy: 0.8827 - val_loss: 0.1172 - val_accuracy: 0.9677
Epoch 2/5
42000/42000 [==============================] - 61s 1ms/step - loss: 0.1422 -
accuracy: 0.9605 - val_loss: 0.0917 - val_accuracy: 0.9726
```

```
Epoch 3/5
42000/42000 [==============================] - 62s 1ms/step - loss: 0.1065 -
accuracy: 0.9700 - val_loss: 0.0735 - val_accuracy: 0.9807
Epoch 4/5
42000/42000 [==============================] - 61s 1ms/step - loss: 0.0885 -
accuracy: 0.9756 - val_loss: 0.0602 - val_accuracy: 0.9840
Epoch 5/5
42000/42000 [==============================] - 61s 1ms/step - loss: 0.0813 -
accuracy: 0.9779 - val_loss: 0.0692 - val_accuracy: 0.9842
```

以上显示的 5 轮训练中，准确率逐步提高。

■ accuracy：代表训练集上的预测准确率，最后一轮达到 0.977 9。

■ val_accuracy：代表验证集上的预测准确率，最后一轮达到 0.984 2。

小冰发问："刚才预测加州房价也是用的 fit 方法，怎么没看见程序输出这个一轮一轮的训练过程信息呢？"咖哥说："我们现在训练的是神经网络，训练一次称为一轮。刚才用的是 Sklearn 里面的 LinearRegression 模型，训练的过程也是经过了多次迭代，只是该过程已经完全封装在方法内部了，并没有显示出来。"

小冰又问："那么训练 5 轮之后，咱们这个卷积神经网络模型的模型内参数都是什么呢？怎么看呢？"咖哥说："那是看不到的，因为卷积神经网络中的参数太多了，以万为计。但是我们可以把训练好的模型保存下来，以供将来调用。"

1.5.5 第 5 个环节：超参数调试和性能优化

机器学习**重在评估**，只有通过评估，才能知道当前模型的效率，才能在不同模型或同一模型的不同超参数之间进行比较。举例来说，刚才的训练轮次——5 轮，是一个超参数。我们想知道对于当前的卷积神经网络模型来说，训练多少轮对于 MNIST 数据集最为合适。这就是一个调试超参数的例子，而这个过程中需要各种评估指标作为调试过程的"风向标"。正确的评估指标相当重要，因为如果标准都不对，最终模型的效果会南辕北辙，性能优化更是无从谈起。

下面介绍两个重要的评估点。

■ 在机器训练过程中，对于模型内部参数的评估是通过**损失函数**进行的。以后还要详细介绍各种损失函数，例如回归问题的均方误差函数、分类问题的交叉熵（就是本例中的 categorical_crossentropy）函数，都是内部参数的评估方法。这些损失函数指出了当前模型针对训练集的预测误差。这个过程在第 4 个环节中，调用 fit 方法后就已经完成了。

■ 在机器训练结束后，还要进行**验证**，验证过程采用的评估方式包括前面出现过的 R2 分数以及均方误差函数、平均绝对误差函数、交叉熵函数等各种标准。目前的这个卷积神经网络模型中的参数设定项 metrics= ['accuracy']，指明了以 accuracy，即分类的准确率作为**验证指标**。验证过程中的评估，既评估了模型的内部参数，也评估了模型的超参数。

1. 训练集、验证集和测试集

为了进行模型的评估，一般会把数据划分成 3 个集合：训练数据集、验证数据集和测试数据集，简称**训练集**（training set）、**验证集**（validation set）和**测试集**（test set）。在训练集上训练模型，在验证集上评估模型。感觉已经找到最佳的模型内部参数和超参数之后，就在测试集上进行最终测试，以确定模型。

小冰问："一个训练集和一个测试集还不够吗？"

咖哥答道："也许简单的机器学习项目，2个集合也就够了。但是大型机器学习项目，至少需要3个集合"。

机器学习模型训练时，会自动调节模型内部参数。这个过程中经常出现**过拟合**（overfit）的现象。过拟合现在是个新名词，不过后面我们几乎随时都要和过拟合现象作战。目前来说，大家可以把过拟合理解为模型对当前数据集的针对性过强了，虽然对训练集拟合效果很好，但是换一批新数据就不灵了。这叫作模型的**泛化能力弱**。

解决了在训练集上的过拟合问题之后，在继续优化模型的过程中，又需要反复地调整模型外部的超参数，这个过程是在训练集和验证集中共同完成的。这个调试、验证过程会导致模型在验证集上也可能过拟合，因为调试超参数本身也是一种训练。这个现象叫作**信息泄露**（information leak）。也就是说，即使我们选择了对验证集效果最好的超参数，这个好结果也不一定真的能泛化到最终的测试集。

即使得到的模型在验证集上的性能已经非常好，我们关心的还是模型在全新数据上的性能。因此，我们需要使用一个完全不同的、前所未见的数据集来对模型进行最终的评估和校正，它就是测试集。在最终验证之前，我们的模型一定不能读取任何与测试集有关的任何信息，一次也不行。

下面就在 MNIST 测试集上进行模型效率的验证，如下段代码所示。这个测试集的任何数据信息都没有在模型训练的过程中暴露过。

```
score = model.evaluate(X_test, y_test) # 在验证集上进行模型评估
print('测试集预测准确率：', score[1]) # 输出测试集上的预测准确率
```

结果显示测试准确率达到 0.983 8，成绩相当不错：

```
测试集预测准确率：0.9838
```

2. K 折验证

上面的测试集测试结果相当不错，但问题是，如果最终验证结果仍不尽如人意的话，那么继续调试和优化就会导致这个最终的测试集又变成了一个新的验证集。因此需要大量新数据的供给，以创造出新的测试数据集。

数据，很多时候都是十分珍贵的。因此，如果有足够的数据可用，一般来说按照60%、20%、20% 的比例划分为训练集、验证集和测试集。但是如果数据本身已经不大够用，还要拆分出 3 个甚至更多个集合，就更令人头疼。而且样本数量过少，学习出来的规律会失去代表性。因此，机器学习中有重用同一个数据集进行多次验证的方法，即 K 折验证，如下图所示。

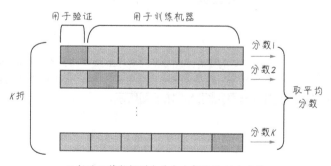

K 折验证将数据划分为大小相同的 K 个分区

K 折验证（K-fold validation）的思路是将数据划分为大小相同的 K 个分区，对于每个分区，都在剩余的 K-1 个分区上训练模型，然后在留下的分区上评估模型。最终分数等于 K 个分数的平均值。对于数据集的规模比较小或者模型性能很不稳定的情况，这是一种很有用的方法。注意 K 折验证仍需要预留独立的测试集再次进行模型的校正[1]。

3. 模型的优化和泛化

优化（optimization）和泛化（generalization），这是机器学习的两个目标。它们之间的关系很微妙，是一种此消彼长的状态。

■ 如何成功地拟合已有的数据，这是性能的**优化**。

■ 但是更为重要的是如何把当前的模型**泛化**到其他数据集。

模型能否泛化，也许比模型在当前数据集上的性能优化更重要。经过训练之后 100 张猫图片都能被认出来了，但是也没什么了不起，因为这也许是通过死记硬背实现的，再给几张新的猫图片，就不认识了。这就有可能是出现了"过拟合"的问题——机器学习到的模型太过于关注训练数据本身。

关于优化、泛化和过拟合，这里就先蜻蜓点水式地简单说说它们的概念。在后面的课程中还会很详细地讲如何避免过拟合的问题。而对于目前的 MNIST 数据集，卷积神经网络模型是没有出现过拟合的问题的，因为在训练集、验证集和测试集中，评估后的结果都差不多，预测准确率均为 98% 以上，所以模型泛化功能良好。

这时小冰又开口了："我憋了半天，一直想问一个问题呢。这里预测准确率是给出来了，但是具体的预测结果在什么地方呢？你说的百分之九十八点多少，我也没看见啊？怎么证明呢？"

小冰一说，其他同学频频点头。

4. 怎么看预测结果

其实在测试集上进行评估之后，机器学习项目就大功告成了。想知道具体的预测结果，可以使用 predict 方法得到模型的预测值。下面看看代码吧。

```
pred = model.predict(X_test[0].reshape(1, 28, 28, 1)) # 预测测试集第一个数据
print(pred[0], "转换一下格式得到：", pred.argmax()) # 把 one-hot 编码转换为数字
import matplotlib.pyplot as plt # 导入绘图工具包
plt.imshow(X_test[0].reshape(28, 28), cmap='Greys') # 输出这个图片
```

前两行代码，是对测试集第一个数据（Python 索引是从 0 开始的）进行预测，并输出预测结果。argmax 方法就是输出数组里面最大元素的索引，也就是把 one-hot 编码转换为实际数值。

输出结果如下：

```
[[0. 0. 0. 0. 0. 0. 0. 1. 0. 0.]] 转换一下格式得到：7
```

后面的 plt.imshow 函数则输出原始图片，如下图所示。

---

[1] 肖莱. Python 深度学习 [M]. 张亮，译. 北京：人民邮电出版社，2018.

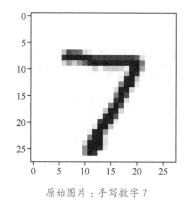

原始图片：手写数字 7

果然是正确答案 7，与预测结果的 one-hot 编码相匹配，证明预测对了！

5. 调试过程出错怎么办

前面的实战过程都比较顺利，那是因为代码都是现成的。然而，在同学们自己进行 Python 程序调试、运行的时候，难免遇到系统报错。这些信息有时只是 Warning（警告），说明一些参数或设置可能要过时了，但是目前还能用。这些警告信息暂时可以忽略，也可以跟着 Python 的提示进行修正。

然而，如果出现类似于下图所示的 Error 信息，说明程序代码出错了。这时不要着急，Python 会用箭头指出出错的语句，接着给出出错的具体原因。跟着这些信息，需要进行相应的代码修改。

```
IndexError                                Traceback (most recent call last)
<ipython-input-72-bdb554fec82a> in <module>()
      3 plt.imshow(X_test[0].reshape(28, 28),cmap='Greys')
      4 pred = model.predict(X_test[0].reshape(1, 28, 28, 1))
----> 5 print(pred[1],"转换一下格式得到: ",pred.argmax())

IndexError: index 1 is out of bounds for axis 0 with size 1
```

Error 信息

很难预测到具体实战时会出现什么样的错误。此时，不要恐慌，冷静分析是第一步。如果多次尝试也无法解决问题，去 Google 搜索一下报错的内容，可能就会得到答案，或者，鼓起勇气请教身边的 Python "专家"吧。

在本节的最后，再强调一下，在机器学习实战开始之前，以及过程当中，应反复问问自己以下几个问题。

■ 要解决的问题是什么，即机器学习项目的最终目标是什么？

■ 我们目前拥有或者要搜集的数据集是哪种类型？数值型、类别型还是图像？

■ 有现成的数据吗？数据集搜集整理过程中可能会遇到哪些困难？

■ 以目前的知识来看，哪些算法可能是比较好的选择？

■ 如何评判算法的优劣，即如何定义和衡量机器学习的"准确率"？

那么如果机器学习模型的调试过程中出现了问题，原因会出在哪里呢？可能出在任何一个环节：问题定义得不好，数据集质量不好，模型选得不好，机器训练得不好，评估调试得不好，都有可能使机器学习项目停止，无法进一步优化。

1.6 本课内容小结

同学们，祝贺大家终于学完了这最为基础的一课。万事开头难，本课中理论的东西有点多，目前大家理解起来应该是挺辛苦的。因为基于长期实践总结出来的东西，对于没有上过手的人来说，难免学起来是一头雾水。这是正常的现象。也许上完全部课程后，回过头来复习，你们会有更多的感悟。

下面是本课中的重点内容。

（1）首先是机器学习的内涵：机器学习的关键内涵在于从大量的数据中发现一个"模型"，并通过它来模拟现实世界事物间的关系，从而实现预测或判断的功能。

- 从这个定义出发，机器学习可以分为监督学习、无监督学习、半监督学习，以及深度学习、强化学习等类型。这些学习类型之间的界限是比较模糊的，彼此之间有交集，也可以相互组合。比如，深度学习和强化学习技术同时运用，可以形成深度强化学习模型。
- 我们也给出了最基本的机器学习术语，如特征、标签和模型等。

（2）通过在线的 Jupyter Notebook，可以方便快捷地进行机器学习实战。Colab 和 Kaggle，是两个提供免费 Jupyter Notebook 的平台，可以在其中通过 Python 编写机器学习源代码。

机器学习是一个有很强共享精神的领域，不仅免费在线开发工具多，无论是数据集、算法，还是库函数和框架方面，都有很多开源的项目可供选择。

- Scikit-learn 是重点介绍的机器学习算法库。
- Keras 是重点介绍的深度学习算法库。

（3）最后给出了机器学习项目实战流程中的 5 个环节，指导我们进行实战，具体包括问题定义、数据的收集和预处理、选择机器学习模型、训练机器，确定参数、超参数调试和性能优化，如下图所示。

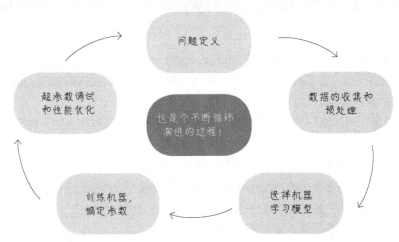

不断优化，找到最佳模型

总而言之，机器学习实战的各个环节就像机器学习模型训练一样，是一个反复迭代的过程。只有不断优化，才能找到最完善的模型、达到最佳状态，这也是符合敏捷（agile）和 DevOps 那种快捷的、迭代式 IT 产品开发原则的。其秘密就是：迅速拿出一个可用产品的雏形，然后持续完善它。嗯，跑题了，下课吧。不过，别忘记完成课后的练习哦。

1.7 课后练习

练习一　请同学们列举出机器学习的类型，并说明分类的标准。

练习二　解释机器学习术语：什么是特征，什么是标签，什么是机器学习模型。

练习三　我们已经见过了 Google 中的加州房价数据集和 Keras 自带的 MNIST 数据集，请同学们自己导入 Keras 的波士顿房价（boston_housing）数据集，并判断其中哪些是特征字段，哪些是标签字段。

（提示：使用语句 from keras.datasets import boston_housing 导入波士顿房价数据集。）

练习四　参考本课中的两个机器学习项目代码，使用 LinearRegression 线性回归算法对波士顿房价数据集进行建模。

第2课 数学和 Python 基础知识——一天搞定

在第1课中，小冰学到了如何通过机器学习预测房价、如何实现手写数字识别。于是小冰信心满满地问咖哥："今天咱们用机器学习解决什么新问题？"

"先不要急，小冰。"咖哥说，"在系统地讲解各种机器学习算法之前，我们要先花一天的时间来看一下与机器学习密切相关的数学知识。所谓'不积跬步，无以至千里'，机器学习的数学基础包括函数、线性代数、概率与统计、微积分，等等。"

听到这里，小冰的嘴已经张得很大："天啊，这些知识我几乎全还给老师了，你居然说只用一天时间看一下。"

"别急！我们要说的数学内容，重在理解而不重在推导，重在领悟而不重在计算。目的是帮你们建立起机器学习的直觉。"

小冰联想到一大堆的数学符号，开始皱眉头

"除了数学之外，机器学习的另一个基础就是 Python 语法，尤其是和 NumPy 数组操作相关的语句，也要介绍一下。同样地，还是先给出本课重点吧。"

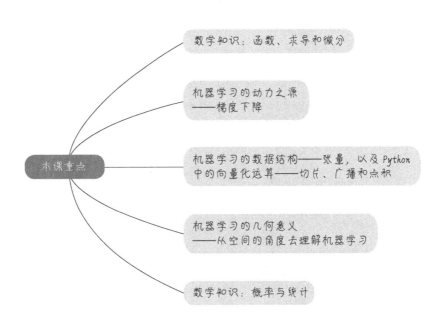

本课重点
- 数学知识：函数、求导和微分
- 机器学习的动力之源——梯度下降
- 机器学习的数据结构——张量，以及 Python 中的向量化运算——切片、广播和点积
- 机器学习的几何意义——从空间的角度去理解机器学习
- 数学知识：概率与统计

2.1 函数描述了事物间的关系

"四方上下曰宇，往古来今曰宙。"我们所生活的世界上至无限苍穹，下至微观粒子，瞬息万变。"仰观宇宙之大，俯察品类之盛。"想要把握其中的全部奥妙，难度极大。然而，人类一直在努力探寻事物之间的联系和规律，从而把复杂的现象简单化、抽象化，使之尽量变得有条理，变得可以预测。

整个科学体系就试图整理出"宇宙的运行规则"。而函数，可以视为一种模型，这种模型是对客观世界复杂事物之间的关系的简单模拟。有了这种模拟，从已知到未知的运算、预测或判断，就成为可能。

2.1.1 什么是函数

函数描述了输入与输出的关系。在函数中，一个事物（输出）随着另一个（或一组）事物（输入）的变化而变化，如下图所示。

输入	关系	输出
0	平方	0
1	平方	1
2	平方	4
3	平方	9
...	...	...

输入与输出的关系

一般情况下，用 x（或 $x_1, x_2, x_3, \cdots$）表示输入，用 y 表示输出，并把它们叫作变量，同时用 $f(x)$ 来表示从 x 到 y 之间转换的过程，它也是函数的名字，如下图所示。

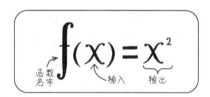

用解析式表述函数

上面这种表述函数的方法叫作解析式法，除此之外，还可以用列表法、图像法和语言叙述法等表述函数。其中，最直观的是通过图像来描述自变量和因变量之间的关系，如下图所示。但并不一定所有的函数都能够或者需要用图像来表述。

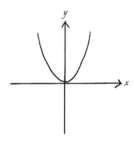

用图像表述函数

函数的输入和输出，很多情况下都是数字，但是也不完全如此。函数可以反映非数字之间的关系。比如，函数的输入可以是编号，输出可以是人名，关系就是"S1105560Z"→"黄先生"。在机器学习中，反映非数字之间的关系的函数就更常见了，比如，从狗的图片（输入）到狗的种类（输出）。

因此需要用一个更强大的工具来帮助定义函数——集合。集合里面的每个东西（如"数字1""狗的图片"或"黄先生"），不管是不是数字，都是集合成员或元素。所以，函数的输入是一个集中的元素，通过对应法则来输出另一个集中的元素。因此，大家可能还记得，初中的时候学过：定义域（也就是输入集）、值域（也就是输出集）和对应法则（也就是关系）被称为函数三要素。

那么说到此处，函数的定义就完善了吗？还没有。**函数把一个集里的每一个元素联系到另一个集里一个独一的值**（该定义参考自"数学乐"网站的文章《函数是什么》）。这才算是较严谨的函数定义，如下图所示。

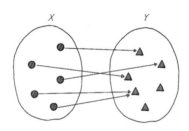

函数反映了两个集合之间的对应关系

有以下两点需要注意。

（1）**输入**集中的**每一个元素** X 都要被"照顾"到（不过输出集 Y 并不一定需要完全覆盖。想象一下有一组狗的图片，全部鉴别完之后，发现其中缺少一个类型的狗，这是可能的）。

（2）函数的**输出**值是**独一无二**的。一个输入绝对不能够对应多个输出。比如，一张狗的图片，鉴定后贴标签时，认为既是哈士奇，又是德国牧羊犬。这种结果令人困惑，这样的函数我们也不接受。

如下面左图，是函数无疑；而右图，虽然也体现了从输入到输出之间的关系，但是有的 X 值同时对应了几个 Y 值，不满足函数的定义，所以它不是函数。

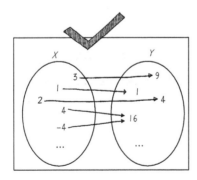 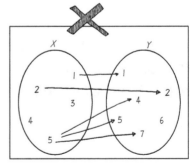

左图满足函数定义，右图不满足函数定义

2.1.2 机器学习中的函数

机器学习基本上等价于寻找函数的过程。机器学习的目的是进行预测、判断，实现某种功能。

通过学习训练集中的数据，计算机得到一个从 x 到 y 的拟合结果，也就是函数。然后通过这个函数，计算机就能够从任意的 x，推知任意的 y。这里的自变量 x，就是机器学习中数据集的特征，而特征的个数，通常会多于一个，记作 $x_1, x_2, \cdots, x_n$。如下图中的示例：机器学习通过电影的成本、演员等特征数据，推测这部电影可能收获的票房。

$$f_{票房}\begin{pmatrix} x_{成本} \to 100\ 万 \\ x_{演员} \to 大明星 \\ x_{广告} \to 200\ 万 \end{pmatrix} = 1亿元$$

机器学习到的函数，实现了从特征到结果的一个特定推断。

机器学习到的函数模型有时过于复杂，并不总是能通过集合、解析式或者图像描述出来。然而，不能直观描述，并不等于函数就不存在了，机器学习所得到的函数正是事物之间的关系的体现，并发挥着预测功能。换句话说，大数据时代的机器学习，不是注重特征到标签之间的因果**逻辑**，而是注重其间的相关**关系**。

那么如何衡量通过机器学习所得到的函数是不是好的函数呢？在训练集和验证集上预测准确，而且能够泛化到测试集，就是好函数。对结果判断的准确性，是机器学习函数的衡量标准，在这个前提之下，我们把科学体系中原本的核心问题**"为什么"**，转移到了**"是什么"**这个更加实用的目标。

Kaggle 上面有一个很知名的竞赛，其训练集中包含泰坦尼克号登船乘客的详细信息（这是特征），以及生还与否的记录（这是标签），目标则是去预测测试集中的每一位乘客是存活还是死亡。这个竞赛数据集的说明如下图所示。

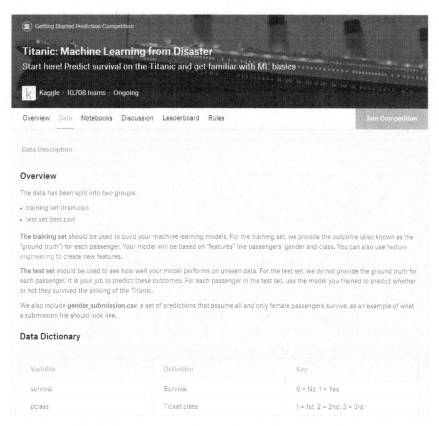

存活或死亡？——泰坦尼克号机器学习竞赛数据集

面对这样的数据集，如何去寻找一个好的函数呢？你们可能听说过，当时船长曾提议让女士和儿童优先离船，登上救生艇。因此，如果预测女性全部存活，准确率会超过预测男性全部存活。"登船女性全部存活，男性全部遇难"，这也是从特征到标签的简单映射关系，算是一个函数。而且应用这个函数大概可以得到 60% 的预测准确率。然而，这个函数过于简单了，没有含金量。

通过机器学习，可以实现更准确的预测，能够更有效地找到数据特征以及标签之间错综复杂的联系。也就是说，机器通过学习发现了一个更为复杂的函数，能够从各种看似不相关的特征 x 中，预测或者推导出更加靠谱的 y 值。

此时，从数据特征到生还与否的结果间的关系通过机器学习算法拟合到了极为细微的程度。比如，某个家庭的成员情况（如孩子的个数）、所住的舱位、所在的甲板，以及他们的生活习惯（如是否吸烟）等特征信息，都有可能在冥冥之中影响着乘客们的生命。这些很难用肉眼或者统计学方法去发现的关联性，竟能够通过机器学习算法的推演，得到相当准确的答案。可以说，**机器学习算法得到的函数，往往能看到数据背后隐藏着的、肉眼所不能发现的秘密**。

就这个竞赛来说，"高手"的机器学习模型，甚至可达到 99% 以上的预测准确率。也就是说，如果能够穿越时空，带上机器交给我们的函数来到泰坦尼克号启航的码头，询问每一位乘客几个私人问题，根据他们的回答，就可以基本知晓他们的命运。

传统的机器学习算法包括线性回归、逻辑回归、决策树、朴素贝叶斯等，通过应用这些算法可以得到不同的函数。而深度学习的函数具有复杂的神经网络拓扑结构，网络中的参数通过链式求导来求得，相当于一大堆线性函数的跨层堆叠。它们仿佛存在于一片混沌之中，虽然看不见摸不着，却真实地存在着。

无论是传统的机器学习，还是深度学习，所得到的函数模型都是对样本集中特征到标签的关系的总结，是其相关性的一种函数化的表达。

下面简单说说我们这次机器学习之旅中会见到的一些函数。

1. 线性函数

线性函数是线性回归模型的基础，也是很多其他机器学习模型中最基本的结构单元。线性函数是只拥有一个变量的一阶多项式函数，函数图像是一条直线。下图给出了两个线性函数。

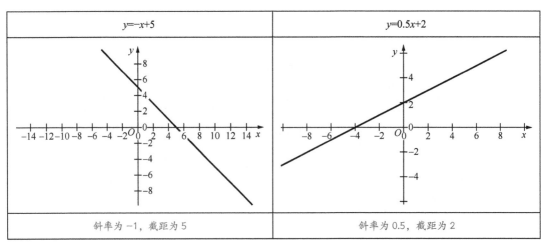

两个线性函数

线性函数适合模拟简单的关系，比如，同一个小区房屋的面积和其售价之间可能会呈现线性的关系。

2. 二次函数和多次函数

函数中自变量 x 中最大的指数被称为函数的次数，比如 $y=x^2$ 就是二次函数。二次函数和多次函数的函数图像更加复杂，因而可以拟合出更为复杂的关系，如下图所示。

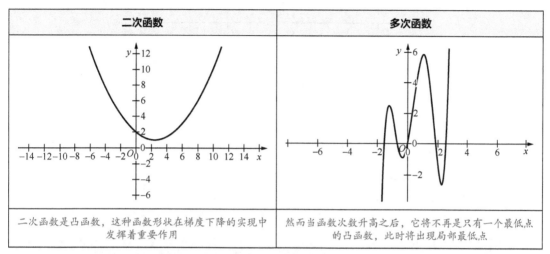

二次函数	多次函数
二次函数是凸函数，这种函数形状在梯度下降的实现中发挥着重要作用	然而当函数次数升高之后，它将不再是只有一个最低点的凸函数，此时将出现局部最低点

二次函数和多次函数

3. 激活函数

还有一组函数在机器学习中相当重要，它们是神经网络中的**激活函数**（activation function）。这组函数我们在数学课上也许没见过，但是它们都十分简单，如下图所示。它们的作用是在机器学习算法中实现非线性的、阶跃性质的变换。其中的 Sigmoid 函数在机器学习的逻辑回归模型中起着重要的作用。

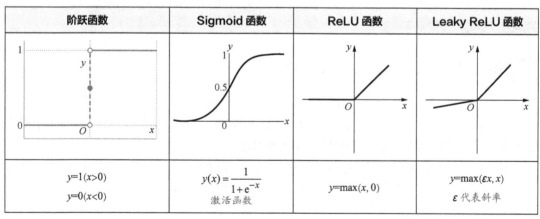

阶跃函数	Sigmoid 函数	ReLU 函数	Leaky ReLU 函数
$y=1(x>0)$ $y=0(x<0)$	$y(x)=\dfrac{1}{1+e^{-x}}$ 激活函数	$y=\max(x, 0)$	$y=\max(\varepsilon x, x)$ ε 代表斜率

激活函数

 咖哥发言

Sigmoid 函数中的 e 叫自然常数，是一个无理数，约等于 2.72。

4. 对数函数

对数函数是指数函数（求幂）的逆运算。原来的指数就是对数的底。从几何意义上说，对数是将数轴进行强力的缩放，再大的数字经对数缩放都会变小。对数函数图像如下图所示。

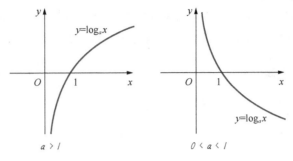

对数函数图像

下面给出对数函数的 Python 代码示例：

```
import math # 导入数学工具包
y = math.log(100000000, 10)# 以 10 为底，在 x 值等于一亿的情况下
print(" 以 10 为底，求一亿的对数：", y)# 求出 y 的值为 8
```

```
以 10 为底，求一亿的对数：8.0
```

如果不指定对数的底，则称 $\log x$ 为自然对数，是以自然常数 e 为底数的对数[1]。在逻辑回归算法中，我们会见到自然对数作为损失函数而出现。

2.2 捕捉函数的变化趋势

机器学习所关心的问题之一是捕捉函数的变化趋势，也就是研究 y 如何随着 x 而变，这个趋势是通过求导和微分来实现的。

2.2.1 连续性是求导的前提条件

连续性是函数的性质之一，它是可以对函数求导的前提条件。

具有连续性的函数，y 值随 x 值的变化是连贯不间断的。并不是所有函数都具有连续性，像上面提到的阶跃函数从 0 到 1 的跃迁明显就不具有连续性。

然而，有连续性的函数对于机器学习来说至关重要。因为机器学习的过程总体来说是对趋势和函数的变化规律的学习。失去了连续性，趋势和变化的规律也就难以用下面所要介绍的方法寻找了。

2.2.2 通过求导发现 y 如何随 x 而变

导数（derivative）是定义在连续函数的基础之上的。想要对函数求导，函数至少要有一段是连续的。导数的这个"导"字命名得好，导，是引导，是导航，它与函数上连续两个点之间的变化趋势，也就是与变化的方向相关。

看下面这张图，在一段连续函数的两个点 A、B 之间，y 值是怎么从 A 点逐渐过渡到 B 点的？

① 此处及本书后续公式中 log 的底数为自然常数 e，标准写法应该为 ln。不过，很多程序语言中都用 log() 函数来实现 ln()，所以程序设计教学过程中往往约定俗成，采用 log() 这一写法。

是因为 x 的变化，y 也随之发生了变化，这个变化记作 dx，dy。

为了演示得比较清楚，A、B 两点离得比较远，通过一条割线，就可以把 dx，dy 割出来。这个割线给出的方向，就是从 A 点到 B 点的变化，也就是割线的斜率。初中数学讲过，直线的斜率就是它相对于横轴的倾斜程度，求法是 dy/dx，也等价于从 A 点到 B 点的变化方向。

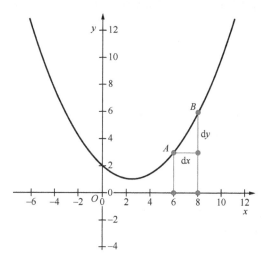

x 变化，导致 y 随之发生了变化

那么当 A 点和 B 点的距离越来越小，两个点无限接近，逼近极限的时候，在即将重合而又未重合的一刹那，割线就变成切线了，如下图所示。

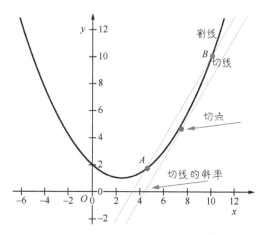

对切点求导所得的值，就是切线的斜率

而此时，对切点求导所得的值，就是切线的斜率。

■ 当斜率为正的时候，说明函数目前变化趋势是在上升。

■ 当斜率为负的时候，说明函数目前变化趋势是在下降。

■ 当斜率为 0 的时候，说明函数正处于全局或者局部的最低点，趋势即将发生改变。

总结一下：函数变化的趋势至少由两个点体现，即当 A 趋近于 B 的时候，求其变换的极限，这就是导数。导数的值和它附近的一小段连续函数有关。如果没有那么一段连续的函数，就无法计算其切线的斜率，函数在该点也就是不可导的。

通过求导，实现了以直代曲，也发现了 y 值随 x 值而变化的方向。引申到机器学习领域，通过导数就可以得到标签 y 随特征 x 而变化的方向。

导数是针对一个变量而言的函数变化趋向。而对于多元（即多变量）的函数，它关于其中一个变量的导数为偏导数，此时保持其他变量恒定。如果其中所有变量都允许变化，则称为全导数。

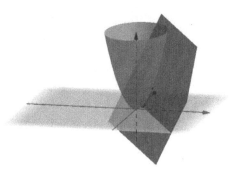

一个可微的二元函数

咖哥发言

我们经常听说 n 元 n 次方程式，或者 n 元 n 次函数，其中的"元"，指的是自变量 x 的个数；其中的"次"，指的是 x 的指数的最大值。

在微积分中，可微函数是指那些在定义域中所有点都存在导数的函数。

右图所示为一个可微的二元函数（对应机器学习中特征轴是二维的情况），这时候对函数求导，切线就变成了切面。

2.2.3 凸函数有一个全局最低点

凹凸性也是函数的性质之一（函数还有很多其他性质，如奇偶性、单调性、周期性等），在这里只说说什么是凸函数。凸函数的定义比较抽象，这里只通过函数图形从直观上去理解。首先，函数形状必须是连续的，而不是断续的。其次，函数平滑，只存在一个最低点，整个函数呈现碗状。而非凸函数，可能呈现各种形状，有很多个底部（机器学习里面叫作局部最低点）。下图所示的函数 f_1 就是一个凸函数，而函数 f_2 就不是一个凸函数。

在连续函数图像上的局部或者全局最低点对函数求导，导数值都为 0。

凸函数和非凸函数

为什么要特别讲这个凸函数呢？因为在机器学习的梯度下降过程中，只有凸函数能够确保下降到全局最低点。你们可能注意到我在上面的图像里面画了一个小球，凸函数的小球不管初始位置放在哪里，都可以**沿着导数给出的方向滚到最低点**；而在其他非凸函数中，小球就可能卡在半路，也就是那个叫作局部最低点的地方。在机器学习中，无法达到全局最低点是很不理想的情况（这是后话，暂且不讲解）。

2.3 梯度下降是机器学习的动力之源

经过前面两节内容的铺垫，我们可以开始讲一讲机器学习的动力之源：梯度下降。

梯度下降并不是一个很复杂的数学工具，其历史已经有 200 多年了，但是人们可能不曾料到，这样一个相对简单的数学工具会成为诸多机器学习算法的基础，而且还配合着神经网络点燃了深度学习革命。

2.3.1 什么是梯度

对多元函数的各参数求偏导数，然后把所求得的各个参数的偏导数以向量的形式写出来，就是梯度。

具体来说，两个自变量的函数 $f(x_1, x_2)$，对应着机器学习数据集中的两个特征，如果分别对 x_1，x_2 求偏导数，那么求得的梯度向量就是 $(\partial f/\partial x_1, \partial f/\partial x_2)^{\top}$，在数学上可以表示成 $\Delta f(x_1, x_2)$。

那么计算梯度向量的意义何在呢？其几何意义，就是函数变化的方向，而且是变化最快的方向。对于函数 $f(x)$，在点 (x_0, y_0)，梯度向量的方向也就是 y 值增加最快的方向。也就是说，沿着梯度向量的方向 $\Delta f(x_0)$，能找到函数的最大值。反过来说，沿着梯度向量相反的方向，也就是 $-\Delta f(x_0)$ 的方向，梯度减少最快，能找到函数的最小值。如果某一个点的梯度向量的值为 0，那么也就是来到了导数为 0 的函数最低点（或局部最低点）了。

2.3.2 梯度下降：下山的隐喻

在机器学习中用下山来比喻梯度下降是很常见的。想象你们站在一座大山上某个地方，看着远处的地形，一望无际，只知道远处的位置比此处低很多。你们想知道如何下山，但是只能一步一步往下走，那也就是在每走到一个位置的时候，求解当前位置的梯度。然后，沿着梯度的负方向，也就是往最陡峭的地方向下走一步，继续求解新位置的梯度，并在新位置继续沿着最陡峭的地方向下走一步。就这样一步步地走，直到山脚，如下图所示。

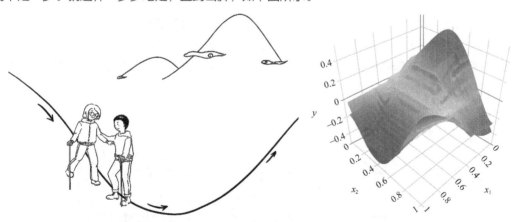

梯度下降的隐喻和一个二元函数的立体图像

从上面的解释中，就不难理解为何刚才我们要提到函数的凹凸性了。因为，在非凸函数中，有可能还没走到山脚，而是到了某一个山谷就停住了。也就是说，对应非凸函数梯度下降不一定总能够找到全局最优解，有可能得到的只是一个局部最优解。然而，如果函数是凸函数，那么梯度下降法理论上就能得到全局最优解。

2.3.3 梯度下降有什么用

梯度下降在机器学习中非常有用。简单地说，可以注意以下几点。

■ 机器学习的本质是找到最优的函数。

■ 如何衡量函数是否最优？其方法是尽量减小预测值和真值间的误差（在机器学习中也叫损失值）。

■ 可以建立误差和模型参数之间的函数（最好是凸函数）。

■ 梯度下降能够引导我们走到凸函数的全局最低点，也就是找到误差最小时的参数。

也许上面的说明还是挺抽象的，不要着急，在第 3 课线性回归的梯度下降实现部分，我将保证你们会完全理解梯度下降在机器学习中的意义。

2.4 机器学习的数据结构——张量

咖哥说："下面开始介绍与机器学习程序设计相关的一些基础知识。机器学习，是针对数据集的学习。因此，机器学习相关的程序设计，我认为有两大部分：一是对数据的操作，二是机器学习算法的实现。算法，是本书后续课程中的重点。而在本课中，先介绍如何用 Python 操作数据。数据操作的基础是数据结构。还记得线性代数'矩阵'这个概念吗？还有数据结构课程中的'数组'，这些对我们来说并不陌生，对吗？"

"对，矩阵和数组，我都有印象。"小冰回答，"我记得矩阵也就是二维数组。"

咖哥说，"在机器学习中，把用于存储数据的结构叫作**张量**（tensor），矩阵是二维数组，机器学习中就叫作 2D 张量。"

2.4.1 张量的轴、阶和形状

张量是机器学习程序中的数字容器，本质上就是各种不同维度的数组，如下图所示。我们把张量的维度称为**轴**（axis）（就是数学中的 x 轴，y 轴，……），轴的个数称为**阶**（rank）（也就是俗称的维度，但是为了把张量的维度和每个阶的具体维度区分开，这里统一把张量的维度称为张量的阶。NumPy 中把它叫作数组的轶）。

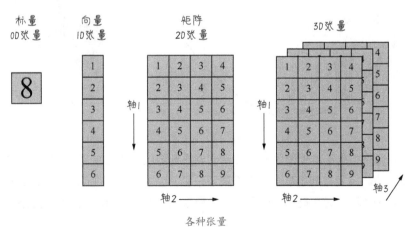

各种张量

张量的**形状**（shape）就是张量的阶，加上每个阶的维度（每个阶的元素数目）。

张量都可以通过 NumPy 来定义、操作。因此，把 NumPy 数学函数库里面的数组用好，就可以搞定机器学习里面的数据结构。

2.4.2 标量——0D（阶）张量

我们从最简单的数据结构开始介绍。仅包含一个数字的张量叫作**标量**（scalar），即 0 阶张量或 0D 张量。

标量的功能主要在于程序流程控制、设置参数值等。

下面创建一个 NumPy 标量：

```
import numpy as np #导入 NumPy 库
X = np.array(5) #创建 0D 张量，也就是标量
print("X 的值 ", X)
print("X 的阶 ", X.ndim) #ndim 属性显示标量的阶
print("X 的数据类型 ", X.dtype) #dtype 属性显示标量的数据类型
print("X 的形状 ", X.shape) #shape 属性显示标量的形状
```

输出结果如下：

```
X 的值 5
X 的阶 0
X 的数据类型 int64
X 的形状 ()
```

此处标量的形状为 ()，即标量的阶为 0，同学们要习惯一下这个表达形式。

 咖哥发言

注意了，NumPy 中，不管是阶的索引，还是数组的索引，永远是**从 0 开始**的。

刚才的代码用 array 函数创建了标量，其实对于标量往往直接赋值即可，如下面这段代码通过 for 循环语句操作标量 n：

```
n = 0
for gender in [0, 1]:
    n = n + 1 #Python 中用 4 个空格表示语句块缩进
```

 咖哥发言

Python 中用 4 个空格表示语句块缩进，而且它的缩进决定了代码的作用域范围。也就是说，相同缩进的相邻代码都隶属于同一个语句块。这和 C++、Java 中通过花括号 { } 确定代码块的方式有很大不同。还要注意，不要用 Tab 键代替空格键处理缩进。

2.4.3 向量——1D（阶）张量

由一组数字组成的数组叫作**向量**（vector），也就是一阶张量，或称 1D 张量。一阶张量只有

一个轴。

下面创建一个 NumPy 向量：

```
X = np.array([5, 6, 7, 8, 9]) #创建1D张量，也就是向量
print("X 的值 ", X)
print("X 的阶 ", X.ndim) #ndim属性显示向量的阶
print("X 的形状 ", X.shape) #shape属性显示向量的形状
```

输出结果如下：

```
X 的值 [5 6 7 8 9]
X 的阶 1
X 的形状 (5, )
```

创建向量的时候要把数字元素放进方括号里面，形成一个包含 5 个元素的 1D 张量。需要再次强调的是，机器学习中**把 5 个元素的向量称为 5 维向量**。千万不要把 5 **维**向量和 5 **阶**张量混淆。

 咖哥发言

向量的维度，这的确是机器学习过程中比较容易让人感到混乱的地方。其原因在于**维度**（dimensionality）（也就是英文字母 D）可以表示沿着某个轴上的元素个数（如 5D 向量），也可以表示张量中轴的个数（如 5D 张量）。还是那句话，为了区别两者，把 5D 张量称为 5 阶张量，而不称为 5 维张量。

再看一下 **X** 向量的形状（5, ）。这个描述方式也是让初学者比较困惑的地方，如果没有后面的逗号，可能看起来更舒服一点儿。但是我们要习惯，（5, ）就表示它是一个 1D 张量，元素数量是 5，也就是 5 维向量。

下面这个语句又创建了一个向量，这个向量是一个 1 维向量：

```
X = np.array([5]) #1维向量，也就是1D数组里面只有一个元素
```

这个语句和刚才创建标量的语句 "X = np.array（5）" 的唯一区别只是数字 5 被方括号括住了。正是因为这个方括号，这个语句创建出来的就不是数字标量，而是一个向量，即 1D 张量。它的轴的个数是 1，形状是（1, ），而不是（）。

1. 机器学习中的向量数据

向量非常的重要。在机器学习中，普通的连续数值数据集中的每一个独立样本都是一个向量，因此普通的连续数值数据集也可以叫作**向量数据集**。而数据集中的标签列也可以视为一个向量。

 咖哥发言

同学们注意，向量数据集说的是数据集中的每一行，或每一列，都可以视为向量，但是数据集整体是一个矩阵。

现在，我们载入一个机器学习数据集来看一看：

```
from keras.datasets import boston_housing # 波士顿房价数据集（需要打开 Internet 选项）
(X_train, y_train), (X_test, y_test) = boston_housing.load_data()
print("X_train 的形状：", X_train.shape)
print("X_train 中第一个样本的形状：", X_train[0].shape)
print("y_train 的形状：", y_train.shape)
```

这个是 Keras 内置的波士顿房价数据集，是一个 2D 的普通数值数据集。

输出结果如下：

```
X_train 的形状 (404, 13)
X_train 中第一个样本的形状 (13, )
y_train 的形状 (404, )
```

X_train 是一个 2D 矩阵，是 404 个样本数据的集合。而 **y_train** 的形状，正是一个典型的向量，它是一个 404 维的标签向量。其实几乎所有的标签集的形状都是向量。

X_train [0] 又是什么意思呢？它是 **X_train** 训练集的第一行数据，这一行数据，是一个 13 维向量（也是 1D 张量）。也就是说，训练集的每行数据都包含 13 个特征。

同学们也可以用 print（X_test）、print（y_test）语句输出测试集中波士顿房价的信息。

2. 向量的点积

两个向量之间可以进行乘法运算，而且不止一种，有点积（dot product）（也叫点乘）和叉积（cross product）（也叫叉乘），其运算法则不同。这里介绍一下在机器学习中经常出现的点积运算。

$$\begin{bmatrix} a_1 \\ a_2 \\ \vdots \\ a_{n-1} \\ a_n \end{bmatrix} \cdot \begin{bmatrix} b_1 \\ b_2 \\ \vdots \\ b_{n-1} \\ b_n \end{bmatrix} = a_1b_1 + a_2b_2 + \cdots + a_{n-1}b_{n-1} + a_nb_n$$

向量的点积运算法则如右图所示。

向量的点积运算法则

简单地说，就是两个相同维度的向量对应元素先相乘，后相加，形成等号右边的多项式。

这里通过一小段代码展示一下两个向量点积运算的 Python 实现：

```
weight = np.array([1, -1.8, 1, 1, 2]) # 权重向量（也就是多项式的参数）
X = np.array([1, 6, 7, 8, 9]) # 特征向量（也就是一个特定样本中的特征值）
y_hat = np.dot(X, weight) # 通过点积运算构建预测函数
print('函数返回结果：', y_hat) # 输出预测结果
```

输出结果如下：

```
函数返回结果：23.2
```

下面的语句也可以实现相同的功能：

```
y_hat = weight.dot(X) # X.dot(weight) 也可以实现同样效果
```

注意向量点积的结果是一个值，也就是一个标量，而不是一个向量。

通过向量、矩阵等数据结构进行**向量化运算**是机器学习中的一个关键技术。而 Python 能够方便地实现向量化运算，正是 Python 核心优势之一。在上面两段代码中，点积运算就是通过向量化运算直接实现的，过程中没有出现任何 for 循环语句。

另外，在向量的点积运算中，$A·B=B·A$，向量可以互换位置。不过，下面要介绍的矩阵间的点积，或者矩阵和向量之间的点积，就没有这么随意了。

这里提前透露一点下一课中的内容：机器学习中最基础的线性回归方法就是根据线性函数去拟合特征和标签的关系，其中的参数 w 是一个向量，x 也是一个向量，x 是特征向量，w 是权重向量。**通过将特征向量（一个样本）和权重向量做点积，就得到针对该样本的预测目标值 y'**。其公式如下：

$$y'=w_0x_0+w_1x_1+w_2x_2+\cdots+w_nx_n$$

2.4.4 矩阵——2D（阶）张量

矩阵（matrix）是一组一组向量的集合。矩阵中的各元素横着、竖着、斜着都能构成不同的向量。而矩阵，也就是 2 阶张量，或称 2D 张量，其形状为（m，n）。比如，右图所示是一个形状为（4，3）的张量，也就是 4 行 3 列的矩阵。

$$\begin{bmatrix} 1 & 2 & 5 \\ 3 & 5 & 0 \\ 6 & 8 & 4 \\ 7 & 9 & 3 \end{bmatrix}$$

矩阵

矩阵里面横向的元素组称为"行"，纵向的元素组称为"列"。一个矩阵从左上角数起的第 i 行第 j 列上的元素称为第（i，j）项，通常记为 $a(i, j)$。

1. 机器学习中的矩阵数据

机器学习中的矩阵数据比比皆是，因为普通的向量数据集都是读入矩阵后进行处理。

矩阵是 2D 张量，形状为（**样本，特征**）。第一个轴是**样本轴**，第二个轴是**特征轴**。

我们来看一看刚才载入的波士顿房价数据集的特征矩阵，这个矩阵的形状是（404，13），也就是 404 个样本，13 个特征：

```
print("X_train 的内容：", X_train) #X_train 是 2D 张量，即矩阵
```

每一行实际包括 13 个特征，输出时通过省略号忽略了中间 8 个特征列的输出。整个张量共404 行（中间的数据样本也通过省略号忽略了）：

```
X_train 的内容：
[[1.23247e+00 0.00000e+00 8.14000e+00 ... 3.96900e+02 1.87200e+01]
 [2.17700e-02 8.25000e+01 2.03000e+00 ... 3.95380e+02 3.11000e+00]
                              ...
 [2.14918e+00 0.00000e+00 1.95800e+01 ... 2.61950e+02 1.57900e+01]
 [1.43900e-02 6.00000e+01 2.93000e+00 ... 3.76700e+02 4.38000e+00]]
```

除房价数据集外，再举两个其他类似数据集的例子。

■ 公司客户数据集，用于分析客户，包括客户的姓名、年龄、银行账户、消费数据等 4 个特征，共 10 000 个客户。此数据集形成的张量形状为（10 000，4）。

■ 城市交通数据集，用于研究交通状态，包括城市的街道名、经度、维度、交通事故数量等28 个交通数据特征，共 800 个街道。此数据集形成的张量形状为（800，28）。

这些数据集读入机器之后，都将以 2D 张量，也就是矩阵的格式进行存储。

2. 矩阵的点积

矩阵之间也可以进行点积。具体来说，是第一个矩阵的行向量，和第二个矩阵的列向量进行点积，然后把结果标量放进新矩阵，作为结果矩阵中的一个元素。这个规则如右图所示。

请注意，当两个矩阵相乘时，第一个矩阵的列数必须等于第二个矩阵的行数。即形状为（m,n）的矩阵乘以形状为（n, m）的矩阵，结果得到一个矩阵（m，m）。也就是说，如果一个矩阵 A 的形状是（1，8），一个矩阵 B 的形状是（3，2），那么它们之间就无法进行点积运算。

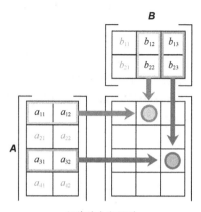

矩阵的点积规则

一个可行的解决方案是，将 A 矩阵变形为 4x2 矩阵，并将 B 变形为 2x3 矩阵，而后进行点积，就得到一个形状为（4，3）的 4x3 矩阵。在 Python 中可以用 reshape 方法对矩阵进行变形操作。

和向量的点积一样，矩阵的点积也是通过 NumPy 的 dot 方法实现，这节省了很多的 for 循环语句。否则，矩阵的运算是需要循环嵌套循环才能实现的。

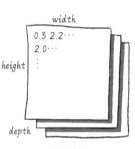

3D 张量

2.4.5 序列数据 ——3D（阶）张量

在矩阵数据的基础上再增加一个阶，就形成了 3D 张量，像一个类似右图的数字立方体。

NumPy 的 3D 张量数据结构是这样定义的：

```
# 创建 3D 张量
X = np.array([[[1, 22, 4, 78, 2],
               [2, 59, 6, 56, 1],
               [3, 31, 8, 54, 0]],
              [[4, 56, 9, 34, 1],
               [5, 78, 8, 35, 2],
               [6, 34, 7, 36, 0]],
              [[7, 45, 5, 34, 5],
               [8, 53, 6, 35, 4],
               [9, 81, 4, 36, 5]]])
```

咖哥说："下面问题来了：我们知道，一般的数据集，都是两阶，一个轴代表特征，一个轴代表数据样本。那么机器学习中什么样的数据集会形成 3D 张量？小冰同学，你回答一下。"

小冰想了一下，答："是不是 MNIST 那样的图像数据集？"

咖哥回答说："思路正确。不过图像数据集除去长、宽，还多了一个深度轴，因此再加上数据轴，就形成了 4D 张量。虽然灰度图像数据集深度轴只有 1 维，理论上可以通过 3D 张量处理，但是机器学习中统一把灰度图像和彩色图像视为 4D 张量。在实际应用中，**序列数据集**才是机器学习中的 3D 张量。而**时间序列**（time series）（简称时序）是最为常见的序列数据集，其数据结构如右图所示。"

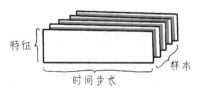

时间序列数据集的张量结构

咖哥又问："刚才说到的 2D 数据集是哪两个轴来的？"

一个同学高声说："样本轴，特征轴。"

咖哥说："好，记得不错。这种重复正是在巩固我们的机器学习知识。"

那么序列数据多出来哪个轴呢？就是序列的步长。对于时间序列数据来说，就是**时戳**（timestamp），也叫时间步。

举个例子来看，假如已经记录了北京市区一年的天气情况，这个数据集在 Excel 表格中大概如下图所示。

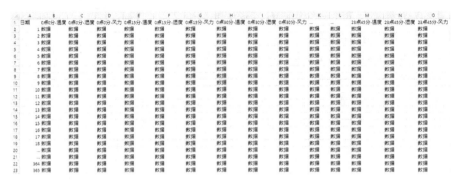

带时戳的数据集

因为增加了时戳，所以表里面的行列结构显得更为复杂。读取入机器进行处理时，需要把行里面的时间步拆分出来。

- 第一个轴——样本轴，一年记录下来的数据共 365 个，也就是 365 维。
- 第二个轴——时间步轴，每天一共是 24 小时，每小时 4 个 15 分钟，共 96 维。
- 第三个轴——特征轴，一共是温度、湿度、风力 3 个维度。

因此，这个数据集读入机器之后的张量形状是（365，96，3）。

也就是说，时序数据集的形状为 3D 张量：（**样本，时戳，特征**）。

类似地，还有文字序列数据集。假设有一些客户的评论数据，每条评论编码成 100 个字组成的序列，而每个字来自 1000 个汉字的简易字典。在这种情况下，每个字符可以被编码为 1 000 字节的二进制向量（只有在该字符对应的索引位置，值为 1，其他二进制位值都为 0，这种编码就是 one-hot 编码）。那么每条评论就被编码为一个形状为（100，1 000）的 2D 张量。如果收集了10 000 条的客户评论，这个客户评论数据集就可以存储在一个形状为（10 000，100，1 000）的张量中，供机器去学习。

此时，文字序列数据集的形状为 3D 张量：（**样本，序号，字编码**）。

2.4.6 图像数据 ——4D（阶）张量

图像数据本身包含高度、宽度，再加上一个颜色深度通道。MNIST 数据集中是灰度图像，只有一个颜色深度通道；而 GRB 格式的彩色图像，颜色深度通道的维度为 3。

因此，对于图像数据集来说，长、宽、深再加上数据集大小这个维度，就形成了 4D 张量（如下图所示），其形状为（**样本，图像高度，图像宽度，颜色深度**），如 MNIST 特征数据集的形状为（60 000，28，28，1）。

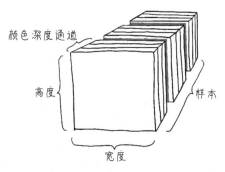

图像数据集的张量结构

在机器学习中，不是对上万个数据样本同时进行处理，那样的话机器也受不了，而是一批一批地并行处理，比如指定批量大小为 64。此时每批的 100px×100px 的彩色图像张量形状为（64，100，100，3），如果是灰度图像，则为（64，100，100，1）。

2.4.7 视频数据——5D（阶）张量

机器学习的初学者很少有机会见到比 4D 更高阶的张量。如果有，视频数据的结构是其中的一种。视频可以看作是由一帧一帧的彩色图像组成的数据集。

- 每一帧都保存在一个形状为（高度，宽度，颜色深度）的 3D 张量中。
- 一系列帧则保存在一个形状为（帧，高度，宽度，颜色深度）的 4D 张量中。

因此，视频数据集需要 5D 张量才放得下，其形状为（**样本，帧，高度，宽度，颜色深度**）。

可以想象，视频数据的数据量是非常大的（例如，一个 10 分钟的普通视频，每秒采样 3 ～ 4 帧，这个视频转换成机器能处理的张量后，可能包含上亿的数据量）。面对这种规模的数据，普通的机器学习模型会感到手足无措，只有深度学习模型才能够搞定。

2.4.8 数据的维度和空间的维度

1. 数据的维度

前面说过，"维度"这个概念有时会造成一些混淆。因为我们会听到，一维数组、二维数组、三维数组之类的话。而在机器学习中，又时常听说数据集中的特征，是一个向量，可能是一维、二维、三维、一百维甚至一万维的向量。

迷惑来了——向量不应该都是一维（1D）的数组吗？怎么又说是一百维、一万维的向量？好奇怪！到底是多少维？

其实，在机器学习中，维度指的是在一个数据轴上的许多点，也就是样本的个数（样本轴上点的个数）或者特征的个数（特征轴上点的个数）。一万个不同的特征，就是一万维；而一万个数据样本，也同样可称为一万维。

为了标准化叙述，我们把张量的每一个数据轴，统称为阶。因此，我们说一阶（1D）向量、二阶（2D）矩阵、三阶（3D）张量，而不是说维。

但事实上，很多机器学习的教程也没有实现这种统一的标准化叙述。因此，在外面听到一维向量、二维矩阵、三维数组这样的叫法也毫不奇怪，而且这些叫法也没有错，只是容易让人混淆而已。

2. 空间的维度

还有一点需要注意，在实际项目中，特征（也就是自变量 x）的个数，都是很多的。然而在画图说明的时候，大多以一个特征 x 或两个特征 x_1、x_2 为例来表现 x 和 y 的关系，很少画出超过两个特征维度的情况，这是为什么呢？

因为仅有一个特征的数据集，关系很容易被展示，从房屋面积到房价，很直接，x 轴特征，y 轴标签。此时一个特征维，加上一个标签维，就是二维图形，在纸面上显示没有难度。

如果有两个特征，x_1 代表房屋面积，x_2 代表楼层，这两个特征和房价 y 之间的函数，怎么展示？那么可以画出一个有深度的平面显示 x_1、x_2 坐标，立体显示 y 值。这是从二维的平面上显示三维图形，已经需要一些透视法的作图技巧。

对于分类问题，也可以 x_1 作为一个轴，x_2 作为一个轴，用圈、点、叉，或者不同颜色的点显示 y 的不同分类值。这是另一种用平面显示三维信息的方法。

那么特征再多一维呢？很难展示。比如，凸函数，一维特征的凸函数，是一条曲线，而二维特征的凸函数，就像一个碗。三维特征的凸函数是什么样的呢？我们不知道。如果非要描绘 x_1、x_2、x_3 与 y 的关系，就需要先应用降维（dimensionality reduction）算法处理数据，把维度降到二维以内。

这个局限来自空间本身只有 3 个维度，长、宽、深。绘图的时候，如果特征有两维，再加一维标签 y，就把三维空间占全了。因此，我们既无法想象，也无法描绘更多维的函数形状。

尽管空间结构限制了人类的展示能力和想象力，同学们仍然要相信：多维特征的函数图像是存在的（也许存在于其他空间中），多元凸函数也一定可以梯度下降到全局最低点……

2.5 Python 的张量运算

了解了机器学习的数据结构——张量之后，再讲一下如何操作张量。

2.5.1 机器学习中张量的创建

我们知道，**机器学习中的张量大多是通过 NumPy 数组来实现的**。NumPy 数组和 Python 的内置数据类型列表不同。列表的元素在系统内存中是分散存储的，通过每个元素的指针单独访问，而 NumPy 数组内各元素则连续的存储在同一个内存块中，方便元素的遍历，并可利用现代 CPU 的向量化计算进行整体并行操作，提升效率。因此 NumPy 数组要求元素都具有相同的数据类型，而列表中各元素的类型则可以不同。

下面的代码创建列表和数组，并把列表转换为数组：

```
import numpy as np # 导入 NumPy 库
list=[1, 2, 3, 4, 5] # 创建列表
array_01=np.array([1, 2, 3, 4, 5]) # 列表转换为数组
array_02=np.array((6, 7, 8, 9, 10)) # 元组转换为数组
array_03=np.array([[1, 2, 3], [4, 5, 6]]) # 列表转换为 2D 数组
print ('列表：', list)
print ('列表转换为数组：', array_01)
print ('元组转换为数组：', array_02)
print ('2D 数组：', array_03)
print ('数组的形状：', array_01.shape)
print ('列表的形状：', list.shape) # 列表没有形状，程序会报错
```

输出结果如下：

```
列表：[1, 2, 3, 4, 5]
列表转换为数组：[1 2 3 4 5]
元组转换为数组：[ 6  7  8  9 10]
2D 数组：[[1 2 3]
        [4 5 6]]
数组的形状：(5, )
```

这里显示了一些列表和元组转化成的 NumPy 数组，其中也包括 2D 数组。

最后一行代码会报错，如下段代码所示。这是因为列表没有 shape 属性，不能用它查看形状。

```
AttributeError: 'list' object has no attribute 'shape'
```

同学们请注意，直接赋值而得来的是 Python 内置的列表，**要用 array 方法转换才能得到 NumPy 数组**。

"等一下！"小冰喊道，"第 4 行里面的括号是怎么回事？其他的数组、列表都是方括号括起来的。"

咖哥说："小冰观察很细致。那是 Python 自带的另一种数据格式：元组（tuple）。它很像列表，区别是其中的元素不可修改。"

上面都是使用 NumPy 的 array 方法把元组或者列表转换为数组，而 NumPy 也提供了一些方法直接创建一个数组：

```
array_04=np.arange(1, 5, 1) # 通过 arange 函数生成数组
array_05=np.linspace(1, 5, 5) # 通过 linspace 函数生成数组
print (array_04)
print (array_05)
```

arange（a，b，c）函数产生 a～b（不包括 b），间隔为 c 的一个数组；而 linspace（a，b，c）函数是把 a～b（包括 b），平均分成 c 份。

输出结果如下：

```
[1 2 3 4]
[1. 2. 3. 4. 5.]
```

当然，机器学习的数据集并不是在程序里面创建的，大多是**先从文本文件中把所有样本读取至 Dataframe 格式的数据，然后用 array 方法或其他方法把 Dataframe 格式的数据转换为 NumPy 数组，也就是张量，再进行后续操作。**

2.5.2 通过索引和切片访问张量中的数据

可以通过**索引**（indexing）和**切片**（slicing）这两种方式访问张量，也就是 NumPy 数组元素。索引，就是访问整个数据集张量里面的某个具体数据；切片，就是访问一个范围内的数据。

直接看代码示例：

```
array_06 = np.arange(10)
print (array_06)
```

```
index_01 = array_06[3] # 索引——第 4 个元素
print ('第 4 个元素', index_01)
index_02 = array_06[-1] # 索引——最后一个元素
print ('第 -1 个元素', index_02)
slice_01 = array_06[:4] # 从 0 到 4 切片
print ('从 0 到 4 切片', slice_01)
slice_02 = array_06[0:12:4] # 从 0 到 12 切片，步长为 4
print ('从 0 到 12 切片，步长为 4', slice_02)
```

输出结果如下：

```
[0 1 2 3 4 5 6 7 8 9]
第 4 个元素 3
第 -1 个元素 9
从 0 到 4 切片 [0 1 2 3]
从 0 到 12 切片，步长为 4 [0 4 8]
```

"同学们能够理解吗？需要解释吗？"咖哥问。

小冰说："基本明白，但我觉得'第 4 个元素'那里，有点奇怪，索引不是 3 吗？"

咖哥说："别忘了数组无论是生成的时候，还是访问的时候，都是**从 0 开始**的。索引 3，就是第 4 个元素。"

小冰又问："还有那个 -1，和那个冒号是什么意思？"

咖哥解释说："负号，表示针对当前轴终点的相对位置，因此这里 -1 指的就是倒数第一个元素。冒号，是指区间内的所有元素，如果没限定区间，就代表轴上面的所有元素。反正 Python 的语法挺灵活的，你们甚至可以用 3 个点（省略号）来代替多个冒号。"

这是对一阶张量操作，如果是对多阶张量进行切片，只需要将不同轴上的切片操作用逗号隔开就好了。例如，对 MNIST 数据集中间的 5000 个数据样本进行切片：

```
from keras.datasets import mnist # 需要打开 Internet 选项
(X_train, y_train), (X_test, y_test) = mnist.load_data()
print (X_train.shape)
X_train_slice = X_train[10000:15000, :, :]
```

10000:15000，就是把样本轴进行了切片。而后面两个冒号的意思是，剩下的两个轴里面的数据，全都保留（对这个图片样本集，如果后面两个轴也切片，图片的 28px×28px 的结构就被破坏了，相当于把图片进行了裁剪）。

再给出一个稍复杂一些的数组访问例子：

```
array_07 = np.array([[1, 2, 3], [4, 5, 6]])
print (array_07[1:2], '它的形状是', array_07[1:2].shape)
print (array_07[1:2][0], '它的形状又不同了', array_07[1:2][0].shape)
```

输出结果如下：

```
[[4 5 6]] 它的形状是 (1, 3)
[4 5 6] 它的形状又不同了 (3, )
```

此示例意在提高大家对数组（即张量）形状和阶数的敏感度。同样都是 4、5、6 这 3 个数字形成的张量，[[4 5 6]] 被两个方括号括起来，[4 5 6] 被一个方括号括起来，两者阶的数目就不一样。还是那句话，张量是机器学习的数据结构，其形状是数据处理的关键，这是不能马虎的。

2.5.3 张量的整体操作和逐元素运算

张量的算术运算，包括加、减、乘、除、乘方等，既可以整体进行，也可以逐元素进行。

例如，下面的语句就是对张量的所有元素进行整体操作：

```
array_07 += 1 # 数组内全部元素加1
print (array_07)
```

输出结果如下：

```
[[2 3 4]
 [5 6 7]]
```

这等价于通过循环嵌套实现的逐元素操作：

```
for i in range(array_07.shape[0]):
    for j in range(array_07.shape[1]):
        array_07[i, j] += 1
```

也可以对所有元素整体进行函数操作：

```
print (np.sqrt(array_07)) #输出每一个元素的平方根
```

这个语句会输出数组每一个元素的平方根。

这种整体性的元素操作，省时、省力、速度快，是大规模并行计算优越性的实现。

2.5.4 张量的变形和转置

张量变形（reshaping）也是机器学习中的一个常见操作，可以通过 NumPy 中的 reshape 方法实现。什么是变形？怎么变形？很简单。一个形状为（2，3）的矩阵，可以变形为（3，2）的矩阵。元素还是那些元素，但是形状变了。请看下面的代码：

```
print (array_07, '形状是 ', array_07.shape)
print (array_07.reshape(3, 2), '形状是 ', array_07.reshape(3, 2).shape)
```

输出结果如下：

```
[[1 2 3]
 [4 5 6]] 形状是 (2, 3)
[[1 2]
 [3 4]
 [5 6]] 形状是 (3, 2)
```

另外注意，调用 reshape 方法时，变形只是暂时的，调用结束后，张量本身并无改变。如果要彻底地改变张量的形状需要下面这样的赋值操作：

```
array_07 = array_07.reshape(3, 2) #进行赋值才能改变数组本身
```

还有一种种特殊的变形，叫作**矩阵转置**（transpose），是把原始矩阵的横行写为其转置矩阵的纵列，把原始矩阵的纵列写为转置矩阵的横行，可以直接使用 T 操作进行：

```
array_07 = np.array([[1, 2, 3], [4, 5, 6]])
array_07 = array_07.T # 矩阵的转置
```

```
print (array_07, ' 矩阵转置后形状是 ', array_07.shape)
```

输出结果如下：

```
[[1 4]
 [2 5]
 [3 6]]  矩阵转置后形状是 (3, 2)
```

大家可以比较一下矩阵转置和 reshape 方法结果的区别。

再看一个张量变形的例子，操作刚才的 0 ～ 9 数组 array_06：

```
array_06 = np.arange(10)
print (array_06, ' 形状是 ', array_06.shape, ' 阶为 ', array_06.ndim)
array_06 = array_06.reshape(10, 1)
print (array_06, ' 形状是 ', array_06.shape, ' 阶为 ', array_06.ndim)
```

输出结果如下：

```
[0 1 2 3 4 5 6 7 8 9] 形状是 (10, )  阶为 1
[[0]
 [1]
 [2]
 [3]
 [4]
 [5]
 [6]
 [7]
 [8]
 [9]] 形状是 (10, 1)  阶为 2
```

尽管从数据集本身来说，仍然是 0 ～ 9 这 10 个数字，但变形前后的张量形状和阶数有很大差别。**这个从 1 阶到 2 阶的张量变形**过程，在下一课线性回归中还会见到。我当年在这里可是吃过亏的，就是因为没有注意张量到底是几阶，把数据集放入机器学习算法时总是出差错。

2.5.5 Python 中的广播

机器学习领域有这样一种说法，如果使用很多的 for 循环语句，那么说明此人还未了解机器学习的精髓。

为什么这么说呢？你们看看前面我们完成的两个项目。一个波士顿房价预测，一个 MNIST 图片识别，这两个数据集，里面都包含成百上千乃至上万个数据样本。你们看见任何一行 for 语句代码了吗？处理如此大的数据集而不需要循环语句，用传统的编程思维理解起来是不是很离奇呢？

下面说明一下。

首先利用了 Python 对于数组，也就是张量整体地并行操作。很大、很高阶的数据集，读入 NumPy 数组之后，并不需要循环嵌套来处理，而是作为一个整体，直接加减乘除、赋值、访问。这种操作很好地利用了现代 CPU 以及 GPU/TPU 的并行计算功能，效率提升不少。

另外一个技巧，就是 Python 的**广播**（broadcasting）功能。这是 NumPy 对形状不完全相同的数组间进行数值计算的方式，可以自动自发地把一个数变成一排的向量，把一个低维的数组变成高维的数组。

举例来说，你们看数组的算术运算通常在相应的元素上进行。这要求两个数组 a 和 b 形状相同，也就是 a.shape = b.shape，那么 *a+b* 的结果就是 *a* 与 *b* 数组对应位相加。这要求张量的阶相同，且每个轴上的维度（长度）也相同。减、乘（不是指点乘）、除等算术运算，也都是如此。

广播，就是跟着对应阶中维度较大，也就是较为复杂的张量进行填充。用图展示就更为清楚了，如下图所示。图中 *a* 的形状是（4，3），是二阶张量，*b* 的形状是（1，3），也是二阶张量，那么结果就是把张量 **b** 的行进行复制，拉伸成一个形状为（4，3）的张量，然后再与张量 **a** 相加。

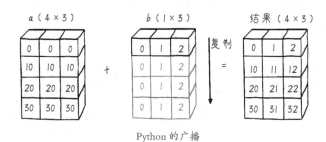

Python 的广播

就此例来说，不仅是形状为（1，3），**b** 如果是（4，1）、（1，1）、（4，）、（1，）的任何一种形状，甚至是标量或列表，都可以经过广播和 **a** 直接做算术运算。结果张量的形状总是和 **a** 相同。

下面给出广播操作的示例代码：

```
array_08 = np.array([[0, 0, 0], [10, 10, 10], [20, 20, 20], [30, 30, 30]])
array_09 = np.array([[0, 1, 2]])
array_10 = np.array([[0], [1], [2], [3]])
list_11 = [[0, 1, 2]]
print ('array_08 的形状 :', array_08.shape )
print ('array_09 的形状 :', array_09.shape )
print ('array_10 的形状 :', array_10.shape )
array_12 = array_09.reshape(3)
print ('array_12 的形状 :', array_12.shape )
array_13 = np.array([1])
print ('array_13 的形状 :', array_13.shape )
array_14 = array_13.reshape(1, 1)
print ('array_14 的形状 :', array_14.shape )
print ('08 + 09 结果 :', array_08 + array_09)
print ('08 + 10 结果 :', array_08 + array_10)
print ('08 + 11 结果 :', array_08 + list_11)
print ('08 + 12 结果 :', array_08 + array_12)
print ('08 + 13 结果 :', array_08 + array_13)
print ('08 + 14 结果 :', array_08 + array_14)
```

各类广播后输出结果如下：

```
array_08 的形状 : (4, 3)
array_09 的形状 : (1, 3)
array_10 的形状 : (4, 1)
array_12 的形状 : (3, )
array_13 的形状 : (1, )
array_14 的形状 : (1, 1)
08 + 09 结果 :[[ 0  1  2]
         [10 11 12]
         [20 21 22]
         [30 31 32]]
```

```
08 + 10 结果:[[ 0  0  0]
            [11 11 11]
            [22 22 22]
            [33 33 33]]
08 + 11 结果:[[ 0  1  2]
            [10 11 12]
            [20 21 22]
            [30 31 32]]
08 + 12 结果:[[ 0  1  2]
            [10 11 12]
            [20 21 22]
            [30 31 32]]
08 + 13 结果:[[ 1  1  1]
            [11 11 11]
            [21 21 21]
            [31 31 31]]
08 + 14 结果:[[ 1  1  1]
            [11 11 11]
            [21 21 21]
            [31 31 31]]
```

可以这样总结广播的规则：

对两个数组，从后向前比较它们的每一个阶（若其中一个数组没有当前阶则忽略此阶的运算）
对于每一个阶，检查是否满足下列条件：
if 当前阶的维度相等
　　then 可以直接进行算术操作；
else if 当前阶的维度不相等，但其中一个的值是1
　　then 通过广播将值为1的维度进行"复制"（也形象地称为"拉伸"）后，进行算术操作；
else if，上述条件都不满足，那么两个数组当前阶不兼容，不能够进行广播操作
　　then 抛出 "ValueError: operands could not be broadcast together" 异常；

不是很难理解吧。在 Python 中，处处可见这类既省力、实用，又高效的功能。

 咖哥发言

如果两个张量出现形状不匹配而不能广播的情况，系统会报错。此时可以通过 reshape 方法转换其中一个张量的形状。

2.5.6 向量和矩阵的点积运算

点积运算，刚才讲向量和矩阵的时候已经提过了，这里重复讲一下，因为这个运算在机器学习中是非常重要的。

1. 向量的点积运算

对于向量 a 和向量 b：

$a = [a_1, a_2, \cdots, a_n]$

$b = [b_1, b_2, \cdots, b_n]$

其点积运算规则如下：

$$a \cdot b = a_1b_1 + a_2b_2 + \cdots + a_nb_n$$

这个过程中要求向量 a 和向量 b 的维度相同。向量点积的结果是一个标量，也就是一个数值。因为 Python 要求相对宽松，在实际应用中有下述各种情况。

■ 形状为 $(n,)$ 和形状为 $(n,)$ 的 1D 向量可以进行点积——结果是一个标量，即数字，且 $a \cdot b = b \cdot a$。

■ 形状为 $(n,)$ 的 1D 向量和形状为 $(1, n)$ 的 2D 张量可以进行点积（其实 $(1, n)$ 形状的张量已经是矩阵了，但因为矩阵中有一个阶的维度是 1，广义上也可以看作向量）——结果是一个 1D 形状的数字。

■ 形状为 $(1, n)$ 的 2D 张量和形状为 $(n,)$ 的 1D 向量可以进行点积——结果是一个 1D 形状的数字。

■ 形状为 $(1,n)$ 和形状为 $(n,1)$ 的 2D 张量也可以进行点积——结果是一个 2D 形状的数字。

■ 形状为 $(1, n)$ 和形状为 $(1, n)$ 的 2D 张量**不能**进行点积——系统会报错 shapes $(1, n)$ and $(1, n)$ not aligned: n$(\dim 1)! = 1(\dim 0)$。

■ 形状为 $(n,1)$ 和形状为 $(n,1)$ 的 2D 张量**不能**进行点积——系统会报错 shapes $(n,1)$ and $(n, 1)$ not aligned: $1(\dim 1)! = n(\dim 0)$。

下面给出向量点积的示例代码：

```
vector_01 = np.array([1, 2, 3])
vector_02 = np.array([[1], [2], [3]])
vector_03 = np.array([2])
vector_04 = vector_02.reshape(1, 3)
print ('vector_01 的形状 :', vector_01.shape)
print ('vector_02 的形状 :', vector_02.shape)
print ('vector_03 的形状 :', vector_03.shape)
print ('vector_04 的形状 :', vector_04.shape)
print ('01 和 01 的点积 :', np.dot(vector_01, vector_01))
print ('01 和 02 的点积 :', np.dot(vector_01, vector_02))
print ('04 和 02 的点积 :', np.dot(vector_04, vector_02))
print ('01 和数字的点积 :', np.dot(vector_01, 2))
print ('02 和 03 的点积 :', np.dot(vector_02, vector_03))
print ('02 和 04 的点积 :', np.dot(vector_02, vector_04))
print ('01 和 03 的点积 :', np.dot(vector_01, vector_03))
print ('02 和 02 的点积 :', np.dot(vector_02, vector_02))
```

输出结果如下：

```
vector_01 的形状 : (3, )
vector_02 的形状 : (3, 1)
vector_03 的形状 : (1, )
vector_04 的形状 : (1, 3)
01 和 01 的点积 : 14
01 和 02 的点积 : [14]
04 和 02 的点积 : [[14]]
01 和数字的点积 : [2 4 6]
02 和 03 的点积 : [2 4 6]
02 和 04 的点积 : [[1 2 3]
               [2 4 6]
               [3 6 9]]
```

输出结果中有以下细节要注意。

■ 前 3 个输出，结果虽然都是一个值，但是形状不同，第 1 个是标量，第 2 个是形状为 1D 张量的值，第 3 个是形状为 2D 张量的值。

■ 而后面 3 个输出，都不再是一个值，而是向量或矩阵，遵循的是矩阵点积的规则。

■ 最后两个点积，01 和 03，以及 02 和 02，由于不满足张量之间点积的规则，系统会报错。

张量的各种形状的确让人眼花缭乱，因此才更要不时地查看，以确保得到的是所要的数据结构。

2. 矩阵的点积运算

关于矩阵和矩阵之间的点积，大家就只需要牢记一个原则：第一个矩阵的第 1 阶，一定要和第二个矩阵的第 0 阶维度相同。即，形状为 (a, b) 和 (b, c) 的两个张量中相同的 b 维度值，是矩阵点积实现的关键，其点积结果矩阵的形状为 (a, c)。

其运算规则如下图所示。

矩阵点积的运算规则

结果矩阵的第 (i, j) 项元素，就是第一个矩阵的第 i 行，和第二个矩阵的第 j 列，进行点积之后得到的标量。

下面给出矩阵点积的示例代码：

```
matrix_01 = np.arange(0, 6).reshape(2, 3)
matrix_02 = np.arange(0, 6).reshape(3, 2)
print(matrix_01)
print(matrix_02)
print ('01 和 02 的点积:', np.dot(matrix_01, matrix_02))
print ('02 和 01 的点积:', np.dot(matrix_02, matrix_01))
print ('01 和 01 的点积:', np.dot(matrix_01, matrix_01))
```

输出显示，（2，3）和（3，2）点积成功，（2，3）和（2，3）点积失败，系统会报错：

```
[[0 1 2]
 [3 4 5]]
[[0 1]
 [2 3]
 [4 5]]
01 和 02 的点积: [[10 13]
             [28 40]]
02 和 01 的点积: [[ 3  4  5]
              [ 9 14 19]
              [15 24 33]]


----> 7 print ('01 和 01 的点积:', np.dot(matrix_01, matrix_01))

ValueError: shapes (2, 3) and (2, 3) not aligned: 3 (dim 1) ! = 2 (dim 0)
```

矩阵的点积操作，常常出现在神经网络的权重计算中。

2.6 机器学习的几何意义

Python 的语法介绍暂告一段落。接下来同学们思索一个较为抽象的问题:如何用几何(形状、大小、图形的相对位置等空间区域)的方式去表述机器学习的本质呢? 这个题目很大,我在这里做一点点肤浅的尝试。

2.6.1 机器学习的向量空间

张量,可以被解释为某种几何空间内点的坐标。这样,机器学习中特征向量就形成了**特征空间**,这个空间的维度和特征向量的维度相同。

现在考虑这样一个二维向量 : $A = (0.5, 1)$。

这个向量可以看作二维空间中的一个点,一般将它描绘成原点到这个点的箭头,如右图所示。那么更高维的向量呢? 应该也可以想象为更高维空间的点。像这样把平面数字转换为空间坐标的思考方式其实是很有难度的。

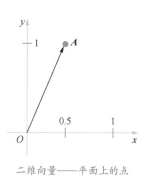

二维向量——平面上的点

张量运算都有几何意义。举个例子,我们来看二维向量的加法,如下图所示。向量的加法在几何上体现为一个封闭的图形。两个向量的和形成一个平行四边形,结果向量就是起点到终点的对角线。

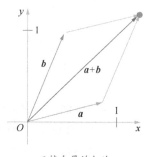

二维向量的加法

 咖哥发言

不知道你们是否还记得初中物理中曾讲过的向量相加的效果:对于力、位移、速度、加速度等向量,其相加后的效果等于几个分向量的效果之和。

而二维向量的点积的几何意义则是两个向量之间的夹角,以及在 b 向量和 a 向量方向上的投影(如右图所示):

$$a \cdot b = |a||b|\cos \theta$$

其中 θ 是 a 向量与 b 向量的夹角,点积结果则是 a(或 b)向量在 b(或 a)向量上的投影长度,是一个标量。

这些例子展示了平面中一些二维向量操作的几何意义,推而广之:**机器学习模型是在更高维度的几何空间中对特征向量进行操作、变形,计算**

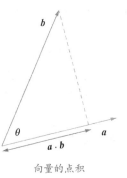

向量的点积

其间的距离，并寻找从特征向量到标签之间的函数拟合——这就是从几何角度所阐述的机器学习本质。

几种常见的机器学习模型都可以通过特征空间进行几何描述，如下图所示。

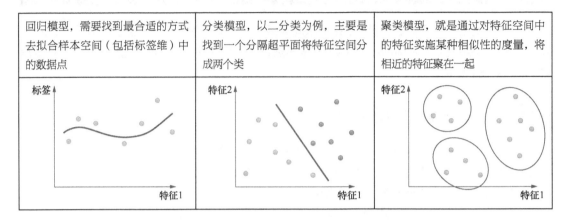

| 回归模型，需要找到最合适的方式去拟合样本空间（包括标签维）中的数据点 | 分类模型，以二分类为例，主要是找到一个分隔超平面将特征空间分成两个类 | 聚类模型，就是通过对特征空间中的特征实施某种相似性的度量，将相近的特征聚在一起 |

几种常见的机器学习模型

2.6.2 深度学习和数据流形

下面继续介绍深度学习的几何意义。前面我们也提过，深度学习的过程，实际上也就是一个数据提纯的过程。数据从比较粗放的格式，到逐渐变得"计算机友好"。

数据为什么需要提纯呢？主要还是因为特征维度过高，导致特征空间十分复杂，进而导致机器学习建模过程难度过大。有一种思路是通过**流形（manifold）**学习将高维特征空间中的样本分布群"平铺"至一个低维空间，同时能保存原高维空间中样本点之间的局部位置相关信息。

原始数据特征空间中的样本分布可能极其扭曲，平铺之后将更有利于样本之间的距离度量，其距离将能更好地反映两个样本之间的相似性。原始空间中相邻较近的点可能不是同一类点，而相邻较远的点有可能是同一类，"平铺"至低维空间后就能解决这一问题。

咖哥发言

流形，其概念相当的抽象，属于比较高端的数学。我查阅过资料，坦白说，不能完全理解。"流形"这个漂亮的翻译源自北大数学系老教授江泽涵，江教授的灵感则源自文天祥的名作《正气歌》中"天地有正气，杂然赋流形"。

在传统的机器学习中，流形学习主要用于特征提取和数据降维，特征提取使特征变得更加友好，降维是因为高维数据通常有冗余。

而在深度学习出现之后，有一种说法认为神经网络能够自动自发地将复杂的特征数据流形展开，从而减少了特征提取的需要。从直观上，这个展开过程可以用一团揉皱了的纸来解释，如下图所示。

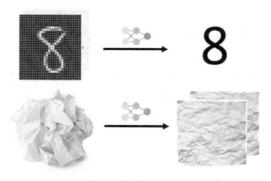

通过神经网络展开数据流形

如果有好几张揉皱了的纸上写满了数字，要读取上面的信息是不可能的事。但把这样的纸展开，而又不损害纸，也挺麻烦。因此，现代的**深度神经网络（Deep Neural Networks，DNN）通过参数学习，展开了高维数据的流形——这可以说是深度学习的几何意义**[1]。

2.7 概率与统计研究了随机事件的规律

在本课的最后，我想用很短的篇幅复习一下概率和统计的基本知识。这些内容在机器学习领域时有出现，同学们需要简单了解。

2.7.1 什么是概率

事件分为以下两种。

■ 一种是**确定性事件**。确定性事件又分为以下两种。

□ 必然事件：如太阳从东方升起，或者水在 0℃ 会结冰。

□ 不可能事件：如掷一个常规的六面骰子，得到的点数是 7。

■ 有大量事件在一定条件下能否发生，是无法确定的，它们是**随机事件**。比如，掷一枚硬币得到的是正面还是反面、明天大盘是涨还是跌等。

因此，对于随机事件，我们很想知道"这件事情会发生吗？"，然而很多情况下，答案是不确定的。而概率则回答的是"我们有多确定这件事情会发生？"，然后试图用 0 ~ 1 的数字来表示事件的确定程度。

表 2-1 给出了概率的定义和计算公式。

表 2-1　概率的定义和计算公式

事件	概率
A	$P(A) \in [0,1]$（A 发生的概率）
非 A	$P(\overline{A})=1-P(A)$（A 不发生的概率）
A 和 B	$P(A \cap B)=P(A\|B)P(B)=P(B\|A)P(A)$ $P(A \cap B)=P(A)P(B)$（如果 A、B 是独立事件）
A 或 B	$P(A \cup B)=P(A)+P(B)-P(A \cap B)$ $P(A \cup B)=P(A)+P(B)$（如果 A、B 是互斥事件）
B 的情况下 A 的概率	$P(A\|B)=\dfrac{P(A \cap B)}{P(B)}=\dfrac{P(B\|A)P(A)}{P(B)}$

① 肖莱. Python 深度学习 [M]. 张亮，译. 北京：人民邮电出版社，2018.

表中公式都不难理解，简单解释一下最后一个公式 $P(A|B)$ 的意义。公式中的 $P(A|B)$ 叫作**条件概率**，也叫**后验概率**。也就是说已知事件 B 发生的时候，A 的概率。

举个例子来解释：某公司男生、女生各占 50%，烟民占总人数的 10%，而女烟民则占总人数的 1%。那么问题来了：现在遇到了一个烟民，这个烟民是女生的可能性有多大？

现在是已知 3 个概率后，能够算出来第 4 个概率，根据条件概率公式进行推导计算，需要注意以下几个地方。

- 事件 B——烟民。
- 事件 A——女生。
- $P(B)$——10%，随便遇到一个烟民的概率。
- $P(A)$——50%，随便遇到一个女生的概率。
- $P(B|A)$——2%，女烟民占总人数的 1%，而女生占总人数的 50%。也就是说，假设公司共 100 人，女生有 50 人，女烟民 1 人。当已知遇到的是女生，则此人是烟民的概率为 2%（即 1/50=2%）。
- $P(A|B)$——现在遇到一个烟民（事件 B 发生了），是女生的可能性有多大？

答案：（2%×50%）/10% = 10%。这个答案可以这样解释，随便在该公司遇到一个烟民，90% 的可能性都是男生，只有 10% 的可能性是女生。

关于上面的例子，还有以下几点需要说明。

（1）其实这个条件概率公式就是简化版的贝叶斯定理——一个很老牌的统计学习模型。

（2）如果把 $P(A|B)$ 中的 A 换成 Y，把 B 换成 X，那么这个公式就可以用作机器学习的模型，X 就变成了特征，Y 就变成要预测的标签——我们不就是要根据已有的特征（已发生事件），来预测目标吗？

（3）$P(A)$，也就是 $P(Y)$，叫作先验概率，是发生 B 事件之前观测到的发生 A 事件的可能性。

（4）$P(B)$，也就是 $P(X)$，是 B 发生的概率，也就是数据特征 X 出现的概率。它与 Y 是独立的存在，而且机器学习多数情况下可以忽略。

（5）$P(B|A)$，这个叫作**似然**，或**似然函数**。什么是似然？就是当事情 A 发生时（女生），B 发生的概率。现在已经知道了标签（女生 Y），回去查找特征（烟民 X）出现的概率。训练集就可以提供这个似然。似然和后验概率，两者并不是一回事，它们之间可以通过贝叶斯定理相互转换。

> 咖哥发言
>
> 几率和概率，这两个词的区别大家了解吗？它们在数学上可不是同义词。几率是该事件发生的概率和不发生概率的比值。因此，在上面的例子中，遇到烟民的几率是 1 : 9，而概率则是 10%。

关于概率，就先介绍这么多。在机器学习中，概率的概念常常出现（例如逻辑回归中的分类问题）。

2.7.2 正态分布

正态分布(normal distribution)这个词你们肯定听起来很耳熟，但是也许不知道它的确切定义。其实，所谓分布就是一组概率的集合，是把一种常见的概率分布用连续的函数曲线显示出来的方式。而正态分布，又名高斯分布（Gaussian distribution），则是一个非常常见的连续概率分布。

比如，显示一下全国学生的高考成绩，如果分数范围是 0 ～ 100 分，绘制一下概率，你们就会发现，60 ～ 70 分的中间人数最多（得 60 ～ 70 分的概率大），考 0 分的少，考 100 分的也少（得100 分的概率小）。绘制出的这种曲线，就符合正态分布，中间高，两边低。

正态分布也叫概率分布的钟形曲线（bell curve），因为曲线的形状就像一口悬挂的大钟，如下图所示。

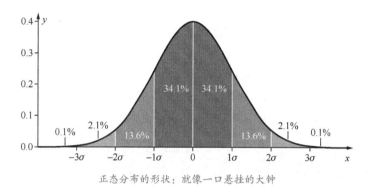

正态分布的形状：就像一口悬挂的大钟

但在某些情况下分布并不是正态的。比如，某个数学特长班的学生去做一套普通学校的试卷，全部学生都考了 90 分以上。这种分布画出来就不是很像钟形，其原因就在于这套试卷对于这批学生是没有什么鉴别力的。

2.7.3 标准差和方差

上面正态分布示意图中出现了一个奇怪的符号 σ，这个符号代表**标准差**（Standard Deviation，SD），读作 sigma。标准差，也称均方差（mean square error），是反映研究总体内个体之间差异程度的一种统计指标。

标准差是根据方差计算出来的。而**方差**（variance）是一组资料中各实际数值与其算术平均数（即**均值**（mean），也叫期望值）的差值做平方结果相加之后，再除以总数而得。标准差是方差的算术平方根。方差和标准差，描述的都是数据相对于其期望值的离散程度。

标准差在机器学习中也经常出现，比如，当进行数据预处理时，常常要涉及数据标准化。在该步骤中，最常见的做法就是对样本特征减去其均值，然后除以其标准差来进行缩放。

2.8 本课内容小结

机器学习相关数学知识和 Python 语法的介绍就结束了。本课的内容很多，下面总结一些重点内容。

（1）我们介绍函数的定义并给出几种类型的函数图像，目的是让大家从直观上去理解机器学习如何通过函数对特征和标签之间的关联性进行拟合。然后介绍的对函数进行求导、微分以及梯度下降方法则是机器学习进行参数优化的最基本原理。具体的细节在下一课中介绍。

（2）机器学习中的数据结构称为张量，下面是几种重要的张量格式，用于处理不同类型的数据集。

■ 普通向量数据集结构：2D 张量，形状为（样本，标签）。

■ 时间序列数据集或序列数据集：3D 张量，形状为（样本，时戳，特征）。

■ 图像数据集：4D 张量，形状为（样本，图像高度，图像宽度，颜色深度）。

（3）Python 语句操作方面，NumPy 数组的操作都是重点内容。

■ 张量的切片操作。

■ 用 reshape 进行张量变形。

■ Python 的广播功能。

■ 向量和矩阵的点积操作之异同，向量的点积得到的是一个数。

■ 要记得不定时地检查张量的维度。

在下一课中，我们就要开始讲真正的机器学习算法和项目的实战了。我曾经反复说过机器学习是非常接地气的技术，大家先思索一下你们生活中有没有什么具体的问题，是可以应用机器学习算法的，如果你们有数据，可以拿来共同探讨，甚至当成教学及实战的案例。

2.9 课后练习

练习一　变量（x, y）的集合 {（−5,1），（3,−3），（4,0），（3,0），（4,−3）} 是否满足函数的定义？为什么？

练习二　请同学们画出线性函数 $y=2x+1$ 的函数图像，并在图中标出其斜率和 y 轴上的截距。

练习三　在上一课中，我们曾使用语句 from keras.datasets import boston_housing 导入了波士顿房价数据集。请同学们输出这个房价数据集对应的数据张量，并说出这个张量的形状。

练习四　对波士顿房价数据集的数据张量进行切片操作，输出其中第 101 ～ 200 个数据样本。

（提示：注意 Python 的数据索引是从 0 开始的。）

练习五　用 Python 生成形状如下的两个张量，确定其阶的个数，并进行点积操作，最后输出结果。

A = [1, 2, 3, 4, 5]

B = [[5], [4], [3], [2], [1]]

第3课

线性回归——
预测网店的销售额

咖哥让同学们思考一下自己的生活中有没有可以应用机器学习算法来解决的问题。小冰回家之后突然想起自己和朋友开的网店，这个店的基本情况是这样的：正式运营一年多，流量、订单数和销售额都显著增长。经过一段时间的观察，小冰发现网店商品的销量和广告推广的力度息息相关。她在微信公众号推广，也通过微博推广，还在一些其他网站上面投放广告。当然，投入推广的资金越多，则商品总销售额越多。

小冰问咖哥："能不能通过机器学习算法，根据过去记录下来的广告投放金额和商品销售额，来预测在未来的某个节点，一个特定的广告投放金额对应能实现的商品销售额？"

咖哥说："真是巧了，本课要讲的线性回归算法正适合对连续的数值进行预测。"咖哥说着，在白板上画起了图说："你们看这个例子，假设你去年没有孩子，今年有一个孩子，根据这两个数据样本，通过线性回归预测，5年之后你就有5个孩子，10年之后就10个孩子……"

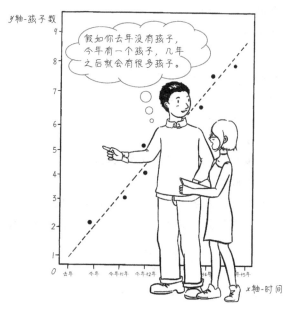

线性回归适合对连续的数值进行预测

小冰说："咖哥，你这个模型不可靠吧。"

咖哥说："哈哈，开个玩笑，这么少的数据量当然无法准确建模了。不过，线性回归是机器学习中一个非常基础，也十分重要的内容，本课要讲的内容不少，大家要集中精力、心无旁骛，才能跟上我讲解的思路。"

从本课开始，我们会完整地讲解一个算法，并应用于机器学习实战。课程内容将完全按照第1课中所介绍的机器学习实战架构来规划，具体如下图所示。

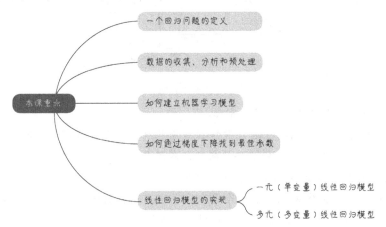

机器学习的实战架构

（1）明确定义所要解决的问题——网店销售额的预测。

（2）在数据的收集和预处理环节，分5个小节完成数据的预处理工作，分别如下。

■ 收集数据——需要小冰提供网店的相关记录。

■ 将收集到的数据可视化，显示出来看一看。

■ 做特征工程，使数据更容易被机器处理。

■ 拆分数据集为训练集和测试集。

■ 做特征缩放，把数据值压缩到比较小的区间。

（3）选择机器学习模型的环节，其中有3个主要内容。

■ 确定机器学习的算法——这里也就是线性回归算法。

■ 确定线性回归算法的假设函数。

■ 确定线性回归算法的损失函数。

（4）通过梯度下降训练机器，确定模型内部参数的过程。

（5）进行超参数调试和性能优化。

为了简化模型，上面的5个机器学习环节，将先用于实现单变量（仅有一个特征）的线性回归，在本课最后，还会扩展到多元线性回归。此处，先看看本课重点。

本课重点
- 一个回归问题的定义
- 数据的收集、分析和预处理
- 如何建立机器学习模型
- 如何通过梯度下降找到最佳参数
- 线性回归模型的实现
  - 一元（单变量）线性回归模型
  - 多元（多变量）线性回归模型

咖哥说："小冰，下面就由你来定义一下你要解决的具体问题吧。"

3.1 问题定义：小冰的网店广告该如何投放

小冰已经准备好了她的问题。这些问题都与广告投放金额和商品销售额有关，她希望通过机器学习算法找出答案。

（1）各种广告和商品销售额的相关度如何？

（2）各种广告和商品销售额之间体现出一种什么关系？

（3）哪一种广告对于商品销售额的影响最大？

（4）分配特定的广告投放金额，预测出未来的商品销售额。

咖哥说："问题定义得不错。广告投放金额和商品销售额之间，明显呈现出一种相关性。"

机器学习算法正是通过分析已有的数据，发现两者之间的关系，也就是发现一个能由"此"推知"彼"的函数。本课通过回归分析来寻找这个函数。所谓回归分析（regression analysis），是确定两种或两种以上变量间相互依赖的定量关系的一种统计分析方法，也就是研究当自变量 x 变化时，因变量 y 以何种形式在变化。在机器学习领域，回归应用于被预测对象具有连续值特征的情况（如客流量、降雨量、销售量等），所以用它来解决小冰的这几个问题非常合适。

最基本的回归分析算法是**线性回归**，它是通过线性函数对变量间定量关系进行统计分析。比如，一个简单函数 $y=2x+1$，就体现了一个一元（只有一个自变量）的线性回归，其中 2 是斜率，1 是 y 轴上的截距。

机器学习的初学者经常见到的第一个教学案例就是对房价的预测。不难理解，房屋的售价与某些因素呈现比较直接的线性关系，比如房屋面积越大，售价越高。如下图所示，线性函数对此例的拟合效果比较好。

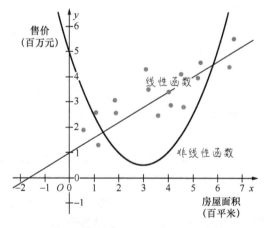

线性函数对某些问题的拟合效果比较好

在机器学习的线性回归分析中，如果只包括一个自变量（特征 x）和一个因变量（标签 y），且两者的关系可用一条直线近似表示，这种回归分析就称为一元线性回归分析。如果回归分析中包括两个或两个以上的自变量，且因变量和自变量之间是线性关系，则称为多元线性回归分析。

那么小冰带来的这个销售额预测问题是一元线性回归还是多元线性回归呢？我们先来看一看她收集的数据吧。

3.2 数据的收集和预处理

3.2.1 收集网店销售额数据

小冰已经把过去每周的广告投放金额和销售额数据整理成一个 Excel 表格（如下图所示），并保存为 advertising.csv 文件（这是以逗号为分隔符的一种文件格式，比较容易被 Python 读取）。基本上每周的各种广告投放金额和商品销售额都记录在案。

咖哥说："不错，这个重要的数据记录是实现本课的机器学习项目的基础。没有准确的历史数据，我们什么都做不了。"

	A	B	C	D
1	微信公众号广告投放金额	微博广告投放金额	其他类型广告投放金额	商品销售额（千元）
2	304.4	93.6	294.4	9.7
3	1011.9	34.4	398.4	16.7
4	1091.1	32.8	295.2	17.3
5	85.5	173.6	403.2	7
6	1047	302.4	553.6	22.1
7	940.9	41.6	155.2	17.2
8	1277.2	111.2	296	16.1
9	38.2	217.6	16.8	5.7
10	342.6	162.4	260	11.3
11	347.6	6.4	118.4	9.4
12	980.1	188.8	460.8	17.1
13	39.1	16.8	8	4.8
14	39.6	391.2	600	7.2
15	889.1	381.6	423.2	22.4
16	633.8	116	81.6	13.4
17	527.8	61.6	184.8	11
18	203.4	206.4	164.8	10.1

过去每周的广告投放金额和商品销售额的清单（原始格式）

在这个数据集中，主要包含以下内容。

■ 微信公众号广告投放金额（由于篇幅限制，下文用"微信"代指）、微博广告投放金额（下文用"微博"代指）、其他类型广告投放金额（下文用"其他"代指），这 3 个字段是**特征**（也是开店的人可以调整的）。

■ 商品销售额（下文用"销售额"代指）是**标签**（也是开店的人希望去预测的）。

每一个类型广告的广告投放金额都是一个特征，因此这个数据集中含有 3 个特征。也就是说，它是一个多元回归问题。

下一步，在"源码包\第 3 课 线性回归\教学用例网店广告\数据集"中找到 advertising. csv 文件（该文件中，中文字段名称已经转换为英文），用以前介绍过的方法在 Kaggle 中创建一个新数据集，也就是把这个文件上传到 Kaggle 的 Dataset 中，如下图所示。

选择 New Dataset，用小冰的网店数据新建一个数据集

还有更简单的方法：直接基于我在 Kaggle 的数据集创建新的 Notebook，在 Kaggle 的数据集中搜索关键字 Advertising Simple Dataset，找到我的数据集（如下图所示），并在你自己或我的数据集页面选择"New Notebook"，输入 Notebook 的名字（这个名字你们可以自己随便取）。

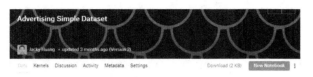

为网店数据集新建一个 Notebook

基于这个数据集成功创建 Kaggle Notebook 之后，会看到页面右侧的 Data → input 信息栏中显示了数据集的目录名和文件名，如下图所示。

信息栏中显示了数据集的目录名和文件名

 咖哥发言

请同学们注意，新建数据集名称中的大写字母被 Kaggle 自动转换为小写的目录名称，同时空格转换为连字符，即 advertising-simple-dataset。在程序代码中指定文件目录时要遵循被转换之后的格式。

3.2.2 数据读取和可视化

首先进行**数据可视化**的工作，就是先看看数据大概是什么样。

通过下面的代码把数据文件读入 Python 运行环境，并运行这段代码：

```python
import numpy as np # 导入 NumPy 库
import pandas as pd # 导入 Pandas 库
# 读入数据并显示前面几行的内容，确保已经成功地读入数据
# 示例代码是 Kaggle 的数据集读入文件，如果在本机中则需要指定具体本地路径
# 如，当数据集和代码文件位于相同本地目录，路径名应为 './advertising.csv'，或直接为 'advertising.
# csv' 亦可
df_ads = pd.read_csv('../input/advertising-simple-dataset/advertising.csv')
df_ads.head()
```

这里的变量命名为 df_ads，df 代表这是一个 Pandas Dataframe 格式数据，ads 是广告的缩写。输出结果（如下图所示）显示数据已经成功地读入了 Dataframe。

	微信	微博	其他	销售额
0	304.4	93.6	294.4	9.7
1	1011.9	34.4	398.4	16.7
2	1091.1	32.8	295.2	17.3
3	85.5	173.6	403.2	7.0
4	1047.0	302.4	553.6	22.1

显示前 5 行数据

3.2.3 数据的相关分析

然后对数据进行相关分析（correlation analysis）。相关分析后我们可以通过相关性系数了解数据集中任意一对变量（a,b）之间的相关性。相关性系数是一个 -1 ～ 1 的值，正值表示正相关，负值表示负相关。数值越大，相关性越强。如果 a 和 b 的相关性系数是 1，则 a 和 b 总是相等的。如果 a 和 b 的相关性系数是 0.9，则 b 会显著地随着 a 的变化而变化，而且变化的趋势保持一致。如果 a 和 b 的相关性系数是 0.3，则说明两者之间并没有什么明显的联系。

在 Python 中，相关分析用几行代码即可实现，并可以用热力图（heatmap）的方式非常直观地展示出来：

```
# 导入数据可视化所需要的库
import matplotlib.pyplot as plt #Matplotlib 为 Python 画图工具库
import seaborn as sns #Seaborn 为统计学数据可视化工具库
# 对所有的标签和特征两两显示其相关性的热力图
sns.heatmap(df_ads.corr(), cmap="YlGnBu", annot = True)
plt.show() #plt 代表英文 plot, 就是画图的意思
```

输出结果如下图所示。

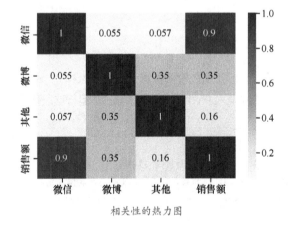

相关性的热力图

运行代码之后，3 个特征加一个标签共 4 组变量之间的相关性系数全部以矩阵形式显示，而且相关性越高，对应的颜色越深。此处相关性分析结果很明确地向我们显示——将有限的金钱投放到微信公众号里面做广告是最为合理的选择。

咖哥说："小冰啊，看起来你的其他两种广告的投放对网店销售额的影响甚微啊。"

小冰大叫："哎呀！我辛辛苦苦赚的钱放在微博和其他网站做广告，都白花了！！咖哥，我怎么没早点来找你呢？"

3.2.4 数据的散点图

下面，通过散点图（scatter plot）两两一组显示商品销售额和各种广告投放金额之间的对应关系，来将重点聚焦。散点图是回归分析中，数据点在直角坐标系平面上的分布图，它是相当有效的数据可视化工具。

```
# 显示销售额和各种广告投放金额的散点图
sns.pairplot(df_ads,
            x_vars=['wechat', 'weibo', 'others'],
            y_vars='sales',
            height=4, aspect=1, kind='scatter')
plt.show()
```

输出结果如下图所示。

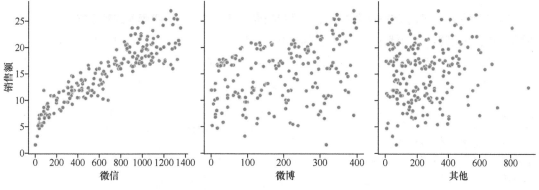

商品销售额和各种广告投放金额之间的散点图

代码运行之后输出的散点图清晰地展示出了销售额随各种广告投放金额而变化的大致趋势，根据这个信息，就可以选择合适的函数对数据点进行拟合。

3.2.5 数据集清洗和规范化

通过观察相关性和散点图，发现在本案例的 3 个特征中，微信广告投放金额和商品销售额的相关性比较高。因此，为了简化模型，我们将暂时忽略微博广告和其他类型广告投放金额这两组特征，只留下微信广告投放金额数据。这样，就把多变量的回归分析简化为单变量的回归分析。

下面的代码把 df_ads 中的微信公众号广告投放金额字段读入一个 NumPy 数组 X，也就是清洗了其他两个特征字段，并把标签读入数组 y：

```
X = np.array(df_ads.wechat) # 构建特征集，只含有微信公众号广告投放金额一个特征
y = np.array(df_ads.sales) # 构建标签集，销售额
print ("张量 X 的阶:", X.ndim)
```

```
print ("张量 X 的形状：", X.shape)
print ("张量 X 的内容：", X)
```

输出如下段代码所示，结果显示特征集 **X** 是阶为 1 的 1D 张量，这个张量总共包含 200 个样本，都是每周的微信广告投放金额数据。

```
张量 X 的阶：1
张量 X 的形状：(200, )
张量 X 的内容：
[304.4 1011.9 1091.1    85.5 1047.    940.9 1277.2    38.2 342.6 347.6
 980.1   39.1   39.6  889.1  633.8  527.8  203.4  499.6 633.4 437.7

 428.6  173.8 1037.4  712.5  172.9  456.8  396.8 1332.7 546.9 857.2
 905.9  475.9  959.1  125.1  689.3  869.5 1195.3  121.9 343.5 796.7]
```

咖哥说："相信同学们已经熟悉了（200,）这种表述形式。一位同学回答："明白，这代表一个有 200 个样本数据为 1 阶的张量数组，也就是一个向量。"

咖哥突然提问："目前 **X** 数组中只有一个特征，张量的阶为 1，那么这个 1D 的特征张量，是机器学习算法能够接受的格式吗？"

同学们面面相觑，不是很明白咖哥这个问题的意图，因此都沉默着。

其实前面讲过，**对于回归问题的数值类型数据集，机器学习模型所读入的规范格式应该是 2D 张量，也就是矩阵，其形状为（样本数，标签数）**。其中的行是数据，而**其中的列是特征**。大家可以把它想象成 Excel 表格的格式。那么就现在的特征张量 **X** 而言，则是要把它的形状从（200,）变成（200，1），然后再进行机器学习。因此需要用 reshape 方法给上面的张量变形：

```
X = X.reshape((len(X), 1)) # 通过 reshape 方法把向量转换为矩阵，len 函数返回样本个数
y = y.reshape((len(y), 1)) # 通过 reshape 方法把向量转换为矩阵，len 函数返回样本个数
print ("张量 X 的阶：", X.ndim)
print ("张量 X 的形状：", X.shape)
print ("张量 X 的内容：", X)
```

此时的张量 **X** 升阶了，变成一个 2D 矩阵，每一个数据样本就占据矩阵的一行：

```
张量 X 的阶：2
张量 X 的维度：(200, 1)
张量 X 的内容：
 [[304.4]
 [1011.9]
  ... ...
 [343.5]
 [796.7]]
```

现在数据格式从（200,）变成了（200，1）。尽管还是 200 个数字，**但是数据的结构从一个 1D 数组变成了有行有列的矩阵**。再次强调，对于常见的连续性数值数据集（也叫向量数据集），输入特征集是 2D 矩阵，包含两个轴。

■ 第一个轴是样本轴（NumPy 里面索引为 0），也叫作矩阵的行，本例中一共 200 行数据。

■ 第二个轴是特征轴（NumPy 里面索引为 1），也叫作矩阵的列，本例中只有 1 个特征。

对于标签张量 **y**，第二个轴的维度总是 1，因为标签值只有一个。这里也可以把它转换为 2 阶

张量。你们可以自己输出 y 张量来看一看它的形状和内容。

3.2.6 拆分数据集为训练集和测试集

在开始建模之前，还需要把数据集拆分为两个部分：**训练集**和**测试集**。在普通的机器学习项目中，至少要包含这两个数据集，一个用于训练机器，确定模型，另一个用于测试模型的准确性。不仅如此，往往还需要一个**验证集**，以在最终测试之前增加验证环节。目前这个问题比较简单，数据量也少，我们简化了流程，合并了验证和测试环节。

这两个数据集需要随机分配，两者间不可以出现明显的差异性。因此，在拆分之前，要注意数据是否已经被排序或者分类，如果是，还要先进行打乱。

使用下面的代码段将数据集进行 80%（训练集）和 20%（测试集）的分割：

```
# 将数据集进行80%（训练集）和20%（测试集）的分割
from sklearn.model_selection import train_test_split
X_train, X_test, y_train, y_test = train_test_split(X, y,
                            test_size=0.2, random_state=0)
```

Sklearn 中的 train_test_split 函数，是机器学习中拆分数据集的常用工具。

■ test_size=0.2，表示拆分出来的测试集占总样本量的 20%。

■ 同学们如果用 print 语句输出拆分之后的新数据集（如 X_train、X_test）的内容，会发现这个工具已经为数据集进行了乱序（重新随机排序）的工作，因为其中的 shuffle 参数默认值为 True。

■ 而其中的 random_state 参数，则用于数据集拆分过程的随机化设定。如果指定了一个整数，那么这个数叫作随机化种子，每次设定固定的种子能够保证得到同样的训练集和测试集，否则进行随机分割。

3.2.7 把数据归一化

同学们是否还记得第 1 课中曾经介绍过几种特征缩放的方法，包括标准化、数据的压缩（也叫归一化），以及规范化等。特征缩放对于机器学习特别重要，可以让机器在读取数据的时候感觉更"舒服"，训练起来效率更高。

这里就对数据进行归一化。归一化是按比例的线性缩放。数据归一化之后，数据分布不变，但是都落入一个小的特定区间，比如 0 ～ 1 或者 -1 ～ +1，如右图所示。

数据的归一化

常见的一个归一化公式如下：

$$x' = \frac{x - \min(x)}{\max(x) - \min(x)}$$

通过 Sklearn 库中 preprocessing（数据预处理）工具中的 MinMaxScaler 可以实现数据的归一化。不过这里呢，我们用 Python 代码自己来定义一个归一化函数：

```
def scaler(train, test): # 定义归一化函数，进行数据压缩
    min = train.min(axis=0) # 训练集最小值
    max = train.max(axis=0) # 训练集最大值
    gap = max - min # 最大值和最小值的差
    train -= min # 所有数据减去最小值
```

```
train /= gap # 所有数据除以最大值和最小值的差
test -= min # 把训练集最小值应用于测试集
test /= gap # 把训练集最大值和最小值的差应用于测试集
return train, test # 返回压缩后的数据
```

这个函数的功能也等价于下面的伪代码：

```
# 数据的归一化
x_norm = (x_data - np.min(x_data)) / (np.max(x_data) - np.min(x_data)).values
```

上面的代码中，特别需要注意的是归一化过程中的最大值（max）、最小值（min），以及最大值和最小值之间的差（gap），全都来自训练集。**不能使用测试集中的数据信息进行特征缩放中间步骤中任何值的计算**。举例来说，如果训练集中的广告投放金额最大值是 350，测试集中的广告投放金额最大值是 380，尽管 380 大于 350，但归一化函数还是要以 350 作为最大值，来处理训练集和测试集的所有数据。

为什么非要这样做呢？因为，在建立机器学习模型时，理论上测试集还没有出现，所以这个步骤一定要在拆分数据集之后进行。有很多人先对整个数据集进行特征缩放，然后拆分数据集，这种做法是不谨慎的，会把测试集中的部分信息泄露到机器学习的建模过程之中。下面的代码使用刚才定义的归一化函数对特征和标签进行归一化。

```
X_train, X_test = scaler(X_train, X_test) # 对特征归一化
y_train, y_test = scaler(y_train, y_test) # 对标签也归一化
```

下面的代码显示数据被压缩处理之后的散点图，形状和之前的图完全一致，只是数值已被限制在一个较小的区间：

```
# 用之前已经导入的 matplotlib.pyplot 中的 plot 方法显示散点图
plt.plot(X_train, y_train, 'r.', label='Training data') # 显示训练数据
plt.xlabel('wechat') # x 轴标签
plt.ylabel('sales') # y 轴标签
plt.legend() # 显示图例
plt.show() # 显示绘图结果
```

如果根据这个散点图手工绘制一条线，大概如下图所示的样子，这显示出微信公众号广告投放金额和销售额的线性关系。这个线性函数斜率和截距的最佳值是多少呢？这还需要在机器学习的过程中才能具体确定。

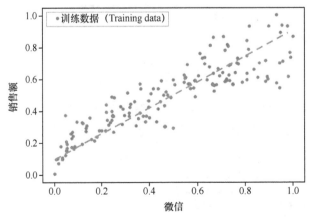

手工画一条 x 和 y 之间的线性回归直线（数值已经归一化，从两三百压缩到比较小的值）

目前的数据准备、分析，包括简单的特征工程工作已经全部完成，下面进入机器学习建模与训练机器的关键环节。

3.3 选择机器学习模型

机器学习模型的确立过程中有两个主要环节。

（1）确定选用什么类型的模型。

（2）确定模型的具体参数。

先聚焦于第一个问题。

3.3.1 确定线性回归模型

对于这个案例，使用什么模型我们早就心中有数了。虽然上图中的函数直线并未精确无误地穿过每个点，但已经能够反映出特征（也就是微信公众号广告投放金额）和标签（也就是商品销售额）之间的关系，拟合程度还是挺不错的。

这个简单的模型就是一元线性函数（如右图所示）：

$y=ax+b$

其中，参数 a 的数学含义是直线的斜率（陡峭程度），b 则是截距（与 y 轴相交的位置）。

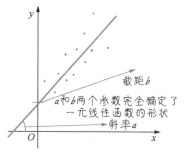

一元线性函数

在机器学习中，会稍微修改一下参数的代号，把模型表述为：

$y=wx+b$

此处，方程式中的 a 变成了 w，在机器学习中，这个参数代表权重。因为在多元变量（多特征）的情况下，一个特征对应的 w 参数值越大，就表示权重越大。而参数 b，在机器学习中称为偏置。

不要小看这个简单的线性函数，在后续的机器学习过程中，此函数会作为一个基本运算单元反复地发挥威力。

😊✍ 咖哥发言

小冰提问："咖哥，说到模型的参数，我也看过一些文档，经常听见有人说西塔、西塔（θ）什么的，这是怎么一回事儿？"

咖哥解释："有些机器学习教程中，用 θ（读作 **theta**）表示机器学习的参数，也会使用 θ_0 和 θ_1 来代表此处的 w 和 b，还有用其他字母表示机器学习参数的情况。我觉得此处使用 w 和 b 来表示这些参数会使它们的意义更清晰一些：weight 是权重，bias 是偏置，各取首字母。你们看其他机器学习资料的时候，要懂得 θ_0、θ_1 和这里的 w、b 其实是一回事儿。"

3.3.2 假设（预测）函数——h（x）

确定以线性函数作为机器学习模型之后，我们接着介绍假设函数的概念。先来看一个与线性函数稍有差别的方程式：

$$y'=wx+b$$

也可以写成：

$$h(x)=wx+b$$

其中，需要注意以下两点。

■ y' 指的是所预测出的标签，读作 y 帽（y-hat）或 y 撇。

■ $h(x)$ 就是机器学习所得到的函数模型，它能根据输入的特征进行标签的预测。

我们把它称为**假设函数**，英文是 hypothesis function（所以选用首字母 h 作为函数符号）。

小冰疑惑了："这不就是线性函数吗？为什么又要叫假设函数 $h(x)$？"

咖哥笑答："这的确就是线性函数。不过，机器学习的过程，是一个不断假设、探寻、优化的过程，在找到最佳的函数 $f(x)$ 之前，现有的函数模型不一定是很准确的。它只是很多种可能的模型之中的一种——因此我们强调，假设函数得出的结果是 y'，而不是 y 本身。所以假设函数有时也被叫作**预测函数**（predication function）。在机器学习中看到 $h(x)$、$f(x)$ 或者 $p(x)$，基本上它们所要做的都是一回事，就是根据微信公众号广告投放金额 x **推断**（或预测）销售额 y'。"

所以，机器学习的具体目标就是确定假设函数 $h(x)$。

■ 确定 b，也就是 y 轴截距，这里称为**偏置**，有些机器学习文档中，称它为 w_0（或 θ_0）。

■ 确定 w，也就是斜率，这里称为特征 x 的权重，有些机器学习文档中，称它为 w_1（或 θ_1）。

一旦找到了参数 w 和 b 的值，整个函数模型也就被确定了。那么这些参数 w 和 b 的具体值怎么得到呢？

3.3.3 损失（误差）函数——$L(w, b)$

在继续寻找最优参数之前，需要先介绍损失和损失函数。

如果现在已经有了一个假设函数，就可以进行标签的预测了。那么，怎样才能够量化这个模型是不是足够好？比如，一个模型是 $3x+5$，另一个是 $100x+1$，怎样评估哪一个更好？

这里就需要引入**损失**（loss）这个概念。

损失，是对糟糕预测的惩罚。损失也就是**误差**，也称为**成本**（cost）或**代价**。名字虽多，但都是一个意思，也就是当前预测值和真实值之间的差距的体现。它是一个数值，表示对于单个样本而言模型预测的准确程度。如果模型的预测完全准确，则损失为 0；如果不准确，就有损失。在机器学习中，我们追求的当然是比较小的损失。

不过，模型好不好还不能仅看单个样本，而是要针对所有数据样本找到一组平均损失"较小"的函数模型。样本的损失的大小，从几何意义上基本上可以理解为 y 和 y' 之间的几何距离。平均距离越大，说明误差越大，模型越离谱。如右图所示，左边

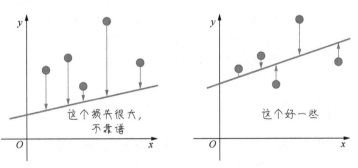

左边是平均损失较大的模型，右边是平均损失较小的模型

模型所有数据点的平均损失很明显大过右边模型。

因此，针对每一组不同的参数，机器都会针对样本数据集算一次平均损失。计算平均损失是每一个机器学习项目的必要环节。

损失函数（loss function）$L(w, b)$ 就是用来计算平均损失的。

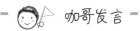 咖哥发言

有些地方把损失函数记作 $J(\theta)$，也叫**代价函数、成本函数**（cost function）。刚才说过，θ 就是 w 和 b，$J(\theta)$ 就是 $L(w, b)$，符号有别，但意思相同。

这里要强调一下：损失函数 L 是参数 w 和 b 的函数，不是针对 x 的函数。我们会有一种思维定势，总觉得函数一定是表示 x 和 y 之间的关系。现在需要大家换一个角度去思考问题，暂时忘掉 x 和 y，聚焦于参数。对于一个给定的数据集来说，所有的特征和标签都是已经确定的，那么此时损失值的大小就只随着参数 w 和 b 而变。也就是说，现在 x 和 y 不再是变量，而是定值，而 **w 和 b 在损失函数中成为了变量**。

"这里有点不好理解，大家能听得懂吗？"咖哥问。

其中一位同学思考了一下，说："大概还跟得上你的思路，接着讲吧。"

计算数据集的平均损失非常重要，简而言之就是：**如果平均损失小，参数就好；如果平均损失大，模型或者参数就还要继续调整。**

这个计算当前假设函数所造成的损失的过程，就是前面提到过的**模型内部参数的评估**的过程。

机器学习中的损失函数很多，主要包括以下几种。

■ 用于回归的损失函数。

□ 均方误差（Mean Square Error，MSE）函数，也叫平方损失或 L2 损失函数。

□ 平均绝对误差（Mean Absolute Error，MAE）函数，也叫 L1 损失函数。

□ 平均偏差误差（mean bias error）函数。

■ 用于分类的损失函数。

□ 交叉熵损失（cross-entropy loss）函数。

□ 多分类 SVM 损失（hinge loss）函数。

一般来说，选择最常用的损失函数就可以达到评估参数的目的。下面给出线性回归模型的常用损失函数——**均方误差函数**的实现过程。

■ 首先，对于每一个样本，其预测值和真实值的差异为 $(y-y')$，而 $y'=wx+b$，所以损失值与参数 w 和 b 有关。

■ 如果将损失值 $(y-y')$ 夸张一下，进行平方（平方之后原来有正负的数值就都变成正数），就变成 $(y-y')^2$。我们把这个值叫作单个样本的平方损失。

■ 然后，需要把所有样本（如本章示例一共记录了 200 周的数据，即 200 个样本）的平方损失都相加，即 $(y(x^{(1)})-y'(x^{(1)}))^2+(y(x^{(2)})-y'(x^{(2)}))^2+\cdots+(y(x^{(200)}))-y'(x^{(200)}))^2$。

写成求和的形式就是：

$$\sum_{(x,y)\in D} (y-h(x))^2$$

■ 最后，根据样本的数量求平均值，则损失函数 L 为：

$$L(w,b) = MSE = \frac{1}{2N} \sum_{(x,y) \in D} (y - h(x))^2$$

关于以上公式，说明以下几点。

■ (x, y) 为样本，x 是特征（微信公众号广告投放金额），y 是标签（销售额）。

■ $h(x)$ 是假设函数 $wx+b$，也就是 y'。

■ D 指的是包含多个样本的数据集。

■ N 指的是样本数量（此例为 200）。N 前面还有常量 2，是为了在求梯度的时候，抵消二次方后产生的系数，方便后续进行计算，同时增加的这个常量并不影响梯度下降的最效结果。

■ 而 L 呢，**对于一个给定的训练样本集而言，它是权重 w 和偏置 b 的函数，它的大小随着 w 和 b 的变化而变。**

下面用 Python 定义一个 MSE 函数，并将其封装起来，以后会调用它。

还有一点要告诉大家的，使用 MSE 函数做损失函数的线性回归算法，有时被称为**最小二乘法**。

下面是本例的核心代码段之一：

```python
def loss_function(X, y, weight, bias): # 手工定义一个均方误差函数
    y_hat = weight*X + bias # 这是假设函数，其中已经应用了 Python 的广播功能
    loss = y_hat-y  # 求出每一个 y' 和训练集中真实的 y 之间的差异
    cost = np.sum(loss**2)/(2*len(X)) # 这是均方误差函数的代码实现
    return cost # 返回当前模型的均方误差值
```

其中，利用了 Python 的广播功能以及向量化运算。下面是代码中涉及的内容。

■ 在 weight*X + bias 中，**X** 是一个 2D 张量，共 200 行，1 列，但是此处 **X** 可以直接与标量 weight 相乘，并与标量 bias 相加，之后仍然得到形状为（200，1）的 2D 张量。在运行期间 weight 和 bias 自动复制自身，形成 **X** 形状匹配的张量。这就是上一课中讲过的广播。

■ **y_hat** 是上面广播计算的结果，形状与标签集 **y** 相同。同学们如果对当前张量形状有疑惑，可以通过 shape 方法输出其形状。**y_hat** 可以和 **y** 进行直接的向量化的加减运算，不需要任何 for 循环参与。这种向量化运算既减少了代码量，又提高了运算效率。

■ 损失函数代码中的 loss 或者 cost，都代表当前模型的误差（或称为损失、成本）值。np.sum（loss**2）/2*len（X）是 MSE 函数的实现，其中包含以下内容。

- loss**2 代表对误差值进行平方。
- sum(loss**2) 是对张量所有元素求和。
- len（X）则返回数据集大小，例如 200。

有了这个损失函数，我们就可以判断不同参数的优与劣了。*MSE* 函数值越小越好，越大就说明误差越大。

下面随便设定了两组参数，看看其均方误差大小：

```
print ("当权重为5，偏置为 3 时，损失为：",
loss_function(X_train, y_train, weight=5, bias=3))
print ("当权重为100，偏置为 1 时，损失为：",
loss_function(X_train, y_train, weight=100, bias=1))
```

调用刚才定义好的损失函数，运行后结果如下：

```
当权重为5，偏置为 3 时，损失为：25.592781941560116
当权重为100，偏置为 1 时，损失为：3155.918523006111
```

因此，线性函数 *y*=3*x*+5 相对于线性函数 *y*=100*x*+1 而言是更优的模型。

同学们纷纷表示基本理解了损失函数的重要性。但小冰提出一个疑问："这个 *MSE* 函数，为什么非要平方呢？*y*−*y*′ 就是预测误差，取个绝对值之后直接相加不就行了吗？"

咖哥表扬道："好问题，这个疑惑我以前也曾经有过。均方损失函数，并不是唯一可用的损失函数。为什么这里要选用它呢？如果目的仅是计算损失，把误差的绝对值加起来取平均值就足够了（即平均绝对误差函数）。但是之所以还要平方，是为了让 *L*（*w*，*b*）形成相对于 *w* 和 *b* 而言的凸函数，从而实现梯度下降。下面马上就要讲到这个关键之处了。"

3.4 通过梯度下降找到最佳参数

现在，数据集已读入张量，我们也选定了以线性回归作为机器学习模型，并且准备好了损失函数 *MSE*，下面要正式开始训练机器。

3.4.1 训练机器要有正确的方向

所谓训练机器，也称拟合的过程，也就是确定模型内部参数的过程。具体到线性模型，也就是确定 *y*′=*wx*+*b* 函数中的 *w* 和 *b*。那么怎样才能知道它们的最佳值呢？刚才我们随便设定了两组参数，（3，5）和（100，1），通过损失函数来比较两组参数带来的误差，发现（3，5）这一组参数好一些。对于这种简单的线性关系，数学功底强的人，通过观察数据和直觉也许就能够给出比较好的参数值。

但机器没有直觉，只能通过算法减小损失。一个最简单无脑的算法是让计算机随机生成一万个 *w* 和 *b* 的不同组合，然后挨个计算损失函数，最后确定其中损失最小的参数，并宣布：这是一万个组合里面的最优模型。这也是一种算法，也许结果还真不错。

如下图所示，每生成一组参数就通过假设函数求 *y*′，然后计算损失，记录下来并更新参数，形成新的假设函数——这是一个不断循环的迭代过程。

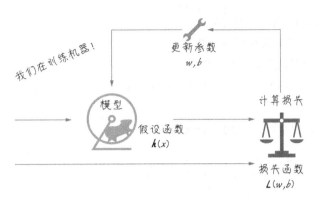

计算参数更新的过程是一个迭代过程，也就是训练机器的过程

小冰开始皱眉头："难道这就是机器学习寻找参数的方式？这也太没有含金量了。"

咖哥继续解释："漫无目的去猜测一万次，然后给出一个损失最小的模型，告诉别人说这个是我随机猜测一万次里面最好的结果，这实在是谈不上任何'智能'。如果机器是利用它们天文级的'算力'做这样的事情，那简直太让人失望了。因此，比较理想的情况是，每一次猜测都应该比上一次更好，更接近真相，也就是每次的损失都应该减小，而不是好一次，坏一次地乱猜。好消息是，对于线性回归来说，有一种方法可以使猜测沿着正确的方向前进，因此总能找到比起上一次猜测时误差更小的 w 和 b 组合。这种方法就是针对损失函数的**梯度下降**（gradient descent）。"

 咖哥发言

梯度下降可以说是整个机器学习的精髓，堪称机器学习之魂。在我们身边发生的种种机器学习和深度学习的奇迹，归根结底都是拜梯度下降所赐。

这就是**方向**的重要性。

咖哥喟叹："不仅人生需要方向，连机器也需要正确的方向……"

3.4.2 凸函数确保有最小损失点

咖哥接着说："只是前进的方向对了，这还不够，还有另外一个关键点，就是你要知道什么时候停下来最合适。"

小冰说："这是跑马拉松吗？还要知道什么时候停。"

咖哥说："这就是原来说过的凸函数和全局最低点的重要性所在了。"

让我们回忆一下均方误差函数：

$$MSE = L(w,b) = \frac{1}{2N} \sum_{(x,y) \in D} (y - (wx + b))^2$$

前面已经强调过，函数方程式中的 x，y 都可以视为常量，则 L 就只随着 w 和 b 而变，而函数是连续的平滑曲线，每一个微小的 w 和 b 的改变都会带来微小的 L 的改变，而且这个函数很显然是个二次函数（w 和 b 被平方）。为了简化描述，方便绘图，先忽略参数 b。对于给定的数据集来说，平均损失 L 和 w 的对应关系如下图所示。

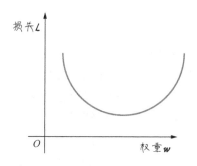

均方误差函数的损失曲线是一个凸函数

我们将这个函数图像称为**损失曲线**，这是一个凸函数。凸函数的图像会流畅、连续地形成相对于 y 轴的全局最低点，也就是说**存在着全局最小损失点**。**这也是此处选择 MSE 作为线性回归的损失函数的原因**。

 咖哥发言

如果同学们回忆一下第 2 课中提到过的线性函数和多次函数图像，就会发现它们不满足凸函数的要求。

如果画出 w 和 b 共同作用时的三维图像，就可以把它想象成一个有底儿（最低点）的碗，如下图所示。

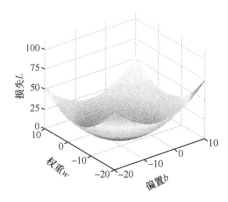

均方误差函数——w 和 b 共同作用时的三维图像

这种"**存在着底部最低点**"的函数为梯度下降奠定了基础。不管再增加多少个维度（特征，也就是相应地增加参数 w 的个数），二次函数都是有最低点的。如果没有这个最低点，那么梯度下降到了一定程度，停是停了，但是根本没法判断此时的损失是不是最小的。

 咖哥发言

一只在二维平面上爬来爬去的蚂蚁，永远也无法想象如果它站起来以后的空间是什么样子。前面说过，我们现在身处于三维空间，因此不能够描述四维以上的空间。所以，如果再多一个参数，其图像就无法展示了。但还是可以推知，对于多维特征的多变量线性回归的均方误差函数，仍然会存在着底部最低点。

3.4.3 梯度下降的实现

梯度下降的过程就是在程序中一点点变化参数 w 和 b，使 L，也就是损失值，逐渐趋近最低点（也称为机器学习中的**最优解**）。这个过程经常用"下山"来比喻：想象你站在一座山的山腰上，正在寻找一条下山的路，这时你环望四周，找到一个最低点并向那个方向迈出一步；接着再环望四周，朝最低点方向再迈出一步……一步接一步，走到最低点。

这里用图来详细解释比较清楚，为了简化说明，还是暂时只考虑权重 w 和损失 L 之间的关系。给 w 随机分配一个初始值（如 5）的时候，损失曲线上对应的点就是下图中有小猴子的地方。

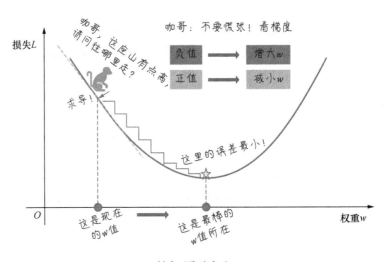

梯度下降的实现

此时 w 等于 5，下一步要进行新的猜测了，w 应该往个方向移动，才能得到更小的损失 L？也就是说，w 应该是增大（5.01）还是减小（4.99），L 才能更快地趋近最小损失点（五角星）？

咖哥问同学们："如果图中的小猴子代表损失值的大小，那么它应该是往左走，还是往右走呢？机器能不能告诉它正确的方向？"

小冰大叫一声："求导！"

咖哥吓了一跳："对！上一课学的东西看来是记住了。"

秘密武器正是**导数**。导数描述了函数在某点附近的变化率（L 正在随着 w 增大而增大还是减小），而这正是进一步猜测更好的权重时所需要的全部内容。

程序中用梯度下降法通过求导来计算损失曲线在起点处的梯度。此时，**梯度**就是损失曲线导数的矢量，它可以让我们了解哪个方向距离目标"更近"或"更远"。

■ 如果求导后梯度为正值，则说明 L 正在随着 w 增大而增大，应该减小 w，以得到更小的损失。

■ 如果求导后梯度为负值，则说明 L 正在随着 w 增大而减小，应该增大 w，以得到更小的损失。

 咖哥发言

此处在单个权重参数的情况下，损失相对于权重的梯度就称为导数；若考虑偏置，或存在多个权重参数时，损失相对于单个权重的梯度就称为偏导数。

因此，通过对损失曲线进行求导之后，就得到了梯度。梯度具有以下两个特征。

- 方向（也就是梯度的正负）。
- 大小（也就是切线倾斜的幅度）。

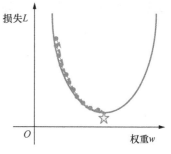

梯度下降：找到损失最小时的权重

这两个重要的特征，尤其是方向特征确保了梯度始终指向损失函数中增长最为迅猛的方向。**梯度下降法会沿着负梯度的方向走一步，以降低损失**，如右图所示。

通过梯度下降法，如果初始估计的 w 值落在最优值左边，那么梯度下降会将 w 增大，以趋近最低值；如果初始估计的 w 值落在最优值右边，那么梯度下降会将 w 减小，以趋近最低值。这个逐渐趋近于最优值的过程也叫作损失函数的**收敛**。

用数学语言描述梯度计算过程如下：

$$梯度 = \frac{\partial}{\partial w} L(w) = \frac{\partial}{\partial w} \frac{1}{2N} \sum_{(x,y) \in D} (y - h(x))^2 = \frac{1}{N} \sum_{(x,y) \in D} ((w \cdot x) - y) \cdot x$$

也可以写成

$$梯度 = \frac{1}{N} \sum_{i=1}^{N} ((w \cdot x^{(i)}) - y^{(i)}) \cdot x^{(i)}$$

此处的 N 是数据集的数目。符号 Σ 代表对所有训练数据集中的特征和标签进行处理并求和，这是已经推导出来的求梯度的具体步骤。如果不熟悉导数（也就是对损失函数的微分）的演算也没有什么影响。因为梯度的计算过程都已经封装在各种机器学习框架中，并不用我们自己写代码实现。

而且即使要通过 Python 来实现梯度下降公式，代码同样是非常的简洁：

```
y_hat   = weight*X + bias # 这是向量化运算实现的假设函数
loss = y_hat-y # 这是中间过程，求得的是假设函数预测的 y' 和真正的 y 值之间的差值
derivative_wight = X.T.dot(loss)/len(X) # 对权重求导，len(X) 就是样本总数
derivative_bias = sum(loss)*1/len(X)      # 对偏置求导，len(X) 就是样本总数
```

简单地解释一下这段代码。

- weight*X 是求出 **X** 数据集中的全部数据的 y' 值，就是 $w \cdot x^{(i)}$ 的实现，是对数组的整体操作，不用通过循环去分别操作每一个数据。
- 对 **weight** 求导的过程中，使用了上一课中介绍过的多项式点积规则——两个相同维度的向量对应元素先相乘，后相加。这其中的两个向量是 **X** 和 **loss**，也就是 $((w \cdot x^{(i)}) - y^{(i)}) \cdot x^{(i)}$ 的实现。
- 对偏置 b 求导并不需要与特征 **X** 相乘，因为偏置与权重不同，它与特征并不相关。另外还有一种思路，是把偏置看作 w_0，那么就需要给 **X** 特征矩阵添加一行数字 1，形成 x_0，与偏置相乘，同时确保偏置值不变——我们会在多变量线性回归的代码中试一下这个技巧。

3.4.4 学习速率也很重要

最关键的问题已经通过求导的方法解决了，我们知道权重 w 应该往哪个方向走。下一个问题是小猴子应该以多快的速度下山。这在机器学习中被称为**学习速率**（learning rate）的确定。学习速率也记作 α，读作 alpha。

学习速率乘以损失曲线求导之后的微分值，就是一次梯度变化的**步长**（step size）。它控制着

当前梯度下降的节奏，或快或慢，w 将在每一次迭代过程中被更新、优化。

引入学习速率之后，用数学语言描述参数 w 随梯度更新的公式如下：

$$w = w - \alpha \cdot \frac{\partial}{\partial w}L(w)$$

即

$$w = w - \frac{\alpha}{N}\sum_{i=1}^{N}((w \cdot x^{(i)}) - y^{(i)}) \cdot x^{(i)}$$

Python 代码实现如下：

```
weight = weight - alpha*derivative_wight # 结合学习速率 alpha 更新权重
bias = bias - alpha*derivative_bias # 结合学习速率 alpha 更新偏置
```

咖哥发言

　　本课中，为了学习过程中的理解，给出了求导、梯度下降的实现、损失函数的计算的细节。然而在实战中，这些内容基本不需要编程人员自己写代码实现。而大多数机器学习从业者真正花费相当多的时间来调试的，是像学习速率、迭代次数这样的参数，我们称这类位于模型外部的人工可调节的参数为**超参数**。而权重 w、偏置 b，当然都是模型内部参数，由梯度下降负责优化，不需要人工调整。

　　如果所选择的学习速率过小，机器就会花费很长的学习时间，需要迭代很多次才能到达损失函数的最底点，如下面左图所示。相反，如果学习速率过大，导致 L 的变化过大，越过了损失曲线的最低点，则下一个点将永远在 U 形曲线的底部随意弹跳，损失可能越来越大，如下面右图所示。在机器学习实战中，这种损失不仅不会随着迭代次数减小，反而会越来越大的情况时有发生。

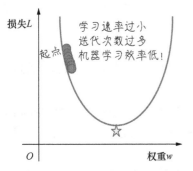

学习速率过大和过小都不好

　　最佳学习速率（如右图所示）与具体问题相关。因为在不同问题中，损失函数的平坦程度不同。如果我们知道损失函数的梯度较小，则可以放心地试着采用更大的学习速率，以补偿较小的梯度并获得更大的步长。

　　寻找最佳学习速率很考验经验和感觉。一个常见的策略是，在机器学习刚刚开始的时候，学习速率可以设置得大一些，快速几步达到靠近最佳权重的位置，当逐渐地接近最佳权重时，可以减小学习速率，防止一下子越过最优值。

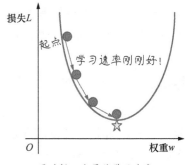

要选择一个最佳学习速率

下面给出梯度下降的完整代码（已经封装在一个自定义的函数 gradient_descent 中）：

```
def gradient_descent(X, y, w, b, lr, iter): # 定义一个实现梯度下降的函数
    l_history = np.zeros(iter) # 初始化记录梯度下降过程中损失的数组
    w_history = np.zeros(iter) # 初始化记录梯度下降过程中权重的数组
    b_history = np.zeros(iter) # 初始化记录梯度下降过程中偏置的数组
    for i in range(iter): # 进行梯度下降的迭代，就是下多少级台阶
        y_hat  = w*X + b # 这是向量化运算实现的假设函数
        loss = y_hat-y # 这是中间过程，求得的是假设函数预测的 y′ 和真正的 y 值间的差值
        derivative_w = X.T.dot(loss)/len(X) # 对权重求导，len(X) 是样本总数
        derivative_b = sum(loss)*1/len(X) # 对偏置求导
        w = w - lr*derivative_w # 结合学习速率 alpha 更新权重
        b = b - lr*derivative_b # 结合学习速率 alpha 更新偏置
        l_history[i] = loss_function(X, y, w, b) # 梯度下降过程中损失的历史记录
        w_history[i] = w # 梯度下降过程中权重的历史记录
        b_history[i] = b # 梯度下降过程中偏置的历史记录
    return l_history, w_history, b_history # 返回梯度下降过程中的数据
```

注意梯度下降的代码在程序中实现时，会被置入一个循环中，比如下降 50 次、100 次甚至 10 000 次，调试程序时，需要观察损失曲线是否已经开始收敛。具体迭代多少次合适，和学习速率一样，需要具体问题具体分析，还需要根据程序运行情况及时调整，这是在下一小节中即将详细介绍的内容。

3.5 实现一元线性回归模型并调试超参数

下面继续通过 Python 代码实现回归模型并调试模型。

3.5.1 权重和偏置的初始值

在线性回归中，权重和偏置的初始值的选择可以是随机的，这对结果的影响不大，因为我们知道无论怎么选择，梯度下降总会带领机器"走"到最优结果（差别只是步数的多少而已）。通过下面的代码设置初始参数值：

```
# 首先确定参数的初始值
iterations = 100 ; # 迭代 100 次
alpha = 1 ; # 初始学习速率设为 1
weight = -5 # 权重
bias = 3 # 偏置
# 计算一下初始权重和偏置值所带来的损失
print (' 当前损失 :', loss_function(X_train, y_train, weight, bias))
```

上面的代码设定各个参数的初始值并通过损失函数 loss_function，求出初始损失：

```
当前损失 : 1.343795534906634
```

下面画出当前回归函数的图像：

```
# 绘制当前的函数模型
plt.plot(X_train, y_train, 'r.', label='Training data') # 显示训练数据
```

```
line_X = np.linspace(X_train.min(), X_train.max(), 500) # X 值域
line_y = [weight*xx + bias for xx in line_X] # 假设函数 y_hat
plt.plot(line_X, line_y, 'b--', label='Current hypothesis' ) #显示当前假设函数
plt.xlabel('wechat') # x 轴标签
plt.ylabel('sales') # y 轴标签
plt.legend() # 显示图例
plt.show() # 显示函数图像
```

输出函数图像如下所示。

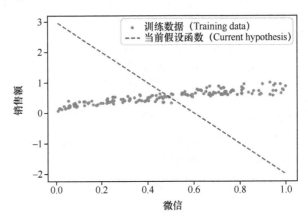

还没有开始机器学习之前：随机选择初始参数时的函数图像

"哇！"一位同学看了一愣，"咖哥，这个好像和刚才你手绘的 L—W 线有很大差异！"

咖哥哈哈大笑，说："因为初始权重和偏置的值都是随机选择的。而且我是故意让当前这个拟合结果显得很离谱，目的就是在后面的步骤中更好地显示出梯度下降的效果。"

3.5.2 进行梯度下降

下面就基于这个平均损失比较大的初始参数值，进行梯度下降，也就是开始训练机器，拟合函数。调用刚才已经定义好的梯度下降函数 gradient_descent，并迭代 100 次（在上一节参数初始化的代码中已设定），也就是下 100 级台阶：

```
# 根据初始参数值，进行梯度下降，也就是开始训练机器，拟合函数
loss_history, weight_history, bias_history = gradient_descent(
        X_train, y_train, weight, bias, alpha, iterations)
```

在训练机器的过程中，已经通过变量 loss_history 记录了每一次迭代的损失值。下面把损失大小和迭代次数的关系通过函数图像显示出来，看看损失是不是如同所预期的那样，随着梯度下降而逐渐减小并趋近最佳状态。通过下面的代码绘制损失曲线：

```
plt.plot(loss_history, 'g--', label='Loss Curve') # 显示损失曲线
plt.xlabel('Iterations') # x 轴标签
plt.ylabel('Loss') # y 轴标签
plt.legend() # 显示图例
plt.show() # 显示损失曲线
```

代码运行后，发现很奇怪的现象，图中（如下图所示）显示出来的损失竟随着梯度下降的迭

代而变得越来越大，从很小的值开始，越来越大，后来达到好几万。

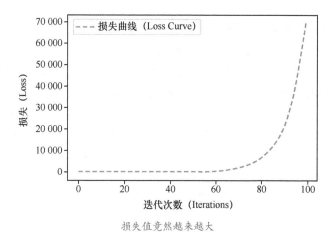

损失值竟然越来越大

如果在这时画出当前的线性函数图像，也会特别离谱，根本就没有与数据集形成拟合：

```
# 绘制当前的函数模型
plt.plot(X_train, y_train, 'r.', label='Training data') # 显示训练数据
line_X = np.linspace(X_train.min(), X_train.max(), 500) # X 值域
# 关于 weight_history[-1]，这里的索引 [-1]，就代表迭代 500 次后的最后一个 W 值
line_y = [weight_history[-1]*xx + bias_history[-1] for xx in line_X] # 假设函数
plt.plot(line_X, line_y, 'b--', label='Current hypothesis' ) # 显示当前假设函数
plt.xlabel('wechat') # x 轴标签
plt.ylabel('sales') # y 轴标签
plt.legend() # 显示图例
plt.show() # 显示函数图像
```

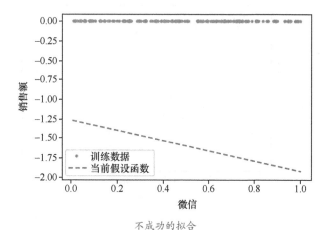

不成功的拟合

梯度下降并没有得到我们所期望的结果。原因何在呢？

咖哥说："考验咱们的经验和解决问题的能力的时刻来了！同学们说一说自己的看法吧。"

此时，同学们却都沉默了。

咖哥说："其实，根据刚刚讲过的内容，应该可以猜出问题大概出在哪里。这个数据集比较简单，没有什么潜在的数据问题。而且模型也比较简单，如果损失函数、梯度下降代码和求导过程都没有出现错误的话，那么此处基本上可以确定，**问题出在学习速率 α 的设定方面**。"

3.5.3 调试学习速率

现在的 α 值，也就是梯度下降的速率在参数初始化时设定为 1，这个值可能太大了。我们可以在 0 到 1 之间进行多次尝试，以找到最合适的 α 值。

当把 α 从 1 调整为 0.01 后，损失开始随着迭代次数而下降，但是似乎下降的速度不是很快，迭代 100 次后没有出现明显的收敛现象，如下面左图所示。反复调整 α，发现在 α=0.5 的情况下损失曲线在迭代 80 ～ 100 次之后开始出现比较好的收敛现象，如下面右图所示。此时梯度已经极为平缓，接近凸函数的底部最优解，对权重求导时斜率几乎为 0，因此继续增加迭代次数，损失值也不会再发生什么大的变化。

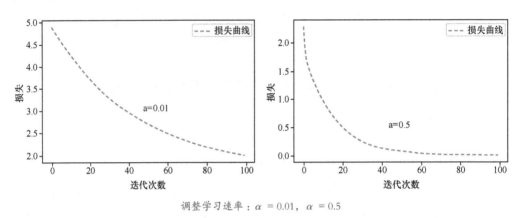

调整学习速率：$\alpha = 0.01$，$\alpha = 0.5$

将 α 设为 0.5，迭代 100 次后，绘制新的线性函数图像，就呈现出了比较好的拟合状态，如下图所示。

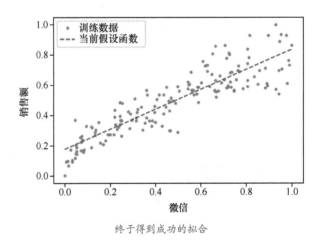

终于得到成功的拟合

看到这条漂亮的虚线，同学们一颗颗原本悬着的小心脏都落了地。

3.5.4 调试迭代次数

对迭代次数进行调试的主要目的是确认损失值已经收敛，因为收敛之后再继续迭代下去，损失值的变化已经微乎其微。

确定损失值已经收敛的主要方法是观察不同迭代次数下形成的损失曲线。下图是 $\alpha = 0.5$ 时，迭代 20 次、100 次、500 次的损失曲线图像。

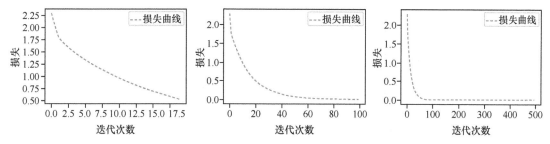

将迭代次数从 100 次增加至 500 次后，损失并没有明显减小

从图像显示可知，迭代 20 次显然太少了，损失值还在持续减少，训练不应停止。大概在迭代 80 ~ 100 次之后，损失已经达到了比较小的值，继续迭代下去没有太大意义，只是浪费资源，所以迭代 500 次没有什么必要。

就此例而言，以 0.5 的学习速率来说，为了安全起见，我们迭代 100 ~ 200 次差不多就可以了，最后确定迭代 200 次吧。

下面就输出 a=0.5 时，迭代 200 次之后的损失值，以及参数 w 和 b 的值：

```
print (' 当前损失 : ', loss_function(X_train, y_train,
             weight_history[-1], bias_history[-1]))
print (' 当前权重 : ', weight_history[-1])
print (' 当前偏置 : ', bias_history[-1])
```

这里的索引 [-1]，前面讲过，是相对索引，它代表迭代 200 次后的最后一次的 w 和 b 值，这两个值就是机器学习基于训练数据集得到的结果：

```
当前损失 : 0.00465780405531404
当前权重 : 0.6552253409192808
当前偏置 : 0.17690341009472488
```

3.5.5 在测试集上进行预测

现在，在迭代 200 次之后，我们认为此时机器学习已经给出了足够好的结果，对于训练集的均方误差函数的损失值已经非常小，几乎接近 0。那么，是不是在测试集上，这个函数模型效果也一样好呢？

下面在测试集上进行预测和评估：

```
print (' 测试集损失 : ', loss_function(X_test, y_test,
             weight_history[-1], bias_history[-1]))
```

输出结果如下：

```
测试集损失 : 0.00458180938024721
```

结果显示当前的测试集的损失值约为 0.00458，甚至还要好过训练集。测试集损失比训练集损失还低，这种情形并不是机器学习的常态，但在比较小的数据集上是有可能出现的。

我们还可以同时描绘出训练集和测试集随着迭代次数而形成的损失曲线，如下图所示。

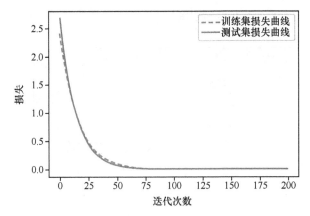
同时显示测试集与训练集的损失曲线

结果显示，测试集与训练集的损失随迭代次数的增加，呈现相同的下降趋势，说明我们的机器学习模型是成功的。在训练的初期，训练集上的损失明显小于测试集上的损失，但是这种差距会随着学习的过程而逐渐变小，这也是机器学习过程正确性的体现。

因此，最终确定了一个适合预测小冰的网店销售额的最佳线性回归模型：

w = 0.6608381748731955

b = 0.17402747570052432

函数模型：$y'=0.66x+0.17$

而我们刚才所做的全部工作，就是**利用机器学习的原理，基于线性回归模型，通过梯度下降，找到了两个最佳的参数值而已**。

3.5.6 用轮廓图描绘 L、w 和 b 的关系

至此，机器学习建模过程已经完成。这里我再多讲一个辅助性的工具，叫作**轮廓图**（contour plot）。损失曲线描绘的是损失和迭代次数之间的关系，而轮廓图则描绘的是 L、w 和 b 这3者之间的关系，这样才能够清楚地知道损失值是怎样随着 w 和 b 的变化而逐步下降的。

这个轮廓图，其实大概就是等高线＋地形图。

小冰插嘴："等高线和地形图地理课学过啊，我知道是怎么回事。"

咖哥说："那就比较容易理解了。"

介绍梯度下降的时候，我们反复讲全局最低点，如果只有一个参数 w，那么损失函数的图像就是二次函数曲线。

如果考虑两个参数 w 和 b，就是类似于右侧上图的一个三维立体图像，像一个碗。而轮廓图，就是这个三维的碗到二维平面的投影，如右侧下图所示。

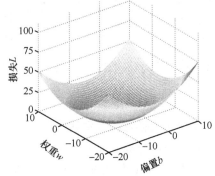

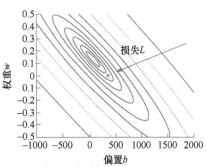

从损失曲线到轮廓图

在轮廓图中，每一个圈圈上的各个点，损失值都相同，也就是说，这些点所对应的 w 和 b，带来的 L 是等值的。而 L 的最小值，就投影到了同心椭圆的中心点，也就是全局最优解，此时只有一个最优的 w 和 b 的组合。

因此，这个轮廓图可以方便、直观地观察损失函数和模型内部参数之间关系。

小冰突然发问："如果参数超过两个呢？又怎么画轮廓图？"

咖哥"痛苦"地回答："轮廓图，费了好大的力气，把三维的关系降到二维平面上进行显示，你又想再多加一维，那是又在挑战人类的极限了。这里请理解一下，不要钻牛角尖了。其实在纸面上是比较难画出更多个参数的轮廓图的。"

针对这个案例，我在训练机器的过程中绘制出了轮廓图，代码比较长，基于篇幅，我就不进行展示了，你们可以去源码包里面看一看。代码显示了线性函数图像从初始状态到最优状态的渐变和损失在轮廓图中逐渐下降到最低点的轨迹，这把训练机器的过程描绘得非常直观，如下图所示。

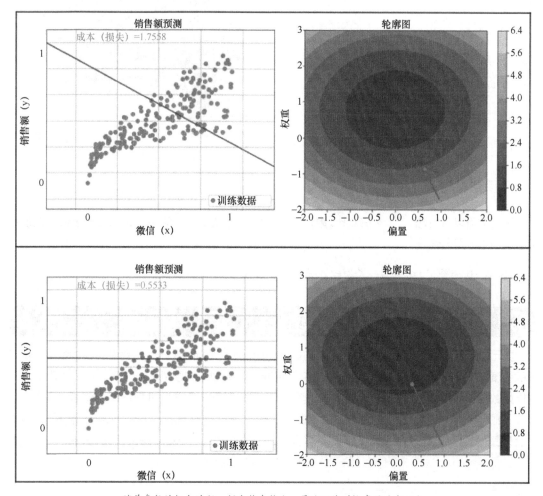

随着参数的拟合过程，损失越来越小，最终下降到轮廓图的中心点

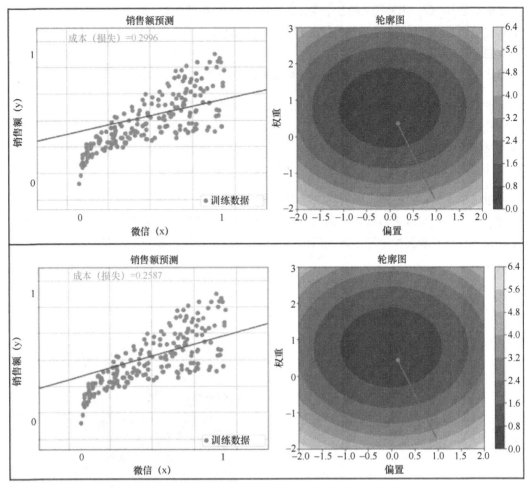

随着参数的拟合过程，损失越来越小，最终下降到轮廓图的中心点（续）

从图中可以分析出，当 w 在 0.66 附近，b 在 0.17 附近时，L 值接近轮廓图颜色最深的底部中心点，也就是最优解。

"休息 10 分钟，"咖哥说，"之后讲如何实现多变量的线性回归。"

3.6 实现多元线性回归模型

多元，即多变量，也就是特征是多维的。我们用下标（例如 w_1 和 x_1）代表特征的编号，即特征的维度。多个特征，可以用来表示更复杂的机器学习模型。同学们不要忘了，小冰给咱们带来的原始数据集，本来就是具有 3 个特征的模型。只是为了简化教学，才只选择了微信公众号广告投放金额作为唯一的特征，构建单变量线性回归模型。现在重新引入 x_2 代表微博广告投放金额，x_3 代表其他类型广告投放金额，采用以下多元（多变量）的线性方程式来构造假设函数：

$$y' = h(x) = b + w_1x_1 + w_2x_2 + w_3x_3$$

3.6.1 向量化的点积运算

在机器学习的程序设计中，这个公式可以被向量化地实现，以表示任意维的特征：

$$y' = h(x) = w^T \cdot x + b$$

其中，$w^T \cdot x$ 就是 $w_1 x_1 + w_2 x_2 + w_3 x_3 + \cdots + w_N x_N$。

点积前面讲过：如果 w 是一个向量，x 也是一个向量，两个向量做乘法，会得到一个标量，也就是数值 y'。两个向量，你点积我，我点积你，结果是相同的。因此 $w^T \cdot x$ 等于 $x \cdot w^T$。

但是，为什么公式里面有一个矩阵转置符号 T 呢？这是因为 w 和 x 这两个张量的实际形状为 $(N, 1)$ 的矩阵，它们直接相乘是不行的。其中一个需要先转置为 $(1, N)$，才能进行点积操作，这就是为什么公式中特别强调用 w^T。

而且，要注意以下几点。

■ 张量形状 $(1, N)$ 点积 $(N, 1)$，就得到 1×1 的标量。

■ 张量形状 $(N, 1)$ 点积 $(1, N)$，那就得到 (N, N) 的矩阵，就不是我们想要的 y'。

■ 张量形状 $(1, N)$ 点积 $(1, N)$，或者 $(N, 1)$ 点积 $(N, 1)$，就会出错。

 咖哥发言

要注意输入张量的维度和目标张量的维度，维度的错误会导致得不到想要的结果。公式里的 y' 是一个值，也就是标量。而在本例的程序代码中，因为整个数据集是一起进行向量化运算的，所以 y' 应该是一个形状为 $(200, 1)$ 的张量，里面包含 200 个值。调试程序时要记得多输出张量的形状。

还可以把公式进一步简化，就是把 b 也看作权重 w_0，那么需要引入 x_0，这样公式就是：

$$y' = h(x) = w_0 x_0 + w_1 x_1 + w_2 x_2 + w_3 x_3$$

引入 x_0，就是给数据集添加一个新的哑（dummy）特征，值为 1，b 和这个哑特征相乘，值不变：

$$w_0 x_0 = b \times 1 = b$$

新的公式变为：

$$y' = h(x) = w^T x$$

习惯上，对于多元参数，会把 W 和 X 大写，突出它们是一个数组，而非标量：

$$X = \begin{bmatrix} x_0 \\ x_1 \\ \cdot \\ \cdot \\ \cdot \\ x_{n-1} \\ x_n \end{bmatrix} \quad W = \begin{bmatrix} w_0 \\ w_1 \\ \cdot \\ \cdot \\ \cdot \\ w_{n-1} \\ w_n \end{bmatrix} \quad W^T = \begin{bmatrix} w_0, w_1, \cdots, w_{n-1}, w_n \end{bmatrix}$$

$$y' = W^T \cdot X = w_0 x_0 + w_1 x_1 + \cdots + w_{n-1} x_{n-1} + w_n x_n$$

上面的表述形式令多元回归的程序实现过程更为简洁。多元回归的代码实现和刚才的单变量回归非常相似，只有几个部分需要注意（下面只给出重点代码段，完整代码参阅代码包中的源代码）。

首先，在构建特征数据集时，保留所有字段，包括 wechat、weibo、others，然后用 NumPy 的 delete 方法删除标签字段：

```
X = np.array(df_ads) # 构建特征集，包含全部特征
```

```
X = np.delete(X, [3], axis = 1) # 删除标签
y = np.array(df_ads.sales) #构建标签集，销售额
print ("张量X的阶:", X.ndim)
print ("张量X的维度:", X.shape)
print (X)
```

输出结果如下：

```
张量X的阶：2
张量X的维度：(200, 3)
[[ 304.4   93.6  294.4]
 [1011.9   34.4  398.4]
 ... ...
 [ 343.5   86.4   48. ]
 [ 796.7  180.   252. ]]
```

因为 **X** 特征集已经是 2 阶的，不需要再进行 reshape 操作，所以只需要把标签张量 **y** 进行 reshape 操作：

```
y = y.reshape(-1, 1) #通过 reshape 方法把向量转换为矩阵，-1 等价于 len(y)，返回样本个数
```

目前输入数据集是 2D 矩阵，包含两个轴，样本轴和特征轴，其中样本轴共 200 行数据，特征轴中有 3 个特征。

多变量线性回归实现过程中的重点就是 **W** 和 **X** 点积运算的实现，因为 **W** 不再是一个标量，而是变成了一个 1D 向量 [w_0, w_1, w_2, w_3]。此时，假设函数 $f(x)$ 在程序中的实现就变成了一个循环，其伪代码如下：

```
for i in N: # N为特征的个数
    y_hat = y_hat + weight[i]*X[i]
    y_hat = y_hat + bias
```

但是，我们已经知道，NumPy 工具集中的点积运算可以避免类似的循环语句出现。

而且，有以下两种实现思路。

■ 一种是 **W** 和 **X** 点积，再加上偏置。

■ 另一种是给 **X** 最前面加上一列（一个新的维度），这个维度所有数值全都是 1，是一个哑特征，然后把偏置看作 w_0。

第二种实现的代码比较整齐。为 **X** 训练集添加 x_0 维特征的代码如下：

```
x0_train = np.ones((len(X_train), 1)) # 构造X长度的全1数组配合对偏置的点积
X_train = np.append(x0_train, X_train, axis=1) # 把X增加一系列的1
print ("张量X的形状:", X_train.shape)
print (X_train)
```

输出结果如下：

```
张量X的形状：(160, 4)
[[1.         0.39995488 0.1643002  0.42568162]
 [1.         0.72629521 0.83975659 0.34564644]
 [1.         0.22746071 0.31845842 0.35620053]
```

```
--- ---
[1.          0.31949771 0.14807302 0.06068602]]
```

类似的 x_0 维特征也需要添加至测试集。

3.6.2 多变量的损失函数和梯度下降

损失函数也通过向量化来实现：

```
def loss_function(X, y, W): # 手工定义一个均方误差函数，W 此时是一个向量
    y_hat = X.dot(W.T) # 点积运算 h(x)=w₀x₀+w₁x₁+w₂x₂+w₃x₃
    loss = y_hat.reshape((len(y_hat), 1))-y # 中间过程，求出当前 W 和真值的差值
    cost = np.sum(loss**2)/(2*len(X)) # 这是平方求和过程，均方误差函数的代码实现
    return cost # 返回当前模型的均方误差值
```

梯度下降的公式仍然是：

$$W = W - \frac{\alpha}{N}\sum_{i=1}^{N}(y^{(i)} - (W \cdot x^{(i)})) \cdot x^{(i)}$$

封装进一个梯度下降函数：

```
def gradient_descent(X, y, W, lr, iter): # 定义梯度下降函数
    l_history = np.zeros(iter) # 初始化记录梯度下降过程中损失的数组
    W_history = np.zeros((iter, len(W))) # 初始化记录梯度下降过程中权重的数组
    for i in range(iter): # 进行梯度下降的迭代，就是下多少级台阶
        y_hat = X.dot(W.T) # 这是向量化运算实现的假设函数
        loss = y_hat.reshape((len(y_hat), 1))-y # 中间过程，求出 y_hat 和 y 真值的差值
        derivative_W = X.T.dot(loss)/len(X) # 求出多项式的梯度向量
        derivative_W = derivative_W.reshape(len(W))
        W = W - lr*derivative_W # 结合学习速率更新权重
        l_history[i] = loss_function(X, y, W) # 梯度下降过程中损失的历史记录
        W_history[i] = W # 梯度下降过程中权重的历史记录
    return l_history, W_history # 返回梯度下降过程中的数据
```

3.6.3 构建一个线性回归函数模型

在训练机器之前，构建一个线性回归函数，把梯度下降和训练过程封装至一个函数。这可以通过调用线性回归模型来训练机器，代码显得比较整齐：

```
# 定义线性回归模型
def linear_regression(X, y, weight, alpha, iterations):
    loss_history, weight_history = gradient_descent(X, y,
                                                    weight,
                                                    alpha, iterations)
    print("训练最终损失:", loss_history[-1]) # 输出最终损失
    y_pred = X.dot(weight_history[-1]) # 进行预测
    traning_acc = 100 - np.mean(np.abs(y_pred - y))*100 # 计算准确率
    print("线性回归训练准确率: {:.2f}%".format(traning_acc))  # 输出准确率
    return loss_history, weight_history # 返回训练历史记录
```

这个模型中调用了梯度下降函数来训练机器，同时计算了最终损失并基于训练集给出了在训练集上的预测准确率。

3.6.4 初始化权重并训练机器

下面初始化权重，这时候 weight 变成了一个数组，bias 变成了其中的 w [0]：

```
# 首先确定参数的初始值
iterations = 300 ; # 迭代 300 次
alpha = 0.15 ; # 学习速率设为 0.15
weight = np.array([0.5, 1, 1, 1]) # 权重向量，w[0] = bias
# 计算一下初始值的损失
print ('当前损失：', loss_function(X_train, y_train, weight))
```

下面通过调用前面定义好的线性回归模型训练机器，并给出最终损失，以及基于训练集的预测准确率：

```
# 调用刚才定义的线性回归模型
loss_history, weight_history = linear_regression(X_train, y_train,
                         weight, alpha, iterations) # 训练机器
```

输出结果如下：

```
训练最终损失： 0.004334018335124016
线性回归训练准确率： 74.52%
```

还可以输出返回的权重历史记录以及损失历史记录：

```
print("权重历史记录：", weight_history)
print("损失历史记录：", loss_history)
```

损失历史记录显示，迭代 200 次之后，基本收敛。迭代 300 次之后，weight 的值如下：

```
[-0.04161205  0.6523009   0.24686767  0.37741512]
```

这表示 w_0 约为 −0.004，w_1 约为 0.65，w_2 约为 0.25，w_3 约为 0.38。

最后，回答本课开始时，小冰同学提出的问题：在未来的某周，当我将各种广告投放金额做一个分配（比如，我决定用 250 元、50 元、50 元）来进行一周的广告投放时，我将大概实现多少元的商品销售额？

```
X_plan = [250,50,50] # 要预测的 X 特征数据
X_train,X_plan = scaler(X_train_original,X_plan) # 对预测数据也要归一化缩放
X_plan = np.append([1], X_plan ) # 加一个哑特征 X0 = 1
y_plan = np.dot(weight_history[-1],X_plan) # [-1] 即模型收敛时的权重
# 对预测结果要做反向缩放，才能得到与原始广告费用对应的预测值
y_value = y_plan*23.8 + 3.2 #23.8 是当前 y_train 中最大值和最小值的差，3.2 是最小值
print ("预计商品销售额：",y_value, "千元")
```

通过上面的机器学习函数给出的预测参数向量，可以计算出预计商品销售额约为 6 千元：

```
预计商品销售额： 6.088909584694067 千元
```

同学们都转头去看小冰，眼神很诧异。咖哥也忍不住了，开口问道："350 元的广告费用，就能卖出 6 千多元的商品，你真的确定你需要学 AI 才能养家糊口吗？"小冰白了咖哥一眼：

"咖哥，人家这个是商品销售额，不是利润。这6千元里面，大部分是成本。"

小冰接着说："再说，这个模型预测得就一定很准吗？"

3.7 本课内容小结

本课完成了第一个机器学习模型的项目设计，实现了整个机器学习流程。我们学到了以下内容。

■ 数据的收集与分析。

■ 机器学习模型的确定。

■ 假设函数——$h(x)=wx+b$ 或写成 $h(x)=w_0+w_1x$，很多地方使用 $h(x)=\theta_0+\theta_1x$。

■ 损失函数——$MSE=L(w,b)=\dfrac{1}{N}\sum_{(x,y)\in D}(y-h(x))^2$，很多地方使用 $J(\theta_0,\theta_1)$ 表示损失函数。

■ 通过梯度下降训练机器，目标是最小化 $L(w,b)$，即 $J(\theta_0,\theta_1)$。

■ 权重和偏置的初始化。

■ 参数的确定与调试：学习速率、迭代次数。

■ 针对测试集应用机器学习的训练结果（即得到的模型）。

下面回答本课初始时小冰提出的几个问题。

（1）各种广告和商品销售额的相关度如何？答案：如相关性热力图所示。

（2）各种广告和商品销售额之间体现出一种什么关系？答案：线性关系。

（3）哪一种广告对于商品销售额的影响最大？答案：微信公众号广告。

（4）在未来的某周，当我将各种广告投放金额做一个分配（比如我决定用250元、50元、50元）进行一周的广告投放，我将大概实现多少元的商品销售额？答案：根据机器学习得到的线性函数，可以预测出的销售额为6千元。

3.8 课后练习

练习一 在这一课中，我们花费了一些力气自己从头构造了一个线性回归模型，并没有借助 Sklearn 库的线性回归函数。这里请大家用 Sklearn 库的线性回归函数完成同样的任务。怎么做呢？同学们回头看看第1课1.2.3节中的"用 Google Colab 开发第一个机器学习程序"的加州房价预测问题就会找到答案。

（提示：学完本课内容之后，面对线性回归问题，有两个选择，要么自己构建模型，要么直接调用机器学习函数库里现成的模型，然后用 fit 方法训练机器，确定参数。）

练习二 在 Sklearn 库中，除了前面介绍过的 Linear Regression 线性回归算法之外，还有 Ridge Regression（岭回归）和 Lasso Regression（套索回归）这两种变体。请大家尝试参考 Sklearn 在线文档，找到这两种线性回归算法的说明文档，并把它们应用于本课的数据集。

Ridge Regression 和 Lasso Regression 与普通的线性回归在细节上有何不同？下一课中会简单地介绍。

练习三 导入第3课的练习数据集：Keras 自带的波士顿房价数据集，并使用本课介绍的方法完成线性回归，实现对标签的预测。

第4课

逻辑回归——
给病患和鸢尾花分类

我们已经通过线性回归模型成功解决了回归问题，本课就来处理分类问题。分类问题与回归问题，是机器学习两大主要应用。

分类问题覆盖面很广泛：有二元分类，如根据考试成绩推断是否被录取、根据消费记录判断信用卡是否可以申请，以及预测某天是否将发生地震等；有多元分类，如消费群体的划分、个人信用的评级等；还有图像识别、语音识别等，在本质上也是很多个类别的分类问题。

垃圾分类器帮助市民确定垃圾的类别

本课要讲的专用于分类的机器学习算法，叫逻辑回归（logistic regression），简称Logreg。

"等等，咖哥。"小冰问道，"你刚才说，机器学习两大主要应用是回归问题和分类问题，可你又说这个逻辑回归算法，专用于分类问题，这我就不明白了，专用于分类问题的算法，为什么叫逻辑回归，不叫'逻辑分类'算法呢？"

"哈哈。"咖哥说，"你这就有点咬文嚼字了。逻辑回归算法的本质其实仍然是回归。这个算法也是通过调整权重 w 和偏置 b 来找到线性函数来计算数据样本属于某一类的概率。比如二元分类，一个样本有60%的概率属于A类，有20%的概率属于B类，算法就会判断样本属于A类。"

咖哥接着说："不过，在介绍这些细节之前，还是先看本课重点吧。"

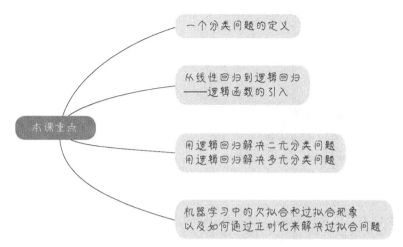

"Stop！咖哥，"小冰听说了逻辑回归能解决各种分类问题之后，突然喊道，"我想到了我的一个朋友现在正在做的一个医疗产品，也许这个逻辑回归机器学习模型可以帮到他！"

"好啊，那不妨先听一听你的具体需求吧。"咖哥回答。

4.1 问题定义：判断客户是否患病

小冰告诉咖哥，最近，因为她的网店做得有声有色，朋友们也纷纷找她来合作，其中一位朋友就请她帮着推销一种新型的血压计。为了使自己的推广更有针对性，小冰在自己的朋友圈发了 1000 份调查问卷，让朋友们完成心脏健康状况的一个测评，并收到了大概几百个结果。当然，这个调查问卷中的问题是她的朋友提供的专业内容，涉及医学知识，很多名词小冰也看不懂。

	A	B	C	D	E	F	G	H	I	J	K	L	M	N
1	age	sex	cp	trestbps	chol	fbs	restecg	thalach	exang	oldpeak	slope	ca	thal	target
2	63	1	3	145	233	1	0	150	0	2.3	0	0	1	1
3	37	1	2	130	250	0	1	187	0	3.5	0	0	2	1
4	41	0	1	130	204	0	0	172	0	1.4	2	0	2	1
5	56	1	1	120	236	0	1	178	0	0.8	2	0	2	1
6	57	0	0	120	354	0	1	163	1	0.6	2	0	2	1
7	57	1	0	140	192	0	1	148	0	0.4	1	0	1	1
8	56	0	1	140	294	0	0	153	0	1.3	1	0	2	1
9	44	1	1	120	263	0	1	173	0	0	2	0	3	1
10	52	1	2	172	199	1	1	162	0	0.5	2	0	3	1
11	57	1	2	150	168	0	1	174	0	1.6	2	0	2	1
12	54	1	0	140	239	0	1	160	0	1.2	2	0	2	1
13	48	0	2	130	275	0	1	139	0	0.2	2	0	2	1
14	49	1	1	130	266	0	1	171	0	0.6	2	0	2	1
15	64	1	3	110	211	0	0	144	1	1.8	1	0	2	1

心脏健康状况问卷调查结果

咖哥发言

以下是测评中各列数值的中文含义。

■ age：年龄。

■ sex：性别。

■ cp：胸痛类型。

■ trestbps：休息时血压。

- chol：胆固醇。
- fbs：血糖。
- restecg：心电图。
- thalach：最大心率。
- exang：运动后心绞痛。
- oldpeak：运动后 ST 段压低。
- slope：运动高峰期 ST 段的斜率。
- ca：主动脉荧光造影染色数。
- thal：缺陷种类。
- target：0 代表无心脏病，1 代表有心脏病。

在这个问卷中要注意以下两点。

- 从 A 栏到 M 栏，是调查的信息，包括年龄、性别、心脏功能的一些指标等，从机器学习的角度看就是特征字段。
- 问卷的最后一栏，第 N 栏的 target 字段，是调查的目标，也就是潜在客户患病还是未患病，这是标签字段。

在收回的问卷中，有以下 3 种情况。

- 有一部分人已经是心脏病患者，这批人是我们的潜在客户群，则 target = 1。
- 有一部分人确定自己没有心脏问题，那么目前他们可能就不大需要血压计这个产品，则 target = 0。
- 还有一部分人只填好了调查表的前一部分，但是最后一个问题，是否有心脏病？他们没有填写答案，target 字段是空白的。可能他们自己不知道，也可能他们不愿意提供这个答案给我们。**这些数据就是无标签的数据**。

小冰问："咖哥你看，现在我已经掌握了这么多'**有标签**'的数据，那么能不能用刚才你所说的逻辑回归模型，对没有提供答案的人以及未来的潜在客户进行是否有心脏病的推测。如果能够推知这些潜在客户是否患心脏病，就等于知道这些潜在客户是否需要心脏保健相关产品（血压计）。这是多么精准的营销策略啊！"

"当然可以。"咖哥回答，"只要你的数据是准确的，这个情况就很适合用逻辑回归来解决。你刚才说问卷中的很多专业性内容你不是很懂，那没有关系。**机器学习的一大优势，就是可以对我们本身并不是特别理解的数据，也产生精准的洞见。**"

咖哥又说："我看了一下，这几百张已收回的有标签（就是已经回答了最后一个问题：是否患心脏病？）的调查问卷，正是珍贵的机器学习'训练集'和'验证集'。下面就让逻辑回归算法来完成一个专业医生才能够做出的判断。"

4.2 从回归问题到分类问题

介绍算法之前，同学们先思考一下什么是事物的"类别"。

4.2.1 机器学习中的分类问题

事物的**类别**，这个概念并不难理解。正确的分类观是建立科学体系、训练逻辑思维能力的重要一步。从小学自然科学课，老师就开始教孩子们如何给各种事物、现象分类。

机器学习中的分类问题的覆盖面要比我们所想象的还广泛得多，下面举几个例子。

■ 根据客户的收入、存款、性别、年龄以及流水，为客户的信用等级分类。

■ 读入图片，为图片内容分类（猫、狗、虎、兔）。

■ 手写数字识别，输出类别 0 ～ 9。

■ 手写文字识别，也是分类问题，只是输出类别有很多，有成千上万个类。

而机器学习的分类方法，也是要找到一个合适的函数，拟合输入和输出的关系，输入一个或一系列事物的特征，输出这个事物的类别。

对于计算机来说，输入的特征必须是它所能够识别的。例如，我们无法把人（客户、患者）输入计算机，那么只能找到最具代表性的特征（年龄、血压、账户存款余额等）转换成数值后输入模型。

输入特征，通过函数输出类别

👤🖊 **咖哥发言**

所有的特征，都要转换成数值形式，才易于被机器学习，机器不能够识别"男""女"，只能识别"1""2"。这种文本到数值的转换是必做的特征工程。

而输出，则是离散的数值，如 0、1、2、3 等分别对应不同类别。例如，二元分类中的成功 / 失败、健康 / 患病，及多元分类中的猫、狗、长颈鹿等。这些类别之间是互斥关系，如一个动物是狗，就不能同时是猫；一个患者被诊断为患心脏病，就不能同时被认为是健康的。

这里先给一点逻辑回归的算法细节，在输出明确的离散分类值之前，算法首先输出的其实是**一个可能性，你们可以把这个可能性理解成一个概率。**

■ 机器学习模型根据输入数据判断一个人患心脏病的可能性为 80%，那么就把这个人判定为"患病"类，输出数值 1。

■ 机器学习模型根据输入数据判断一个人患心脏病的可能性为 30%，那么就把这个人判定为"健康"类，输出数值 0。

机器学习的分类过程，也就是确定某一事物隶属于某一个类别的**可能性大小**的过程。

4.2.2 用线性回归 + 阶跃函数完成分类

温故而知新，学习逻辑回归模型先从复习线性回归模型开始。同学们看看下页这两个图有何区别。左边的 x 和 y 之间明显呈现出连续渐变的特征，是线性关系，适合用回归模型建模；而右边的 x 是 0 ～ 100 的值，代表成绩，y 则不是 0 ～ 1 的连续值，y 只有两个结果，要么通过考试（$y=1$），要么考试挂科（$y=0$）。

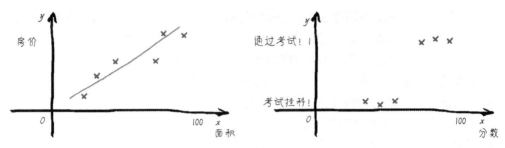

从回归问题到分类问题

此时小冰举手，说："咖哥，这个分类问题建模太简单了，我一眼就判断出来了。这个模型就是两句话，x 大于等于 60，y 为 1；x 小于 60，y 为 0。这个模型和回归有点像，也能用一条直线表示，你看。"说着，小冰在图中画上了一条竖线，如下图所示。

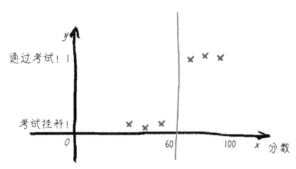

小冰画了条竖线作为回归函数

咖哥说："小冰啊，还是要虚心一些。你说这个分类问题简单，倒是不错，但是你画的这条回归线，可是大错特错了。如果用线性回归来拟合这个通过考试与否的问题，最佳的回归线应该这样去画。"说着，咖哥画出了另外一条回归线，如下面左图所示。

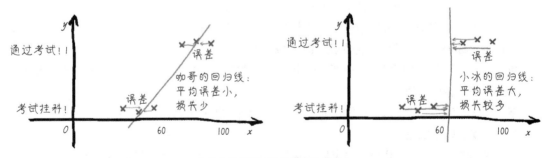

咖哥画的线比小冰画的平均误差小

小冰说："为什么你这条回归线就比我那个好呢？我那个多清楚啊。"

咖哥回答："小冰啊，上一课教你的东西都还给我了？一个线性回归函数是 w 和 b 参数来定义的，不是随手画出来的。而且函数的目标是什么？"

小冰还在思考，另一个同学回答："**减少损失！**"

咖哥说："答得好！损失，就是各个数据点到回归线的距离。我画的这条线均匀穿过了各个数据点，平均误差，也就是图中各个箭头长度的平均值比较短。而你画的那条线，只是一个分界线，不是好的回归线。你看箭头显示出的误差值，在你的函数图像中明显是长得多的。"

小冰静静地思考，似乎听明白了咖哥的话。

咖哥继续讲："那么，怎么把这条线性回归函数线转换成逻辑分类器呢？这就要涉及这一课中最重要的**逻辑函数**了。"

咖哥说："讲逻辑函数之前，还是先仔细看看这条线性图像。这条线上，有一个神奇的点，能通过成绩来预测考试成功还是失败。你们猜猜是哪个点呢？"

这时候，小冰反而不敢开口了。咖哥看着小冰说："呵呵。刚才你为什么在60分那里画了一条竖线，现在又不敢说话了？其实，60分这个点在这个例子中，的确是相当重要的点。也就是说，当考试成绩在60分左右的时候，考试成功的概率突然增大了。我们注意到在60分左右的两个人，一个通过了考试，一个则挂科了。那么根据此批数据，在60分这个点，考试通过的概率为50%。而60分这个 x 点，用线性回归函数做假设函数时，所对应的 y 值刚好是0.5，也就是50%（如下图所示）。"

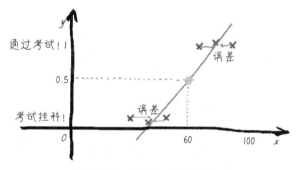

60分这个点，就是概率的"0.5"点

"总结一下：我们是用线性回归的方法，对这个分类问题进行拟合，得到了一个回归函数。这个函数的参数如何确定，前面已经讲过。但是，这个模型很明显还是不大理想的，对大多数具体的点来说效果不太好。这是因为 y 值的分布连续性很差，所以要额外处理一下。"

"如何处理呢？大家思考一下分类问题和回归问题的本质区别：对于分类问题来说，尽管分类的结果和数据的特征之间仍呈现相关关系，但是 y 的值不再是连续的，是 $0 \sim 1$ 的跃迁。但是在这个过程中，什么仍然是连续的呢？"

小冰弱弱地说："概率？"

咖哥开心地说："正确！其实，随着成绩的上升，通过考试的概率是逐渐升高的，当达到一个关键点（阈值），如此例中的60分的时候，通过考试的概率就超过了0.5。那么从这个点开始，之后 y 的预测值都为1。"

因此，只要将线性回归的结果做一个简单的转换，就可以得到分类器的结果。这个转换如下图所示。

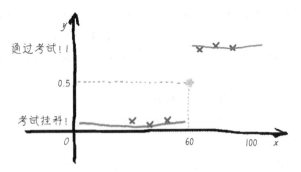

回归线转换成阶跃线

这可以分为以下两种情况。

■ 线性回归模型输出的结果大于 0.5，分类输入 1。

■ 线性回归模型输出的结果小于 0.5，分类输入 0。

这就是我们在第 2 课中所见过的**阶跃函数**。首先利用线性回归模型的结果，找到了概率为 0.5 时所对应的特征点（分数 =60 分），然后把线性的连续值，转换为 0/1 的分类值，也就是 true/false 逻辑值，去更好地拟合分类数据。

> ☺ 咖哥发言
>
> 对于分类编码为 0、1 的标签，一般分类阈值取 0.5；如果分类编码为 −1、+1，则分类阈值取 0。通过这个阈值把回归的连续性结果转换成了分类的阶跃性、离散性结果。

对目前这个根据考试成绩预测结果的问题，分类成功率为 100%。

至此，似乎任务完成了！

实则不然。直接应用线性回归 + 阶跃函数这个组合模型作为分类器还是会有局限性。你们看看下图这个情况。如果在这个数据集中，出现了一个意外：有一位同学考了 0 分！

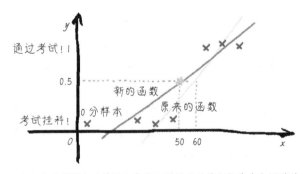

一个 0 分离群样本（特例）竟然让模型的通过分数产生大幅移动

这个同学考了 0 分不要紧，但是因为数据集的样本数量本来就不多，一个离群的样本会造成线性回归模型发生改变。为了减小平均误差，回归线现在要往 0 分那边稍作移动。因此，概率 0.5 这个阈值点所对应的 x 分数也发生了移动，目前变成了 50 分。这样，如果有一个同学考了 51 分，本来是没有及格，却被这个模型判断为及格（通过考试的概率高于 0.5）。这个结果与我们的直觉不符。

4.2.3 通过 Sigmiod 函数进行转换

因此，我们需要想出一个办法对当前模型进行修正，使之既能够更好地拟合以概率为代表的分类结果，又能够抑制两边比较接近 0 和 1 的极端例子，使之钝化，同时还必须保持函数拟合时对中间部分数据细微变化的敏感度。

要达到这样效果的函数是什么样的呢？请看下面的图。

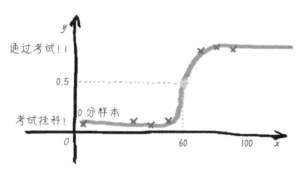

如果有一个对分类值域两边不敏感的函数，就再也不惧离群样本了

如果有这种 S 形的函数，不管有多少个同学考 0 分，都不会对这个函数的形状产生大的影响。因为这个函数对于靠近 0 分和 100 分附近的极端样本是很不敏感的，类似样本的分类概率将无限逼近 0 或 1，样本个数再多也无所谓。但是在 0.5 这个分类概率临界点附近的样本将对函数的形状产生较大的影响。也就是说，样本越靠近分类阈值，函数对它们就越敏感。

🙂📐 **咖哥发言**

这种 S 形的函数，被称为 logistic function，翻译为逻辑函数。在机器学习中，logistic function 被广泛应用于逻辑回归分类和神经网络激活过程。

大家注意，还有另一类逻辑函数，英文是 logic function，就是我们也很熟悉的与、或、非等，它们是一类返回值为逻辑值 true 或逻辑值 false 的函数。logic function 和 logistic function 不是同一回事儿。

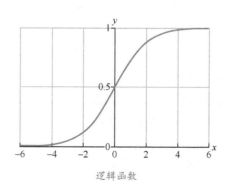

逻辑函数

而且，这个函数像是线性函数和阶跃函数的结合，如下图所示。

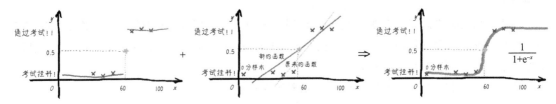

这个逻辑函数像是线性函数和阶跃函数的结合

有这样的函数吗？

恰好，有一个符合需要的函数，这个函数叫 Sigmoid 函数。第 2 课曾介绍过，它是最为常见的机器学习逻辑函数。

Sigmoid 函数的公式为：

$$g(z) = \frac{1}{1 + e^{-z}}$$

为什么这里自变量的符号用的是 z 而不是 x？因为它是一个中间变量，代表的是线性回归的结果。而这里 $g(z)$ 输出的结果是一个 $0 \sim 1$ 的数字，也代表着分类概率。

Sigmoid 函数的代码实现很简单：

```
y_hat = 1/(1+ np.exp(-z)) # 输入中间变量 z, 返回 y'
```

通过 Sigmoid 函数就能够比阶跃函数更好地把线性函数求出的数值，转换为一个 $0 \sim 1$ 的分类概率值。

4.2.4 逻辑回归的假设函数

有了 Sigmoid 函数，就可以开始正式建立逻辑回归的机器学习模型。上一课说过，建立机器学习的模型，重点要确定假设函数 $h(x)$，来预测 y'。

总结一下上面的内容，把线性回归和逻辑函数整合起来，形成逻辑回归的假设函数。

（1）首先通过线性回归模型求出一个中间值 z，$z = w_0 x_1 + w_1 x_1 + \cdots + w_n x_n + b = \boldsymbol{W}^T X$。它是一个连续值，区间并不在 $[0, 1]$ 之间，可能小于 0 或者大于 1，范围从无穷小到无穷大。

（2）然后通过逻辑函数把这个中间值 z 转化成 $0 \sim 1$ 的概率值，以提高拟合效果 $g(z) = \frac{1}{1 + e^{-z}}$。

（3）结合步骤（1）和（2），把新的函数表示为假设函数的形式：

$$h(x) = \frac{1}{1 + e^{-(\boldsymbol{W}^T X)}}$$

这个值也就是逻辑回归算法得到的 y'。

（4）最后还要根据 y' 所代表的概率，确定分类结果。

■ 如果 $h(x)$ 值大于等于 0.5，分类结果为 1。

■ 如果 $h(x)$ 值小于 0.5，分类结果为 0。

因此，逻辑回归模型包含 4 个步骤，如下图所示。

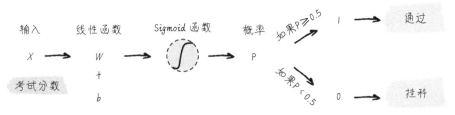

逻辑回归模型示意

综上，逻辑回归所做的事情，就是把线性回归输出的任意值，通过数学上的转换，输出为 0 ～ 1 的结果，以体现二元分类的概率（严格来说为后验概率）。

上述过程中的关键在于选择 Sigmoid 函数进行从线性回归到逻辑回归的转换。Sigmoid 函数的优点如下。

- Sigmoid 函数是连续函数，具有单调递增性（类似于递增的线性函数）。
- Sigmoid 函数具有可微性，可以进行微分，也可以进行求导。
- 输出范围为 [0，1]，结果可以表示为概率的形式，为分类输出做准备。
- 抑制分类的两边，对中间区域的细微变化敏感，这对分类结果拟合效果好。

4.2.5 逻辑回归的损失函数

"同学们，现在有了逻辑回归的假设函数，下一步我们将做什么？" 咖哥问。

大家回答："确定函数的具体参数。"

咖哥说："答得非常好。下一步是确定函数参数的过程，也同样是通过计算假设函数带来的损失，找到最优的 w 和 b 的过程，也就是把误差最小化。拿小冰同学的客户是否患心脏病的例子来说，对于已经被确诊的患者，假设函数 $h(x)$ 预测出来的概率 P，其实也就是 y'，越接近 1，则误差越小；对于健康的患者，假设函数 $h(x)$ 预测出来的概率 P，即 y'，越接近 0，则误差越小。那么如何确定损失？"

大家回答："还需要一个损失函数。"

咖哥点头。

把训练集中所有的预测所得概率和实际结果的差异求和，并取平均值，就可以得到平均误差，这就是逻辑回归的损失函数：

$$L(w,b) = \frac{1}{N} \sum_{(x,y) \in D} Loss(h(x),y) = \frac{1}{N} \sum_{(x,y) \in D} Loss(y',y)$$

这个损失函数和线性回归的损失函数是完全一致的。那么同学们是否还记得线性回归的损失函数是什么？

是均方误差函数 MSE。

然而，在逻辑回归中，不能使用 MSE。因为经过了一个逻辑函数的转换之后，MSE 对于 w 和 b 而言，不再是一个凸函数，这样的话，就无法通过梯度下降找到全局最低点，如下图所示。

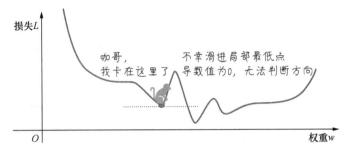

MSE 对于逻辑回归不再是凸函数

为了避免陷入局部最低点，我们为逻辑回归选择了符合条件的新的损失函数，公式如下：

$$\begin{cases} y=1, Loss(h(x),y)=-\log(h(x)) \\ y=0, Loss(h(x),y)=-\log(1-h(x)) \end{cases}$$

有人可能想问，怎么一下子出来两个函数？这么奇怪！

应该说，这是一个函数在真值为 0 或者 1 的时候的两种情况。这不就是以自然常数为底数的对数吗？而且，从图形上看（如下图所示），这个函数将对错误的猜测起到很好的惩罚效果。

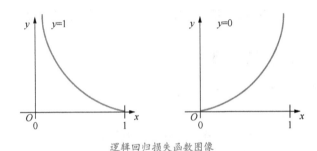

逻辑回归损失函数图像

■ 如果真值是 1，但假设函数预测概率接近于 0 的话，得到的损失值将是巨大的。

■ 如果真值是 0，但假设函数预测概率接近于 1 的话，同样将得到天价的损失值。

而上面这种对损失的惩罚力度正是我们所期望的。

整合起来，逻辑回归的损失函数如下：

$$L(w,b) = -\frac{1}{N}\sum_{(x,y)\in D}\left[y*\log(h(x))+(1-y)*\log(1-h(x))\right]$$

这个公式其实等价于上面的损失函数在 0、1 时的两种情况，同学们可以自己代入 $y = 0$ 和 $y = 1$ 两种取值分别推演一下。

下面是逻辑回归的损失函数的 Python 实现：

```
loss = - (y_train*np.log(y_hat) + (1-y_train)*np.log(1- y_hat))
```

4.2.6 逻辑回归的梯度下降

我们所选择的损失函数经过 Sigmoid 变换之后是可微的，也就是说每一个点都可以求导，而且它是凸函数，存在全局最低点。梯度下降的目的就是把 w 和 b 调整、再调整，直至最低的损失点。

逻辑回归的梯度下降过程和线性回归一样，也是先进行微分，然后把计算出来的导数乘以一

个学习速率 α，通过不断的迭代，更新 w 和 b，直至收敛。

逻辑回归的梯度计算公式如下：

$$梯度 = h'(x) = \frac{\partial}{\partial w} L(w,b) = \frac{\partial}{\partial w}\left\{-\frac{1}{N}\sum_{(x,y)\in D}[y*\log(h(x))+(1-y)*\log(1-h(x))]\right\}$$

这里省略了大量计算微分的细节，直接给出推导后的结果：

$$梯度 = \frac{1}{N}\sum_{i=1}^{N}(y^{(i)}-h(x^{(i)}))\cdot x^{(i)}$$

这个公式和线性回归的梯度公式形式非常一致。一致性强，就让人觉着舒服，这就是数学之美。因此，有哲学家（毕达哥拉斯）认为数学就是整个世界运转的唯一逻辑，他认为：万物皆数。这说得有点远了。

言归正传，引入学习速率之后，参数随梯度变化而更新的公式如下：

$$w = w - \alpha \cdot \frac{\partial}{\partial w} L(w)$$

即

$$w = w - \frac{\alpha}{N}\sum_{i=1}^{N}(y^{(i)}-(w\cdot x^{(i)}))\cdot x^{(i)}$$

下面的代码段实现了一个完整的逻辑回归的梯度下降过程：

```
def gradient_descent(X, y, w, b, lr, iter) : #定义逻辑回归梯度下降函数
    l_history = np.zeros(iter) # 初始化记录梯度下降过程中误差值（损失）的数组
    w_history = np.zeros((iter, w.shape[0], w.shape[1])) # 初始化记录梯度下降过程中权重的数组
    b_history = np.zeros(iter) # 初始化记录梯度下降过程中偏置的数组
    for i in range(iter): #进行机器训练的迭代
        y_hat = sigmoid(np.dot(X, w) + b) #Sigmoid逻辑函数 + 线性函数 (wX+b) 得到 y'
        loss = -(y*np.log(y_hat) + (1-y)*np.log(1-y_hat)) # 计算损失
        derivative_w = np.dot(X.T, ((y_hat-y)))/X.shape[0]  # 给权重向量求导
        derivative_b = np.sum(y_hat-y)/X.shape[0] # 给偏置求导
        w = w - lr * derivative_w # 更新权重向量，lr 即学习速率 alpha
        b = b - lr * derivative_b   # 更新偏置，lr 即学习速率 alpha
        l_history[i] =  loss_function(X, y, w, b) # 梯度下降过程中的损失
        print ("轮次", i+1 , "当前轮训练集损失:", l_history[i])
        w_history[i] = w # 梯度下降过程中权重的历史记录，请注意 w_history 和 w 的形状
        b_history[i] = b # 梯度下降过程中偏置的历史记录
    return l_history, w_history, b_history
```

这段代码和上一课中线性回归的梯度下降函数代码段整体结构一致，都是对 weight.T 进行点积。此处只是增加了 Sigmoid 函数的逻辑转换，然后使用了新的损失函数。在实战环节中，我还会更为稍微详细地解释里面的一些细节。

到此为止，逻辑回归的理论全部讲完了。其实，除了引入一个逻辑函数，调整了假设函数和损失函数之外，逻辑回归的思路完全遵循线性回归算法。其中的重点在于把 y' 的值压缩到了 [0,1] 区间，并且最终以 0 或 1 的形式输出，形成二元分类。

咖哥问："考一考你们，逻辑回归中用于计算损失的 y' 的值，是 [0, 1] 区间的概率值，还是最终的分类结果 0、1 值呢？"

小冰回答："最终的分类结果。"

咖哥说："答错了。用于计算损失的 y' 是逻辑函数给出的概率值 P，不是最终输出的分类结果 0 或 1。如果以 0 或 1 作为 y' 计算损失，那是完全无法求导的。因此，逻辑回归的假设函数 $h(x)$，也就是 y'，给出的是 [0，1] 区间的概率值，不是最终的 0、1 分类结果。这一点大家仔细思索清楚，如果还不明白的话可以课后找我单独讨论。同学们先休息一下，之后开始介绍二元分类的案例，二元分类是多元分类的基础。至于多元分类如何处理，等我们讲完二元分类再说。"

4.3 通过逻辑回归解决二元分类问题

小冰带来的那个心脏健康状况调查问卷的案例就是一个二元分类问题——因为标签字段只有两种可能性：患病或者健康。

 咖哥发言

这个数据集其实是一个心脏病科研数据集。在 Kaggle 的 Datasets 页面中搜索关键词"heart"就可以找到它，也可以下载源码包中的文件并新建一个 Heart Dataset 数据集。

4.3.1 数据的准备与分析

这个数据集的收集工作完成得不错，尤其难能可贵的是所有的数据都已经数字化，减少了很多格式转换的工作。其中包含以下特征字段。

- age：年龄。
- sex：性别（1 = 男性，0 = 女性）。
- cp：胸痛类型。
- trestbps：休息时血压。
- chol：胆固醇。
- fbs：血糖（1 = 超标，0 = 未超标）。
- restecg：心电图。
- thalach：最大心率。
- exang：运动后心绞痛（1 = 是，0 = 否）。
- oldpeak：运动后 ST 段压低。
- slope：运动高峰期 ST 段的斜率。
- ca：主动脉荧光造影染色数。
- thal：缺陷种类。

标签是 target 字段：0 代表无心脏病，1 代表有心脏病。

1. 数据读取

用下列代码读取数据：

```
import numpy as np # 导入 NumPy 库
import pandas as pd # 导入 Pandas 库
df_heart = pd.read_csv("../input/heart-dataset/heart.csv")  # 读取文件
df_heart.head() # 显示前 5 行数据
```

前 5 行数据显示如下图所示。

	age	sex	cp	trestbps	chol	fbs	restecg	thalach	exang	oldpeak	slope	ca	thal	target
0	63	1	3	145	233	1	0	150	0	2.3	0	0	1	1
1	37	1	2	130	250	0	1	187	0	3.5	0	0	2	1
2	41	0	1	130	204	0	0	172	0	1.4	2	0	2	1
3	56	1	1	120	236	0	1	178	0	0.8	2	0	2	1
4	57	0	0	120	354	0	1	163	1	0.6	2	0	2	1

心脏病数据集的前 5 行数据

用 value_counts 方法输出数据集中患心脏病和没有患心脏病的人数：

```
df_heart.target.value_counts() # 输出分类值，及各个类别数目
```

```
1    165
0    138
Name: target, dtype: int64
```

这个步骤是必要的。因为如果某一类别比例特别低（例如 300 个数据中只有 3 个人患病），那么这样的数据集直接通过逻辑回归的方法做分类可能是不适宜的。

本例中患病和没有患病的人数比例接近。

还可以对某些数据进行相关性的分析，例如可以显示年龄 / 最大心率这两个特征与是否患病之间的关系：

```
import matplotlib.pyplot as plt # 导入绘图工具
# 以年龄 + 最大心率作为输入，查看分类结果散点图
plt.scatter(x=df_heart.age[df_heart.target==1],
            y=df_heart.thalach[(df_heart.target==1)], c="red")
plt.scatter(x=df_heart.age[df_heart.target==0],
            y=df_heart.thalach[(df_heart.target==0)], marker='^')
plt.legend(["Disease", "No Disease"]) # 显示图例
plt.xlabel("Age") # x 轴标签
plt.ylabel("Heart Rate") # y 轴标签
plt.show() # 显示散点图
```

输出结果如下图所示。

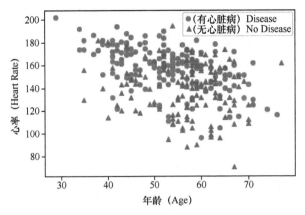

散点图显示年龄 / 最大心率和标签之间的关系

输出结果显示出心率（Heart Rate）越高，患心脏病的可能性看起来越大，因为代表患病样本的圆点，多集中在图的上方。

2．构建特征集和标签集

下面的代码构建特征张量和标签张量，并输出张量的形状：

```
X = df_heart.drop(['target'], axis = 1) # 构建特征集
y = df_heart.target.values # 构建标签集
y = y.reshape(-1, 1) # -1 是相对索引，等价于 len(y)
print("张量 X 的形状：", X.shape)
print("张量 X 的形状：", y.shape)
```

输出结果如下：

```
张量 X 的形状：(303, 13)
张量 y 的形状：(303, 1)
```

3．拆分数据集

按照 80%/20% 的比例准备训练集和测试集：

```
from sklearn.model_selection import train_test_split
X_train, X_test, y_train, y_test = train_test_split(X, y, test_size = 0.2)
```

数据准备部分的这几段代码大多数在上一课中已经出现过了。

4．数据特征缩放

在第 3 课中，我们曾自定义了一个函数，进行数据的归一化。下面用 Sklearn 中内置的数据缩放器 MinMaxScaler，进行数据的归一化：

```
from sklearn.preprocessing import MinMaxScaler # 导入数据缩放器
scaler = MinMaxScaler() # 选择归一化数据缩放器 MinMaxScaler
X_train = scaler.fit_transform(X_train) # 特征归一化训练集 fit_transform
X_test = scaler.transform(X_test) # 特征归一化测试集 transform
```

这里有一个很值得注意的地方，就是对数据缩放器要进行两次调用。针对 **X_train** 和 **X_test**，要使用不同的方法，一个是 fit_transform（先拟合再应用），一个是 transform（直接应用）。这是因为，所有的最大值、最小值、均值、标准差等数据缩放的中间值，都要从训练集得来，然后

同样的值应用到训练集和测试集。

本例中当然不需要对标签集进行归一化，因为标签集所有数据已经在 [0，1] 区间了。

 咖哥发言

仅就这个数据集而言，MinMaxScaler 进行的数据特征缩放不仅不会提高效率，似乎还会令预测准确率下降。大家可以尝试一下使用和不使用 MinMaxScaler，观察其对机器学习模型预测结果所带来的影响。这个结果提示我们：没有绝对正确的理论，实践才是检验真理的唯一标准。

4.3.2 建立逻辑回归模型

数据准备工作结束后，下面构建逻辑回归模型。

1. 逻辑函数的定义

首先定义 Sigmoid 函数，一会儿会调用它：

```
# 首先定义一个 Sigmoid 函数，输入 Z，返回 y'
def sigmoid(z):
    y_hat = 1/(1+ np.exp(-z))
    return y_hat
```

这函数接收中间变量 z（线性回归函数的输出结果），返回 y'，即 y_hat。

2. 损失函数的定义

然后定义损失函数：

```
# 然后定义损失函数
def loss_function(X, y, w, b):
    y_hat = sigmoid(np.dot(X, w) + b) # Sigmoid 逻辑函数 + 线性函数 (wX+b) 得到 y'
    loss = -((y*np.log(y_hat) + (1-y)*np.log(1-y_hat))) # 计算损失
    cost = np.sum(loss) / X.shape[0]  # 整个数据集的平均损失
    return cost # 返回整个数据集的平均损失
```

语句 y_hat = sigmoid（np.dot（X，w）+ b）中并没有把偏置当作 w_0 看待，因此，***X*** 特征集也就不需要在前面加一行 1。这里的线性回归函数是多变量的，因此（X，w）点积操作之后，用 Sigmoid 函数进行逻辑转换生成 ***y'***。

y' 生成过程中需要注意的仍然是点积操作中张量 ***X*** 和 ***W*** 的形状。

■ ***X***——（242，13），2D 矩阵。

■ ***W***——（13，1），也是 2D 矩阵，因为第二阶为 1，也可以看作向量，为了与 ***X*** 进行矩阵点积操作，把 ***W*** 直接构建成 2D 矩阵。

那么点积之后生成的 ***y_hat***，就是一个形状为（242，1）的张量，其中存储了每一个样本的预测值。

之后的两个语句是损失函数的具体实现：

$$L(w,b)=-\frac{1}{N}\sum_{(x,y)\in D}[y*\log(h(x))+(1-y)*\log(1-h(x))]$$

■ 语句 loss = -((y*np.log(y_hat) + (1-y)*np.log(1-y_hat)) 计算了每一个样本的预测值 y'

到真值 y 的误差, 其中用到了 Python 的广播功能, 比如 1−y 中的标量 1 就被广播为形状（242,1）的张量。

■ 语句 cost = np.sum(loss) / X.shape[0] 是将所有样本的误差取平均值, 其中 X.shape[0] 就是样本个数, cost, 英文意思是成本, 也就是数据集中各样本的平均损失。

有了这个函数, 无论是训练集还是测试集, 输入任意一组参数 w、b, 都会返回针对当前数据集的平均误差值（也叫损失或者成本）。这个值我们会一直监控它, 直到它收敛到最小。

3. 梯度下降的实现

下面构建梯度下降的函数, 这也是整个逻辑回归模型的核心代码。这个函数共 6 个输入参数, 除了模型内部参数 w、b, 数据集 **X**、**y** 之外, 还包含我们比较熟悉的两个超参数, 学习速率 lr(learning rate, 也就是 alpha) 和迭代次数 iter :

```
# 然后构建梯度下降的函数
def gradient_descent(X, y, w, b, lr, iter) : #定义逻辑回归梯度下降函数
    l_history = np.zeros(iter) # 初始化记录梯度下降过程中误差值（损失）的数组
    w_history = np.zeros((iter, w.shape[0], w.shape[1])) # 初始化记录梯度下降过程中权重的数组
    b_history = np.zeros(iter) # 初始化记录梯度下降过程中偏置的数组
    for i in range(iter): #进行机器训练的迭代
        y_hat = sigmoid(np.dot(X, w) + b) #Sigmoid逻辑函数 + 线性函数 (wX+b) 得到 y'
        derivative_w = np.dot(X.T, ((y_hat-y)))/X.shape[0]  # 给权重向量求导
        derivative_b = np.sum(y_hat-y)/X.shape[0]  # 给偏置求导
        w = w - lr * derivative_w # 更新权重向量, lr 即学习速率 alpha
        b = b - lr * derivative_b   # 更新偏置, lr 即学习速率 alpha
        l_history[i] =  loss_function(X, y, w, b)  # 梯度下降过程中的损失
        print ("轮次", i+1, "当前轮训练集损失:", l_history[i])
        w_history[i] = w # 梯度下降过程中权重的历史记录, 请注意 w_history 和 w 的形状
        b_history[i] = b # 梯度下降过程中偏置的历史记录
    return l_history, w_history, b_history
```

这段代码在迭代过程中, 求 **y_hat** 和损失的过程与损失函数中的部分代码相同。关键在于后面求权重 w 和偏置 b 的梯度（导数）部分, 也就是下面公式的代码实现 :

$$梯度 = \frac{1}{N} \sum_{i=1}^{N} (y^{(i)} - h(x^{(i)})) \cdot x^{(i)}$$

注意权重和偏置梯度的求法, 之所以有差别, 是因为偏置 b 不需要与 x 特征项进行点积。(我们说过了, 如果把偏置看作 w_0, 就还需要加上一维值为 1 的 x_0, 本例并没有这么做, 而是分开处理。)

还要注意权重的梯度是一个形状为（13, 1）的张量, 其维度和特征轴维度相同, 而偏置的梯度则是一个值。

求得导数之后, 就通过学习速率对权重和偏置, 分别进行更新, 也就是用代码实现了下面的梯度下降公式。

$$w = w - \alpha \cdot \frac{\partial}{\partial w} L(w)$$

这样梯度下降基本上就完成了。

之后返回的是梯度下降过程中每一次迭代的损失, 以及权重和偏置的值, 这些数据将帮助我们构建损失函数随迭代次数而变化的曲线。

w_history 和 **b_history** 返回迭代过程中的历史记录。这里需要注意的是 **w_history** 是一个

3D 张量，因为 **w** 已经是一个 2D 张量了，因此语句 w_history [i] = w，就是把权重赋值给 **w_history** 的后两个轴。而 **w_history** 的第一个轴则是迭代次数轴。张量阶数高的时候，数据操作的逻辑显得有点复杂，同学们在调试代码时可以不时地观察这些张量的 shape 属性，并输出其内容。

4. 分类预测的实现

梯度下降完成之后，就可以直接调用 gradient_descent 进行机器的训练，返回损失、最终的参数值：

```
# 梯度下降，训练机器，返回权重，偏置以及训练过程中损失的历史记录
loss_history, weight_history, bias_history = gradient_descent(X_train, y_train,
                                                    weight, bias,
                                                    alpha, iteration)
```

但是我们先不急着开始训练机器，先定义一个负责分类预测的函数：

```
def predict(X, w, b): # 定义预测函数
    z = np.dot(X, w) + b # 线性函数
    y_hat = sigmoid(z) # 逻辑函数转换
    y_pred = np.zeros((y_hat.shape[0], 1)) # 初始化预测结果变量
    for i in range(y_hat.shape[0]):
        if y_hat[i, 0] < 0.5:
            y_pred[i, 0] = 0 # 如果预测概率小于 0.5，输出分类 0
        else:
            y_pred[i, 0] = 1 # 如果预测概率大于等于 0.5，输出分类 1
    return y_pred # 返回预测分类的结果
```

这个函数就通过预测概率阈值 0.5，把 **y_hat** 转换成 **y_pred**，也就是把一个概率值转换成 0 或 1 的分类值。**y_pred** 是一个和 **y** 标签集同样维度的向量，通过比较 **y_pred** 和真值，就可以看出多少个预测正确，多少个预测错误。

4.3.3 开始训练机器

首先把上面的所有内容封装成一个逻辑回归模型：

```
def logistic_regression(X, y, w, b, lr, iter): # 定义逻辑回归模型
    l_history, w_history, b_history = gradient_descent(X, y, w, b, lr, iter)# 梯度下降
    print("训练最终损失:", l_history[-1]) # 输出最终损失
    y_pred = predict(X, w_history[-1], b_history[-1]) # 进行预测
    traning_acc = 100 - np.mean(np.abs(y_pred - y_train))*100 # 计算准确率
    print("逻辑回归训练准确率: {:.2f}%".format(traning_acc))  # 输出准确率
    return l_history, w_history, b_history # 返回训练历史记录
```

代码中的变量 traning_acc，计算出了分类的准确率。对于分类问题而言，**准确率**也就是正确预测数相对于全部样本数的比例，这是最基本的评估指标。

等会儿咱们会调用这个函数，实现逻辑回归。

训练机器之前，还要准备好参数的初始值：

```
# 初始化参数
dimension = X.shape[1] # 这里的维度 len(X) 是矩阵的行的数目，维度是列的数目
weight = np.full((dimension, 1), 0.1) # 权重向量，向量一般是 1D，但这里实际上创建了 2D 张量
```

```
bias = 0 # 偏置值
# 初始化超参数
alpha = 1 # 学习速率
iterations = 500 # 迭代次数
```

下面调用逻辑回归模型，训练机器：

```
# 用逻辑回归函数训练机器
loss_history, weight_history, bias_history = \
            logistic_regression(X_train, y_train, weight, bias, alpha, iterations)
```

这个函数封装了刚才定义的梯度下降、损失函数以及分类函数等功能，返回训练后的损失和准确率。（代码中有一个斜杠 \，意思是一行写不下的话，下一行接着写。）：

```
轮次 1 当前轮训练集损失：0.6689739955914328
轮次 2 当前轮训练集损失：0.6420075896841597
...   ...   ...   ...   ...   ...   ...   ...   ...   ...   ...
轮次 499 当前轮训练集损失：0.3359285294420745
轮次 500 当前轮训练集损失：0.33590992489690324
训练最终损失：0.33590992489690324
逻辑回归训练准确率：86.36%
```

训练过程十分顺利，损失随着迭代次数的上升逐渐下降，最后呈现收敛状态。训练 500 轮之后的预测准确率为 86.36%。成绩不错！

4.3.4 测试分类结果

上面的 86.36% 只是在训练集上面形成的预测准确率，还并不能说明模型具有泛化能力，我们还需要在准备好的测试集中对这个模型进行真正的考验。

下面的代码用训练好的逻辑回归模型对测试集进行分类预测：

```
y_pred = predict(X_test, weight_history[-1], bias_history[-1]) # 预测测试集
testing_acc = 100 - np.mean(np.abs(y_pred - y_test))*100 # 计算准确率
print("逻辑回归测试准确率：{:.2f}%".format(testing_acc))
```

结果显示，测试集上的准确率显著低于训练集的准确率。这也是正常的。

```
逻辑回归测试准确率：81.97%
```

如果要亲眼看一看分类预测的具体值，可以调用刚才定义的 predict 函数把 y_pred 显示出来：

```
print ("逻辑回归预测分类值：", predict(X_test, weight_history[-1], bias_history[-1]))
```

输出结果如下：

```
逻辑回归预测分类值：
[[1.]
 [1.]
 [1.]
 [0.]
 ...]]
```

不要小看这些 1、0 的数字，对小冰的那位销售血压计的朋友来说，它们就是金钱！他不是说有很多没有标签的数据问卷吗？让他应用这个模型进行分类预测，然后用 Excel 把 X 集和所得的 y' 一对一拼接起来，这样他就知道哪些人是潜在的心脏病患者了。而且，这个模型有 81.97% 的准确率呢！

4.3.5 绘制损失曲线

还可以绘制出针对训练集和测试集的损失曲线：

```
loss_history_test = np.zeros(iterations) # 初始化历史损失
for i in range(iterations): # 求训练过程中不同参数带来的测试集损失
    loss_history_test[i] = loss_function(X_test, y_test,
                                    weight_history[i], bias_history[i])
index = np.arange(0, iterations, 1)
plt.plot(index, loss_history, c='blue', linestyle='solid')
plt.plot(index, loss_history_test, c='red', linestyle='dashed')
plt.legend(["Training Loss", "Test Loss"])
plt.xlabel("Number of Iteration")
plt.ylabel("Cost")
plt.show() # 同时显示训练集和测试集损失曲线
```

可以明显地观察到，在迭代 80 ～ 100 次后，训练集的损失进一步下降，越来越小，但是测试集的损失并没有跟着下降，反而显示呈上升趋势（如下图所示）。这是明显的过拟合现象。因此迭代应该在 100 次之前结束。

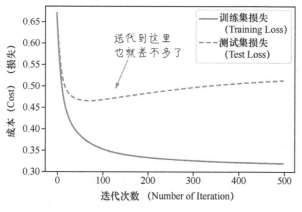

训练集和测试集的损失曲线

因此，损失曲线告诉我们，对于这个案例，最佳迭代次数是 80 ～ 100 次，才能够让训练集和测试集都达到比较好的预测效果。这是模型在训练集上面优化，在测试集上泛化的一个折中方案。

4.3.6 直接调用 Sklearn 库

咖哥发问："大家觉得逻辑回归的实现复杂吗？"

小冰答道："还好吧。感觉 Python 整个编程、调试的过程都挺简单的。"

咖哥有点欲言又止的样子，但他仍然接着说道："真正做项目的时候，其实没多少人这么去写代码。"

小冰吃惊了："什么意思，不这么写，怎么写？"

咖哥回答："上面的所有代码，目的还是让大家理解逻辑回归算法实现的细节。但真正要实现逻辑回归、线性回归之类的，比上面讲的过程还简单得多。大概两三行代码就可以搞定。"

小冰说："哦，我明白了，你的意思是说直接调用库函数，对吧？"

咖哥说："没错，看代码吧。"

```
from sklearn.linear_model import LogisticRegression # 导入逻辑回归模型
lr = LogisticRegression() # lr, 就代表是逻辑回归模型
lr.fit(X_train, y_train) # fit, 就相当于是梯度下降
print("SK learn逻辑回归测试准确率 {:.2f}%".format(lr.score(X_test, y_test)*100))
```

同学们看到输出结果如下。

```
Sklearn 逻辑回归测试准确率：86.89%
```

咖哥说："这就是 Sklearn 库函数的厉害之处，里面封装了很多逻辑。这节省了很大的工作量。同学们请注意，**这里的 fit 方法就等价于我们在前面花了大力气编写的梯度下降代码**。"

小冰突然发问："为什么这个 Sklearn 的测试准确率比咱们的 81.97% 高这么多，是我们的算法哪里出问题了？"

咖哥回答："大概有两点是可以优化的，你们猜猜呢？"

小冰说："一个可能是你刚才说的过拟合的问题，把迭代次数从 500 调整到 100 以内可能会好一点。"

咖哥回答："真聪明。说中了一点。根据上面的损失函数图像，过拟合的确是目前的一个问题，可以考虑减少迭代次数。而另外一个影响效率的原因是这个数据集里面的某些数据格式其实不对，需要做一点小小的特征工程。"

4.3.7 哑特征的使用

你们可能注意到数据集中的性别数据是 0、1 两种格式。我们提到过，如果原始数据是男、女这种字符，首先要转换成 0、1 数据格式。那么你们再观察像 'cp'、'thal' 和 'slope' 这样的数据，它们也都代表类别。比如，cp 这个字段，它的意义是"胸痛类型"，取值为 0、1、2、3。这些分类值，是大小无关的。

但是问题在于，计算机会把它们理解为数值，认为 3 比 2 大，2 比 1 大。这种把"胸痛类型"的类别像"胸部大小"的尺码一样去解读是不科学的，会导致误判。因为这种类别值只是一个代号，它的意义和年龄、身高这种连续数值的意义不同。

解决的方法，是把这种**类别特征拆分成多个哑特征**，比如 cp 有 0、1、2、3 这 4 类，就拆分成个 4 特征，cp_0 为一个特征、cp_1 为一个特征、cp_2 为一个特征、cp_3 为一个特征。每一个特征都还原成二元分类，答案是 Yes 或者 No，也就是数值 1 或 0。

 咖哥发言

这个过程是把一个变量转换成多个哑变量（dummy variable），也叫虚拟变量、名义变量的过程。哑变量用以反映质的属性的一个人工变量，是量化了的质变量，通常取值为 0 或 1。

下面看一下代码和拆分结果可能就更明白这种特征工程在做什么了：

```
# 把 3 个文本型变量转换为哑变量
a = pd.get_dummies(df_heart['cp'], prefix = "cp")
b = pd.get_dummies(df_heart['thal'], prefix = "thal")
c = pd.get_dummies(df_heart['slope'], prefix = "slope")
# 把哑变量添加进 dataframe
frames = [df_heart, a, b, c]
df_heart = pd.concat(frames, axis = 1)
df_heart = df_heart.drop(columns = ['cp', 'thal', 'slope'])
df_heart.head() # 显示新的 dataframe
```

增加哑特征之后的数据集如下图所示。

	age	sex	trestbps	chol	fbs	restecg	thalach	exang	oldpeak	ca	target	cp_0	cp_1	cp_2	cp_3	thal_0	thal_1	thal_2	thal_3
0	63	1	145	233	1	0	150	0	2.3	0	1	0	0	0	1	0	1	0	0
1	37	1	130	250	0	1	187	0	3.5	0	1	0	0	1	0	0	0	1	0
2	41	0	130	204	0	0	172	0	1.4	0	1	0	1	0	0	0	0	1	0
3	56	1	120	236	0	1	178	0	0.8	0	1	0	1	0	0	0	0	1	0
4	57	0	120	354	0	1	163	1	0.6	0	1	1	0	0	0	0	0	1	0

增加哑特征之后的数据集

原本的 'cp'、'thal' 和 'slope' 变成了哑变量 'cp_0'、'cp_1'、'cp_2'，等等，而且取值全部是 0 或者 1。这样计算机就不会把类别误当大小相关的值处理。

把这个小小的特征工程做好之后，特征的数目虽然增多了，不过重新运行咱们自己做的逻辑回归模型，会发现模型的效率将有显著的提升。

逻辑回归测试集准确率：85.25%

4.4 问题定义：确定鸢尾花的种类

咖哥带着大家搞定了二元分类问题之后，马不停蹄地开始介绍多元分类。

咖哥说："还是老规矩，先介绍要解决的问题，然后讲方法。下面要解决一个经典机器学习教学案例：确定鸢尾花的种类。这也是一个典型的多分类问题。数据来自 R.A. Fisher 1936 年发表的论文，已开源供机器学习爱好者下载。同学们也可以从源代码包中找到这个数据集。"

数据集中的鸢尾花（iris）共 3 类，分别是山鸢尾（iris-setosa）、杂色鸢尾（iris-versicolor）和维吉尼亚鸢尾（iris-

梵高名画：鸢尾花
（请见 339 页彩色版插图）

virginica）。整个数据集中一共只有 150 个数据，已经按照标签类别排序，每类 50 个数据，其中有一类可以和其他两类进行线性的分割，但另外两类无法根据特征线性分割开。

鸢尾花数据集的特征和标签字段如表 4-1 所示。

- Id：序号。
- SepalLengthCm：花萼长度。
- SepalWidthCm：花萼宽度。
- PetalLengthCm：花瓣长度。
- PetalWidthCm：花瓣宽度。
- Species：类别（这是标签）。

表 4-1 鸢尾花数据集中的特征和标签字段

	ID	SepalLengthCm	SepalWidthCm	PetalLengthCm	PetalWidthCm	Species
0	1	5.1	3.5	1.4	0.2	Iris-setosa
1	2	4.9	3.0	1.4	0.2	Iris-setosa

4.5 从二元分类到多元分类

复习一下刚才解决二元分类问题的基本思路：通过逻辑回归算法确定一个种类或者一种情况出现的概率。除了我们刚才举的例子客户是否患病之外，类似的应用还可以用来判断一种商品是否值得进货，结果大于等于 0.5 就进货（类别 1），小于 0.5 就不进货（类别 0），诸如此类，等等。

然而，在实际生活中，分类并不总是二元的。多元分类就是多个类别，而且每一个类别和其他类别都是互斥的情况。也就是说，最终所预测的标签只能属于多个类别中的某一个。下图所示，同样是邮件分类问题，可以存在二元或多元的应用场景。

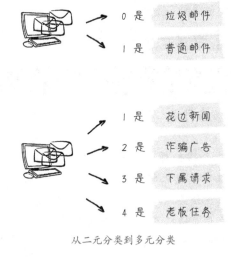

从二元分类到多元分类

4.5.1 以一对多

咖哥说："用逻辑回归解决多元分类问题的思路是'以一对多'，英文是 one vs all 或 one vs rest。"

小冰打断咖哥："别说英文，说英文我更糊涂，还是用中文解释吧。"

"唔……"咖哥说，"意思就是，有多个类别的情况下，如果确定一个数据样本属于某一个类（1），那么就把其他所有类看成另一类（0）。"

小冰说："还是不懂！"

咖哥接着解释："也就是说，有多少类别，就要训练多少二元分类器。每次选择一个类别作为正例，标签为1，其他所有类别都视为负例，标签为0，以此类推至所有的类别。训练好多个二元分类器之后，做预测时，将所有的二元分类器都运行一遍，然后对每一个输入样本，选择最高可能性的输出概率，即为该样本多元分类的类别。"

即

$$类别 = \max_i h^{(i)}(x)$$

下图就是多元分类示意。

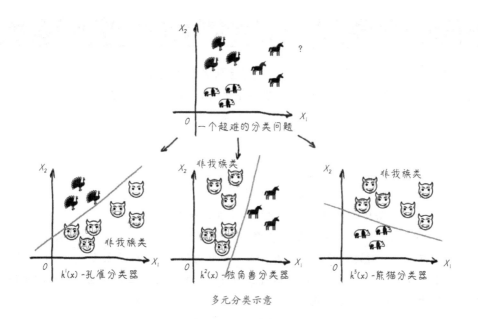

多元分类示意

举例来说，如果对3个二元分类器分别做一次逻辑回归，机器的分类结果告诉我们，数据 A 是孔雀的可能性为 0.5，是熊猫的可能性为 0.1，是独角兽的可能性为 0.4。那就会判断数据 A 是孔雀。尽管是独角兽的概率和是孔雀的概率相差不多，但它已经是孔雀了，就不可能同时是独角兽。

这就是多分类问题的解决思路。

 咖哥发言

还有另外一种分类叫作"多标签分类"，指的是如果每种样本可以分配多个标签，就称为多标签分类。比如，一个图片标注任务，猫和狗同时出现在图片中，就需要同时标注"猫""狗"。这是更为复杂的分类任务，但基本原理也是一样的。

4.5.2 多元分类的损失函数

多元分类的损失函数的选择与输出编码，与标签的格式有关。

多元分类的标签共有以下两种格式。

■ 一种是 one-hot 格式的分类编码，比如，数字 0 ~ 9 分类中的数字 8，格式为 [0，0，0，0，0，0，0，1，0]。

■ 一种是直接转换为类别数字，如 1、2、3、4。

因此损失函数也有以下两种情况。

■ 如果通过 one-hot 分类编码输出标签，则应使用分类交叉熵（categorical crossentropy）作为损失函数。

■ 如果输出的标签编码为类别数字，则应使用稀疏分类交叉熵（sparse categorical crossentropy）作为损失函数。

4.6 正则化、欠拟合和过拟合

在开始解决鸢尾花的多元分类之前，先插播**正则化**（regularization）这个重要的机器学习概念，因为后面除了实现多元分类之外，还将特别聚焦于正则化相关的参数调整。

4.6.1 正则化

温故而知新，先复习一下旧的概念。

咖哥问："小冰同学，数据的规范化和标准化，还记得吗？"

小冰一愣，说："好像都是特征缩放相关的技术，具体差别说不准。"

咖哥说："规范化一般是把数据限定在需要的范围，比如 [0，1]，从而消除了数据量纲对建模的影响。标准化一般是指将数据正态分布，使平均值为 0，标准差为 1。它们都是针对数据做手脚，消除过大的数值差异，以及离群数据所带来的偏见。经过规范化和标准化的数据，能加快训练速度，促进算法的收敛。"

小冰说："那正则化也是一种对数据做手脚的方法吗？"

咖哥说："不是。正则化不是对数据的操作。机器学习中的正则化是在损失函数里面加惩罚项，增加建模的模糊性，从而把捕捉到的趋势从局部细微趋势，调整到整体大概趋势。虽然一定程度上地放宽了建模要求，但是能有效防止过拟合的问题，增加模型准确性。它影响的是模型的权重。"

 咖哥发言

regularization、和 normalization 和 standardization 这 3 个英文单词因为看起来相似，常常混淆。标准化、规范化，以及归一化，是调整数据，特征缩放；而正则化，是调整模型，约束权重。

4.6.2 欠拟合和过拟合

正则化技术所要解决的过拟合问题，连同欠拟合（underfit）一起，都是机器学习模型调优（找最佳模型）、参数调试（找模型中的最佳参数）过程中的主要阻碍。

下面用图来描述欠拟合和过拟合。这是针对一个回归问题的 3 个机器学习模型，如下图所示。

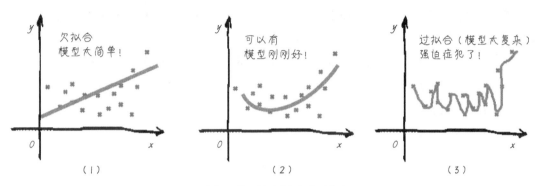

3 个机器学习模型对数据集的拟合

同学们可以想一想，这 3 个机器学习模型，哪一个的误差最小？

正确答案是第 3 个。

在开展一个机器学习项目的初期，会倾向于用比较简单的函数模型去拟合训练数据集，比如线性函数（上图第 1 个）。后来发现简单的函数模型不如复杂一点的模型拟合效果好，所以调整模型之后，有可能会得到更小的均方误差（上图第 2 个）。但是，计算机专业的总会有点小强迫症，这是我们的职业病啊。如果继续追求更完美的效果，甚至接近于 0 的损失，可能会得到类似于上图第 3 个函数图形。

那么上图第 3 个函数好不好呢？

好不好，不能单看训练集上的损失。或者说，不能主要看训练集上的损失，更重要的是看测试集上的损失。让我们画出机器学习模型优化过程中的误差图像，如下图所示。

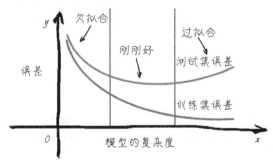

寻找模型优化和泛化的平衡点

看得出来，一开始模型"很烂"的时候，训练集和测试集的误差都很大，这是**欠拟合**。随着模型的优化，训练集和测试集的误差都有所下降，其中训练集的误差值要比测试集的低。这很好理解，因为函数是根据训练集拟合的，泛化到测试集之后表现会稍弱一点。但是，如果此处继续增加模型对训练集的拟合程度，会发现测试集的误差将逐渐升高。这个过程就被称作**过拟合**。

注意，这里的模型的复杂度可以代表迭代次数的增加（内部参数的优化），也可以代表模型的优化（特征数量的增多、函数复杂度的提高，比如从线性函数到二次、多次函数，或者说决策树的深度增加，等等）。

所以，过拟合就是机器学习的模型过于依附于训练集的特征，因而模型**泛化**能力降低的体现。泛化能力，就是模型从训练集移植到其他数据集仍然能够成功预测的能力。

分类问题也会出现过拟合，如下图所示，过于细致的分类边界也造成了过拟合。

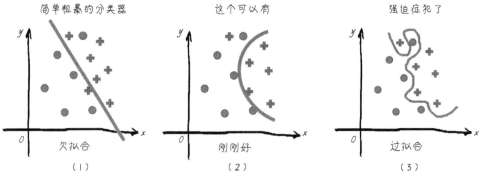

3个分类器的分类边界

过拟合现象是机器学习过程中怎么甩都甩不掉的阴影，影响着模型的泛化功能，因此我们几乎在每一次机器学习实战中都要和它作战！

刚才用逻辑回归模型进行心脏病预测的时候，我们也遇见了过拟合问题。那么，有什么方法解决吗？

降低过拟合现象通常有以下几种方法。

■ 增加数据集的数据个数。数据量太小时，非常容易过拟合，因为小数据集很容易精确拟合。

■ 找到模型优化时的平衡点，比如，选择迭代次数，或者选择相对简单的模型。

■ **正则化**。为可能出现过拟合现象的模型增加正则项，通过降低模型在训练集上的精度来提高其泛化能力，这是非常重要的机器学习思想之一。

4.6.3 正则化参数

机器学习中的正则化通过引入模型参数 λ（lambda）来实现。

加入了正则化参数之后的线性回归均方误差损失函数公式被更新成下面这样：

$$L(w,b) = MSE = \frac{1}{N}\sum_{(x,y) \in D}(y - h(x))^2 + \frac{\lambda}{2N}\sum_{i=1}^{n}w_i^2$$

加入了正则化参数之后的逻辑回归均方误差损失函数公式被更新成下面这样：

$$L(w,b) = -\frac{1}{N}\sum_{(x,y) \in D}[y*\log(h(x)) + (1-y)*\log(1-h(x))] + \frac{\lambda}{2N}\sum_{j=1}^{n}w_j^2$$

现在的训练优化算法是一个由两项内容组成的函数：一个是**损失项**，用于衡量模型与数据的拟合度；另一个是**正则化项**，用于调解模型的复杂度。

公式看起来有点小复杂，但也不用特别介意，因为正则化参数已经被嵌入 Python 的库函数内部。从直观上不难看出，将正则化机制引入损失函数之后，当权重大的时候，损失被加大，λ 值越大，惩罚越大。这个公式引导着机器在进行拟合的时候不会随便增加权重。

记住，正则化的目的是帮助我们减少过拟合的现象，而它的本质是约束（限制）要优化的参数。

其实，正则化的本质，就是**崇尚简单化**。同时以最小化损失和复杂度为目标，这称为**结构风险最小化**。

 咖哥发言

奥卡姆的威廉是 14 世纪的修士和哲学家，是极简主义的早期代言人。他提出的**奥卡姆剃刀定律**认为科学家应该优先采用更简单的公式或理论。将该理论应用于机器学习，就意味着越简单的模型，有可能具有越强的泛化能力。

选择 λ 值的目标是在简单化和训练集数据拟合之间达到适当的平衡。

■ 如果 λ 值过大，则模型会非常简单，将面临数据欠拟合的风险。此时模型无法从训练数据中获得足够的信息来做出有用的预测。而且 λ 值越大，机器收敛越慢。

■ 如果 λ 值过小，则模型会比较复杂，将面临数据过拟合的风险。此时模型由于获得了过多训练数据特点方面的信息而无法泛化到新数据。

■ 将 λ 设为 0 可彻底取消正则化。在这种情况下，训练的唯一目是最小化损失，此时过拟合的风险较高。

正则化参数通常有 L1 正则化和 L2 正则化两种选择。

■ L1 正则化，根据权重的绝对值的总和来惩罚权重。在依赖稀疏特征（后面会讲什么是稀疏特征）的模型中，L1 正则化有助于使不相关或几乎不相关的特征的权重正好为 0，从而将这些特征从模型中移除。

■ L2 正则化，根据权重的平方和来惩罚权重。L2 正则化有助于使离群值（具有较大正值或较小负值）的权重接近于 0，但又不会正好为 0。在线性模型中，L2 正则化比较常用，而且在任何情况下都能够起到增强泛化能力的目的。

同学们可能注意到了，刚才给出的正则化公式实际上是 L2 正则化，因为权重 w 正则化时做了平方。

 咖哥发言

正则化不仅可以应用于逻辑回归模型，也可以应用于线性回归和其他机器学习模型。应用 L1 正则化的回归又叫 Lasso Regression（套索回归），应用 L2 正则化的回归又叫 Ridge Regression（岭回归）。

而最佳 λ 值则取决于具体数据集，需要手动或自动进行调整。下面就通过多元分类的一个案例来解释正则化参数的调整。

4.7 通过逻辑回归解决多元分类问题

下面就开始用逻辑回归来解决之前介绍过的鸢尾花的分类问题：根据花萼和花瓣的长度数据来判断其类别。

4.7.1 数据的准备与分析

同学们可以在源码包中找到这个数据集，而且 Sklearn 也自带这个数据集。这个数据集中，有 4 个特征，为了方便可视化，我们将特征两两组合。我将主要使用花萼长度和花萼宽度这两个特征来判断其分类，剩下两个特征组成的花瓣特征集则留给同学们自己来尝试做类似的工作。

```python
import numpy as np # 导入 NumPy
import pandas as pd # 导入 Pandas
from sklearn import datasets # 导入 Sklearn 的数据集
iris=datasets.load_iris() # 导入 iris
X_sepal = iris.data[:, [0, 1]]
        # 花萼特征集：两个特征长度和宽度
X_petal = iris.data[:, [2, 3]]
        # 花瓣特征集：两个特征长度和宽度
y = iris.target # 标签集
```

现在我们拥有两个独立的特征集，一个特征集包含花萼长度、花萼宽度，另一个包含花瓣长度、花瓣宽度。

如果根据花萼长度、花萼宽度这两个特征将 3 种鸢尾花的分类可视化，会得到如下图所示的结果。此时每一个特征代表一个轴，类别（即标签）则通过圆点、叉、三角等不同的形状进行区分。

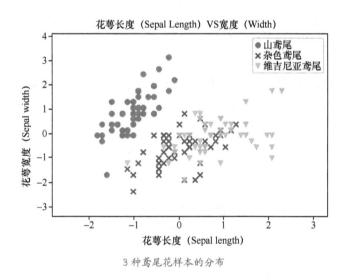

3 种鸢尾花样本的分布

下面进行花萼数据集的分割和标准化，分成训练集和测试集：

```python
from sklearn.model_selection import train_test_split # 导入拆分数据集工具
from sklearn.preprocessing import StandardScaler # 导入标准化工具
X_train_sepal, X_test_sepal, y_train_sepal, y_test_sepal = \
  train_test_split(X_sepal, y, test_size=0.3, random_state=0) # 拆分数据集
print(" 花瓣训练集样本数 : ", len(X_train_sepal))
```

```
print(" 花瓣测试集样本数：", len(X_test_sepal))
scaler =        StandardScaler() # 标准化工具
X_train_sepal = scaler.fit_transform(X_train_sepal) # 训练集数据标准化
X_test_sepal = scaler.transform(X_test_sepal) # 测试集数据标准化
# 合并特征集和标签集，留待以后数据展示之用
X_combined_sepal = np.vstack((X_train_sepal, X_test_sepal)) # 合并特征集
Y_combined_sepal = np.hstack((y_train_sepal, y_test_sepal)) # 合并标签集
```

4.7.2 通过 **Sklearn** 实现逻辑回归的多元分类

下面直接通过 Sklearn 的 LogisticRegression 函数实现多元分类功能：

```
from sklearn.linear_model import LogisticRegression # 导入逻辑回归模型
lr = LogisticRegression(penalty='l2', C = 0.1) # 设定 L2 正则化和 C 参数
lr.fit(X_train_sepal, y_train_sepal) # 训练机器
score = lr.score(X_test_sepal, y_test_sepal) # 验证集分数评估
print("SKlearn 逻辑回归测试准确率 {:.2f}%".format(score*100))
```

得到的准确率：

Sklearn 逻辑回归测试准确率：66.67%

这里采用了刚才介绍的 L2 正则化，这是通过 penalty 参数设定的。

但是，另外一个参数 C 又是什么东西呢？

L2 正则化，只是选择了正则化的参数类别，但是用多大的力度进行呢？此时要引入另外一个配套用的正则化相关参数 C。C 表示正则化的力度，它与 λ 刚好成反比。C 值越小，正则化的力度越大。

 咖哥发言

同学们，如果你们搜索 "sklearn.linear_model" "LogisticRegression" 这两个关键字，很容易找到 Sklearn 的官方文档（如下图所示），在那里可以学习库函数，了解各个参数的全面信息。

Sklearn 的官方文档，提供库函数和各个参数的全面信息

4.7.3 正则化参数——*C* 值的选择

下面就用绘图的方式显示出采用不同的 *C* 值，对于鸢尾花分类边界的具体影响。这样做的目的是进一步了解正则化背后的意义，以及对此问题采用什么样的正则化参数才是最优的选择。这也即是超参数调试的又一次实战。

首先定义一个绘图的函数：

```python
import matplotlib.pyplot as plt # 导入 Matplotlib 库
from matplotlib.colors import ListedColormap # 导入 ListedColormap
def plot_decision_regions(X, y, classifier, test_idx=None, resolution=0.02):
    markers = ('o', 'x', 'v')
    colors = ('red', 'blue', 'lightgreen')
    color_Map = ListedColormap(colors[:len(np.unique(y))])
    x1_min = X[:, 0].min() - 1
    x1_max = X[:, 0].max() + 1
    x2_min = X[:, 1].min() - 1
    x2_max = X[:, 1].max() + 1
    xx1, xx2 = np.meshgrid(np.arange(x1_min, x1_max, resolution),
                           np.arange(x2_min, x2_max, resolution))
    Z = classifier.predict(np.array([xx1.ravel(), xx2.ravel()]).T)
    Z = Z.reshape(xx1.shape)
    plt.contour(xx1, xx2, Z, alpha=0.4, cmap = color_Map)
    plt.xlim(xx1.min(), xx1.max())
    plt.ylim(xx2.min(), xx2.max())
    X_test, Y_test = X[test_idx, :], y[test_idx]
    for idx, cl in enumerate(np.unique(y)):
        plt.scatter(x = X[y == cl, 0], y = X[y == cl, 1],
                    alpha = 0.8, c = color_Map(idx),
                    marker = markers[idx], label = cl)
```

然后使用不同的 *C* 值进行逻辑回归分类，并绘制分类结果：

```python
from sklearn.metrics import accuracy_score # 导入准确率指标
C_param_range = [0.01, 0.1, 1, 10, 100, 1000]
sepal_acc_table = pd.DataFrame(columns = ['C_parameter', 'Accuracy'])
sepal_acc_table['C_parameter'] = C_param_range
plt.figure(figsize=(10, 10))
j = 0
for i in C_param_range:
    lr = LogisticRegression(penalty = 'l2', C = i, random_state = 0)
    lr.fit(X_train_sepal, y_train_sepal)
    y_pred_sepal = lr.predict(X_test_sepal)
    sepal_acc_table.iloc[j, 1] = accuracy_score(y_test_sepal, y_pred_sepal)
    j += 1
    plt.subplot(3, 2, j)
    plt.subplots_adjust(hspace = 0.4)
    plot_decision_regions(X = X_combined_sepal, y = Y_combined_sepal,
                          classifier = lr, test_idx = range(0, 150))
    plt.xlabel('Sepal length')
    plt.ylabel('Sepal width')
    plt.title('C = %s'%i)
```

运行上面的代码段，绘制出各个不同 *C* 值情况下的分类边界，如下图所示。

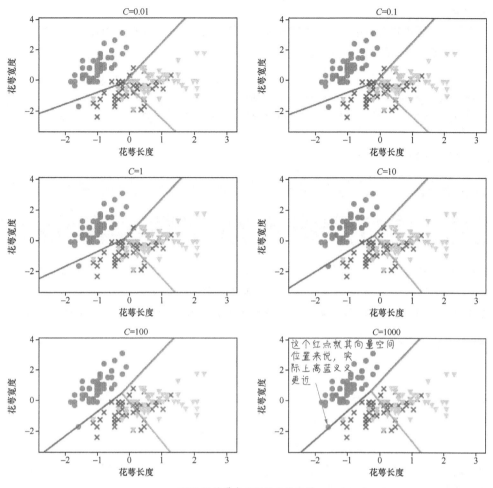

不同 C 值带来不同的分类边界

上面图中不同的 C 值所展现出的分类边界线和分类的结果告诉了我们以下一些信息。

（1）C 取值越大，分类精度越大。注意，当 C=1 000 时图中左下方的圆点，本来按照其特征空间的位置来说，应该被放弃纳入圆点类，但是算法因为正则化的力度过小，过分追求训练集精度而将其划至山鸢尾集（圆点类），导致算法在这里过拟合。

（2）而当 C 值取值过小时，正则化的力度过大，为了追求泛化效果，算法可能会失去区分度。

还可以绘制出测试精度随着 C 参数的不同取值而变化的学习曲线（learning curve），如右图所示。这样，可以更清晰地看到 C 值是如何影响训练集以及测试集的精度的。

该如何选择 C 值呢？学者们认为应该有以下两点考量因素。

（1）一个因素是应该观察比较高的测

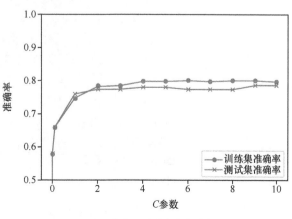

不同 C 值来不同的分类准确率

试集准确率。

（2）另一个因素是训练集和测试集的准确率之差比较小，通常会暗示更强的泛化能力。

如果选择 C 值为 10 重做逻辑回归：

```
lr = LogisticRegression(penalty='l2', C = 10) # 设定 L2 正则化和 C 参数
lr.fit(X_train_sepal, y_train_sepal) # 训练机器
score = lr.score(X_test_sepal, y_test_sepal) # 测试集分数评估
print("Sklearn 逻辑回归测试准确率 {:.2f}%".format(score*100))
```

此时测试准确率会有所提高：

```
Sklearn 逻辑回归测试准确率：68.89%
```

4.8 本课内容小结

"本课内容就这么多，"咖哥说，"最重点的内容，是要记住逻辑回归只不过是在线性回归的基础上增加了一个 Sigmoid 逻辑函数，把目标值的输出限制在［0,1］区间而已。除此之外，整个流程即细节都和线性回归非常相似。当然其假设函数和损失函数和线性回归是不同的。"

逻辑回归的假设函数如下：

$$h(x) = \frac{1}{1+e^{-(W^TX)}}$$

逻辑回归的损失函数如下：

$$\begin{cases} y=1, Loss(h(x),y)=-\log(h(x)) \\ y=0, Loss(h(x),y)=-\log(1-h(x)) \end{cases}$$

另外需要牢记的是，这两种基本的机器学习算法中，线性回归多用于解决回归问题（可简单理解为数值预测型问题），而逻辑回归多用于解决分类问题。

大家不要以为线性回归和逻辑回归在深度学习时代过时了。2017 年 Kaggle 的调查问卷显示（如下图所示），在目前数据科学家的工作中，线性回归和逻辑回归的使用率仍然高居榜首，因为这两种算法可以快速应用，作为其他解决方案的基准模型。

数据源于Kaggle 2017年机器学习/数据科学业界调查问卷

别小看线性回归和逻辑回归

咖哥正说着，突然问："小冰，超参数的调试是否让你觉得有些麻烦，一个小小的 C 参数怎么花那么大力气画各种各样的图来观察？"

小冰说："就是啊，怎么这么麻烦？"

咖哥说："其实也是有自动调参的方法。"

小冰说："快说说。"

咖哥说："这个以后再讲吧。先记住已经学的基础知识。"

机器学习解决现实问题的超强能力让小冰新奇而又兴奋，她真的觉得过瘾极了。机器学习的两个模型已经解决了困扰着她的两个非常实际的业务问题，那么下一课，咖哥又将介绍一些什么新的模型呢？她迫不及待地想要知道。

4.9 课后练习

练习一　根据第 4 课的练习案例数据集：泰坦尼克数据集（见源码包），并使用本课介绍的方法完成逻辑回归分类。

（提示：在进行拟合之前，需要将类别性质的字段进行类别到哑变量的转换。）

练习二　在多元分类中，我们基于鸢尾花萼特征，进行了多元分类，请同学们用类似的方法，进行花瓣特征集的分类。

练习三　请同学们基于花瓣特征集，进行正则化参数 C 值的调试。

4

第5课 深度神经网络——找出可能流失的客户

咖哥看起来情绪高涨，他说："咱们的课程即将进入深度学习的环节——本课讲**深度神经网络**。"

小冰问："神经网络和人脑结构有什么关系吗？"

猫还是狗呢？

机器学习中的神经网络和人脑中的神经网络有什么关系？

咖哥回答："人工神经网络的问世，的确是受了生物神经网络结构的启发。生物神经系统的功能单元是神经元（neuron）——基本上由水、离子、氨基酸和蛋白质构成，它具有电化学特性。我们的心智体验（感知、记忆和想法）源自神经元双层脂膜上的盐分水平的涨落（激活过程）。神经元之间通过突触传导电流，从而建立了连接。一个神经元所能做的事情有限，而上亿个神经元互联，就形成了生物的神经系统。"

咖哥又接着说："人工神经网络的结构也是从**简单**（一个逻辑回归单元）到**复杂**（深度神经网络），中间包含权重调整和非线性激活过程。然而，具体到技术细节层面，此神经网络（机器学习）和彼神经网络（生物学）之间的联系是有些牵强的，关系不是很大。初学者没必要去特意了解生物学中的神经网络。"

下面看看本课重点。

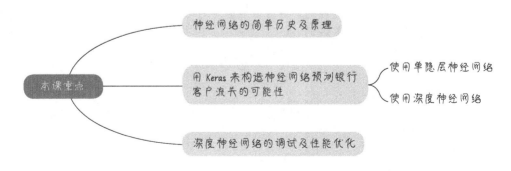

5.1 问题定义：咖哥接手的金融项目

这次的实战，来看一个我最近接手的金融领域项目吧，我的团队正是用神经网络，也就是深度学习模型，解决了这个问题。

该项目的具体需求是根据已知的一批客户数据（当然客户姓名我都进行了掩码），来预测某个银行的客户是否会流失。通过学习历史数据，如果机器能够判断出哪些客户很有可能在未来两年内结束在该银行的业务（这当然是银行所不希望看到的），那么银行的工作人员就可以采取相应的、有针对性的措施来挽留这些高流失风险的客户。其实这个问题和上一课的心脏病预测问题一样，本质上都是分类，我们看看用神经网络来解决这类问题有何优势。

从第 5 课源码包的"教学用例 银行客户流失"目录中找到 Bank Customer.csv 文件之后，读入本机的 Python 环境，或者在 Kaggle 网站搜索 Jacky Huang 的"Bank Customer"数据集（如下图所示）或根据源码包中的文件新建 Dataset，然后创建 Notebook。

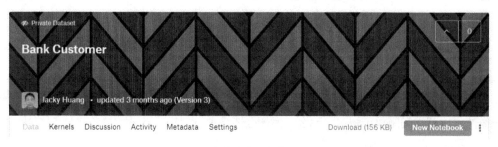

银行客户数据集

5.2 神经网络的原理

5.2.1 神经网络极简史

神经网络其实有一段"悠久"的历史。早在 1958 年,计算机科学家罗森布拉特（Rosenblatt）就提出了一种具有单层网络特性的神经网络结构，称为"感知器"（perceptron）。感知器出现之后很受瞩目，大家对它的期望很高。然而好景不长——一段时间后，人们发现感知器的实用性很弱。1969 年，AI 的创始人之一马文·明斯基（Marvin Minsky）指出简单神经网络只能运用于线性问题的求解。这之后神经网络就逐渐被遗忘了。

直到 1985 年，杰弗里·辛顿（Geoffrey Hinton，深度学习"三巨头"之一）和特伦斯·谢诺夫斯基（Terrence Sejnowski）提出了一种随机神经网络模型——受限玻尔兹曼机。紧接着，Rumelhart、Hinton、Williams 提出了 BP 算法，即多层感知器的梯度反向传播算法。这也是神经网络的核心算法，人们以此为基础搭建起几乎现代所有的深度网络模型。因此，可以说神经网络的理论基础在 20 世纪 60 年代出现，并在 80 年代几乎完全形成。

在工程界，当时神经网络也已经有了应用。杨立昆（Yann LeCun,深度学习"三巨头"之一）于 20 世纪 80 年代末在贝尔实验室研发出了卷积神经网络，他将其应用到手写识别和 OCR，并在美国广泛应用于手写邮编、支票的读取。然而后来，另一种理论相当完善的机器学习技术支持向量机（Support Vector Machine，SVM）被发明出来，成为了业界"新宠"，神经网络再一次被遗忘了。

大约 2009 年，计算机最终有了足够的算力进行深度计算，神经网络开始在语音和图像识别方面战胜传统算法。杰弗里·辛顿、杨立昆和约书亚·本吉奥（Yoshua Bengio）3 人联合提出**深度学习**的概念。这是新瓶装旧酒，名称变了，技术还是一样的技术。然而时代也已经改变，此时深度神经网络开始实证性地在工程界展示出绝对的优势。2012 年年底，基于卷积神经网络模型的 Inception 结构在 ImageNet 图片分类竞赛中获胜。此后深度学习火山爆发式发展，科技"巨头"们开始在这个领域投资：计算机视觉、语音识别、自然语言处理、棋类竞赛和机器人技术，这些应用领域的突破一个接着一个出现……

其实，从一开始就不是神经网络不行，而是原来的数据量和计算速度两方面都跟不上。在这个数据泛滥的时代，海量数据的获取不再是什么难事。可以预见，在 5G 时代，深度学习必然还会有更大发展的空间……

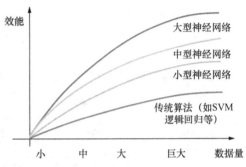

在大数据领域，神经网络的效能显著地领先于其他算法

讲完历史，咖哥抛出了一个问题让大家去思索——机器学习应用领域，也就是回归和分类这两大块，既然有了线性回归和逻辑回归两大机器学习基础算法，这两类问题都可解了。那么，为什么还需要神经网络？它有什么特别的优势？

5.2.2 传统机器学习算法的局限性

先说一说传统机器学习算法的局限性。首先，越简单的关系越容易拟合。比如，第 3 课中的广告投放金额和商品销售额的例子，一个线性函数就能轻松地搞定。然而对于一个非线性的问题（如下图所示），就需要通过更复杂的函数模型（如高阶多项式）去拟合。此时，单纯线性回归明显不给力，因而我们把特征重新组合，变化出新的特征。比如，一次函数不够用时，可以把 x_1 做平方变成 x_1^2，做立方变成 x_1^3，甚至可以和 x_2 做组合，变成 x_1x_2、$x_1^2x_2$ 等，不断创造出新的特征，构造新的函数，直到把训练集的数据拟合好为止。

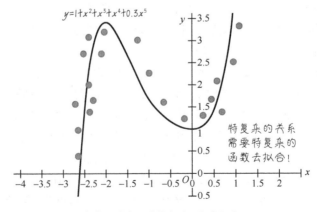

复杂的关系需要复杂的函数去拟合

这种对特征的变换、升阶，以及多个特征相互组合形成新特征的过程，就是机器学习过程中既耗时又耗力的**特征工程**的一个例子。

当特征的维度越来越大时，特征之间相互组合的可能性将以几何级数递增，特征空间急剧膨胀，对应的假设空间也随之膨胀。此时，你们会惊奇地发现，单纯用线性回归和逻辑回归模型进行的机器学习会显得越来越力不从心，因为特征工程本身就已经把机器"累死"了。

咖哥发言

> 特征空间是数据特征所形成的空间，特征维度越高，特征空间越复杂。而假设空间则是假设函数形成的空间，特征越多，特征和标签之间的对应的关系越难拟合，假设空间也就越复杂。

此时，要进一步扩展机器学习的应用领域，我们就需要更强的系统去减少对特征工程的需求，去解决巨大特征量的问题，这就是……

"等一下。"小冰发问，"有这样多特征的实际问题吗？前面介绍的房价预测、销售额预测、客户分类等，感觉特征的数量两只手都能比划出来，房屋面积、广告投放金额、胸痛类型、休息时血压等，也就这些东西，怎么就难了？"

"啊，原来你是这么想的。"咖哥说，"那我再多解释一下。"

前几课中咱们处理的问题，都是**结构化数据**。这种结构化数据有一个特点，就是人弄起来很费劲儿，但是计算机会很快搞定。比如一堆堆的血压、脉搏计数，让很有经验的医生去分析，如果数据量很大的话，他也得看一阵子。因为人脑在处理数字、运算时是有局限性的，和计算机比的话既不够快也不够准。

那么什么是**非结构化数据**呢？就是没有什么预定义的数据结构，不方便用数据库存储，也不方便用Excel表格来表现的数据。比如，办公文档、文本、图片、网页、各种图像/音频/视频信息等，都是非结构化数据。你们可能看出来了，这些数据大都和人类的感觉、知觉相关。笼统地说，也可称为**感知类数据**。人脑理解和处理感知类数据在深度学习出现之前比计算机好使。比如一只猫的图片，我们不会根据一个个像素点去分析特征，哪个像素点是耳朵的一部分，哪个像素点是鼻子的一部分，哪个像素点应该是红色，哪个像素点应该是黑色。小孩子看了，也能轻而易举地知道图片里面的内容是猫。因为可能很多**"深度"的经验**已经集成在人脑的潜意识里面了。

对于这种类型的问题，传统的机器学习模型比如线性回归或者逻辑回归，就不大好使。因为要训练一个分类器来判断图片是否为一只猫时，计算机实际上看到的是一个巨大的数字矩阵（如下图所示），矩阵中的每一个数字代表一个像素的强度（亮度、颜色）值，比如猫眼睛处像素值对应为黑色、猫的嘴处为红色等。我们会输入大量的猫图片样本集，希望经过学习之后，模型知道大概什么地方会出现什么样的像素，比如猫眼睛是什么样，或者是猫耳朵是什么样的，等等。

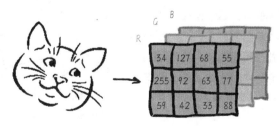

人眼看猫，计算机看数字矩阵

即使图片很小，长宽也各有 50 像素，也就是有 2 500 个特征 。如果是 RGB 彩色图像，那么特征的数目就是 7 500 了。如果特征之间还可以组合，特征空间可以达到上百万的级别。不仅是图片，其他感知类数据如文本、网页，都出现类似特征维度超大的现象。对于传统机器学习算法来说，计算成本太高了。而且，这些像素特征和分类结果之间的拟合过于复杂，如果通过手工特征工程来辅助机器学习的建模，这个特征工程本身的难度也将是巨大的。

咖哥发言

机器学习中有个术语叫"维度灾难"，即高维度带来了超高的复杂度和超巨大的特征空间。比如，对于围棋来说，特征维度是 19×19，但是它的有效状态数量超过了 10^{170}。

而神经网络就是专门为了解决这类超高特征维度的感知类问题而生的。数学上已经证明，浅层神经网络可以模拟任何连续函数。而深层神经网络更是可以用更少的参数来学到更好的拟合。特征数量越大，神经网络优势越明显。机器学习，学的就是对客观世界事物之间关系的拟合，谁的拟合能力更强，实现起来更简便，谁就是"王者"。因而，神经网络，尤其是深度神经网络，在大数据时代肩负着处理超高维特征问题以及减少特征工程两大重任，是处理感知类问题的一把利刃。

5.2.3 神经网络的优势

还是借着刚才这个猫的例子，说说神经网络是怎么做到这种不惧巨大特征量的"深度学习"的。

假设我们是在传统 AI 模型上弄一个猫识别器，首先需要花大量的时间来帮机器定义什么是"猫"——2 个眼睛，4 条腿，尖尖的耳朵，软软的毛…… 这些信息输入机器，组合起来构成了一只猫。然后对图片里面的特征进行分解，拆分成一小块一小块的元素，眼睛、毛发颜色、胡须、爪子，等等。最后将这些元素和机器记忆中的信息进行比对，如果大多数都吻合了，那么这就是一只猫。

而现在用神经网络去识别猫可就省力多了。不必手工去编写猫的定义，它的定义只存在于网络中大量的"**分道器**"之中。这些分道器负责控制在网络的每一个分岔路口把图片往目的地输送。而神经网络就像一张无比庞大、带有大量分岔路的铁轨网，如右图所示。

在这密密麻麻的铁轨的一边是输入的图片，另一边则是对应的输出结果，也就是道路的终点。网络会通过调整其中的每一个分道器来确保输入映射到正确的输出。训练数据越多，这个网络中的轨道越多，分岔路口越多，网络也就越复杂。一旦训练好了，我们就拥有了大量的预定轨道，对新图片也能做出可靠的预测，这就是神经网络的自我学习原理（本小节内容部分参考了《谷歌大脑养成记》，由公众号机器之心编译）。

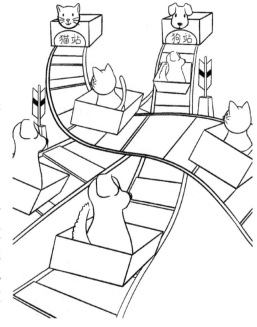

网络把猫全都输送到猫站，狗全都输送到狗站

小冰插嘴："咦？好像这个神经网络的原理和线性回归或者逻辑回归完全相同，不就是通过不断地训练寻找最佳的参数嘛！"

咖哥答："你说得简直太正确了！它们本来就是一回事，唯一的不同是，神经网络的参数多、层级深，需要的数据量也多。"

那么为什么这个网络需要如此多的神经元和数据呢？

因为这是训练机器的必需项。到底是猫是狗，由网络中成千上万个"分道器"神经元决定。拿出一张猫图片问：这是什么？铁轨大网经过重重分叉，在第一次判断中把它输送到了狗站。

机器告诉铁轨大网：不对，这是猫。你再弄一次。

然后，网络中负责统计的人员回头检查各个神经元的分道情况。因为错误的回答，神经元的参数，也就是权重 w，得到了惩罚。而下一次呢？正确的结果将使参数得到强化和肯定。这样不断地调整，直到这个网络能够对大多数的训练数据得到正确的答案。所以重要的不是单个分道器，而是整个轨道网络中集体意见的组合结果。因此**数据越多，投票者越多，就能获得越多的模式**。如果有数百万个投票者，就能获得数十亿种模式。每一种模式都可以对应一种结果，都代表着一种极为具体的从输入到输出的函数。这些不同的模式使网络拥有归类的能力。训练的数据越多，网络就越了解一种模式属于哪一个类别，就能在未来遇到没有标签的图片时做出更准确的分类。

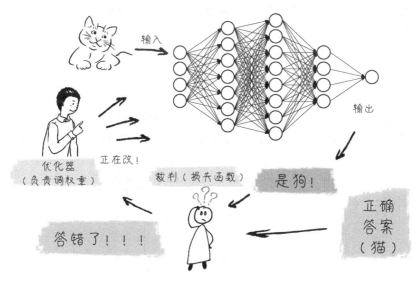

当得出错误结果时，神经元的权重会受惩罚

因此，深度学习并不是去尝试定义到底什么是一只猫，而是通过大量的数据和大量的投票器，把网络里面的开关训练成"猫通路""狗通路"。对数据量的需求远远胜过对具体"猫特征"定义的需求。所以，程序员所做的是源源不断地把数据输入神经网络，让它自己优化自己，而**不是**坚持不懈地告诉神经网络，猫这里有胡须，一般是8根，有时候是6根。**这些机械化的定义在神经网络面前变得不再有任何用处**。

这里你们也看得出样本的重要性，数据样本才是网络中每个投票器参数值的决定者（而不是作为网络设计者的人类！）。如果这一批样本中，所有的猫都有8根胡须，那么这个特征——结果的线路，很可能被训练得很强。突然之间，样本中出现了一只有6根胡须的猫。由于神经网络里面什么先验知识也没有。神经网络本来就是一张白纸，没有人告诉它，有几根胡须的是猫。因此被这样的训练样本训练出来的网络也许会告诉我们有 6 根胡须的猫不是猫。

所以，用精炼语言来总结一下神经网络，即深度学习的机理：它是用一串一串的函数，也就是层，堆叠起来，作用于输入数据，进行**从原始数据到分类结果的过滤与提纯**。这些层通过权重来参数化，通过损失函数来判断当前网络的效能，然后通过优化器来调整权重，寻找从输入到输出的最佳函数。注意以下两点。

- 学习：就是为神经网络的每个层中的每个神经元寻找最佳的权重。
- 知识：就是学到的权重。

5.3 从感知器到单隐层网络

咖哥一下子讲了那么多原理，讲累了，喝了一口水，接着说："神经网络由神经元组成，最简单的神经网络只有一个神经元，叫感知器。"

5.3.1 感知器是最基本的神经元

所谓"道生一，一生二，二生三，三生万物"，万事万物都是从简单到复杂的演进。神经网络也是。前面说到，感知器是神经网络的雏形，最初的神经网络也就是只有一个神经元的感知器。

右图中的圆圈就代表一个神经元，它可以接收输入，并根据输入提供一个输出。

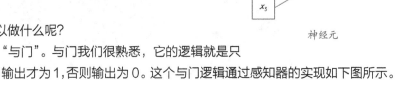

神经元

这个简单的感知器可以做什么呢？

首先它可以成为一个"与门"。与门我们很熟悉，它的逻辑就是只有当所有输入值都为 1 时，输出才为 1，否则输出为 0。这个与门逻辑通过感知器的实现如下图所示。

x_1	x_2	$z(x)$	$g(z(x))$	逻辑值
0	0	−30	0.00001	0
0	1	−10	0.00001	0
1	0	−10	0.00001	0
1	1	40	0.99999	1

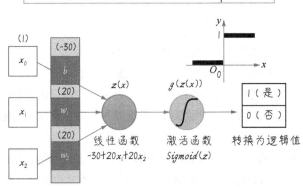

设定了权重，感知器可以用来做"与"逻辑判断

小冰说："这个感知器看起来的确有点像是逻辑回归。"

咖哥说："小冰，你说得很对，这就是一个逻辑回归分类器。但它太简单了，只有两个特征（x_1 和 x_2），而且输入也简单，只有 0、1 两种可能，共 4 组数据。因为数据量太小，所以很容易拟合。很多权重值的组合都可以实现这个拟合，如果我们随意分配两个简单的权重（$w_1=20$，$w_2=20$）和一个偏置（$b=-30$）值，就能够通过一个线性函数（$y=20x_1+20x_2-30$）加一个激活函数（$Sigmiod(z)$），对 4 组数据进行简单的'与'逻辑判断，其实也就是为一个小小的数据集进行分类。这些都是在逻辑回归里面讲过的内容。"

咖哥发言

Sigmiod 函数，在逻辑回归中叫逻辑函数，在神经网络中则称为激活函数，用以类比人类神经系统中神经元的"激活"过程。

如果换其他数据，比如再给 4 组符合"或"规则的数据（只要输入中有一个值为 1，输出就为 1，否则输出为 0），感知器能不能够完成这个新的逻辑判断呢？当然可以。通过调整感知器的权重和偏置，比如设置 $w_1=20$，$w_2=20$，$b=-10$ 后，就成功地实现了新规则（如下图所示）。这样，根据不同的数据输入，感知器适当地调整权重，在不同的功能之间切换（也就是拟合），形成了一个简单的自适应系统，人们就说它拥有了"感知"事物的能力。

x_1	x_2	$z(x)$	$g(z(x))$	逻辑值
0	0	-10	0.00001	0
0	1	10	0.99999	1
1	0	10	0.99999	1
1	1	20	0.99999	1

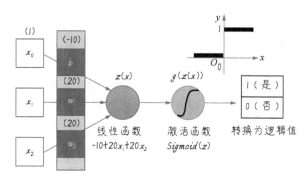

通过调整权重，感知器从"与门"变成了"或门"

5.3.2 假设空间要能覆盖特征空间

单神经元，也就是感知器，通过训练可以用作逻辑回归分类器，那么它是如何进化成更为复杂的多层神经网络呢？

要理解从单层到多层这一"跃迁"的意义，我们需要重温几个概念。前面讲过，机器学习中数据的几何映射是空间；向量，也可以看作一个多维空间中的点。由此，对输入空间、输出空间、特征空间、假设空间进行如下的定义。

- 输入空间：x，输入值的集合。
- 输出空间：y，输出值的集合。通常，输出空间会小于输入空间。
- 特征空间：每一个样本被称作一个实例，通常由特征向量表示，所有特征向量存在的空间称为特征空间。特征空间有时候与输入空间相同，有时候不同。因为有时候经过特征工程之后，输入空间可通过某种映射生成新的特征空间。
- 假设空间：假设空间一般是对于学习到的模型（即函数）而言的。模型表达了输入到输出的一种映射集合，这个集合就是假设空间。假设空间代表着**模型学习过程中能够覆盖的最大范围**。

因为模型本身就是对特征的一种函数化的表达，一个基本的原则是：**模型的假设空间，一定要大到能覆盖特征空间**，否则，模型就不可能精准地完成任务。某些回归问题，一定需要曲线模型进行拟合，如果坚持使用线性模型，就会因为其特征空间覆盖面有限，无论怎么调整权重和偏置都不可能达到理想效果。下面的示意图就描绘出函数的复杂度和其所能够覆盖的假设空间范围之间的关系：函数越复杂，假设空间的覆盖面越大，拟合能力就越强。

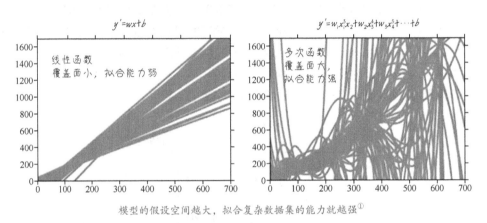

模型的假设空间越大，拟合复杂数据集的能力就越强[1]

5.3.3 单神经元特征空间的局限性

其实，从拓扑结构来看，感知器，也就是说神经网络中的单个神经元所能够解决的问题是线性可分的。刚才我们成功拟合的"与"和"或"两个数据集，它们的输入空间都满足线性可分这个条件，如下图所示。因此，如果模型的假设空间能够覆盖输入空间，就可以搞定它们。

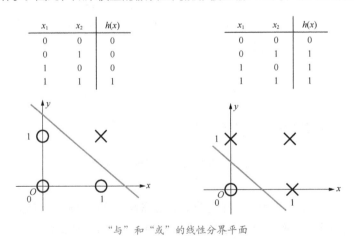

"与"和"或"的线性分界平面

---

[1] 图片参考了李宏毅老师的机器学习教学视频

但是，感知器没有办法拟合非线性的空间。再看看下图中这个符合"同或"（XNOR）逻辑的数据集，也是只有 2 个特征，4 组数据而已。两个输入值不同时，输出为 0。反之，输出为 1。数据集虽然简单，但"同或"逻辑是线性不可分的，我们再怎么画直线，也无法分割出一个平面来为其分界。因此，这个问题也就没有办法通过一个单节点感知器处理——**无论我们如何调整感知器的权重和偏置，都无法拟合"同或"数据集从特征到标签的逻辑。**

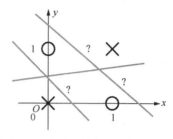

x_1	x_2	$h(x)$
0	0	1
0	1	0
1	0	0
1	1	1

无论怎么调整感知器的权重和偏置，都无法解决同或问题

所以，感知器是有局限性的。它连同或这样简单的任务都完成不了，又如何去模拟现实世界中更为复杂的关系？难怪感知器当年"红火"一阵子后就消失在人们的视野了。

5.3.4 分层：加入一个网络隐层

那么，机器学习如何解决这个问题？

有以下两个思路。

■ 第一个思路，进行手工特征工程，就是对 x_1、x_2 进行各种各样的组合变形，形成新的特征，比如 x_3、x_4。然后对新特征 x_3、x_4 做线性回归。这种特征工程本质上改变了数据集原本的特征空间，目标是降低其维度，使其线性回归算法可解。

■ 第二个思路，就是**将神经网络分层**。人们发现，如果在感知器的激活函数后面再多加入一个新的神经网络层，以上一层神经元激活后的输出作为下一层神经元的输入，此时模型的假设空间就会被扩展，神经网络就会从线性模型跃迁至非线性模型（如下图所示），从而将本来线性不可分的函数图像拟合成功！

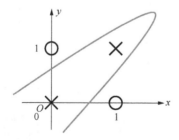

同或问题的特征空间并不是线性可分的，需要引入非线性模型

第二个思路较之于第一个思路的优势是什么？省去了特征工程。因为特征的变换，特征之间的组合的种种逻辑都是人工决定的，相当耗时耗力。所以，对特征量巨大，而且特征之间无明显关联的非结构化数据做特征工程是不实际的。

神经网络隐层的出现把**手工的特征工程工作丢给了神经网络**，网络第一层的权重和偏置自己去学，网络第二层的权重和偏置自己去学，网络其他层的权重和偏置也是自己去学。我们除了提供数据以及一些网络的初始参数之外，剩下的事情全部都让网络自己完成。

因此，神经网络的自我学习功能实在是懒人的福音。

下图展示的就是神经网络解决这个非线性的"同或"问题的具体过程。这个网络不但多出一层，每层还可以有多个神经元，具有充分的灵活性。哪怕特征数量再大，特征空间再复杂，神经网络通过**多层架构**也可以将其搞定。

😊✒ 咖哥发言

　　注意神经网络的上下标符号规则。神经网络中因为层数多，每层中节点（即神经元）数目也多，因此其中节点、权重的标号规则变得复杂起来。举例来说，此处，$w_{2,2}^{[1]}$ 中，中括号里面的上标的数字代表第几层；下标有两个，第一个代表权重属于哪一个特征，即特征的维度，第二个代表其所连接到的下层神经元的维度。

　　还要注意的就是每层会有多个权重，但每层只有 1 个偏置。

　　再多说一句，对于数据集的特征 x 来说，有时候也会出现这样比较复杂的标号 $x_1^{(1)}$，这里的下标 1 代表特征的维度，1 就是第 1 个特征；而圆括号里面的上标的数字代表的是样本的维度，1 也就是第 1 个样本。

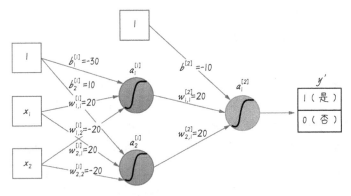

x_1	x_2	$a_1^{[1]}$	$a_2^{[1]}$	逻辑值
0	0	0	1	1
0	1	0	0	0
1	0	0	0	0
1	1	1	0	1

加入网络隐层之后，同或数据集变得可以拟合了

5.4 用 Keras 单隐层网络预测客户流失率

前面说了不少理论，目的只是从直观上去理解一个关键字：神经网络的"**分层**"。

层，是神经网络的基本元素。之所以这么说，是因为在实际应用中，神经网络是通过不同类型的"层"来建构的，而这个建构过程并不需要具体到每层内部的神经元。

下面就开始实战吧，直接看看如何通过单隐层神经网络解决具体问题。之后你们可能会发现，神经网络听起来吓人，但其实还挺容易上手的。

5.4.1 数据的准备与分析

在电子资源打开 BankCustomer.csv 这个文件，打开观察一下这个数据集的话，我们会发现里面主要是客户的个人资料以及在该银行的历史交易信息，如信用评级等。具体包括以下信息。

- Name：客户姓名。
- Gender：性别。
- Age：年龄。
- City：城市。
- Tenure：已经成为客户的年头。
- ProductsNo：拥有的产品数量。
- HasCard：是否有信用卡。
- ActiveMember：是否为活跃用户。
- Credit：信用评级。
- AccountBal：银行存款余额。
- Salary：薪水。
- Exited：客户是否已经流失。

这些信息对于客户是否会流失是具有指向性的。

首先读取文件：

```
import numpy as np # 导入 NumPy 库
import pandas as pd # 导入 Pandas 库
df_bank = pd.read_csv("../input/bank-customer/BankCustomer.csv") # 读取文件
df_bank.head() # 显示文件前 5 行数据
```

输出的前 5 行数据如下图所示。

	Name	Gender	Age	City	Tenure	ProductsNo	HasCard	ActiveMember	Credit	AccountBal	Salary	Exited
0	Kan Jian	Male	37	Tianjin	3	2	1	1	634	31937.37	137062	0
1	Xue Baochai	Female	39	Beijing	9	1	1	1	556	18144.95	110194	0
2	Mao Xi	Female	32	Beijing	9	1	1	1	803	10378.09	236311	1
3	Zheng Nengliang	Female	37	Tianjin	0	2	1	1	778	25564.01	129910	1
4	Zhi Fen	Male	55	Tianjin	4	3	1	0	547	3235.61	136976	1

银行客户数据集的前 5 行数据

显示一下数据的分布情况：

```
import matplotlib.pyplot as plt # 导入 Matplotlib 库
import seaborn as sns # 导入 Seaborn 库
# 显示不同特征的分布情况
features=[ 'City', 'Gender', 'Age', 'Tenure',
         'ProductsNo', 'HasCard', 'ActiveMember', 'Exited']
fig=plt.subplots(figsize=(15, 15))
for i, j in enumerate(features):
```

```
plt.subplot(4, 2, i+1)
plt.subplots_adjust(hspace = 1.0)
sns.countplot(x=j, data = df_bank)
plt.title("No. of costumers")
```

输出的数据的分布情况如下图所示。

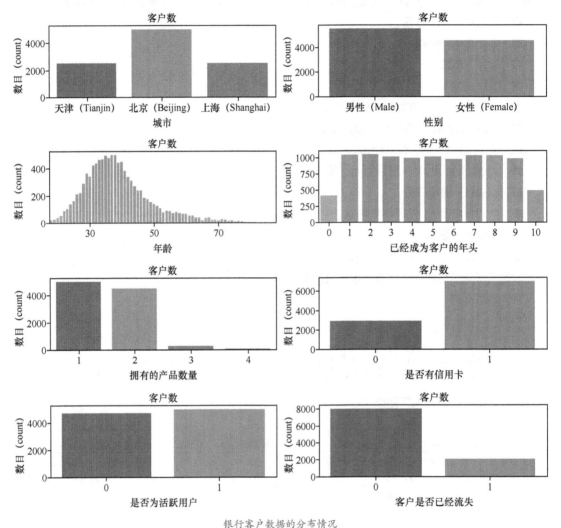

银行客户数据的分布情况

从图中大概看得出，北京的客户最多，男女客户比例大概一致，年龄和客户数量呈现正态分布（钟形曲线，中间高两边低）。这个数据集还有一个显著的特点，等会儿指出来。

对这个数据集，我们主要做以下 3 方面的清理工作。

（1）性别。这是一个二元类别特征，需要转换为 0/1 代码格式进行读取处理（机器学习中的文本格式数据都要转换为数字代码）。

（2）城市。这是一个多元类别特征，应把它转换为多个二元类别哑变量（这个技术在上一课已使用过）。

（3）姓名这个字段对于客户流失与否的预测应该是完全不相关的，可以在进一步处理之前忽略。

当然，原始数据集中的标签也应被移除，放置于标签集 y：

```
# 把二元类别文本数字化
df_bank['Gender'].replace("Female", 0, inplace = True)
df_bank['Gender'].replace("Male", 1, inplace=True)
# 显示数字类别
print("Gender unique values", df_bank['Gender'].unique())
# 把多元类别转换成多个二元类别哑变量，然后放回原始数据集
d_city = pd.get_dummies(df_bank['City'], prefix = "City")
df_bank = [df_bank, d_city]
df_bank = pd.concat(df_bank, axis = 1)
# 构建特征和标签集合
y = df_bank ['Exited']
X = df_bank.drop(['Name', 'Exited', 'City'], axis=1)
X.head() # 显示新的特征集
```

输出的清理之后的数据集如下图所示。此时新数据集的特征数目是 12 个，即特征维度是 12。

	Gender	Age	Tenure	ProductsNo	HasCard	ActiveMember	Credit	AccountBal	Salary	City_Beijing	City_Shanghai	City_Tianjin
0	1	37	3	2	1	1	634	31937.37	137062	0	0	1
1	0	39	9	1	1	1	556	18144.95	110194	1	0	0
2	0	32	9	1	1	1	803	10378.09	236311	1	0	0
3	0	37	0	2	1	1	778	25564.01	129910	0	0	1
4	1	55	1	3	1	0	547	3235.61	136976	0	0	1

清理之后的银行客户数据集

然后用标准方法拆分数据集为测试集和训练集：

```
from sklearn.model_selection import train_test_split # 拆分数据集
X_train, X_test, y_train, y_test = train_test_split(X, y,
                              test_size=0.2, random_state=0)
```

5.4.2 先尝试逻辑回归算法

上一课介绍的逻辑回归算法完全能够解决这个"是"与"否"的分类问题。下面我们就在没有进行任何特征工程的情况下，先使用逻辑回归直接进行机器学习，看看训练之后的模型会带来什么样的结果：

```
from sklearn.linear_model import LogisticRegression # 导入 Sklearn 模型
lr = LogisticRegression() # 逻辑回归模型
history = lr.fit(X_train, y_train) # 训练机器
print("逻辑回归预测准确率 {:.2f}%".format(lr.score(X_test, y_test)*100))
```

输出结果如下：

```
逻辑回归预测准确率：78.30%
```

结果显示预测准确率为 78.30%。作为分类问题，这个准确率表面上看还算可以，比盲目猜测强很多。我们可以把它看作一个评估基准，看看采用神经网络的算法进行机器学习之后，准确率会不会有所提高。

5.4.3 单隐层神经网络的 Keras 实现

如何构建出神经网络机器学习模型呢？通过 Keras 的深度学习 API 应该是最简单的方法。

Keras 的图标

Keras 的特点是用户友好，注重用户体验。它提供一致且简单的 API，并力求减少常见案例所需的用户操作步骤，同时提供清晰和可操作的反馈。

Keras 建构出来的神经网络模型通过模块（也就是 API）组装在一起。各个深度学习元件都是 Keras 模块，比如神经网络层、损失函数、优化器、参数初始化、激活函数、模型正则化，都是可以组合起来构建新模型的模块。

 咖哥发言

为什么取名为 Keras？

Keras，最初是作为 ONEIROS（开放式神经电子智能机器人操作系统）项目研究工作的一部分而开发的。Keras 在希腊语中意为牛角、号角，源自古希腊史诗《奥德赛》中关于梦神（Oneiros）的故事。冥界的出口有两扇门，一个是象牙之门，一个是牛角之门。梦神用虚幻的景象欺骗通过象牙之门抵达的人，而让通过牛角之门的人将看到真相，到达真理的彼岸。

1. 用序贯模型构建网络

单隐层神经网络的实现代码如下。

首先导入 Keras 库：

```
import keras # 导入Keras库
from keras.models import Sequential # 导入Keras序贯模型
from keras.layers import Dense # 导入Keras全连接层
```

■ **序贯**（sequential）**模型**，也可以叫作**顺序模型**，是最常用的深度网络层和层间的架构，也就是一个层接着一个层，顺序地堆叠。

■ **密集**（dense）**层**，是最常用的深度网络层的类型，也称为**全连接层**，即当前层和其下一层的所有神经元之间全有连接。

然后搭建网络模型：

```
ann = Sequential() # 创建一个序贯ANN模型
ann.add(Dense(units=12, input_dim=11, activation = 'relu')) # 添加输入层
ann.add(Dense(units=24, activation = 'relu')) # 添加隐层
ann.add(Dense(units=1, activation = 'sigmoid')) # 添加输出层
ann.summary() # 显示网络模型（这个语句不是必需的）
```

运行上面的代码后，将输出神经网络的结构信息：

```
Layer (type)                 Output Shape              Param #
=================================================================
dense_01 (Dense)             (None, 12)                156
```

```
dense_02 (Dense)                    (None, 24)                    312
_____
dense_03 (Dense)                    (None, 1)                     25
===============================================================================
Total params: 493
Trainable params: 493
Non-trainable params: 0
```

summary 方法显示了神经网络的结构，包括每个层的类型、输出张量的形状、参数数量以及整个网络的参数数量。这个网络只有 3 层，493 个参数（就是每个神经元的权重等），这对于神经网络来说，参数数量已经算是很少了。

通过下面的代码，还可以展示出神经网络的形状结构：

```
from IPython.display import SVG # 实现神经网络结构的图形化显示
from keras.utils.vis_utils import model_to_dot
SVG(model_to_dot(ann, show_shapes=True).create(prog='dot', format='svg'))
```

表 5-1 左边就是所输出的网络结构，表中也列出了对应层的生成语句和简单说明。

表 5-1　神经网络结构及对应层生成的语句

神经网络结构图	对应层的生成语句	说明
139945259306344 ①	① ann = Sequential()	序贯模型
dense_1: Dense　input: (None, 11)　output: (None, 12) ②	② ann.add(Dense(units=12, input_dim=11, activation = 'relu'))	输入层，需要指明输入维度、下一层的输出维度（也就是神经元的个数），以及激活函数
dense_2: Dense　input: (None, 12)　output: (None, 24) ③	③ ann.add(Dense(units=24, activation = 'relu'))	隐层，自动接受输入，只需要指明输出维度以及激活函数
dense_3: Dense　input: (None, 24)　output: (None, 1) ④　神经网络结构	④ ann.add(Dense(units=1, activation = 'sigmoid'))	输出层，对于二分类问题输出维度为 1。需要指明激活函数

解释一下上面的代码。

■　模型的创建：ann = Sequential() 创建了一个序贯神经网络模型（其实就是一个 Python 的类）。在 Keras 中，绝大多数的神经网络都是通过序贯模型所创建的。与之对应的还有另外一种模型，称为函数式 API，可以创建更为复杂的网络结构，后续课程中会略做介绍。

■　输入层：通过 add 方法，可开始神经网络层的堆叠，序贯模型，也就是一层一层的顺序堆叠。

□　Dense 是层的类型，代表密集层网络，是神经网络层中最基本的层，也叫全连接层。在后面的课程中，我们还将会看到 CNN 中的 Conv2D 层，RNN 中的 LSTM 层，等等。解决回归、分类等普通机器学习问题，用全连接层就可以了。

- □ input_dim 是输入维度，输入维度必须与特征维度相同。这里指定的网络能接收的输入维度是 11。如果和实际输入网络的特征维度不匹配，Python 就会报错。
- □ unit 是输出维度，设置为 12。该参数也可写为 output_dim=12，甚至忽略参数名，写为 Dense(12，input_dim=11，activation='relu')，这些都是正确格式。12 这个值目前是随意选择的，这代表了经过线性变化和激活之后的假设空间维度，其实也就是神经元的个数。维度越大，则模型的覆盖面也越大，但是模型也就越复杂，需要的计算量也多。对于简单问题，12 维也许是一个合适的数字：太多的话容易过拟合，太少的话（不要少于特征维度）则拟合能力不够。
- □ activation 是激活函数，这是每一层都需要设置的参数。这里的激活函数选择的是 "relu"，而不是 Sigmoid。relu 是神经网络中常用的激活函数。（为什么不用 Sigmoid，原因过一会儿再讲。）

■ 隐层：仍然通过 add 方法。在输入层之后的所有层都不需要重新指定输入维度，因为网络能够通过上一层的输出自动地调整。这一层的类型同样是全连接层。在输入维度方面，我进一步扩充了神经网络的假设空间，神经元的个数从 12 增加到 24。随着网络层级的加深，逐步地增大特征空间，这是密集连接型网络的常见做法（但不是必需的做法）。

■ 输出层：仍然是一个全连接层，指定的输出维度是 1。因为对于二分类问题，输出维度必须是 1。而对于多分类问题，有多少个类别，维度就是多少。激活函数方面，最后一层中使用的是熟悉的 Sigmiod 激活函数。**对于二分类问题的输出层，Sigmoid 是固定的选择**。如果是**用神经网络解决回归问题的话，那么输出层不用指定任何激活函数**。

下面编译刚才建好的这个网络：

```
# 编译神经网络，指定优化器、损失函数，以及评估指标
ann.compile(optimizer = 'adam',          # 优化器
        loss = 'binary_crossentropy', # 损失函数
        metrics = ['acc'])          # 评估指标
```

用 Sequential 模型的 compile 方法对整个网络进行编译时，需要指定以下几个关键参数。

■ 优化器（optimizer）：一般情况下，"adam" 或者 "rmsprop" 都是很好的优化器选项，但也有其他可选的优化器。等一会我们再稍微深入地说说优化器的选择。

■ 损失函数（loss）：对于二分类问题来说，基本上二元交叉熵函数（binary_crossentropy）是固定选项；如果是用神经网络解决线性的回归问题，那么均方误差函数是合适的选择。

■ 评估指标（metrics）：这里采用预测准确率 acc（也就是 accuracy 的缩写，两者在代码中是等价的）作为评估网络性能的标准；而对于回归问题，平均误差函数是合适的选择。准确率，也就是正确地预测占全部数据的比重，是最为常用的分类评估指标。但它是不是唯一正确的分类评估指标呢？等一会还会深入分析这个问题。

2. 全连接层

关于神经网络的全连接层（Dense 层），再多说两句。它是最常见的神经网络层，用于处理最普通的机器学习向量数据集，即形状为（样本，标签）的 2D 张量数据集。它实现的就是一个逻辑回归功能：

$$Output=Activation（dot（input，kernel）+bias）$$

这公式中的 kernel，其实就是我们常说的权重。因为网络是多节点的，所以它从向量升级为

矩阵，把输入和权重矩阵做点积，然后加上一个属于该层的偏置（bias），激活之后，就得到了全连接层往下一层的输出了。另外，偏置在神经网络层中是可有可无的，不是必需项。

其实，每层最基本的、必须设置的参数只有以下两个。

■ units：输出维度。

■ activation：激活函数。

对于输入层，当然还要多指定一个输入维度。对于后面的隐层和输出层，则连输入维度也可以省略了。

那么在每一个全连接层中，还有一些参数，用于初始化权重和偏置，以及正则化设定：

```
# Dense 层中可设置的参数
keras.layers.Dense(units=12,
            activation=None,
            use_bias=True,
            kernel_initializer='glorot_uniform',
            bias_initializer='zeros',
            kernel_regularizer=None,
            bias_regularizer=None,
            activity_regularizer=None,
            kernel_constraint=None,
            bias_constraint=None)
```

层内参数通常都是由机器学习通过梯度下降自动优化的，因此除了上面提到的输入输出维度、激活函数的选择之外，初学者不必特别关注其他的初始化和正则化参数。

3. 神经网络中其他类型的层

有一位同学发问："那么其他类型的层是什么样的呢？"

咖哥回答："全连接层，适用于 2D 张量数据集，其他类型的层则负责处理其他不同维度的数据集，解决不同类型的问题。"

下面介绍两个其他类型的层。

■ 循环层（如 Keras 的 LSTM 层），用于处理保存在形状为（样本，时戳，标签）的 3D 张量中的序列数据。

■ 二维卷积层（如 Keras 的 Conv2D 层），用于处理保存在形状为（样本，图像高度，图像宽度，颜色深度）的 4D 张量中的图像数据。

其实，层就像是深度学习的乐高积木块，将相互兼容的、相同或者不同类型的多个层拼接在一起，建立起各种神经网络模型，这也是深度学习的有趣之处。

5.4.4 训练单隐层神经网络

下面开始训练刚才编译好的神经网络。

和其他传统机器学习算法一样，神经网络的拟合过程也是通过 fit 方法实现的。在此，通过 history 变量把训练过程中的信息保存下来，留待以后分析：

```
history = ann.fit(X_train, y_train, # 指定训练集
            epochs=30,        # 指定轮次
            batch_size=64,     # 指定批量大小
            validation_data=(X_test, y_test)) # 指定验证集
```

这里，必须要指定的参数只是训练集，以及训练的轮次（epochs）。其他参数包括以下几个。

■ batch_size：用于指定数据批量，也就是每一次梯度下降更新参数时所同时训练的样本数量。这是利用了CPU/GPU的并行计算功能，系统默认值是32。如果硬件给力，批量数目越大，每一轮训练得越快。

■ validation_data：用于指定验证集。这样就可以一边用训练集训练网络，一边验证某评估网络的效果。这里为了简化模型，就直接使用测试集来做验证了，因此本例中的x_test, y_test也就成了验证集。但更规范的方法应该是把验证集和测试集区分开。

下面运行一下代码。

然而运行之后，Python竟然报错：

```
--------------------------------------------------------------------------
ValueError               Traceback (most recent call last)
<ipython-input-41-0861a0d8b533> in <module>()
----> 1 history = acc.fit(X_train, y_train, epochs=30, batch_size=10, validation_
data=(X_test, y_test))
......
ValueError: Error when checking input: expected dense_48_input to have shape (11, )
but got array with shape (12, )
```

 咖哥发言

看到出错，小冰吓了一跳，但咖哥似乎很冷静，面不改色，对同学们严肃地说道："大家可别以为出这个错是我水平不行，此乃鄙人故意为之，目的就是提醒大家注意输入维度。"

回头审视一下刚才的代码，在通过add方法构建网络时，我们将第一层的输入维度设置为了11：

```
ann.add(Dense(units=12, input_dim=11, activation = 'relu')) # 添加输入层
```

但是，同学们数一数，这个数据集的实际特征维度是多少维？是12维！因此，Error信息中说得已经很明确了，神经网络所定义的输入数组形状和数据集实际的输入数组形状不匹配。修改输入维度如下：

```
ann.add(Dense(units=12, input_dim=12, activation = 'relu')) # 添加输入层
```

调整了输入维度之后，重新运行fit方法，神经网络的训练就开始了！接着开始逐步输出每个轮次的训练集准确率和验证集准确率，问题解决了。

 咖哥发言

大家松了一口气。咖哥说："还是那句话，遇到报错，不必紧张，冷静排查即可解决问题。"

```
Train on 8000 samples, validate on 2000 samples
Epoch 1/30 8000/8000 [==============================]
- 4s 525us/step - loss: 3.5385 - acc: 0.7776 - val_loss: 3.2142 - val_acc: 0.7975
Epoch 2/30 8000/8000 [==============================]
- 2s 246us/step - loss: 3.2902 - acc: 0.7941 - val_loss: 3.2463 - val_acc: 0.7975
... ...
Epoch 29/29 8000/8000 [==============================]
```

```
- 2s 209us/step - loss: 0.5058 - acc: 0.7960 - val_loss: 0.5047 - val_acc: 0.7975
Epoch 30/30 8000/8000 [==============================]
- 2s 205us/step - loss: 0.5058 - acc: 0.7960 - val_loss: 0.5049 - val_acc: 0.7975
```

单隐层神经网络预测准确率：79.75%

这样我们的第一个神经网络的训练就算是完成了。从表面上看，从 78.30% 到 79.75%，单隐层神经网络的预测准确率比逻辑回归似乎有所提高。

5.4.5 训练过程的图形化显示

训练过程中输出的信息包括每轮训练的损失值、准确率等。但是这个输出信息有 30 轮的数据，很冗长、看起来特别费力。有没有更直观的方法来显示这些信息呢？

有。可以用下面的代码定义一个函数，显示基于训练集和验证集的损失曲线，以及准确率随迭代次数变化的曲线。

```python
# 这段代码参考了《Python 深度学习》一书中的学习曲线的实现
def show_history(history): # 显示训练过程中的学习曲线
    loss = history.history['loss']
    val_loss = history.history['val_loss']
    epochs = range(1, len(loss) + 1)
    plt.figure(figsize=(12, 4))
    plt.subplot(1, 2, 1)
    plt.plot(epochs, loss, 'bo', label='Training loss')
    plt.plot(epochs, val_loss, 'b', label='Validation loss')
    plt.title('Training and validation loss')
    plt.xlabel('Epochs')
    plt.ylabel('Loss')
    plt.legend()
    acc = history.history['acc']
    val_acc = history.history['val_acc']
    plt.subplot(1, 2, 2)
    plt.plot(epochs, acc, 'bo', label='Training acc')
    plt.plot(epochs, val_acc, 'b', label='Validation acc')
    plt.title('Training and validation accuracy')
    plt.xlabel('Epochs')
    plt.ylabel('Accuracy')
    plt.legend()
    plt.show()
show_history(history) # 调用这个函数，并将神经网络训练历史数据作为参数输入
```

这种图形化的显示看起来就清晰多了，如下图所示（图中准确率均以小数形式表示，正文中以百分数形式表示）。

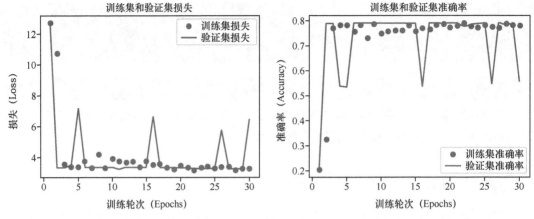

训练集和验证集上的损失曲线和准确率曲线

5.5 分类数据不平衡问题：只看准确率够用吗

曲线显示 2、3 次迭代之后，训练集的损失就迅速下降而且不再有大的变化，而验证集的损失则反复地振荡。这种不甚平滑的曲线形状让同学们都觉得有点奇怪，但是又不知道是否正常。小冰问道："这个曲线显示出来的情况有问题吗？"

咖哥笑而不答，突然问了一个貌似不相关的问题："79.75% 的预测准确率，小冰，你觉得满意吗？"

小冰说："大概还行吧。"

咖哥笑了："我闭着眼睛，不用任何机器学习算法，也可以达到这个预测准确率。"

小冰说："你在开玩笑吧。"

咖哥说："我的方法就是预测全部客户都不会离开，也就是标签 y 值永远为 0。由于这个数据集中的客户流失率其实就是 20% 左右，因此我预测全部标签 y 值为 0，就达到了 80% 的准确率。"

小冰回头看看当初数据分析时绘制的分布图表中右下角的"Exited"小图，也就是 y 值的分布图，说道："真的耶，10 000 个客户里面，大概是有 8 000 个客户，也就是 80% 左右的客户没有离开，只有 20% 的客户流失——这就是你刚才所说的这个数据集的显著的特点吧。"

咖哥说："对，这类问题你们要注意，标签的类别分布是不均衡的。就这个 80%：20% 的比例来说，80% 以下的准确率等于机器什么也没做。这是无法令人满意的。"

小冰思考了一下，觉得咖哥说得很有道理。但她又想不出如何去评估这种标签类别不平衡数据集的预测结果。

咖哥似乎已经读出了小冰的心思，他说："对于这种问题，我们需要从每一个类别的预测精确率和召回率上面入手。"

5.5.1 混淆矩阵、精确率、召回率和 F1 分数

假设有一个手机生产厂商，每天生产手机 1 000 部。某一天生产的手机中，出现了 2 个劣质品。

目前要通过机器学习来分析数据特征（如手机的重量、形状规格等），鉴定劣质品样本。其中数据集真值和机器学习模型的合格品和劣质品个数如表 5-2 所示。

表 5-2　数据集真值和机器学习模型预测的合格品 / 劣质品个数

真值 / 预测结果　　　　样本标签	合格品（标签 0）	劣质品（标签 1）
数据集真值	998	2
预测结果	999	1

表中机器学习模型的预测结果显示合格品 999 个，劣质品 1 个，则其准确率为 99.9%。因为准确率就是预测命中的数据个数 / 数据总数，即 999/1 000。1 000 个样本只猜错一个，可以说是相当准的模型了。

然而从我们的目标来说，这个模型实际上是失败了。这个模型本就是为了检测劣质品而生（**劣质品即标签值为 1 的阳性正样本**），但一共有 2 个劣质品，只发现了 1 个，有 50% 的正样本没有测准。因此，模型的好与不好，是基于用什么标准衡量。对于这种正样本和负样本比例极度不平衡的样本集，我们**需要引进新的评估指标**。

为了评估这种数据集，需要引入一个预测值与真值组成的矩阵，4 个象限从上到下、从左到右分别为真负（真值为负，预测为负，即 True Negative，TN）、假正（真值为负，预测为正，即 False Positive，FP）、假负（真值为正，预测为负，即 False Negative，FN）、真正（真值为正，预测为正，即 True Positive，TP）。

大家是否被这真真假假、正正负负的绕得头晕？请看下面的表 5-3。

表 5-3　预测值和真值对照表

真值　　　　　　预测值	0	1
0	998 真负	0 假正
1	1 假负	1 真正

表格中显示了我们所关心的劣质品检验的每一种情况，而不仅是结果的准确率。首先注意绝大多数样本都是负样本，也就是合格品。那么这个预测值与真值的对比矩阵中，998 个合格品均被测准，也没有劣质品被误判为合格品，因此有 998 个真负，0 个假正。2 个劣质品中，有一个误判，这个被标为假负，因为此样本真值不是合格品，不应为负。而另一个被测准，所以是真正。

上面这种矩阵，在机器学习中也是一种对模型的可视化评估工具，在监督学习中叫作**混淆矩阵**（confusion matrix），如右图所示。

从这个混淆矩阵出发，又形成了一些新的评估指标，这里介绍其中的几个。

一个标准是**精确率**，也叫**查准率**，其公式是用"被模型预测为正的正样本"除以"被模型预

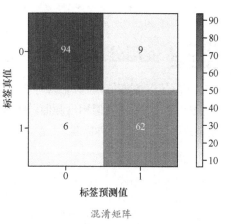

混淆矩阵

测为正的正样本"与"被模型预测为正的负样本"的和。公式如下：

$$Precision = \frac{TP}{TP+FP} = \frac{TP}{Total\ Predicted\ Postive}$$

对于上面的例子，就劣质品而言有以下几种情况。

- 真正：被模型判断为劣质品的劣质品样本数是 1。
- 假正：被模型判断为劣质品的合格品样本数是 0。
- 假负：被模型判断为合格品的劣质品样本数是 1。
- 真负：被模型判断为合格品的合格品样本数是 998。

因此，精确率是对"假正"的测量。本例的精确率为 1/（1+0）= 100%。

这样看来，这个模型相对于劣质品的精确率也不差。因为判定的一个劣质品果然是劣质品，而且没有任何合格品被判为劣质品。

另一个标准是**召回率**，也叫**查全率**。你们听说过"召回"这个名词吧，就是劣质品蒙混过了质检这关，"跑"出厂了，得召回来，销毁掉。这和精确率是成对出现的概念。公式如下：

$$Recall = \frac{TP}{TP+FN} = \frac{TP}{Total\ True\ Postive}$$

召回率针对的是对于"假负"的衡量。意思是什么呢？就是需要考虑被误判为合格品的劣质品，而这种情况正是需要被"召回"的产品。本例的召回率为 1/（1+1）= 50%。

所以这个模型对于劣质品来说，召回率不高。

把精确率和召回率结合起来，就得到 **F1 分数**。这是一个可以同时体现上面两个评估效果的标准，数学上定义为精确率和召回率的调和均值。它也是在评估这类样本分类数据不平衡的问题时，所着重看重的标准。

$$F1 = 2 \cdot \frac{Precision \cdot Recall}{Precision + Recall}$$

咖哥发言

这些名词听着的确有点晕。你们只要记住，对于这种大量标签是普通值，一小部分标签是特殊值的数据集来说，这 3 个标准的重要性在此时要远远高于准确率。

5.5.2 使用分类报告和混淆矩阵

了解了这类数据集的评估指标之后，现在就继续用神经网络模型的 predict 方法预测测试集的分类标签，然后把真值和预测值做比较，并利用 Sklearn 中的分类报告（classification report）功能来计算上面这几种标准。

代码如下：

```
from sklearn.metrics import classification_report # 导入分类报告
y_pred = ann.predict(X_test, batch_size=10) # 预测测试集的标签
y_pred = np.round(y_pred) # 四舍五入，将分类概率值转换成 0/1 整数值
y_test = y_test.values # 把 Pandas series 转换成 NumPy array
```

```
y_test = y_test.reshape((len(y_test), 1)) # 转换成与 y_pred 相同的形状
print(classification_report(y_test, y_pred, labels=[0, 1])) # 调用分类报告
```

这段代码不是很复杂，只需要注意以下几点。

■ 神经网络模型的 predict 方法给出的预测结果也是一个概率，需要基于 0.5 的阈值进行转换，舍入成 0、1 整数值。

■ *y_test* 一直都是一个 Pandas 的 Series 格式数据，并没有被转换为 NumPy 数组。神经网络模型是可以接收 Series 和 Dataframe 格式的数据的，但是此时为了和 *y_pred* 进行比较，需要用 values 方法进行格式转换。

■ *y_test* 转换成 NumPy 数组后，需要再转换为与 *y_pred* 形状一致的张量，才输入 classification_report 函数进行评估。

这段程序需要在模型的 fit 拟合之后执行，运行之后将给出目前机器的预测结果：

	precision	recall	f1-score	support
0	0.79	1.00	0.88	1583
1	0.00	0.00	0.00	417
accuracy			0.79	2000
macro avg	0.40	0.50	0.44	2000
weighted avg	0.63	0.79	0.70	2000

结果实在是让人大跌眼镜，果然不出咖哥所料。神经网络只是简单地把所有的客户判定为该银行忠实的"铁杆"支持者，没有给出任何一例可能离开的客户样本。因此，尽管准确率达到79%，但对于标签为 1 的类别而言，精确率、召回率和 F1 分数居然都为 0。

如果此时输出 *y_pred* 值，你们会看到清一色的 0 值。

下面画出此时的混淆矩阵：

```
from sklearn.metrics import confusion_matrix # 导入混淆矩阵
cm = confusion_matrix(y_test, y_pred) # 调用混淆矩阵
plt.title("ANN Confusion Matrix") # 标题：人工神经网络混淆矩阵
sns.heatmap(cm, annot=True, cmap="Blues", fmt="d", cbar=False) # 热力图设定
plt.show() # 显示混淆矩阵
```

混淆矩阵如下图所示。

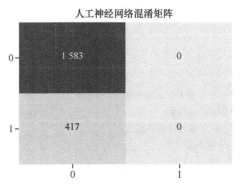

人工神经网络混淆矩阵

单隐层神经网络的混淆矩阵

混淆矩阵显示 417 个客户流失正样本竟然一例都没测中。这样的神经网络尽管准确率为 79%，但实际上是训练完全失败了。

5.5.3 特征缩放的魔力

小冰和同学们都陷入了深深的忧虑。传说中神乎其神的神经网络，自己用起来竟然这么"不顺"。

"我倒觉得得到这个结果值得庆祝，"咖哥说，"因为现在咱们明白问题出在哪里了，也拥有了更为适合的评估指标，就是混淆矩阵、精确率、召回率，以及 F1 分数。既然方向已经有了，想办法解决问题就可以了。"

其实解决问题的奥秘在面前的课程中已经多次提及了。

我们刚才忽略了一个步骤，就是特征缩放。初学者必须牢记，**对于神经网络而言，特征缩放**（feature scaling）**极为重要**。神经网络不喜欢大的取值范围，因此需要将输入神经网络的数据标准化，把数据约束在较小的区间，这样可消除离群样本对函数形状的影响。

数值过大的数据以及离群样本的存在（如下图所示）会使函数曲线变得奇形怪状，从而影响梯度下降过程中的收敛。而特征缩放，将极大地提高梯度下降（尤其是神经网络中常用的随机梯度下降）的效率。

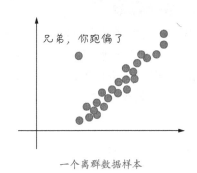

一个离群数据样本

前面讲过，特征缩放有多种形式。这里对数据进行标准化。其步骤是：对于输入数据的每个特征（也就是输入数据矩阵中的一整列），减去特征平均值，再除以标准差，之后得到的特征平均值为 0，标准差为 1。

公式如下：

$$x' = \frac{x - mean(x)}{std(x)}$$

代码如下：

```
mean = X_train.mean(axis=0) # 计算训练集均值
X_train -= mean # 训练集减去训练集均值
std = X_train.std(axis=0) # 计算训练集标准差
X_train /= std # 训练集除以训练集标准差
X_test -= mean # 测试集减去训练集均值
X_test /= std # 测试集除以训练集标准差
```

也可以直接使用 StandardScaler 工具：

```
from sklearn.preprocessing import StandardScaler # 导入特征缩放器
sc = StandardScaler() # 特征缩放器
X_train = sc.fit_transform(X_train) # 拟合并应用于训练集
X_test = sc.transform (X_test) # 训练集结果应用于测试集
```

无论采用哪种方法，特征缩放的代码必须要放在数据集拆分之后。

缩放后的数据集特征的值区间显著减小，如下图所示。

	Gender	Age	Tenure	ProductsNo	HasCard	ActiveMember	Credit	AccountBal	Salary	City_Beijing	City_Shanghai	City_Tianjin
0	-1.085110	0.682158	-1.037391	-0.909920	0.645120	0.975793	-1.518405	1.131457	1.395903	-1.002253	1.727444	-0.574079
1	0.921566	-0.086890	-0.000648	0.808532	0.645120	0.975793	0.335786	1.709147	0.455318	0.997753	-0.578890	-0.574079
2	-1.085110	0.009241	0.690514	0.808532	-1.550099	-1.024808	1.386495	0.015580	-1.228429	-1.002253	1.727444	-0.574079
3	0.921566	-0.183021	-1.382972	-0.909920	0.645120	-1.024808	-1.013653	-1.209377	-1.228429	0.997753	-0.578890	-0.574079

特征缩放之后的数据

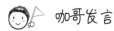

咖哥发言

注意，均值和标准差都是在训练数据上计算而得的，然后将**同样的均值和标准差应用于训练集和测试集**。在机器学习中，原则上不能使用在测试数据上计算得到的任何结果训练机器或优化模型，造成的结果就是测试数据信息泄露，尽管提高了测试集准确率，但影响了模型泛化效果。

测试集除了进行测试不能做其他用处，即使是计算均值和标准差。

下面就来看看进行了特征缩放之后，重新运行相同的逻辑回归和单隐层神经网络模型，效果有何不同。

首先，逻辑回归模型的准确率升至80.50% —— 仍然不能令我们满意。看来逻辑回归模型对于本案例不大好使。

```
from sklearn.linear_model import LogisticRegression
lr = LogisticRegression() # 逻辑回归模型
history = lr.fit(X_train, y_train) # 训练机器
print("逻辑回归预测准确率 {:.2f}%".format(lr.score(X_test, y_test)*100))
```

逻辑回归预测准确率：80.50%

而重新训练刚才的单隐层神经网络后，预测准确率就升至86.15%，这比逻辑回归模型的高出不少，此时神经网络的效率才开始得以体现：

```
history = ann.fit(X_train, y_train, # 指定训练集
                  epochs=30,         # 指定轮次
                  batch_size=64,     # 指定批量大小
                  validation_data=(X_test, y_test)) #指定验证集
```

单隐层神经网络预测准确率：86.15%

如果显示损失曲线和准确率曲线，会发现特征缩放之后，曲线也变得比较平滑（如下图所示），这是神经网络比较"训"得起来的表现。

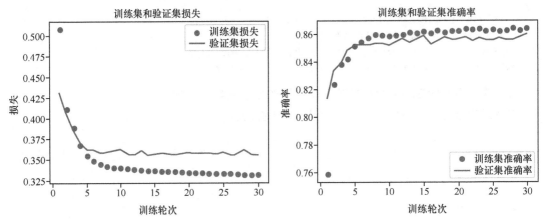

训练集和验证集上的损失曲线和准确率曲线（特征缩放之后）

更为重要的精确率、召回率和 F1 分数也大幅提高，尤其是我们关注的阳性正样本类别（标签为 1）所对应的 F1 分数达到了 0.58，如下输出结果所示。虽然仍不完美，但是比起原来的 0 值是一个飞跃。等一会儿再看看更深层的神经网络是否能够继续提高这个分数。

	precision	recall	f1-score	support
0	0.87	0.96	0.91	1583
1	0.75	0.47	0.58	417

混淆矩阵显示（如下图所示），目前有大概 180 个即将流失的客户被贴上"阳性"的标签，那么银行的工作人员就可以采取一些相应的措施，去挽留他们。然而，400 多个人中，还有 200 多个注定要离开的客户没有被预测出来，因此模型还有进步的空间。

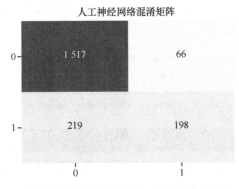

单隐层神经网络的混淆矩阵（特征缩放之后）

5.5.4 阈值调整、欠采样和过采样

讲到这里，单隐层神经网络模型就完成了。不过在继续讲深度神经网络之前，我认为有必要针对这种分类数据不平衡的问题，再多说两句。

之所以分类数据不平衡会影响机器学习模型的预测结果，是因为许多模型的输出类别是基于阈值的，如逻辑回归中小于 0.5 的为反例，大于等于 0.5 的则为正例。因此，在数据不平衡时，默认的阈值会导致模型输出倾向于数据多的类别。

在面对数据极度不平衡的时候（本例还称不上极度），实际上还有以下一些方法。

■ 首先就是选择合适的评估指标。除了我们刚才选用的 F1 分数，还有 ROC/AUC，以及 G-mean 等标准，大家有兴趣的话课后可以自学。

■ 然后还可以考虑调整分类阈值（例如把阈值从 0.5 下调到更接近 0 的值）。这样，更多的客户会被标注为 1 分类。这样的做法使分类更倾向于类别较少的数据，更敏感地监控这些有可能离开的客户（也就是"宁可错杀一千，不可放过一个"的意思）。

■ 还有一种方法是采样（sampling）法，分为欠采样（undersampling）和过采样（oversampling）。

□ 过采样：人为地重复类别较少的数据，使数据集中各种类别的数据大致数目相同。

□ 欠采样：人为地丢弃大量类别较多的数据，使数据集中各种类别的数据大致数目相同。

这种方法看起来简单有效，但是实际上容易产生模型过拟合的问题。因为少数类样本的特定信息实际上是被放大了，过分强调它们，模型容易因此特别化而不够泛化，所以应搭配正则化模型使用。

对过采样法的一种改进方案是数据合成。常见的数据合成方法是 SMOTE（Synthetic Minority Oversampling Technique），其基本思路是基于少数类样本进行数据的构造，在临近的特征空间内生成与之类似的少数类新样本并添加到数据集，构成均衡数据集。

5.6 从单隐层神经网络到深度神经网络

现在话题重新回到神经网络的理论上来。那么，当神经网络从单隐层继续发展，隐层数目超过一个，就逐渐由"浅"入"深"，进入深度学习的领域（如下图所示）。当然，所谓"深"，只是相对而言的。相较于单神经元的感知器，一两个隐层的神经网络也可以称得上"深"。而大型的深度神经网络经常达到成百上千层，则十几层的网络也显得很"浅"。

浅层神经网络就可以模拟任何函数，但是需要巨大的数据量去训练它。深层神经网络解决了这个问题。相比浅层神经网络，深层神经网络可以用更少的数据量来学到更好的模型。从网络拓扑结构或数学模型上来说，深层神经网络里没有什么神奇的东西，正如费曼形容宇宙时所说："它并不复杂，只是很多而已。"[1]

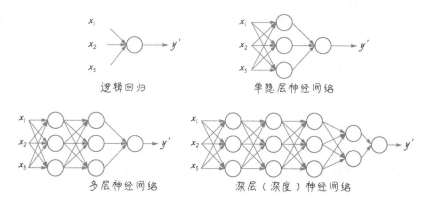

从逻辑回归到深度神经网络的演进

① 肖莱. Python 深度学习 [M]. 张亮，译. 北京：人民邮电出版社，2018.

5.6.1 梯度下降：正向传播和反向传播

全连接层构建起来的神经网络，每层和下一层之间的全部节点是全部连通的，每一层的输出就是下一层的输入特征。

大家注意，因为全连接这种性质，一个深度神经网络可能包含成千上万甚至百万、千万个参数。实际上，深度神经网络就是利用参数的数量来拓展预测空间的。而要找到所有参数的正确取值是一项非常艰巨的任务，某一个参数值的小小改变都将会影响其他所有参数的行为。你们听说过"蝴蝶效应"吧，当南美洲的一只蝴蝶扇动翅膀……算了，简单来说，那就是"牵一发而动全身"。

深度神经网络也是通过**损失函数**来衡量该输出与预测值之间的差距，并以此作为反馈信号微调权重，以降低损失值。权重、偏置起初都是随机生成的，损失值当然很高。但随着训练和迭代的进行，权重值也在向正确的方向逐步微调，损失值也逐渐降低。为什么损失值会逐渐降低呢？秘密仍然在于梯度下降。在损失函数中对权重和偏置这些自变量做微分，找到正确的变化方向，网络的损失就会越来越小。训练的轮次够了，网络就训练好了。

深度神经网络的梯度下降和参数优化过程是通过**优化器**实现的，其中包括**正向传播**（forward propagation）算法，以及一个更为核心的深度学习算法——**反向传播**（Back Propagation，BP）**算法**。

1. 正向传播

正向传播，或称前向传播，其实就是从数据的输入，一层一层进行输入和输出的传递，直到得到最后一层的预测结果，然后计算损失值的过程。

（1）从输入层开始，线性处理权重和偏置后，再经过一个激活函数处理得到中间隐层1的输出。

（2）将隐层1的输出，作为隐层2的输入，继续线性处理权重和偏置，再经过一个激活函数处理得到隐层2的输出。

（3）以此类推至隐层 n。

（4）通过输出处理得到输出层的分类输出（就是样本值，也称为预测值）。

（5）在输出层，通过指定损失函数（不同类型的问题对应不同的损失函数）得到一个损失值。这就正向传播的过程。简而言之，神经网络正向传播的过程就是计算损失的过程。

2. 反向传播

反向传播就是反向计算偏微分，信息会从神经网络的高层向底层反向传播，并在这个过程中根据输出来调整权重。反向传播的思路是拿到损失函数给出的值，从结果开始，顺藤摸瓜，逐步求导，偏微分逐步地发现每一个参数应该往哪个方向调整，才能够减小损失。

简而言之，神经网络反向传播的过程就是参数优化的过程。

 咖哥发言

要真正搞清楚反向传播算法的机理，需要一些数学知识，尤其是微积分的知识。我并不打算在课程上介绍。而且你们目前也不用知道其中细节，就可以用神经网络做项目。

但是，当你们出去面试或者和老板、业内人士交流时，在这种关键时刻，如果对反向传播算法一点也说不出什么来，也不合适。因此我在这里还是再多说两句……

反向传播从最终损失值开始，并从反向作用至输入层，是利用**链式求导法则**（chain rule）计

算每个参数对损失值的贡献大小。那么，什么是链式求导法则呢？

因为神经网络的运算是逐层进行的，有许多连接在一起的张量运算，所以形成了一层层的函数链。那么在微积分中，可以给出下面的恒等式，对这种函数链进行求导：

$$(f(g(x)))'=f'(g(x))\cdot g'(x)$$

这就是链式求导法则。将链式求导法则应用于神经网络梯度值的计算，得到的算法就是叫作反向传播，也叫反式微分（reverse-mode differential）。如果层中有激活函数，对激活函数也要求导。

综上所述，神经网络的梯度下降原理和实现其实也相当简单，和普通的线性回归以及逻辑回归一样，就是沿着梯度的反方向更新权重，损失每次都会变小一点。

下面总结一下正向和反向传播的过程。

（1）在训练集中抽取一批样本 X 和对应标签 y。

（2）运行神经网络模型，得到这批样本 X 的预测值 y'。

（3）计算 $y-y'$ 的均方，即真值和预测值的误差。

（4）计算损失函数相对于网络参数的梯度，也就是一次反向传播。

（5）沿着梯度的反方向更新参数，即 $w=w-\alpha \times$ 梯度，这样这批数据的损失就少一点点。

（6）这样一直继续下去，直到我们满意为止。

此时，咖哥突然提问："那么大家看了上面的过程，有没有发现神经网络的内部参数优化过程和线性回归以及逻辑回归到底有什么本质区别呢？"

同学们纷纷摇头说："没有，真没有！"

咖哥说："即使你们并没有完全了解这其中的数学细节，也不必过于介意！举个例子，假设我是个大数学家，你们给我出了一道题——56789×34567等于多少。作为大数学家，你们认为我能手算出答案吗？"

同学们纷纷说："会，会。"

咖哥说："不会。因为没有必要。而现在搭建网络、计算梯度也是同样的道理。因为有太多自动计算微分和构建神经网络的工具。只要理解了基本原理，就可以在这些工具、框架上对网络进行调试，我们要做的只是解决问题，而不是炫耀数学功底。"

5.6.2 深度神经网络中的一些可调超参数

通过正向传播和反向传播，神经网络实现了内部参数的调整。下面，我们说说神经网络中的可调超参数，具体包括以下几个。

■ 优化器。

■ 激活函数。

■ 损失函数。

■ 评估指标。

接下来，将一一介绍各参数具体有什么用。

5.6.3 梯度下降优化器

有一个同学举手发问："刚才你就提到优化器调节着神经网络梯度下降的过程。这个优化器到底是什么呢？"

"嗯，问得好。"咖哥说，"优化器相当于是用来调解神经网络模型的'手柄'。它在前面的代码中曾经出现过。"

```
# 编译神经网络，指定优化器、损失函数，以及评估指标
ann.compile(optimizer = 'adam',              # 优化器
        loss = 'binary_crossentropy',  # 损失函数
        metrics = ['acc'])              # 评估指标
```

编译神经网络时的 optimizer = 'adam' 中的 adam，就是一个优化器。

优化器的引入和神经网络梯度下降的特点有关。

与线性回归和逻辑回归不同，在神经网络中，梯度下降过程是会有局部最低点出现的。也就是说，损失函数对于整个神经网络的参数来说并不总是凸函数，而是非常复杂的函数。

而且，神经网络中不仅存在局部最低点，还存在鞍点。鞍点在神经网络中比局部最低点更为"凶险"，在鞍点，函数的导数也为 0。

下面通过图来直观地看看这两种"点"，如下图所示。

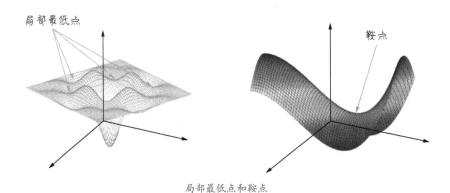

局部最低点和鞍点

在局部最低点和鞍点上，导数没有任何方向感，参数也不知道应该往哪里"走"。

1. 神经网络权重参数随机初始化

同学们可能心想，那还搞什么梯度下降，前面讲得很清楚，凸函数这种函数形状是梯度下降得以实现的前提，现在大前提已经"崩溃"了，还谈什么最小损失呢？

类似的疑惑我也有过。当年，就是因为这一点，神经网络被认为没有前途，很不受待见。幸运的是，实际情况比我们想象的要好。在神经网络的应用中，人们发现，出现局部最低点也不是很重要的事情，如果每次训练网络都进行权重的随机初始化，那么神经网络总能够找到一个相对不错的结果。这其实也就是寄希望于一点点的运气因素。通过改变权重的初始值，在多次训练网络的过程中，即使达不到全局最低点，但通常总能收敛到一个较优的局部最低点。

这个参数随机初始化的任务，在添加层的时候，Keras 已经为我们自动搞定了，如下段代码所示。有两个参数：kernel_initializer 和 bias_initializer。其默认设定已采用了对 weight（也就是 kernel）的随机初始化机制，而 bias 则初始化为 0 值。

```
ann.add(Dense(64,
        kernel_initializer='random_uniform', # 默认权重随机初始化
        bias_initializer='zeros')) # 默认偏置值为 0
```

注意，不能初始化权重为 0 值，因为那会造成所有神经元节点在开始时都进行同样的计算，最终同层的每个神经元都得到相同的参数。

除了上面的参数随机初始化机制，人们还开发了一系列优化器，通过批量梯度下降和随机梯度下降来提高神经网络的效率，并解决局部最低点和鞍点的问题。

下面简单介绍一下各种优化器的特点。

2. 批量梯度下降

先说一下批量梯度下降（Batch Gradient Descent，BGD）这个概念。深度学习模型不会同时处理整个数据集，而是将数据拆分成小批量，通过向量化计算方式进行处理。如果没有批量概念，那么网络一个个数据节点训练起来，速度将非常慢。

比如，前面训练网络的代码中就指定了批量大小为 128，也就是同时训练 128 个样本，如下段代码所示。因此，通过批量梯度下降，可以提高对 CPU，尤其是 GPU 的利用率。

```
history = model.fit(X_train, y_train, # 指定训练集
                epochs=30,        # 指定训练的轮次
                batch_size=128, # 指定数据批量
                validation_data=(X_test, y_test)) # 指定验证集
```

因此，这种同时对 m 个样本进行训练的过程，就被称为批量梯度下降。

对于现代计算机来说，上百个样本同时并行处理，完全不成问题。因此，批的大小，也决定了神经网络对 CPU 或 GPU 的利用率。当然，如果批量的数目过大，超出了 CPU 或 GPU 的负荷，那么效率反而会下降。因此，批量的具体值，要根据机器的性能而定。

3. 随机梯度下降

BGD 提升了效率，但并没有解决局部最低点的问题。因此，人们又提出了一个优化方案——随机梯度下降（Stochastic Gradient Descent，SGD）。这里的"随机"不是刚才说的随机初始化神经网络参数值，而是每次只随机选择一个样本来更新模型参数。因此，这种方法每轮次的学习速度非常快，但是所需更新的轮次也特别多。

随机梯度下降中参数更新的方向不如批量梯度下降精确，每次也并不一定是向着最低点进行。但这种波动反而有一个好处：在有很多局部最低点的盆地区域中，随机地波动可能会使得优化的方向从当前的局部最低点跳到另一个更好的局部最低点，最终收敛于一个较好的点，甚至是全局最低点。

SGD 是早期神经网络中的一种常见优化器。在编译网络时，可以指定 SGD 优化器：

```
ann.compile(loss=keras.losses.categorical_crossentropy,
            optimizer=keras.optimizers.SGD()) # 指定 SGD 优化器
```

当然，这种随机梯度下降和参数随机初始化一样，并不是完全可靠的解决方案，每次的参数更新并不会总是按照正确的方向进行。

4. 小批量随机梯度下降

那么，前两个方法的折中，就带来了小批量随机梯度下降（Mini-Batch Gradient Descent，MBGD）。这种方法综合了 BGD 与 SGD，在更新速度与更新轮次中间取得了一个平衡，即每次参数更新时，从训练集中随机选择 m 个样本进行学习。选择合理的批量大小后，MBGD 既可以通过随机扰动产生跳出局部最低点的效果，又比 SGD 性能稳定。至此，我们找到了一个适合神经网络的梯度下降方法。

不过，仍存在一些问题需要解决。

首先，选择一个合理的学习速率很难。如果学习速率过小，则会导致收敛速度很慢；如果学习速率过大，则会阻碍收敛，即在极值点附近振荡。

一个解决的方法是在更新过程中进行学习速率的调整。在线性回归中讲过，初始的学习速率可以大一些，随着迭代的进行，学习速率应该慢慢衰减，以适应已逼近最低点的梯度。这种方法也叫作退火。然而，衰减率也需要事先设置，无法自适应每次学习时的特定数据集。

在 Keras 的 SGD 优化器中，可以通过设定学习速率和衰减率，实现 MBGD：

```
keras.optimizers.SGD(lr=0.02,      # 设定优化器中的学习速率（默认值为 0.01）
                      decay=0.1) # 设定优化器中的衰减率
```

然而，如果模型所有的参数都使用相同的学习速率，对于数据中存在稀疏特征或者各个特征有着不同的取值范围的情况，会有些问题，因为那些很少出现的特征应该使用一个相对较大的学习速率。这种问题尤其会出现在没有经过特征缩放的数据集中。

而且，在 MBGD 中，卡在局部最低点和鞍点的问题，通过小批量随机化有所改善，但并没有完全被解决。

针对上述种种问题，又出现了几种新的优化参数，进一步改善梯度下降的效果。

5. 动量 SGD

动量 SGD 的思路很容易理解：想象一个小球从山坡上滑下来，如果滑到最后速度很慢，就会卡在局部最低点。此时向左移动和向右移动都会导致损失值增大。如果使用的 SGD 的学习速率很小，就冲不出这个局部最低点；如果其学习速率很大，就可能越过局部最低点，进入下一个下坡的轨道——这就是动量的原理（如右图所示）。

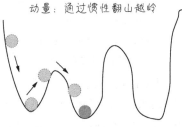
动量：通过惯性翻山越岭

动量示意

为了在局部最低点或鞍点延续向前冲的势头，在梯度下降过程中每一步都移动小球，**更新参数 w 时不仅要考虑当前的梯度（当前的加速度），还要考虑上一次的参数更新（当前的速度，来自之前的加速度）。**

在 Keras 的 SGD 优化器中，可以通过 momentum 选项设定动量：

```
optimizer=keras.optimizers.SGD(lr=0.01,      # 在优化器中设定学习速率
                                momentum=0.9)) # 在优化器中设定动量大小
```

动量解决了 SGD 的收敛速度慢和局部最低点这两个问题，因此在很多优化算法中动量都有应用。

6. 上坡时减少动量——NAG

延续动量的思路，小球越过局部最低点后，顺着斜坡往上冲到坡顶，寻找下一个最低点的时候，从斜坡往下滚的球会盲目地选择方向。因此，更好的方式应该是在谷底加速之后、上坡之时重新放慢速度。涅斯捷罗夫梯度加速（Nesterov Accelerated Gradient，NAG）的思路就是在下坡时、增加动量之后，在越过局部最低点后的上坡过程中计算参数的梯度时又减去了动量项。

在 Keras 的 SGD 优化器中，可以通过 nesterov 选项设定涅斯捷罗夫梯度加速：

```
optimizer=keras.optimizers.SGD(lr=0.01, # 在优化器中设定学习速率
                                momentum=0.9, # 在优化器中设定动量大小
                                nesterov=True)) # 设定涅斯捷罗夫梯度加速
```

7. 各参数的不同学习速率——Adagrad

Adagrad 也是一种基于梯度的优化算法，叫作自适应梯度（adaptive gradient），即不同的参数可以拥有不同的学习速率。它根据前几轮迭代时的历史梯度值来调整学习速率。对于数据集中的稀疏特征，速率较大，梯度下降步幅将较大；对非稀疏特征，则使用较小的速率更新。因此，这个优化算法适合处理含稀疏特征的数据集。比如，在文本处理的词向量（word embedding）训练过程中，对频繁出现的单词赋予较小的更新，对不经常出现的单词则赋予较大的更新。

```
keras.optimizers.adagrad() # 学习速率自适应
```

 咖哥发言

具体什么是稀疏特征，什么是词向量，在循环神经网络的课程中还要讲解。

Adagrad 有一个类似的变体叫 AdaDelta，也是在每次迭代时利用梯度值实时地构造参数的更新值。

8. 加权平均值计算二阶动量——RMSProp

均方根前向梯度下降（Root Mean Square Propogation，RMSProp），是 Hinton 在一次教学过程中偶然提出来的思路，它解决的是 Adagrad 中学习速率有时会急剧下降的问题。RMSProp 抑制衰减的方法不同于普通的动量，它是采用窗口滑动加权平均值计算二阶动量，同时它也有保存 Adagrad 中每个参数自适应不同的学习速率的优点。

```
keras.optimizers.RMSprop() # RMSprop 优化器
```

RMSProp 是诸多优化器中性能较好的一种。

9. 多种优化思路的集大成者——Adam

Adam 全称为 Adaptive Moment Estimation，相当于 Adaptive + Momentum。它集成了 SGD 的一阶动量和 RMSProp 的二阶动量，而且也是一种不同参数自适应不同学习速率的方法，与 AdaDelta 和 RMSProp 的区别在于，它计算历史梯度衰减的方式类似动量，而不是使用平方衰减。

```
keras.optimizers.Adam(learning_rate=0.001, # 学习速率
                beta_1=0.9,  # 一阶动量指数衰减速率
                beta_2=0.999, # 二阶动量指数衰减速率，对于稀疏矩阵值应接近1
                amsgrad=False)
```

就目前而言，Adam 是多种优化思路的集大成者，一般是优化器的首选项。

10. 涅斯捷罗夫 Adam 加速——Nadam

最后，还有一种优化器叫作 Nadam，全称为 Nesterov Adam optimizer。这种方法则是 Adam 优化器和 Nesterov momentum 涅斯捷罗夫动量的集成。

```
keras.optimizers.Nadam(lr=0.002, # 学习速率
                beta_1=0.9, beta_2=0.999, # beta 值，动量指数衰减速率
                epsilon=None, # epsilon 值
                schedule_decay=0.004) # 学习速率衰减设定
```

有点眼花缭乱了吧？优化器的选择真不少，但选择过多，有时候反而不是好事。在实践中，

Adam 是最常见的，目前也是口碑比较好的优化器。

　　神经网络超参数的调试，并没有一定之规，而最佳参数往往与特定数据集相关，需要在机器学习项目实战中不断尝试，才能逐渐积累经验，找到感觉。

5.6.4 激活函数：从 Sigmoid 到 ReLU

　　下面说说神经网络中的激活函数（有时也叫激励函数）。

　　在逻辑回归中，输入的特征通过加权、求和后，还将通过一个 Sigmoid 逻辑函数将线性回归值压缩至 [0,1] 区间，以体现分类概率值。这个逻辑函数在神经网络中被称为激活函数（这个名词应该是来自生物的神经系统中神经元被激活的过程）。在神经网络中，不仅最后的分类输出层需要激活函数，而且每一层都需要进行激活，然后向下一层输入被激活之后的值。不过神经网络中间层的输出值，没有必要位于 [0，1] 区间，因为中间层只负责非线性激活，并不负责输出分类概率和预测结果。

　　那么，为什么每一层都要进行激活呢？

　　其原因在于，如果没有激活函数，每一层的输出都是上层输入的线性变换结果，神经网络中将只包含两个线性运算——点积和加法。

　　这样，无论神经网络有多少层，堆叠后的输出都仍然是输入的线性组合，神经网络的假设空间并不会有任何的扩展。为了得到更丰富的假设空间，从而充分利用多层表示的优势，就需要使用激活函数给每个神经元引入非线性因素，使得神经网络可以任意逼近任何非线性函数，形成拟合能力更强的各种非线性模型。因此，所谓"激活"，我们可以将其简单理解成神经网络从线性变换到非线性变换的过程（如下图所示）。

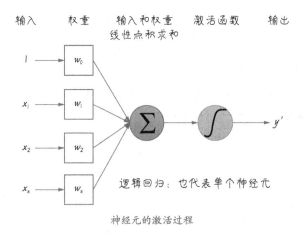

神经元的激活过程

　　最初，Sigmiod 函数是唯一的激活函数，但是后来，人们逐渐地发现了其他一些更适合神经网络的激活函数 ReLU、PReLU、eLU 等。

1. Sigmoid 函数和梯度消失

Sigmoid 函数大家都很熟悉了，它是最早出现的激活函数，可以将连续实数映射到 [0,1] 区间，用来体现二分类概率。在逻辑回归中，在特征比较复杂时也具有较好的效果。其公式和图像如下：

$$f(z) = sigmoid(z) = \frac{1}{1+e^{-z}}$$

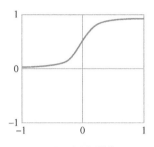

Sigmoid 函数图像

但是 Sigmoid 函数应用于深度神经网络中时有比较致命的缺点——会出现**梯度消失**（ gradient vanishing ）的情况。梯度消失可以这样简单地理解：反向传播求误差时，需要对激活函数进行求导，将来自输出损失的反馈信号传播到更远的层。如果需要经过很多层，那么信号可能会变得非常微弱，甚至完全丢失，网络最终变得无法训练。

因此，人们开始寻找能够解决这个梯度消失问题的激活函数。

2. Tanh 函数

之后就出现了类似于 Sigmoid 函数的 Tanh 函数。这个函数和 Sigmoid 函数很相似，也是非线性函数，可以将连续实数映射到 [-1，1] 区间。其公式和图像如下：

$$f(z) = \tanh(z) = \frac{e^z - e^{-z}}{e^z + e^{-z}}$$

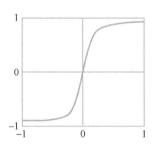

Tanh 函数图像

Tanh 函数是一个以 0 为中心的分布函数，它的速度比 Sigmoid 函数快，然而并没有解决梯度消失问题。

3. ReLU 函数

后来人们就发现了能够解决梯度消失问题的 ReLU（ Rectified Linear Unit ）函数。ReLU 函数的特点是单侧抑制，输入信号小于等于 0 时，输出是 0；输入信号大于 0 时，输出等于输入。

ReLU 对于随机梯度下降的收敛很迅速，因为相较于 Sigmoid 和 Tanh 在求导时的指数运算，对 ReLU 求导几乎不存在任何计算量。其公式和图像如下：

$$f(z) = \max(0, z)$$

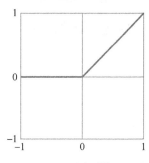

ReLU 函数图像

ReLU 既能够进行神经网络的激活，收敛速度快，又不存在梯度消失现象。因此，目前的神经网络中已经很少有人在使用 Sigmoid 函数了，ReLU 基本上算是主流。

但是 ReLU 函数也有缺点，它训练的时候比较脆弱，容易"死掉"。而且不可逆，"死"了就"活"不过来了。比如，一个非常大的梯度流过一个 ReLU 神经元，参数更新之后，这个神经元可能再也不会对任何输入进行激活反映。所以用 ReLU 的时候，学习速率绝对不能设得太大，因为那样会"杀死"网络中的很多神经元。

4. Leaky ReLU 和 PReLU

ReLU 函数进一步发展，就出现了 Leaky ReLU 函数，用以解决神经元被"杀死"的问题。其公式和图像如下：

$$f(z) = \max(\varepsilon z, z)$$

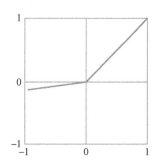

Leaky ReLU 函数图像

其中 ε 是很小的负数梯度值，比如 0.01。这样做的目的是使负轴信息不会全部丢失，解决了 ReLU 神经元"死掉"的问题。因为它不会出现零斜率部分，而且它的训练速度更快。

Leaky ReLU 有一种变体，叫作 PReLU。PReLU 把 ε 当作每个神经元中的一个参数，是可以动态随着梯度下降变化的。

但是 Leaky ReLU 有一个问题，就是在接收很大负值的情况下，Leaky ReLU 会导致神经元饱和，从而基本上处于非活动状态。

5. eLU 函数

因此又出现了另外一种激活函数 eLU，形状与 Leaky ReLU 相似，但它的负值部分是对数曲线而不是直线。它兼具 ReLU 和 Leaky ReLU 的优点。

其公式和图像如下：

$$\begin{cases} f(z)=z & z \geq 0 \\ f(z)=\varepsilon\left(e^z-1\right) & z<0 \end{cases}$$

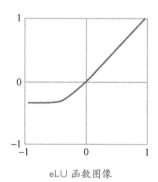

eLU 函数图像

关于神经网络的激活函数就先讲这么多。总而言之，目前 ReLU 是现代神经网络中神经元激活的主流。而 Leaky ReLU、PReLU 和 eLU，比较新，但并不是在所有情况下都比 ReLU 好用，因此 ReLU 作为激活函数还是最常见的。至于 Sigmiod 和 Tanh 函数，目前在普通类型的神经元激活过程中不多见了。

"等等！"小冰忽然喊道。

咖哥说："怎么了？"

小冰说："你说 Sigmiod 不常用了，但是你怎么还用？"

咖哥说："没有啊，刚才的单隐层神经网络案例，我不是已经说了全都用 ReLU 激活神经元了嘛。你回头看看代码。"

```
ann.add(Dense(units=12, input_dim=11, activation = 'relu')) # 添加输入层
ann.add(Dense(units=24, activation = 'relu')) # 添加隐层
```

小冰说："你看一下刚才这句代码。前面你是用的 ReLU，但是添加输出层这一句还是 Sigmoid，这是你的笔误吗？"

```
ann.add(Dense(units=1, activation = 'sigmoid')) # 添加输出层
```

咖哥说："呃，这个啊。我正要解释。"

6. Sigmoid 和 Softmax 函数用于分类输出

刚才讲了这么多的激活函数，都是针对神经网络内部的神经元而言的，目的是将线性变换转换为层与层之间的非线性变换。

但是神经网络中的最后一层，也就是分类输出层的作用又不一样。这一层的主要目的是输出分类的概率，而不是为了非线性激活。因此，对于二分类问题来说，仍然使用 Sigmoid 作为逻辑函数进行分类，而且必须用它。

那么对于多分类问题呢？神经网络的输出层使用另一个函数进行分类。这个函数叫作

Softmax 函数，实际上它就是 Sigmoid 的扩展版，其公式如下：

$$f(z) = \frac{e^{z_j}}{\sum_{k=1}^{k} e^{z_k}}$$

Softmax——多分类输出层的激活函数

这个 Softmax 函数专用于神经网络多分类输出。对于一个输入，做 Softmax 之后的输出的各种概率和为 1。而当类别数等于 2 时，Softmax 回归就退化为 Logistic 回归，与 Sigmoid 函数的作用完全相同了。

在后面的课程中我们会用神经网络解决多分类问题，那时候你们将看到 Softmax 函数会在输出层中取代 Sigmoid 函数。

5.6.5 损失函数的选择

说完激活函数，再说说神经网络中损失函数的选择。

激活函数是属于层的参数，每一层都可以指定自己的激活函数，而损失函数是属于整个神经网络的参数。损失函数在模型优化中所起到的作用我们已经很了解了。

神经网络中损失函数的选择是根据问题类型而定的，指导原则如下。

对于连续值向量的回归问题，使用我们非常熟悉的均方误差损失函数：

```
# 对于连续值向量的回归问题
ann.compile(optimizer='adam',
            loss='mse') # 均方误差损失函数
```

对于二分类问题，使用同样熟悉的二元交叉熵损失函数：

```
# 对于二分类问题
ann.compile(optimizer='adam',
            loss='binary_crossentropy',    # 二元交叉熵损失函数
            metrics=['accuracy'])
```

对于多分类问题，如果输出是 one-hot 编码，则用分类交叉熵损失函数：

```
# 对于多分类问题
ann.compile(optimizer='adam',
            loss='categorical_crossentropy', # 分类交叉熵损失函数
            metrics=['accuracy'])
```

对于多分类问题，如果输出是整数数值，则使用稀疏分类交叉熵损失函数：

```
# 对于多分类问题
ann.compile(optimizer='adam',
```

```
            loss='sparse_categorical_crossentropy', # 稀疏分类交叉熵损失函数
            metrics=['accuracy'])
```

对于序列问题，如语音识别等，则可以用时序分类（Connectionist Temporal Classification，CTC）等损失函数。

5.6.6 评估指标的选择

最后一个要讲的超参数是神经网络的**评估指标**，也就是评估网络模型好不好的标准，这个标准也叫**目标函数**。评估指标和损失函数有点相似，都是追求真值和预测值之间的最小误差，其差别在于：损失函数作用于训练集，用以训练机器，为梯度下降提供方向；而评估指标作用于验证集和测试集，用来评估模型。

对于一个机器学习模型来说，有的时候评估指标可以采用与损失函数相同的函数。

比如，对于线性回归模型，损失函数一般选择均方误差函数，评估指标也可以选择均方误差函数。也可以选择 MAE，即平均绝对误差函数作为目标函数。因为评估过程无须梯度下降，取误差绝对值做平均即可，无须加以平方。当然，MAE 相对于权重不是凸函数，因此只能用作评估模型，不能用作损失函数。

而对于分类问题模型，神经网络默认采用准确率作为评估指标，也就是比较测准的样本数占总样本的比例。

我们也强调过了，有时候用准确率评估对于类别分布很不平衡的数据集不合适，此时考虑使用精确率、召回率、F1 分数，以及 ROC/AUC 作为评估指标。

其实，MAE 或 MSE 也能用作分类问题的评估指标。如果那样做，则不仅是在检查测得准不准，更多的是在评估预测出的概率值有多接近真值。比如 $P=0.9$ 和 $P=0.6$，四舍五入之后，输出类别都是 1。也许全部测准，但是两者带来的 MAE 值可不尽相同。预测概率 $P=0.9$ 的算法明显比 $P=0.6$ 的算法的 MAE 值更优，也就是更接近真值。

还可以自主开发评估指标。下面是一个 Keras 文档中自带的小例子，用代码自定义了一个目标函数：

```
# 自定义评估指标
import keras.backend as K
def mean_pred(y_true, y_pred):
    return K.mean(y_pred)
ann.compile(optimizer='rmsprop', # 优化器
        loss='binary_crossentropy', # 损失函数
        metrics=['accuracy', mean_pred]) # 自定义的评估指标
```

综上，神经网络中的评估指标的选择有以下两种情况。

■ 对于回归问题，神经网络中使用 MAE 作为评估指标是常见的。

■ 对于普通分类问题，神经网络中使用准确率作为评估指标也是常见的，但是对于类别分布不平衡的情况，应辅以精确率、召回率、F1 分数等其他评估指标。

损失函数和评估指标，有相似之处，但意义和作用又不尽相同，大家不要混淆。

5.7 用 Keras 深度神经网络预测客户流失率

理论内容讲了不少，同学们可能听得有点发懵。现在可以轻松一点了，接下来用更深的神经网络来处理那个银行客户流失案例。你们会发现搭建深层神经网络完全没有想象的那么难。因为神经网络模型的各种组件在 Keras 中都已经封装好了，我们拿过来组合一下就能用。

 咖哥发言

随着网络加深，参数增多，对硬件的要求提高，可以在 Kaggle 的 Settings 中把 GPU 选项设置为打开，如右图所示。

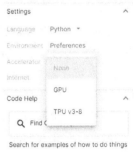

打开 GPU 设置

5.7.1 构建深度神经网络

搭建多层的神经网络，还是使用序贯模型。下面随意地添加几层看一看效果：

```
ann = Sequential() # 创建一个序贯 ANN 模型
ann.add(Dense(units=12, input_dim=12, activation = 'relu')) # 添加输入层
ann.add(Dense(units=24, activation = 'relu')) # 添加隐层
ann.add(Dense(units=48, activation = 'relu')) # 添加隐层
ann.add(Dense(units=96, activation = 'relu')) # 添加隐层
ann.add(Dense(units=192, activation = 'relu')) # 添加隐层
ann.add(Dense(units=1, activation = 'sigmoid')) # 添加输出层
# 编译神经网络，指定优化器、损失函数，以及评估指标
ann.compile(optimizer = 'rmsprop', # 此处我们先试试 RMSP 优化器
            loss = 'binary_crossentropy', # 损失函数
            metrics = ['acc']) # 评估指标
```

不管是浅层网络，还是深层网络，构建起来真的很简单。因为深度学习背后的思想本来就很简单，那么它的实现过程又何必要那么痛苦呢？——这话可不是我说的，是 Keras 的发明者 François Chollet 说的。我表示很赞同。

来看看这个网络的效果：

```
history = ann.fit(X_train, y_train, # 指定训练集
                  epochs=30,         # 指定轮次
                  batch_size=64,     # 指定批量大小
                  validation_data=(X_test, y_test)) # 指定验证集
```

训练结束之后，采用同样的方法对测试集进行预测，并显示损失曲线和准确率曲线，同时显示分类报告（这里就不重复展示相同的代码了）。

观察训练及预测结果之后我们有一些发现。

第一，发现较深的神经网络训练效率要高于小型网络，一两个轮次之后，准确率迅速提升到 0.84 以上，而单隐层神经网络需要好几轮才能达到这个准确率：

```
Train on 8000 samples, validate on 2000 samples
Epoch 1/30
```

```
8000/8000 [==================] - 3s 320us/step - loss: 0.4359 - acc: 0.8199
                               - val_loss: 0.4229 - val_acc: 0.8290
Epoch 2/30
8000/8000 [==================] - 1s 180us/step - loss: 0.3780 - acc: 0.8475
                               - val_loss: 0.3893 - val_acc: 0.8445
Epoch 3/30
8000/8000 [==================] - 1s 180us/step - loss: 0.3670 - acc: 0.8574
                               - val_loss: 0.3818 - val_acc: 0.8445
Epoch 4/30
8000/8000 [==================] - 1s 182us/step - loss: 0.3599 - acc: 0.8581
                               - val_loss: 0.3842 - val_acc: 0.8480
```

第二，从准确率上看，没有什么提升；而从 F1 分数上看，目前这个比较深的神经网络反而不如简单的单隐层神经网络，从 0.58 下降到 0.55：

```
              precision    recall  f1-score   support

           0       0.87      0.97      0.92      1583
           1       0.80      0.42      0.55       417
```

第三，从损失函数图像上看（如下图所示），深度神经网络在几轮之后就开始出现过拟合的问题，而且验证集上损失的波动也很大。因为随着轮次的增加，训练集的误差值逐渐减小，但是验证集的误差反而越来越大了。也就是说，网络的参数逐渐地对训练集的数据形成了过高的适应性。这对于较大网络来说的确是常见情况。

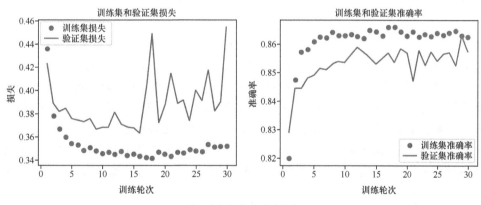

验证集上损失的波动很大

5.7.2 换一换优化器试试

网络变深了，预测准确率和 F1 分数反而降低了。大家的心情十分沮丧。该如何是好呢？

没有任何经验的同学们只好看着咖哥，希望他给出一些方向。

咖哥咳嗽两声，说："对于某些简单问题，本来小网络的效能就是要高于深的网络。网络参数多，有时并不是一件好事。当然，我们还是可以做一些尝试。第一步，先更换一下优化器，把它从 RMSProp 换成 Adam，如下段代码所示。"

```
ann.compile(optimizer = 'adam', # 换一下优化器
            loss = 'binary_crossentropy', # 损失函数
            metrics = ['acc']) # 评估指标
```

更换优化器之后，重新训练、测试网络。发现最为关心的 F1 分数有所上升，上升至 0.56，如下输出结果所示。但这仍然低于单隐层神经网络的 0.58：

	precision	recall	f1-score	support
0	0.87	0.96	0.91	1583
1	0.75	0.45	0.56	417

损失曲线显示（如下图所示），过拟合现象仍然十分严重。也许这个过拟合问题就是深层神经网络效率低的症结所在。

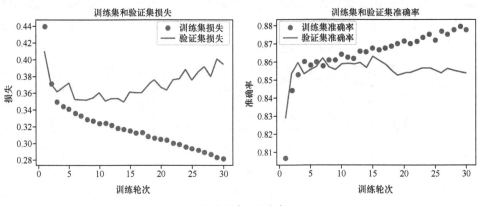

过拟合现象仍然存在

5.7.3 神经网络正则化：添加 Dropout 层

咖哥说："从损失曲线上判断，对于小数据而言，深度神经网络由于参数数量太多，已经出现了过拟合的风险。因此，我们决定针对过拟合问题来做一些事情，优化网络。在神经网络中，最常用的对抗过拟合的工具就是 Dropout。在 Keras 中，Dropout 也是神经网络中的层组件之一，其真正目的是实现网络正则化，避免过拟合。大家还记得正则化的原理吗？"

有一位同学答道："为了让模型粗犷一点儿，不要过分追求完美。"

咖哥说："意思基本正确。大家想一想，对于神经网络那么复杂的模型来说，要避免过拟合还挺难做到的。而 Dropout 就是专门对付神经网络过拟合的有效正则化方法之一。这个方法也是 Hinton 和他的学生开发的。"

它的原理非常奇特：在某一层之后添加 Dropout 层，意思就是随机将该层的一部分神经元的输出特征丢掉（设为 0），相当于随机消灭一部分神经元。

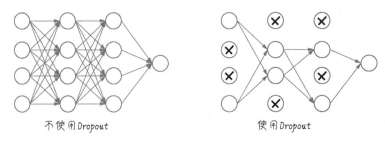

Dropout 示意

假设在训练过程中，某一层对特定数据样本输出一个中间向量。

■　使用 Dropout 之前，中间向量为 [0.5, 0.2, 3.1, 2, 5.9, 4]。

■　使用 Dropout 之后，中间向量变为 [0.5, 0, 0, 2, 5.9, 0]。

Dropout 比率就是被设为 0 的输出特征所占的比例，通常为 0.2 ～ 0.5。注意，Dropout 只是对训练集起作用，在测试时没有神经元被丢掉。

据 Hinton 说，这个小窍门的灵感来自银行的防欺诈机制。他去银行办理业务时，发现柜员不停地换人。他就猜想，银行工作人员要想成功欺诈银行，他们之间要互相合作才行，因此一个柜员不能在同一个岗位待得过久。这让他意识到，在某些神经网络层中随机删除一部分神经元，可以阻止它们的阴谋，从而降低过拟合。

下面就在刚才的深度神经网络中添加一些 Dropout 层，并重新训练它：

```python
from keras.layers import Dropout # 导入 Dropout
ann = Sequential() # 创建一个序贯 ANN 模型
ann.add(Dense(units=12, input_dim=12, activation = 'relu')) # 添加输入层
ann.add(Dense(units=24, activation = 'relu')) # 添加隐层
ann.add(Dropout(0.5)) # 添加 Dropout 层
ann.add(Dense(units=48, activation = 'relu')) # 添加隐层
ann.add(Dropout(0.5)) # 添加 Dropout 层
ann.add(Dense(units=96, activation = 'relu')) # 添加隐层
ann.add(Dropout(0.5)) # 添加 Dropout 层
ann.add(Dense(units=192, activation = 'relu')) # 添加隐层
ann.add(Dropout(0.5)) # 添加 Dropout 层
ann.add(Dense(units=1, activation = 'sigmoid')) # 添加输出层
ann.compile(optimizer = 'adam', # 优化器
            loss = 'binary_crossentropy', # 损失函数
            metrics = ['acc']) # 评估指标
```

损失曲线显示（如下图所示），添加 Dropout 层之后，过拟合现象被大幅度地抑制了。

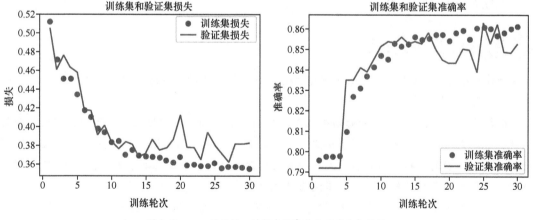

添加 Dropout 层之后，过拟合现象被大幅度地抑制了

现在，针对客户流失样本的 F1 分数上升到了令人惊讶的 0.62，如下输出结果所示。对于难以预测的客户流失现象来说，这是一个相当棒的成绩！这样说明对于这个问题，加深网络同时辅以 Dropout 正则化的策略比用单隐层神经网络更好。

	precision	recall	f1-score	support
0	0.89	0.92	0.91	1583
1	0.67	0.58	0.62	417

新的混淆矩阵显示（如下图所示），400 多个即将流失的客户中，我们成功地捕捉到了 200 多人。这是非常有价值的商业信息。

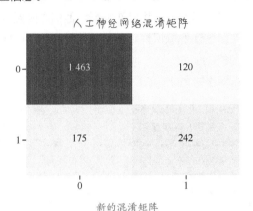

新的混淆矩阵

看到这样的效果，小冰和同学们都对咖哥竖起大拇指。咖哥说："其实准确率或者 F1 分数本身的提升并不重要，更有价值的是网络优化过程中所做的各种尝试和背后的思路。"

5.8 深度神经网络的调试及性能优化

关于深度神经网络的调试和性能优化，很多研究者认为并没有什么固定规律去遵循。因此，除了一些基本的原则之外，不得不具体问题具体分析，不断地在实战中去培养直觉。

下面介绍一些基本的思路。

5.8.1 使用回调功能

咖哥问小冰："在刚才的调试过程中，有没有觉得其实神经网络挺难以调控的。"

小冰说："的确。"

咖哥说："举个例子，在开始训练之前，我们根本不知道多少轮之后会开始出现过拟合的征兆，也就是验证损失不升反降。那么只有试着运行一次，比如运行 100 轮，才发现原来 15 轮才是比较正确的选择。想想看，大型网络的训练是超级浪费时间的，本来进行 15 轮就得到最佳结果，却需要先运行 100 轮。有没有可能一次性找到最合适的轮次点？"

同学们还未回答咖哥又接着说："再举个例子，神经网络的训练过程中，梯度下降是有可能陷入局部最低点或者鞍点的，它们也称为训练过程中的高原区。此时验证集上损失值的改善会停止，同样的损失值每轮重复出现（数据集没有做特征缩放时就经常出现这种情况）。有没有可能在机器观察到这种情况的时候就调整学习速率这个参数，因为此时，增大或减小学习速率都是跳出高原区的有效策略。"

类似的运行时动态控制可以通过回调（callback）功能来实现。所谓回调，就是在训练进行过程中，根据一些预设的指示对训练进行控制。下面是几个常用的回调函数。

- ModelCheckpoint：在训练过程中的不同时间点保存模型，也就是保存当前网络的所有权重。
- EarlyStopping：如果验证损失不再改善，则中断训练。这个回调函数常与ModelCheckpoint结合使用，以保存最佳模型。
- ReduceLROnPlateau：在训练过程中动态调节某些参数值，比如优化器的学习速率，从而跳出训练过程中的高原区。
- TensorBoard：将模型训练过程可视化。

那么如何用代码来实现回调功能呢？示例如下：

```python
# 导入回调功能
from keras.callbacks import ModelCheckpoint
from keras.callbacks import EarlyStopping
from keras.callbacks import ReduceLROnPlateau
# 设定要回调的功能
earlystop = EarlyStopping(monitor='val_acc', patience=20,
                          verbose=1, restore_best_weights=True)
reducelr = ReduceLROnPlateau(monitor='val_acc', factor=0.5,
                             patience=3, verbose=1, min_lr=1e-7)
modelckpt = ModelCheckpoint(filepath='ann.h5', monitor='val_acc',
                            verbose=1, save_best_only=True, mode='max')
callbacks = [earlystop, reducelr, modelckpt] # 设定回调
history = ann.fit(X_train, y_train, # 指定训练集
                  batch_size=128,   # 指定批量大小
                  validation_data = (X_test, y_test), # 指定验证集
                  epochs=100,    # 指定轮次
                  callbacks=callbacks) # 指定回调功能
```

上面的这段代码能一次性找到100轮中最佳的迭代次数，也就是在过拟合出现之前把较好的模型和模型内部参数保存下来。

5.8.2 使用 TensorBoard

上面出现的 TensorBoard 又是什么呢？

TensorBoard 是一个内置于 TensorFlow 的可视化工具，用以帮助我们在训练过程中监控模型内部发生的信息。具体包括以下功能。

- 在训练过程中监控指标。
- 将模型的架构可视化。
- 显示激活和梯度的直方图。
- 以三维的形式显示词嵌入。

在 Kaggle 中，只需要用下面两句代码配置 TensorBoard：

```python
# 导入并激活 TensorBoard
%load_ext tensorboard
%tensorboard --logdir logs
```

然后，在 Keras 中，通过在回调中指定 TensorBoard，就可以调用它，显示训练过程中的信息，

如下段代码所示。模型开始拟合之后，Notebook 中出现 TensorBoard 界面，而且具有交互功能，很多的曲线图像，比如准确率曲线、损失曲线，就不用我们自己去费力绘制了（如下图所示）。当然，TensorBoard 可以展示出来的信息还远远不止这些，同学们可以去深入研究一下。

```
# 显示 TensorBoard
import tensorflow as tf # 导入 TensorFlow
tensorboard_callback = tf.keras.callbacks.TensorBoard("logs")
```

TensorBoard——训练信息可视化

调用 TensorBoard 的完整代码请大家参考本课源码包中的"C05-2 Using TensorBoard.ipynb"文件。

5.8.3 神经网络中的过拟合

过拟合问题在所有机器学习模型（包括神经网络）中都是性能优化过程中最为关键的问题。

在损失函数图像上，当训练集上的损失越来越低，但是验证集（或测试集）上的损失到了一个点后显著上升，或者振荡，这就表示出现了过拟合的现象。

解决过拟合问题的基本思路主要有以下几种。

（1）首先，根据奥卡姆剃刀定律，在使用非常深的网络之前应三思，因为网络越大，越容易过拟合。如果能够用较简单的小型网络解决问题，就不要强迫自己使用大网络。

（2）一种思路是在训练大型网络之前使用少量数据训练一个较小的模型，小模型的泛化好，再去训练更深、更大的网络。不然的话，费了很多精力直接训练一个大网络，最后发现结果不好就白费力气了。

（3）另外，最常见且有效地降低神经网络过拟合的方法就是在全连接层之间添加一些 Dropout 层。这是很好用的标准做法，不过 Dropout 层会对训练速度稍有影响。

（4）最后，使用较低的学习速率配合神经元的权重正则化可能是解决过拟合问题的手段之一。

5.8.4 梯度消失和梯度爆炸

最后讲一下梯度消失问题和梯度爆炸（gradient exploding）问题。

网络层数的叠加对于大数据集来说，可以带来更优的效果，那么是否单纯地叠加层数就肯定可以获得一个更好的网络呢？事实显然不是这么简单。其中最主要的原因就是梯度反向传播过程中的梯度消失（也称梯度弥散），从而导致后面的训练困难，随着层数的增加，网络最终变得无法训练。神经网络梯度下降的原理是将来自输出损失的反馈信号反向传播到更底部的层。如果这个反馈信号的传播需要经过很多层，那么信号可能会变得非常微弱，甚至完全丢失，梯度无法传到的层就好比没有经过训练一样。这就是梯度消失。

而梯度爆炸则是指神经元权重过大时，网络中较前面层的梯度通过训练变大，而后面层的梯度呈指数级增大。

其实，梯度爆炸和梯度消失问题都是因为网络太深、网络权重更新不稳定造成的，本质上都是梯度反向传播中的连锁效应。

那么有哪些可以尝试的解决方案呢？

1. 选择合适的激活函数

首先，选择合适的激活函数是最直接的方法。因为如果激活函数的导数为 1，那么每层的网络都可以得到相同的更新速度。我们已经介绍过的 ReLU、Leaky ReLU、eLU 等新型激活函数，都是可用选择。

2. 权重正则化

此外，还可以考虑对神经网络各层的神经元的权重进行正则化。这个方法不仅对过拟合有效，还能抑制梯度爆炸。

Keras 中的权重正则化包括以下选项。

- keras.regularizers.l1：L1 正则化，加入神经元权重的绝对值作为惩罚项。
- keras.regularizers.l2：L2 正则化，加入神经元权重的平方作为惩罚项。
- keras.regularizers.l1_l2：同时加入 L1 和 L2 作为惩罚项。

示例代码如下：

```
from keras.layers import Dense # 导入 Dense 层
from keras.regularizers import l2 # 导入 L2 正则化工具
ann.add(Dense(32, # 输出维度，就是神经元的个数
        kernel_regularizer=l2(0.01), # 权重正则化
        bias_regularizer=l2(0.01))) # 偏置正则化
```

3. 批标准化

批标准化（batch normalization）有时称为批归一化，意思就是将数据标准化的思想应用于神经网络层的内部，使神经网络各层之间的中间特征的输入也符合均值为 0、标准差为 1 的正态分布。

在批标准化出现之前，解决过拟合和梯度消失问题的方法是在迭代过程中调整学习速率，采取较小的学习速率，以及精细的初始化权重参数。这些都是非常麻烦的工作。而批标准化使网络中间层的输入数据分布变得均衡，因此可以得到更为稳定的网络训练效果，同时加速网络的收敛，减少训练次数。很多知名的大型深度网络都使用了批标准化技术。

在 Keras 中，批标准化也是网络中一种特殊的层组件，通常放在全连接层或者卷积层之后，对前一层的输入数据进行批量标准化，然后送入下一层进行处理。

示例代码如下：

```
from keras.layers.normalization import BatchNormalization # 导入批标准化组件
ann.add(Dense(64, input_dim=14, init='uniform')) # 添加输入层
ann.add(BatchNormalization()) # 添加批标准化层
ann.add(Dense(64, init='uniform')) # 添加中间层
```

4. 残差连接

通过上面的种种方法，如选择合适的激活函数、权重正则化和批标准化，深度神经网络的性能有所改善，但是仍然没有从根本上解决梯度消失的问题。

真正解决梯度消失的"武器"是残差连接（residual connection）结构。

它的基本思想是：在大型深度网络中（至少10层以上），让前面某层的输出跨越多层直接输入至较靠后的层，形成神经网络中的捷径（shortcut）。这样，就不必担心过大的网络中梯度逐渐消失的问题了。残差连接结构在最新的深度神经网络结构中几乎都有出现，因为它对解决梯度消失问题非常有效。

残差连接结构是何凯明在论文《Deep Residual Learning for Image Recognition》中提出的。通过残差连接，可以很轻松地构建几百层，甚至上千层的网络，而不用担心梯度消失过快的问题。

要深入研究残差连接，同学们可以先去看看何凯明在 ICML2016 大会上介绍这个结构的演讲。

5.9 本课内容小结

本课讲了挺多内容，具体包括：感知器的结构、单隐层神经网络的构建，以及深度神经网络的构建，并解决了一个预测银行客户是否会流失的案例。一个重点是如何优化神经网络的性能，并解决过拟合的问题。

神经网络的优势在于它可以有很多层。如果输入输出是直接连接的，那么它和逻辑回归就没有什么区别。但是通过大量中间层的引入，它就能够捕捉很多输入特征之间的关系。此外，它还具有如下优势。

■ 它利用了现代计算机的强大算力，提高了机器学习的精度。

■ 它使特征工程不再显得那么重要，非结构化数据的处理变得简单。

深度学习适合处理任何形式的数据，特别是非结构化的数据，如音频、文本、图像、时间序列，以及视频等。

而深度学习的具体应用也实在是太多了，这里随便列出一些。

■ 图像分类，人脸识别，如 Facebook 的人脸自动标签功能。

■ 自然语言处理(Natural Language Processing，NLP)，如语音识别、机器翻译、文本到语音转换、手写文字转录、情感分析以及自动回答人类用语言提出的问题等。

■ 智能助理，比如苹果公司的 Siri。

■ 棋类游戏，以 DeepMind 的 AlphaGo 为代表，它已经战胜世界围棋冠军。

■ 推荐系统，如各大电商网站都在进行的广告定向投放，以及电影、书籍的推荐等。

经过今天的学习，咖哥有一个愿望，就是希望我们从此对深度学习不再感到神秘。如果一个东西太神秘，那么会令人不敢接近、不敢使用。现在同学们了解了它的原理，使用 Keras 做了自己的深度网络，现在回头再看神经网络的实现架构，它和人类大脑的机理是没有太多相似度的。因此 Keras 之父肖莱认为，神经网络这个名词不如"分层学习"贴切。

另外，尽管深度神经网络处理巨大数据集和复杂问题的优势已经毋庸置疑，但是不能直接得出结论认为网络越深越好。如果问题并不复杂，我们还是应该先尝试较为简单的模型。

此时此刻，咖哥和同学们从大厦的窗口向外望去，天已经完全黑了，四环路上车流如水，头灯、尾灯联结起来，形成一条条长长的"光龙"，整个城市似乎正像是一张无限延展的大网，看不到尽头。

5.10 课后练习

练习一　对本课示例继续进行参数调试和模型优化。

（提示：可以考虑增加或者减少迭代次数、增加或者减少网络层数、添加 Dropout 层、引入正则项，以及选择其他优化器等。）

练习二　第 5 课的练习数据集仍然是泰坦尼克数据集，使用本课介绍的方法构建神经网络处理该数据集。

练习三　使用 TensorBoard 和回调函数显示训练过程中的信息。

卷积神经网络——识别狗狗的图像

"咖哥，我注意到一件事。"小冰来到教室，就直接开口，"上一节课，你讲了深度学习中的神经网络。"

咖哥问："嗯，怎么了？"

小冰说："我发现你给出的那个判断银行客户是否会流失的案例，仍然是一个普通的分类问题。以前你说过，有些领域的问题是传统机器学习很难解决的，只有深度学习能够搞定。我想让你给咱们介绍一下这类问题。"

咖哥说："哦，你指的是感知类问题。比如，下图所示的图像识别，就是一个很典型的感知类问题。今天我们就顺着深度神经网络更进一步，来谈一个大名鼎鼎的计算机视觉'利器'——卷积神经网络。"

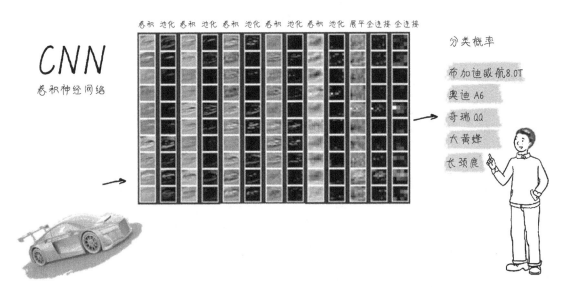

报告咖哥：CNN 为您判定一辆真实正版布加迪威航8.0T，您是否入手？

卷积神经网络，简称为卷积网络，与普通神经网络的区别是它的卷积层内的神经元只覆盖输入特征局部范围的单元，具有稀疏连接（sparse connectivity）和权重共享（weight shared）的特点，而且其中的过滤器可以做到对图像关键特征的抽取。因为这一特点，卷积神经网络在图像识别方面能够给出更好的结果。

下面看一看本课重点。

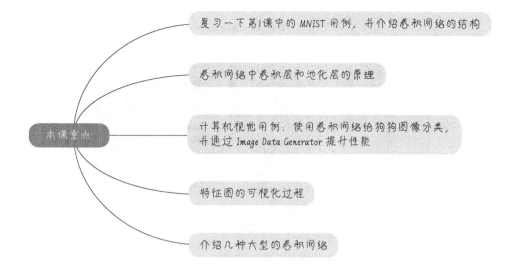

本课重点

复习一下第1课中的 MNIST 用例，并介绍卷积网络的结构

卷积网络中卷积层和池化层的原理

计算机视觉用例：使用卷积网络给狗狗图像分类，并通过 Image Data Generator 提升性能

特征图的可视化过程

介绍几种大型的卷积网络

6.1 问题定义：有趣的狗狗图像识别

咖哥说："图像识别是计算机视觉的基础。它也是分类问题。但是，对图像的分类，在神经网络出现之前难度很大，因为图像数据集中的特征的结构不像鸢尾花数据集中的特征那么清晰。在鸢尾花数据集中，一朵朵的花瓣、花萼，长度、宽度都量好了。把这些数值换成鸢尾花的照片，你们再试试？"

一位同学表示："这两种数据集的确有很大的不同。"

咖哥说："但是深度学习把图像识别任务的难度大大降低了。我们这节课就好好讲讲这个原理，以及专门用于处理计算机视觉问题的卷积神经网络。"

咖哥又说："这次实战，咱们去网上找点更有趣的图片集——同学们喜欢狗吗？"

"喜欢！咱们也来个猫狗识别吗？"一位同学兴奋地说。

咖哥微笑着说："不，咱们来一个难度更高的——狗狗种类识别！猫狗之间的差异明显，识别起来很简单。但是，如果把不同种类的狗狗区分出来，这就不容易了。你们虽然喜欢狗，但也没法很快地确定一只狗是什么种类的吧？你们看咱们这些目录下面有各种各样的狗狗，有吉娃娃、哈士奇、蝴蝶犬……"

"哇！好玩！有意思，有意思！"同学们大喊。

咖哥笑道："猫狗图像分类，只是二元分类问题，而狗狗图像分类，则是多元分类问题。我们会让卷积网络先读入上千张有标签的狗狗图像，进行训练后，用学习到的知识把测试集中的狗狗图像进行分类。这个训练集是斯坦福大学的研究人员从 ImageNet 上面整理出来的，里面一共有120种狗的图像，每种150张（如下图所示）。"

"哇，120种！"小冰很惊讶，"没想到世界上有这么多种狗。"

咖哥说："如果你们是狗狗爱好者的话赶快去全面研究一下吧。这次教学中，只选择其中的10种狗的图像，也就是1 500张图像进行分类。"

6

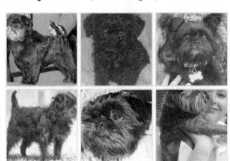

Stanford Dogs Dataset

Summary:

- 120 dog breeds
- ~150 images per class
- Total images: 20,580

Download dataset

Affenpinscher
(150 images)

ImageNet synset: n02110627

Affenpinscher (150 images)

斯坦福的狗狗图像数据集

 咖哥发言

　　ImageNet 上面的图像信息很多，很多学者都利用这个网站中的数据进行计算机视觉方面的研究。

　　数据集中包含 120 个子目录，对应 120 种狗狗的图像。而目录的名称，自然就是狗的类别（如下图所示），也就是我们要预测的分类标签。

n02085620-Chihuahua	File folder
n02085782-Japanese_spaniel	File folder
n02085936-Maltese_dog	File folder
n02086079-Pekinese	File folder
n02086240-Shih-Tzu	File folder
n02086646-Blenheim_spaniel	File folder
n02086910-papillon	File folder
n02087046-toy_terrier	File folder
n02087394-Rhodesian_ridgeback	File folder
n02088094-Afghan_hound	File folder
n02088238-basset	File folder
n02088364-beagle	File folder
n02088466-bloodhound	File folder
n02088632-bluetick	File folder

不同目录下是不同类别的狗狗图像

　　我们的目的就是通过这些有标签的狗狗图像训练网络，得到能为未知类别的新狗狗图像分类的卷积网络模型。

6.2 卷积网络的结构

　　其实，卷积网络我们已经见过并使用过了，在第 1 课介绍机器学习项目实战架构时，我特别给出了一个通过卷积网络识别 MNIST 图像的例子，一是因为想强调它作为常用深度网络的重要性，二是因为它的结构并不复杂。

复习一下该程序的完整代码，并通过 model.summary 方法显示网络的结构：

```python
from keras import models # 导入 Keras 模型和各种神经网络的层
from keras.layers import Dense, Dropout, Flatten, Conv2D, MaxPooling2D
model = models.Sequential() # 序贯模型
model.add(Conv2D(filters=32, # 添加 Conv2D 层，指定过滤器的个数，即通道数
                 kernel_size=(3, 3), # 指定卷积核的大小
                 activation='relu', # 指定激活函数
                 input_shape=(28, 28, 1))) # 指定输入数据样本张量的类型
model.add(MaxPooling2D(pool_size=(2, 2))) # 添加 MaxPooling2D 层
model.add(Conv2D(64, (3, 3), activation='relu')) # 添加 Conv2D 层
model.add(MaxPooling2D(pool_size=(2, 2))) # 添加 MaxPooling2D 层
model.add(Dropout(0.25)) # 添加 Dropout 层
model.add(Flatten()) # 添加展平层
model.add(Dense(128, activation='relu')) # 添加全连接层
model.add(Dropout(0.5)) # 添加 Dropout 层
model.add(Dense(10, activation='softmax')) # Softmax 分类激活，输出 10 维分类码
model.compile(optimizer='rmsprop', # 指定优化器
              loss='categorical_crossentropy', # 指定损失函数
              metrics=['accuracy']) # 指定评估指标
model.summary() # 显示网络模型
```

运行代码，输出网络结构如下：

```
Layer (type)                    Output Shape                Param #
=================================================================
conv2d_1 (Conv2D)               (None, 26, 26, 32)          320

max_pooling2d_1 (MaxPooling2    (None, 13, 13, 32)          0

conv2d_2 (Conv2D)               (None, 11, 11, 64)          18496

max_pooling2d_2 (MaxPooling2    (None, 5, 5, 64)            0

flatten_1 (Flatten)             (None, 1600)                0

dense_1 (Dense)                 (None, 128)                 204928

dense_2 (Dense)                 (None, 10)                  1290
=================================================================
Total params: 225, 034
Trainable params: 225, 034
Non-trainable params: 0
```

还可以用下页图形的方式显示出这个有 225 034 个参数、用序贯方式生成的卷积网络的形状：

```python
from IPython.display import SVG
from keras.utils.vis_utils import model_to_dot
SVG(model_to_dot(ann, show_shapes = True ).create(prog='dot', format='svg'))
```

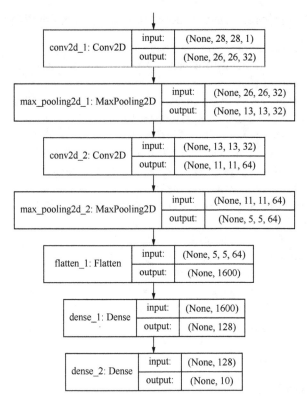

conv2d_1: Conv2D	input:	(None, 28, 28, 1)
	output:	(None, 26, 26, 32)

max_pooling2d_1: MaxPooling2D	input:	(None, 26, 26, 32)
	output:	(None, 13, 13, 32)

conv2d_2: Conv2D	input:	(None, 13, 13, 32)
	output:	(None, 11, 11, 64)

max_pooling2d_2: MaxPooling2D	input:	(None, 11, 11, 64)
	output:	(None, 5, 5, 64)

flatten_1: Flatten	input:	(None, 5, 5, 64)
	output:	(None, 1600)

dense_1: Dense	input:	(None, 1600)
	output:	(None, 128)

dense_2: Dense	input:	(None, 128)
	output:	(None, 10)

程序编译出来的卷积网络的结构信息

下图更直观地显示了卷积网络的典型架构。它实现了一个图像分类功能：输入的是图像，输出的是图像的类别标签。

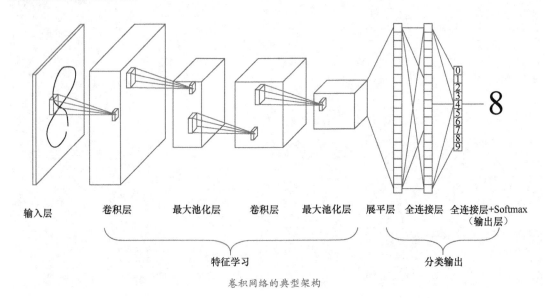

输入层　　卷积层　　最大池化层　　卷积层　　最大池化层　　展平层　全连接层　全连接层+Softmax（输出层）

特征学习　　　　　　　　　　　　　　　　分类输出

卷积网络的典型架构

卷积网络也是多层的神经网络，但是层内和层间神经元的类型和连接方式与普通神经网络不同。卷积神经网络由输入层、一个或多个卷积层和输出层的全连接层组成。

（1）网络左边仍然是数据输入部分，对数据做一些初始处理，如标准化、图片压缩、降维等工作，最后输入数据集的形状为（样本，图像高度，图像宽度，颜色深度）。

（2）中间是卷积层，这一层中，也有激活函数的存在，示例中用的是 ReLU。

（3）一般卷积层之后接一个池化层，池化层包括区域平均池化或最大池化。

（4）通常卷积 + 池化的架构会重复几次，形成深度卷积网络。在这个过程中，图片特征张量的尺寸通常会逐渐减小，而深度将逐渐加深。如上一张图所示，特征图从一张扁扁的纸片形状变成了胖胖的矩形。

（5）之后是一个展平层，用于将网络展平。

（6）展平之后接一个普通的全连接层。

（7）最右边的输出层也是全连接层，用 Softmax 进行激活分类输出层，这与普通神经网络的做法一致。

（8）在编译网络时，使用了 Adam 优化器，以分类交叉熵作为损失函数，采用了准确率作为评估指标。

卷积网络的核心特点就是卷积 + 池化的架构，要注意到"卷积层"中的参数，其实是远少于全连接层的（本例中两个卷积层中的参数加起来不到 2 万个，而全连接层则贡献了其他 20 多万个参数）。这是因为，卷积网络中各层的神经元之间，包括输入层的特征和卷积层之间，**不是彼此全部连接**的，而是以卷积的方式有选择性的**局部连接**，如下图所示。这种结构除了能大大减少参数的数量之外，还有其他一些特殊优势。下面讲一讲这其中的道理。

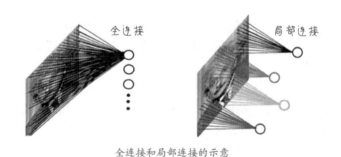

全连接和局部连接的示意

6.3 卷积层的原理

卷积网络是通过卷积层（Conv2D 层）中的**过滤器**（filter）用卷积计算对图像核心特征进行抽取，从而提高图像处理的效率和准确率。

6.3.1 机器通过"模式"进行图像识别

机器是通过**模式**（pattern）进行图像的识别。举例来说，有一个字母 X，这个 X 由一堆像素组成，可以把 X 想象成一个个小模式的组合，如下图所示，X 的形状好像上面有两只手，下面长了两只脚，中间是躯干部分。如果机器发现一个像下面左图这样中规中矩的 X，就能识别出来。但是无论是手写数字，还是照片扫描进计算机的时候，都可能出现噪声（noise）。那么这个 X 可能变样了，手脚都变了位置，好像手舞足蹈的样子（如下面右图所示）。但是肉眼一看，还是 X。

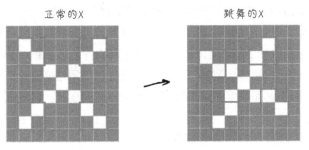

正常的X   跳舞的X

字母 X 中的"小模式"——变形后,模式还在

普通的全连接网络也可以进行上面的图像识别,但是全连接网络每一次都会全面地侦测每一个像素点,把图像作为一个整体进行评估判断。而卷积网络的思路则不同,它聚焦于"小模式",只要两只手、两只脚、中间的躯干这些小模式还在,就会增加"X 开关"的权重。这种思路对于模式识别来说,既省力,又高效。

上面这个模式识别原理就是卷积网络最基本的思路。它的好处是不仅使模式识别变得更加准确了,而且通过对这些"模式特征组"的**权重共享**减少了很多所需要调节的神经元的参数数量,因而大幅度减少了计算量。这使得神经网络不仅效能提高了,而且还变得"轻量级"了。

6.3.2 平移不变的模式识别

这种"小模式"识别的另一个优越性是**平移不变性**(translation invariance),意思是一旦卷积神经网络在图像中学习到某个模式,它就可以在任何地方识别这个模式,不管模式是出现在左上角、中间,还是右下角。

你们看下图中的飞鸟,无论放到哪里,都是一只鸟,这是人脑处理图像的方式,这种技术也被卷积神经网络学到了。而对于全连接网络,如果模式出现在新的位置,那么它只能重新去学习这个模式——这肯定要花费更多力气。

是你

是你

还是你

模式的平移不变性

因此,卷积网络在处理图像时和人脑的策略很相似,智能度更高,可以高效利用数据。它通过训练较少的样本就可以学到更具有泛化能力的数据表示,而且,模式学到的结果还可以保存,把知识迁移至其他应用。

6.3.3 用滑动窗口抽取局部特征

卷积操作是如何实现的呢?它是通过滑动窗口一帧一帧地抽取局部特征,也就是一块一块地抠图实现的。直观地说，这个分解过程，就像是人眼在对物体进行从左到右、从上到下、火眼金睛般的审视。

所谓图像，对计算机来说就是一个巨大的数字矩阵，里面的值都代表它的颜色或灰度值。下图所示，在卷积网络的神经元中，一张图像将被以 3px×3px，或者 5px×5px 的帧进行一个片段一个片段的特征抽取处理。

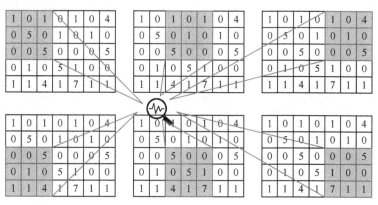

通过滑动窗口一帧一帧地局部特征抽取的过程

这个过程就是模式的寻找：分析局部的模式，找出其特征特点，留下有用的信息。

6.3.4 过滤器和响应通道

一帧一帧抽取的每个局部特征，我们拿来做什么呢？

是要与过滤器进行卷积计算，进行图像特征的提取（也就是模式的识别）。在 MNIST 图像数据集的示例代码中，参数 filters=32 即指定了该卷积层中有 32 个过滤器，参数 kernel_size=（3, 3）表示每一个过滤器的大小均为 3px×3px：

```
model.add(Conv2D(filters=32, # 添加 Conv2D 层，指定过滤器的个数，即通道数
            kernel_size=(3, 3), # 指定卷积核的大小
            activation='relu', # 指定激活函数
            input_shape=(28, 28, 1))) # 指定输入数据样本张量的类型
```

卷积网络中的过滤器也叫**卷积核**（convolution kernel），是卷积层中带着一组组固定权重的神经元，大家同样可以把它想象成人类的眼睛。刚才说一帧一帧地抽取局部特征的过程就好像是人眼审视东西，那么不同过滤器就是不同人的眼睛。通常正常人的眼睛和孙悟空的眼睛不同，看到的东西也可能是不同的。所以，刚才抽取的同样的特征（局部图像），会被不同权重的过滤器进行放大操作，有的过滤器像火眼金睛一般，能发现这个模式背后有特别的含义。

下图所示，左边是输入图像，中间有两个过滤器，卷积之后，产生不同的输出，也许有的侧重颜色深浅，有的则侧重轮廓。这样就有利于提取图像的不同类型的特征，也有利于进一步的类别判断。

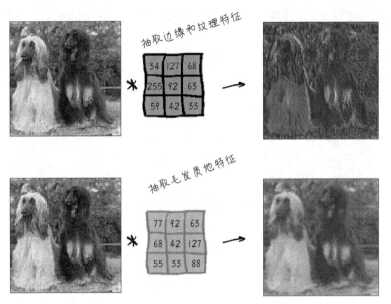

不同的过滤器抽取不同类型的特征

对于 MNIST 来说，第一个卷积层接收的是形状为（28，28，1）的**输入特征图**（feature map），并输出一个大小为（26，26，32）的特征图，如下图所示。也就是说，这个卷积层有 32 个过滤器，形成了 32 个输出通道。这 32 个通道中，每个通道都包含一个 26×26（为什么从 28×28 变成 26×26 了？等会儿揭秘）的矩阵。它们都是过滤器对输入的**响应图**（response map），表示这个过滤器对输入中不同位置抠取下来的每一帧的响应，其实也就是提取出来的特征，即**输出特征图**。

32 个输入特征图中，每一个特征图都有自己负责的模式，各有不同功能，未来整合在一起后，就会实现分类任务。

conv2d_1: Conv2D	input:	(None, 28, 28, 1)
	output:	(None, 26, 26, 32)

MNIST 案例中第一个卷积层的输入特征图和输出特征图

经过两层卷积之后的输出形状为（11，11，64），也就是形成了 64 个输出特征图，如下图所示。因此，随着卷积过程的进行，图像数字矩阵的大小逐渐缩小（这是池化的效果），但是深度逐渐增加，也就是特征图的数目越来越多了。

conv2d_2: Conv2D	input:	(None, 13, 13, 32)
	output:	(None, 11, 11, 64)

MNIST 案例中第二个卷积层的输入特征图和输出特征图

6.3.5 对特征图进行卷积运算

那么过滤器是如何对输入特征图进行卷积运算，从而提取出输出特征图的呢？

这个过程中有以下两个关键参数。

■ 卷积核的大小，定义了从输入中所提取的图块尺寸，通常是 3px×3px 或 5px×5px。这里以 3px×3px 为例。

■ 输出特征图的深度，也就是本层的过滤器数量。示例中第一层的深度为 32，即输出 32

个特征图；第二层的深度为 64，即输出 64 个特征图。

具体运算规则就是卷积核与抠下来的数据窗口子区域的对应元素相乘后求和，求得两个矩阵的内积，如下图所示。

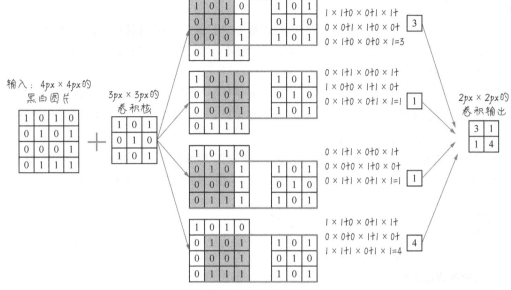

卷积运算示意——黑白图像

在输入特征图上滑动这个 3×3 的窗口，每个可能的位置会形成特征图块（形状为（3,3,1））。然后这些图块与同一个权重矩阵，也就是卷积核进行卷积运算，转换成形状为（1,）的 1D 张量。最后按照原始空间位置对这些张量进行组合，形成形状为（高，宽，特征图深度）的 3D 输出特征图。

那么，如果不是深度为 1 的黑白或灰度图像，而是深度为 3 的 RGB 图像，则卷积之后的 1D 向量形状为（3,），经过组合之后的输出特征图形状仍为（高，宽，特征图深度），如下图所示。

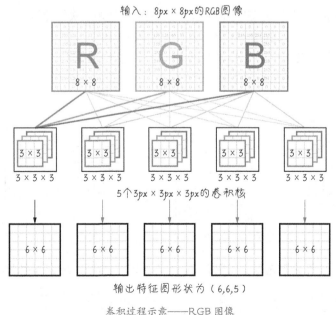

卷积过程示意——RGB 图像

上述卷积运算的细节当然不需要我们编写代码去实现。这里要注意的实际上是输入输出张量的维度和形状。

6.3.6 模式层级结构的形成

经过这样的卷积过程，卷积神经网络就可以逐渐学到模式的空间**层级结构**。举例来说，第一个卷积层可能是学习较小的局部模式（比如图像的纹理），第二个卷积层将学习由第一层输出的各特征图所组成的更大的模式，以此类推。

层数越深，特征图将越来越抽象，无关的信息越来越少，而关于目标的信息则越来越多。这样，卷积神经网络就可以有效地学习到越来越抽象、越来越复杂的视觉概念。特征组合由浅入深，彼此叠加，产生良好的模式识别效果。

这种将视觉输入抽象化，并将其转换为更高层的视觉概念的思路，和人脑对影像的识别判断过程是有相似之处的。所以，卷积神经网络就是这样实现了对原始数据信息的提纯。

6.3.7 卷积过程中的填充和步幅

再介绍一下卷积层中的填充和步幅这两个概念。

1. 边界效应和填充

填充并不一定存在于每一个卷积网络中，它是一个可选操作。

在不进行填充的情况下，卷积操作之后，输出特征图的维度中，高度和宽度将各减少 2 维。原本是 4px×4px 的黑白图像，卷积之后特征图就变成 2px×2px。如果初始输入的特征是 28×28（不包括深度维），卷积之后就变成 26×26，这个现象叫作卷积过程中的**边界效应**，如右图所示。

conv2d_1: Conv2D	input:	(None, 28, 28, 1)
	output:	(None, 26, 26, 32)

输入特征维度为 28×28，输出特征维度为 26×26

如果我们非要输出特征图的空间维度与输入的相同，就可以使用**填充**（padding）操作。填充就是在输入特征图的边缘添加适当数目的空白行和空白列，使得每个输入块都能作为卷积窗口的中心，然后卷积运算之后，输出特征图的维度将会与输入维度保持一致。

- 对于 3×3 的窗口，在左右各添加一列，在上下各添加一行。
- 对于 5×5 的窗口，则各添加两行和两列。

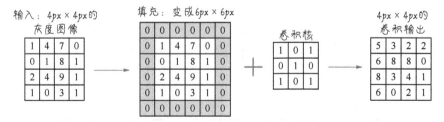

填充后，卷积层输入输出的高度和宽度将不变

填充操作并不是一个必需选项。如果需要，可以通过 Conv2D 层的 padding 参数设置：

```
model.add(Conv2D(filters=32,  # 过滤器
                 kernel_size=(3, 3),  # 卷积核大小
```

```
            strides=(1, 1), # 步幅
            padding='valid')) # 填充
```

2. 卷积的步幅

影响输出尺寸的另一个因素是卷积操作过程中，窗口滑动抽取特征时候的**步幅**（stride）。以刚才的滑动窗口示意为例，步幅的大小为 2（如下图所示），它指的就是两个连续窗口之间的距离。

步幅为 2 的步进卷积

步幅大于 1 的卷积，叫作**步进卷积**（strided convolution），其作用是使输出特征图的高度和宽度都减半。这个效果叫作特征的**下采样**（subsampling），能使特征抽取的效率加快。然而，在实践中，步进卷积很少使用在卷积层中，大多数情况下的步幅为默认值 1。

6.4 池化层的功能

下采样的效果是通过**最大池化**（max pooling）**层**来实现的，在最大池化之后，特征维度的尺寸基本上都会减半。同学们如果观察一下 MNIST 案例中的神经网络结构图，就会发现输入特征图的高度和宽度的确在减半（如下图所示）。当然，深度不会变，因为改变深度是卷积层的任务。

max_pooling2d_1: MaxPooling2D	input:	(None, 26, 26, 32)
	output:	(None, 13, 13, 32)

最大池化后特征图的高度和宽度减半

下采样功能主要有以下两点。

（1）卷积过程中，张量深度（特征通道数量）逐渐增多，因此特征的数量越来越多。但仍然需要让特征图的整体尺寸保持在合理范围内，不然可能会出现过拟合的问题。

（2）输入特征图的高度和宽度越小，后面的卷积层越能够看到相对更大的空间范围。

最大池化的原理和卷积有些类似，也是从输入特征图中提取窗口。但是最大池化使用固定的张量运算对局部图块进行变换，输出每个通道的最大值，而不是像卷积核那样，权重是通过学习而得到的。

在实践中，最常见的卷积 + 池化有以下两种组合。

（1）使用 3×3 的窗口的卷积核的卷积层，步幅为 1。

（2）使用 2×2 的窗口的最大池化层，步幅为 2。

```
model.add(Conv2D(64, kernel_size=(3, 3), activation='relu')) # 添加卷积层
model.add(MaxPooling2D(pool_size=(2, 2))) # 添加最大池化层
```

通过把多个这样的组合堆叠起来，特征图高、宽度逐渐减小，深度逐渐增加，就形成了空间过滤器的层级结构，形成越来越多、越来越细化而且有利于分类的特征通道。

6.5 用卷积网络给狗狗图像分类

对于卷积网络来说，MNIST 手写数字识别太过简单了，轻轻松松就可以达到 99% 左右的准确率，不免让人觉得"杀鸡焉用牛刀"。下面就回到本课开头介绍的狗狗分类问题。这个数据集识别起来的难度要比 MNIST 手写数字识别高很多。请同学们在 Kaggle 网站中搜索 Stanford Dogs Dataset，找到该数据集，并创建一个 Notebook。

6.5.1 图像数据的读入

在训练卷积网络之前，先准备数据集，也就是把不同的目录中的图像全部整理到同一个 Python 特征张量数组中，然后进行乱序排列。这个输入结构应该是 4D 张量，形状为（样本，图像高度，图像宽度，颜色深度）。

对应地，也要把目录名整理到一个同样长度的 1D 标签张量中，次序与特征张量一致。

1. 数据的读入

先显示一下 Images 目录下的狗狗种类子目录：

```python
import numpy as np # 导入 Numpy
import pandas as pd # 导入 Pandas
import os # 导入 os 工具
print(os.listdir("../input/stanford-dogs-dataset/images/Images"))
```

输出结果如下：

```
['n02105162-malinois', 'n02094258-Norwich_terrier', 'n02102177-Welsh_springer_spaniel',
'n02086646-Blenheim_spaniel', … … 'n02086910-papillon', 'n02093256-Staffordshire_
bullterrier', 'n02113624-toy_poodle', 'n02105056-groenendael', 'n02109961-Eskimo_dog',
… … 'n02102040-English_springer', 'n02108422-bull_mastiff', 'n02088094-Afghan_hound',
'n02115641-dingo']
```

狗的种类太多，我们只处理前 10 个目录：

```python
# 本示例只处理 10 种狗
dir = '../input/stanford-dogs-dataset/images/Images/'
chihuahua_dir = dir+'n02085620-Chihuahua' # 吉娃娃
japanese_spaniel_dir = dir+'n02085782-Japanese_spaniel' # 日本狆
maltese_dir = dir+'n02085936-Maltese_dog' # 马尔济斯犬
pekinese_dir = dir+'n02086079-Pekinese' # 狮子狗
shitzu_dir = dir+'n02086240-Shih-Tzu' # 西施犬
blenheim_spaniel_dir = dir+'n02086646-Blenheim_spaniel' # 英国可卡犬
papillon_dir = dir+'n02086910-papillon' # 蝴蝶犬
toy_terrier_dir = dir+'n02087046-toy_terrier' # 玩具猎狐梗
afghan_hound_dir = dir+'n02088094-Afghan_hound' # 阿富汗猎犬
basset_dir = dir+'n02088238-basset' # 巴吉度猎犬
```

下面的代码将 10 个子目录中的图像和标签值读入 *X*、*y* 数据集：

```python
import cv2 # 导入 OpenCV 工具库
X = []
```

```
y_label = []
imgsize = 150
# 定义一个函数读入狗狗图像
def training_data(label, data_dir):
    print (" 正在读入 : ", data_dir)
    for img in os.listdir(data_dir):
        path = os.path.join(data_dir, img)
        img = cv2.imread(path, cv2.IMREAD_COLOR)
        img = cv2.resize(img, (imgsize, imgsize))
        X.append(np.array(img))
        y_label.append(str(label))
# 读入 10 个目录中的狗狗图像
training_data('chihuahua', chihuahua_dir)
training_data('japanese_spaniel', japanese_spaniel_dir)
training_data('maltese', maltese_dir)
training_data('pekinese', pekinese_dir)
training_data('shitzu', shitzu_dir)
training_data('blenheim_spaniel', blenheim_spaniel_dir)
training_data('papillon', papillon_dir)
training_data('toy_terrier', toy_terrier_dir)
training_data('afghan_hound', afghan_hound_dir)
training_data('basset', basset_dir)
```

输出结果如下：

```
正在读入 : ../input/images/Images/n02085620-Chihuahua
正在读入 : ../input/images/Images/n02085782-Japanese_spaniel
正在读入 : ../input/images/Images/n02085936-Maltese_dog
正在读入 : ../input/images/Images/n02086079-Pekinese
正在读入 : ../input/images/Images/n02086240-Shih-Tzu
正在读入 : ../input/images/Images/n02086646-Blenheim_spaniel
正在读入 : ../input/images/Images/n02086910-papillon
正在读入 : ../input/images/Images/n02087046-toy_terrier
正在读入 : ../input/images/Images/n02088094-Afghan_hound
正在读入 : ../input/images/Images/n02088238-basset
```

这里使用了 OpenCV 库中的图像文件读取和 resize 函数，把全部图像转换成大小为 150px×150px 的标准格式。

 咖哥发言

OpenCV 的全称是 Open Source Computer Vision Library，是一个跨平台的计算机视觉库。OpenCV 是由英特尔公司发起并参与开发，以 BSD 许可证授权发行，可以在商业和研究领域中免费使用。OpenCV 可用于开发实时的图像处理、计算机视觉以及模式识别程序。

此时 **X** 和 **y** 仍是 Python 列表，而不是 NumPy 数组。

2. 构建 X、y 张量

下面的代码用于构建 **X**、**y** 张量，并将标签从文本转换为 One-hot 格式的分类编码：

```
from sklearn.preprocessing import LabelEncoder # 导入标签编码工具
from tensorflow.keras.utils import to_categorical # 导入 One-hot 编码工具
label_encoder = LabelEncoder()
y = label_encoder.fit_transform(y_label) # 标签编码
y = to_categorical(y, 10) # 将标签转换为 One-hot 编码
X = np.array(X) # 将 X 从列表转换为张量数组
X = X/255 # 将 X 张量归一化
```

y = label_encoder.fit_transform（y_label）和 y = to_categorical（y，10）这两个语句将狗狗目录名称转换成了 One-hot 编码。

np.array 方法将 **X** 从列表转换为张量数组。

X = X/255 这个语句很有意思，相当于是手工将图像的像素值进行简单的压缩，也就是将 **X** 张量进行归一化，以利于神经网络处理它。

3. 显示向量化之后的图像

输出一下 **X** 张量的形状和内容：

```
print ('X 张量的形状：', X.shape)
print ('X 张量中的第一个数据 ', X[1])
```

结果显示其形状（样本，高度，宽度，颜色深度）与我们的预期一致：

```
X 张量的形状：(1922, 150, 150, 3)
X 张量中的第一个数据
[[[0.02352941 0.11764706 0.40392157]
  [0.02745098 0.1372549  0.43529412]
  [0.02352941 0.15686275 0.48235294]
  ...
  ...
  [0.05098039 0.16470588 0.67058824]
  [0.04705882 0.16078431 0.6627451 ]
  [0.04705882 0.16078431 0.6627451 ]]]]
```

而输出 **y_train** 的形状和内容：

```
print ('y 张量的形状：', y.shape)
print ('y 张量中的第一个数据 ', y[1])
```

输出结果如下：

```
y 张量的形状：(1922, 10)
y 张量中的第一个数据 [0. 0. 0. 1. 0. 0. 0. 0. 0. 0.]
```

也可以将已经缩放至［0，1］区间之后的张量重新以图像的形式显示出来：

```
import matplotlib.pyplot as plt # 导入 Matplotlib 库
import random as rdm # 导入随机数工具
# 随机显示几张可爱的狗狗图像
fig, ax = plt.subplots(5, 2)
fig.set_size_inches(15, 15)
for i in range(5):
    for j in range (2):
        r = rdm.randint(0, len(X))
        x[r]=x[r][...,::-1] # 将图像通道从 BGR 调整为 RGB，防止色彩失真
```

```
        ax[i, j].imshow(X[r])
        ax[i, j].set_title('Dog: '+y_label[r])
plt.tight_layout()
```

狗狗图像如下图所示。

显示狗狗图像

4. 拆分数据集

随机地乱序并拆分训练集和测试集：

```python
from sklearn.model_selection import train_test_split # 导入拆分工具
X_train, X_test, y_train, y_test = train_test_split(X, y, test_size=0.2,
                                                    random_state=0)
```

6.5.2 构建简单的卷积网络

下面就开始构建简单的卷积网络：

```python
from keras import layers # 导入所有层
from keras import models # 导入所有模型
cnn = models.Sequential() # 序贯模型
cnn.add(layers.Conv2D(32, (3, 3), activation='relu', # 卷积层
                      input_shape=(150, 150, 3)))
cnn.add(layers.MaxPooling2D((2, 2))) # 最大池化层
cnn.add(layers.Conv2D(64, (3, 3), activation='relu')) # 卷积层
cnn.add(layers.MaxPooling2D((2, 2))) # 最大池化层
cnn.add(layers.Conv2D(128, (3, 3), activation='relu')) # 卷积层
cnn.add(layers.MaxPooling2D((2, 2))) # 最大池化层
cnn.add(layers.Conv2D(128, (3, 3), activation='relu')) # 卷积层
cnn.add(layers.MaxPooling2D((2, 2))) # 最大池化层
cnn.add(layers.Flatten()) # 展平层
cnn.add(layers.Dense(512, activation='relu')) # 全连接层
cnn.add(layers.Dense(10, activation='softmax')) # 分类输出
cnn.compile(loss='categorical_crossentropy', # 损失函数
            optimizer='rmsprop', # 优化器
            metrics=['acc']) # 评估指标
```

卷积网络结构如下图所示。

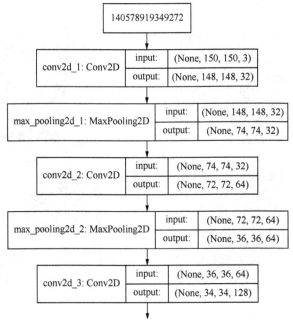

程序编译出的卷积网络结构

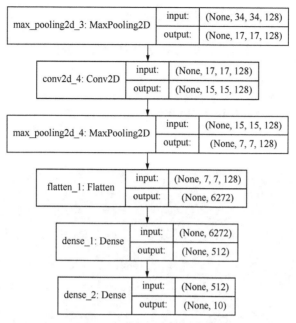

<table>
<tr><td>max_pooling2d_3: MaxPooling2D</td><td>input:</td><td>(None, 34, 34, 128)</td></tr>
<tr><td></td><td>output:</td><td>(None, 17, 17, 128)</td></tr>
</table>

| conv2d_4: Conv2D | input: | (None, 17, 17, 128) |
| | output: | (None, 15, 15, 128) |

| max_pooling2d_4: MaxPooling2D | input: | (None, 15, 15, 128) |
| | output: | (None, 7, 7, 128) |

| flatten_1: Flatten | input: | (None, 7, 7, 128) |
| | output: | (None, 6272) |

| dense_1: Dense | input: | (None, 6272) |
| | output: | (None, 512) |

| dense_2: Dense | input: | (None, 512) |
| | output: | (None, 10) |

程序编译出的卷积网络结构（续）

可以看出，卷积网络中，特征图的深度在逐渐增加（从 32 增大到 128），而特征图的大小却逐渐减小（从 150px×150px 减小到 7px×7px）。这是构建卷积神经网络的常见模式。

因为需要的层类型比较多，所以没有逐一导入，而是直接导入了 Keras 中所有的层。简单地介绍一下这个卷积网络中用到的各个层和超参数。

■ Conv2D，是 2D 卷积层，对平面图像进行卷积。卷积层的参数 32,（3,3）中, 32 是深度，即该层的卷积核个数，也就是通道数；后面的（3,3）代表卷积窗口大小。第一个卷积层中还通过 input_shape=（150，150，3）指定了输入特征图的形状。

全部的卷积层都通过 ReLU 函数激活。

其实还有其他类型的卷积层，比如用于处理时序卷积的一维卷积层 Conv1D 等。

■ MaxPooling2D，是最大池化层，一般紧随卷积层出现，通常采用 2×2 的窗口，默认步幅为 2。这是将特征图进行 2 倍下采样，也就是高宽特征减半。

上面这种卷积 + 池化的架构一般要重复几次，同时逐渐增加特征的深度。

■ Flatten，是展平层，将卷积操作的特征图展平后，才能够输入全连接层进一步处理。

■ 最后两个 Dense，是全连接层。

□ 第一个是普通的层，用于计算权重，确定分类，用 ReLU 函数激活。

□ 第二个则只负责输出分类结果，因为是多分类，所以用 Softmax 函数激活。

■ 在网络编译时，需要选择合适的超参数。

□ 损失函数的选择是 categorical_crossentropy，即分类交叉熵。它适用于多元分类问题，以衡量两个概率分布之间的距离，使之最小化，让输出结果尽可能接近真实值。

□ 优化器的选择是 RMSProp。

□ 评估指标为准确率 acc，等价于 accucary。

6.5.3 训练网络并显示误差和准确率

对网络进行训练（为了简化模型，这里还是直接使用训练集数据进行验证）：

```
history = cnn.fit(X_train, y_train, # 指定训练集
                  epochs=50,        # 指定轮次
                  batch_size=256,   # 指定批量大小
                  validation_data=(X_test, y_test)) # 指定验证集
```

输出结果如下：

```
Train on 1229 samples, validate on 308 samples
Epoch 1/50
1229/1229 [==============================] - 2s 2ms/step - loss: 3.0378 - acc: 0.1196
- val_loss: 2.3152 - val_acc: 0.0974
Epoch 2/50

1229/1229 [==============================] - 2s 2ms/step - loss: 2.2788 - acc: 0.1709
- val_loss: 2.2454 - val_acc: 0.1494
… …
Epoch 50/50
1229/1229 [==============================] - 2s 2ms/step - loss: 0.0127 - acc: 0.9984
- val_loss: 19.3539 - val_acc: 0.1753
```

然后绘制训练集和验证集上的损失曲线和准确率曲线（可以重用上一课的代码段），如下图所示。

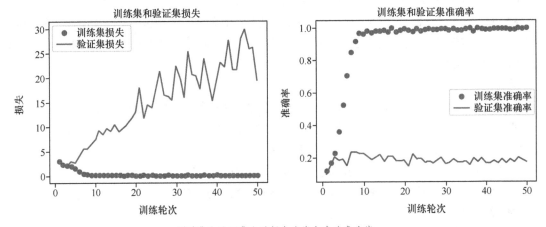

训练集和验证集上的损失曲线和准确率曲线

我们发现训练的效果很差。虽然训练集上的损失逐渐减小，准确率在几轮之后提升到了99%以上，然而从验证集的损失和准确率来看，网络根本就没有训练起来。验证集的准确率徘徊在20%。对于一个有10个类别的多分类问题，这个准确率只比随机猜测好一点点，因为随机猜测的准确率是10%。

6.6 卷积网络性能优化

大家休息了一会儿，回到课堂上继续讨论如何优化这个卷积网络的性能。

一个同学率先发言："是不是像上一课讲的归一化一样，即特征缩放方面的问题？"

"非常好！"咖哥回答，"你倒是记住了上一课的要点。放入神经网络中的数据的确需要归一化，然而这件事我们已经做了——图像数据张量的值已经压缩至 [0，1] 区间。"

"是激活函数的关系？"另一个同学发言。咖哥说："使用 ReLU 函数进行卷积网络的激活，基本上是没有大问题的。当然，你们也可以试一试其他的激活函数，如 eLU 等。而后面的 Softmax 函数对于多分类问题的激活是标配。因此，也没有问题。"

小冰突然喊道："那个 Drop……解决过拟合的……"

"嗯，Dropout，"咖哥终于点头，"这倒是值得一试。实践是检验真理的唯一标准，我们来动手试几招。"

6.6.1 第一招：更新优化器并设置学习速率

从最简单的修改开始，暂时不改变网络结构，先考虑一下优化器的调整，并尝试使用不同的学习速率进行梯度下降。因为很多时候神经网络完全没有训练起来，是学习速率设定得不好。

示例代码如下：

```
from tensorflow.keras import optimizers # 导入优化器
cnn = models.Sequential() # 贯序模型
cnn.add(layers.Conv2D(32, (3, 3), activation='relu', # 卷积层
                      input_shape=(150, 150, 3)))
cnn.add(layers.MaxPooling2D((2, 2))) # 最大池化层
cnn.add(layers.Conv2D(64, (3, 3), activation='relu')) # 卷积层
cnn.add(layers.MaxPooling2D((2, 2))) # 最大池化层
cnn.add(layers.Conv2D(128, (3, 3), activation='relu')) # 卷积层
cnn.add(layers.MaxPooling2D((2, 2))) # 最大池化层
cnn.add(layers.Conv2D(256, (3, 3), activation='relu')) # 卷积层
cnn.add(layers.MaxPooling2D((2, 2))) # 最大池化层
cnn.add(layers.Flatten()) # 展平层
cnn.add(layers.Dense(512, activation='relu')) # 全连接层
cnn.add(layers.Dense(10, activation='sigmoid')) # 分类输出
cnn.compile(loss='categorical_crossentropy', # 损失函数
        optimizer=optimizers.Adam(lr=1e-4), # 更新优化器并设定学习速率
        metrics=['acc']) # 评估指标
history = cnn.fit(X_train, y_train, # 指定训练集
            epochs=50,      # 指定轮次
            batch_size=256, # 指定批量大小
            validation_data=(X_test, y_test)) # 指定验证集
```

输出结果如下：

```
Train on 1537 samples, validate on 385 samples
Epoch 1/50
1537/1537 [==============================] - 2s 1ms/step - loss: 2.2900 - acc: 0.1386
- val_loss: 2.2611 - val_acc: 0.1714
Epoch 2/50
```

```
1537/1537 [==============================] - 1s 876us/step - loss: 2.2068 - acc:
0.2088 - val_loss: 2.1376 - val_acc: 0.2753
... ...
Epoch 50/50
1537/1537 [==============================] - 2s 1ms/step - loss: 0.0190 - acc: 0.9967
- val_loss: 4.4028 - val_acc: 0.3896
```

更换了优化器，并设定了学习速率之后，再次训练网络，发现准确率有了很大的提升，最后达到了 40% 左右，提高了近一倍。不过，从损失曲线上看（如下图所示），20 轮之后，验证集的损失突然飙升了。这是比较典型的过拟合现象。

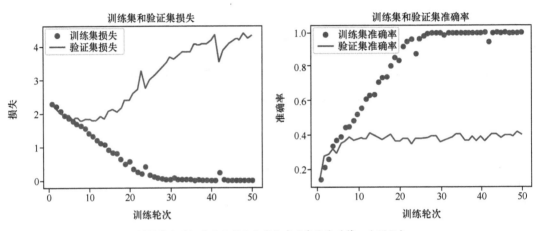

训练集和验证集上的损失曲线和准确率曲线（第一次调优）

6.6.2 第二招：添加 Dropout 层

"那么下一步怎么办呢？"咖哥说，"这时可以考虑一下小冰刚才说的 Dropout 层，降低过拟合风险。"

示例代码如下：

```python
cnn = models.Sequential() # 序贯模型
cnn.add(layers.Conv2D(32, (3, 3), activation='relu', # 卷积层
                input_shape=(150, 150, 3)))
cnn.add(layers.MaxPooling2D((2, 2))) # 最大池化层
cnn.add(layers.Conv2D(64, (3, 3), activation='relu')) # 卷积层
cnn.add(layers.Dropout(0.5)) # Dropout 层
cnn.add(layers.MaxPooling2D((2, 2))) # 最大池化层
cnn.add(layers.Conv2D(128, (3, 3), activation='relu')) # 卷积层
cnn.add(layers.Dropout(0.5)) # Dropout 层
cnn.add(layers.MaxPooling2D((2, 2))) # 最大池化层
cnn.add(layers.Conv2D(256, (3, 3), activation='relu')) # 卷积层
cnn.add(layers.MaxPooling2D((2, 2))) # 最大池化层
cnn.add(layers.Flatten()) # 展平层
cnn.add(layers.Dropout(0.5)) # Dropout
cnn.add(layers.Dense(512, activation='relu')) # 全连接层
cnn.add(layers.Dense(10, activation='sigmoid')) # 分类输出
cnn.compile(loss='categorical_crossentropy', # 损失函数
```

```
                optimizer=optimizers.Adam(lr=1e-4), # 更新优化器并设定学习速率
                metrics=['acc']) # 评估指标
history = cnn.fit(X_train, y_train, # 指定训练集
                epochs=50,        # 指定轮次
                batch_size=256,  # 指定批量大小
                validation_data=(X_test, y_test)) # 指定验证集
```

输出结果如下：

```
Train on 1537 samples, validate on 385 samples
Epoch 1/50
1537/1537 [==============================] - 2s 1ms/step - loss: 2.2998 - acc: 0.1496
- val_loss: 2.2810 - val_acc: 0.2416
Epoch 2/50
1537/1537 [==============================] - 2s 987us/step - loss: 2.1917 - acc:
0.2219 - val_loss: 2.2217 - val_acc: 0.2416

... ...
Epoch 50/50
1537/1537 [==============================] - 2s 1ms/step - loss: 0.0190 - acc: 0.9967
- val_loss: 4.4028 - val_acc: 0.3896
```

添加了 Dropout 层防止过拟合之后，损失曲线显得更平滑了（如下图所示），不再出现在验证集上飙升的现象。但是准确率的提升不大，还是 40% 左右。而且训练集和验证集之间的准确率，仍然是天壤之别。

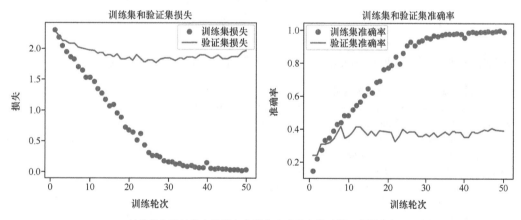

训练集和验证集上的损失曲线和准确率曲线（第二次调优）

6.6.3 "大杀器"：进行数据增强

大家看到各种调试还是取得了一些效果，于是继续献计。有的同学提议像搭积木一样再多加几层，看看增加网络的深度是否会进一步提高性能。

咖哥说："先别试了，等会儿你们可以自己慢慢调试。现在我要给大家介绍一个提高卷积网络图像处理问题的性能的'大杀器'，名字叫作**数据增强**（data augmentation）。这种方法肯定能够进一步提高计算机视觉问题的准确率，同时降低过拟合。"

同学们听到还有这么神奇的方法后，纷纷集中注意力。咖哥说："机器学习，数据量是多多益善的。数据增强，能把一张图像当成7张、8张甚至10张、100张来用，也就是从现有的样本中生成更多的训练数据。"

怎么做到的？是通过对图像的平移、颠倒、倾斜、虚化、增加噪声等多种手段。这是利用能够生成可信图像的随机变换来增加样本数，如下图所示。这样，训练集就被大幅地增强了，无论是图像的数目，还是多样性。因此，模型在训练后能够观察到数据的更多内容，从而具有更好的准确率和泛化能力。

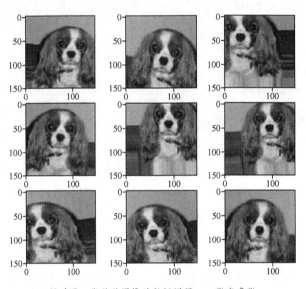

针对同一张狗狗图像的数据增强：一张变多张

在Keras中，可以用ImageData- Generator工具来定义一个数据增强器：

```
# 定义一个数据增强器，并设定各种增强选项
from keras.preprocessing.image import ImageDataGenerator
augs_gen = ImageDataGenerator(
        featurewise_center=False,
        samplewise_center=False,
        featurewise_std_normalization=False,
        samplewise_std_normalization=False,
        zca_whitening=False,
        rotation_range=10,
        zoom_range = 0.1,
        width_shift_range=0.2,
        height_shift_range=0.2,
        horizontal_flip=True,
        vertical_flip=False)
augs_gen.fit(X_train) # 针对训练集拟合数据增强器
```

网络还是用回相同的网络，唯一的区别是在训练时，需要通过fit_generator方法动态生成被增强后的训练集：

```
history = cnn.fit_generator( # 使用fit_generator
    augs_gen.flow(X_train, y_train, batch_size=16), # 增强后的训练集
```

```
validation_data  = (X_test, y_test), # 指定验证集
validation_steps = 100, # 指定验证步长
steps_per_epoch  = 100, # 指定每轮步长
epochs = 50,  # 指定轮次
verbose = 1) # 指定是否显示训练过程中的信息
```

输出结果如下：

```
Epoch 1/50
100/100 [==============================] - 8s 76ms/step - loss: 2.3003 - acc: 0.1293
- val_loss: 2.2951 - val_acc: 0.1532

Epoch 2/50
100/100 [==============================] - 7s 71ms/step - loss: 2.2571 - acc: 0.1735
- val_loss: 2.2648 - val_acc: 0.1662
... ...
Epoch 50/50
100/100 [==============================] - 7s 73ms/step - loss: 1.3982 - acc: 0.5091
- val_loss: 1.7499 - val_acc: 0.5065
```

训练集和验证集上的损失曲线和准确率曲线如下图所示。

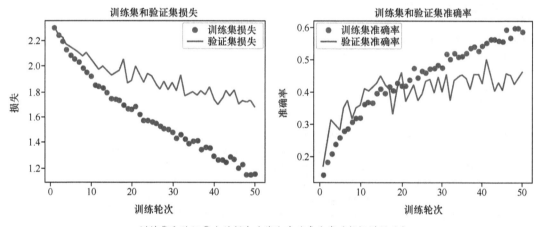

训练集和验证集上的损失曲线和准确率曲线（数据增强后）

这次训练的速度似乎变慢了很多（因为数据增强需要时间），但是训练结果更令人满意。而且，训练集和验证集的准确率最终呈现出在相同区间内同步上升的状态，这是很好的现象。从损失曲线上看，过拟合的问题基本解决了。而验证集准确率也上升至 50% 左右。对于这个多种狗狗的分类问题来说，这已经是一个相当不错的成绩了。

下面的代码可以将神经网络模型（包括训练好的权重等所有参数）保存到一个文件中，并随时可以读取。

```
from keras.models import load_model # 导入模型保存工具
cnn.save('../my_dog_cnn.h5')  # 创建一个 HDF5 格式的文件 'my_dog_cnn.h5'
del cnn  # 删除当前模型
cnn = load_model('../my_dog_cnn.h5') # 重新载入已经保存的模型
```

总结一下，深度神经网络的性能优化是一个很大的课题。希望上一课和本课两次的尝试能带

给大家一个基本的思路。此外，其他可以考虑的方向还包括以下几种。

- 增加或减少网络层数。
- 尝试不同的优化器和正则化方法。
- 尝试不同的激活函数和损失函数。

6.7 卷积网络中特征通道的可视化

"好啦，本次课程到此就结束了。"咖哥说。

"等等，咖哥。"小冰喊道，"这么早下课？"

"嗯？小冰，你还有什么疑问？"咖哥回答。

小冰继续说："是这样的，卷积网络，处理图像效果很好，但是我总觉得它是一个'黑盒子'。所以我有点好奇，想看一看特征提取过程中，这个卷积网络里面到底发生了什么。"

咖哥说："噢，这样啊。你这种疑惑还是挺常见的。人们也开发了几种方法来查看卷积网络的内部结构。我给你介绍一种比较简单的方法吧。通过这个叫作**中间激活**的方法，我们可以看到卷积过程中特征图的'特征通道'。"

中间激活的实现代码如下：

```
from keras.models import load_model # 导入模型保存工具
import matplotlib.pyplot as plt # 导入 Matplotlib 库
model = load_model('../my_dog_cnn.h5')# 载入刚才保存的模型
# 绘制特征通道
layer_outputs = [layer.output for layer in model.layers[:16]]
image = X_train[0]
image = image.reshape(1, 150, 150, 3)
activation_model = models.Model(inputs=model.input, outputs=layer_outputs)
activations = activation_model.predict(image)
first_layer_activation = activations[0]
plt.matshow(first_layer_activation[0, :, :, 2], cmap='viridis')
plt.matshow(first_layer_activation[0, :, :, 3], cmap='viridis')
```

特征通道的示例如下图所示。

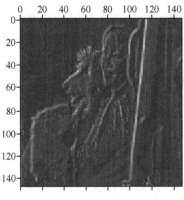
狗面部轮廓特征通道

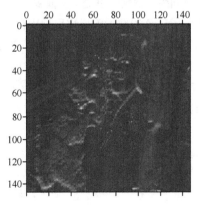
狗眼特征通道（抱着狗狗的人的眼睛也被激活）

通过观察这些特征通道的中间激活图就能发现，卷积网络中的各个通道并不是漫无目地进行特征提取，而是各负其责，忽略不相关的噪声信息，专门聚焦于自己所负责的那部分特征，激活各个特征点。这些特征点（也就是小模式）进行组合，就实现了高效率的图像识别。

6.8 各种大型卷积网络模型

这里再多讲一些科普性内容。

卷积网络的"始祖"是 AlexNet，这个有名的网络由 Hinton 的学生 Alex Krizhevsky 设计，在 ImageNet 挑战赛上一举夺魁，成为深度学习热潮的"开路急先锋"。有趣的是，Hinton 居然曾经对这个设计怀有过抵触情绪。

从 2012 年 AlexNet 夺冠到现在，数据科学家们构建出了一个接一个的大型卷积网络模型。这些网络结构上越来越好，预测更准确，速度更快，而且通常大型的网络都有着更为复杂的拓扑结构。

下图显示的是各种大型卷积网络在不同大小的图像数据集上的准确率。

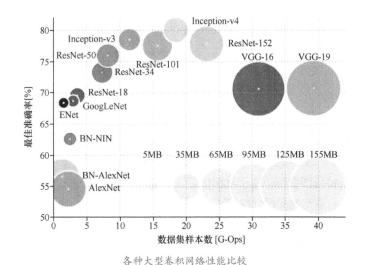

各种大型卷积网络性能比较

6.8.1 经典的 VGGNet

2014 年，牛津大学计算机视觉组（Visual Geometry Group）和 Google DeepMind 公司的研究员一起研发出了深度卷积神经网络 VGGNet，并取得了 ILSVRC 2014 比赛分类项目的第二名（第一名是 GoogLeNet，也是同年提出的）和定位项目的第一名。

VGGNet 探索了卷积神经网络的深度与其性能之间的关系，成功地构建了 16～19 层深的卷积神经网络，证明了增加网络的深度能够在一定程度上影响网络最终的性能，使错误率大幅下降。同时，它的拓展性很强，迁移到其他图像数据上的泛化性也非常好。到目前为止，VGGNet 仍然被用来提取图像特征。

VGGNet 可以看成是加深版本的 AlexNet，都是由卷积层、全连接层两大部分构成，其架构如下图所示。

这个经典的卷积网络架构，包括以下特点。

（1）结构简洁。VGGNet 由 5 层卷积层、3 层全连接层、1 层 Softmax 输出层构成，层与层之间使用最大化池层分开，所有隐层的激活单元都采用 ReLU 函数。

（2）小卷积核和多卷积子层。VGGNet 使用多个较小卷积核（3x3）的卷积层代替一个较大卷积核的卷积层，一方面可以减少参数，另一方面相当于进行了更多的非线性映射，可以增加网络的拟合能力。

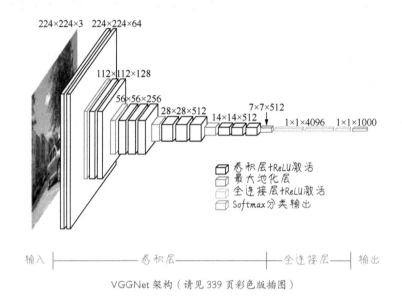

VGGNet 架构（请见 339 页彩色版插图）

（3）小池化核。相比 AlexNet 的 3×3 的池化核，VGGNet 全部采用 2×2 的池化核。

（4）通道数多。VGGNet 第一层的通道数为 64，后面每层都进行了翻倍，最多达到了 512 个通道。通道数的增加，使得更多的信息可以被提取出来。

（5）层数更深、特征图更宽。由于卷积核专注于扩大通道数、池化核专注于缩小宽度和高度，使得模型架构上更深、更宽的同时，控制了计算量的增加规模。

后来很多的卷积网络在设计时，都借鉴了 VGGNet。不难看出，本课案例中的小型卷积网络架构和 VGGNet 也如出一辙。

6.8.2 采用 Inception 结构的 GoogLeNet

而新型的 Inception 或者 ResNet，比起经典的 VGGNet 性能更优越。其中，Inception 的速度更快，ResNet 的准确率更高。

GoogLeNet，采用的就是 Inception 结构，是 2014 年 Christian Szegedy 提出的一种新的深度学习结构。之前的 AlexNet、VGGNet 等结构都是通过单纯增加网络的深度（层数）来提高准确率，由此带来的副作用，包括过拟合、梯度消失、梯度爆炸等。Inception 通过模块串联来更高效地利用计算资源，在相同的计算量下能提取到更多的特征，从而提升训练结果。

Inception 模块的基本架构如下图所示。而整个 Inception 结构就是由多个这样的 Inception 模块串联起来的。Inception 结构的主要贡献有两个：一是使用 1×1 的卷积来进行升降维，二是增加了广度，即用不同尺寸的卷积核同时进行卷积再聚合。

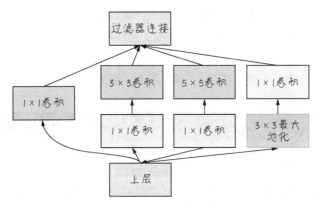

Inception 模块的基本架构

关于 Inception 结构以及 GoogLeNet 网络的更多细节，请同学们查阅 Google 发表的相关论文。

6.8.3 残差网络 ResNet

VGGNet 和 GoogLeNet 都说明了一个道理：足够的深度是神经网络模型表现得更良好的前提，但是在网络达到一定深度之后，简单地堆叠网络反而使效果变差了，这是由于梯度消失和过拟合造成的。

进一步的解决方案就是以前提过的残差连接结构，通过创建较前面层和较后面层之间的捷径，解决了深度网络中的梯度消失问题。在构建卷积网络过程中，残差连接构造出来的 ResNet 可进一步提高图像处理的准确率。

残差网络增加了一个恒等映射（identity mapping），把当前输出直接传输给下一层网络，相当于走了一个捷径，跳过了本层运算，同时在反向传播过程中，也是将下一层网络的梯度直接传递给上一层网络，这样就解决了深层网络的梯度消失问题。

这些大型卷积网络还有一个非常大的优点在于：它学到的知识是可迁移的。也就是说，一个训练好的大型卷积网络可以迁移到我们自己的新模型上，来解决我们的问题。如何实现这种神经网络之间的知识迁移呢？这里先留给大家一个悬念。

6.9 本课内容小结

下面，我们总结一下卷积网络的特点。

- 局部连接，减少参数，提升效率。
- 通过特征提取把整体特征分解成小特征。
- 小特征具有平移不变性，因此出现的各个位置均能被识别。
- 通过空间层级将深度特征组合，形成整体特征。
- 卷积的原理：抠图，卷积核对抠下来的图进行运算，形成响应通道。
- 填充和步幅。
- 池化层的功能是对特征图进行下采样。

卷积网络是计算机视觉处理的"利器"，在目前计算机视觉相关的项目实践中，绝大多数情况都可以看见卷积网络的身影。本课就通过一个小型的卷积网络，实现了对10种不同品种狗狗的图像进行分类。在这个过程中，我们用多种方式对网络进行了优化。

在本课的最后，还介绍了一种将卷积网络特征通道可视化的方法，以及几种大型卷积网络模型。

6.10 课后练习

练习一　对本课示例继续进行参数调试和模型优化。

（提示：可以考虑增加或者减少迭代次数、增加或者减少网络层数、添加Dropout层、引入正则项等。）

练习二　在Kaggle网站搜索下载第6课的练习数据集"是什么花"，并使用本课介绍的方法新建卷积网络处理该数据集。

练习三　保存卷积网络模型，并在新程序中导入保存好的模型。

第7课 循环神经网络——鉴定留言及探索系外行星

这天，咖哥突然问："同学们，欣赏一幅画时，是整体地看，还是从上到下、从左到右地看？"

大家回答："整体看。"

咖哥继续问："那么当看一本书的时候，是整页地看，还是从上到下、从左到右有次序地看？"

小冰说："你说呢？"

咖哥说："小冰，别以为我在开玩笑。我想引出图形图像识别和自然语言处理这两种应用的不同之处。"

应用卷积网络处理图形图像，效果很好。无论是普通的深度神经网络，还是卷积网络，对样本特征的处理都是整体进行的，是次序无关的。在卷积网络中，虽然有一个通过滑动窗口抠取图块与卷积核进行卷积操作的过程，但对于每张图像来说，仍然是一个整体操作。也就是说，先处理左侧的特征图，还是先处理右侧的特征图，神经网络所得到的结果是完全相同的，预测值与操作特征的次序无关。

然而在面对语言文字的时候，特征之间的"次序"突然变得重要起来。本课中要讲的另一个重要神经网络模型——循环神经网络，就是专门用于处理语言、文字、时序这类特征之间存在"次序"的问题。这是一种循环的、带"记忆"功能的神经网络，这种网络针对序列性问题有其优势。

小冰听到这儿突然又激动了："咖哥，这个循环神经网络来得正是时候。我的店铺中，有几个爆款产品最近收到了很多的评论，有好评，也有差评，数量多得我简直看不过来。我想，没时间一条条看评论的话，能不能将这些评论都输入机器，看看是哪些客户经常性地给产品差评呢？"

小冰：我可不管那么多，我只是要知道，哪些人给了我差评

"很好啊，"咖哥说，"这不正是适合用循环神经网络来解决的好案例吗。不过，我们还是先看看本课重点吧。"

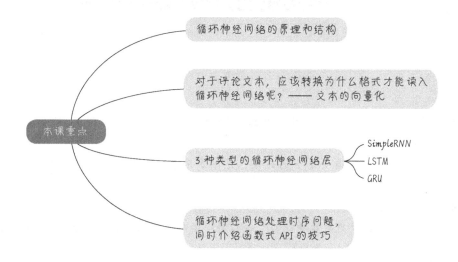

本课重点
- 循环神经网络的原理和结构
- 对于评论文本，应该转换为什么格式才能读入循环神经网络呢？—— 文本的向量化
- 3 种类型的循环神经网络层
  - SimpleRNN
  - LSTM
  - GRU
- 循环神经网络处理时序问题，同时介绍函数式 API 的技巧

7.1 问题定义：鉴定评论文本的情感属性

看完课程内容，小冰急着说："咖哥，可说好了要用我带来的案例了。你一说到这循环网络在语言、文字处理时能大显神威，我就开始琢磨了。咱网店爆款商品的留言量经常 10 万条以上啊！。这么多的评论，怎么看得过来！我只需要机器告诉我，哪些是差评！我可得记住这些人！"

咖哥："记住这些人？你要去报复这些给你差评的客户吗？"

小冰："当然不是了，找出那些信息，就可以根据反馈提升我的产品质量嘛！"

咖哥深感欣慰，说道："那好啊。你的这个需求用机器学习术语说，其实是要自动判断一条评论的**情感倾向**。"

咖哥打开小冰带来的文件——"乖乖，"他吓了一大跳，"怎么都英文的？这是你的客户的评论吗？你从哪儿下载下来逗我玩儿的？"

小冰笑说：不行吗？咖哥，英文的你就不能分析了？"

咖哥嗤之以鼻："当然行了，我也许搞不定，但哪种语言 RNN 搞不定？再者说了，我也读过大学，这些东西我全认识。你看这文件里面第 1 号 id 的评论 'Love this...'，那就是爱的意思！很明显这条评论的用户爱上了你的产品。因此，在后面的 Rating（商品打分）中，她给你打了 5 分。而第 5 号 id 的评论呢？ 'This one is not very petite.' Petite 这单词咖哥真的不大认识，但是人家一定是说你这个东西——不怎么合适！因此，这条评论后面的 Rating 是 2。"

小冰向咖哥竖起两个大拇指。

因此，文件中的 Rating 字段可以说是给我们带来了评论文字属性的标签，即针对所购商品和本次采购行为的情感属性，如下所示。

- Rating 5，评价非常正面，非常满意。
- Rating 4，评价正面，较为满意。

- Rating 3，评价一般。
- Rating 2，评价负面，较不满意。
- Rating 1，评价非常负面，很不满意。

显而易见，如果机器习得了鉴别文字情感属性的能力，那么可以过滤垃圾留言和不文明的评论。有的时候，针对某些网络留言可进行相关的预警工作，通过采取预防措施，甚至能避免极端事件的发生。

7.2 循环神经网络的原理和结构

先把要解决的问题放在一边，下面讲一讲循环神经网络的原理。刚才提到，人类处理序列性数据，比如阅读文章时，是逐词、逐句地阅读，读了后面的内容，同时也会记住之前的一些内容。这让我们能动态理解文章的意义。人类的智能可以循序渐进地接收并处理信息，同时保存近期所处理内容的信息，用以将上下文连贯起来，完成理解过程。

 咖哥发言

记忆可分为瞬时记忆、短时记忆和长时记忆。瞬时记忆能够处理的信息少，而且持续时间短，但是对当前的即时判断很重要。短时记忆是保持时间在 1 分钟以内的记忆。长时记忆可以存储较多信息，信息也能持续很久，但是读取访问的速度稍微慢一点。

那么神经网络能否模拟人脑记忆功能去构建模型呢？这个模型需要记忆已经读入的信息，并不断地随着新信息的到来而更新。

7.2.1 什么是序列数据

复习一下什么是序列数据，什么不是序列数据。比如，上一课的一组狗狗图像，在文件夹里面无论怎么放置，甚至翻转图像、移位特征，输入 CNN 之后还是可以被轻松识别，所以图像的特征具有平移不变性。再比如，加州房价的特征集，先告诉机器地区的经度、维度，还是先告诉机器地区周边的犯罪率情况，都是无关紧要的。这些数据，都不是序列数据。

序列数据，是其特征的先后顺序对于数据的解释和处理十分重要的数据。

语音数据、文本数据，都是序列数据。一个字，如果不结合前面几个字来一起解释，其意思可就大相径庭了。一句话，放在前面或者放在后面，会使文意有很大的不同。

文本数据集的形状为 3D 张量：（**样本，序号，字编码**）。

时间序列数据也有这种特点。这类数据是按时间顺序收集的，用于描述现象随时间变化的情况。如果不记录时戳，这些数字本身就没有意义。

时序数据集的形状为 3D 张量：（**样本，时戳，标签**）。

这些序列数据具体包括以下应用场景。

- 文档分类，比如识别新闻的主题或书的类型、作者。
- 文档或时间序列对比，比如估测两个文档或两支股票的相关程度。
- 文字情感分析，比如将评论、留言的情感划分为正面或负面。

- 时间序列预测，比如根据某地天气的历史数据来预测未来天气。
- 序列到序列的学习，比如两种语言之间的翻译。

7.2.2 前馈神经网络处理序列数据的局限性

之前介绍的两种网络（普通人工神经网络和卷积神经网络）可以称为**前馈神经网络**（feedforward neural network），各神经元分层排列。每个神经元只与前一层的神经元相连，接收前一层的输出，并输出给下一层，各层间没有反馈。每一层内部的神经元之间，也没有任何反馈机制。

前馈神经网络也可以处理序列数据，但它是对数据整体读取、整体处理。比如一段文本，需要整体输入神经网络，然后一次性地进行解释。这样的网络，每个单词处理过程中的权重是无差别的。网络并没有对相临近的两个单词进行特别的对待。

请看下图中的示例，输入是一句简单的话"我离开南京，明天去北京"。这句话中每一个词都是特征，标签是目的地。机器学习的目标是判断这个人要去的地方。这一句话输入机器之后，每一个词都是等价的，都会一视同仁去对待。大家想一想，在这种不考虑特征之间的顺序的模型中，如果"去"字为投"北京"票的网络节点加了分，同样，这个"去"字也会给投"南京"票的网络节点加完全一样的分。最后，输入的分类概率，南京和北京竟然各占50%！

他要去哪儿？

这个简单的问题竟然让"聪明"的前馈神经网络如此"失败"。

7.2.3 循环神经网络处理序列问题的策略

此时，"救星"来了。循环神经网络专门为处理这种序列数据而生。它是一种具有**"记忆"功能**的神经网络，其特点是能够把刚刚处理过的信息放进神经网络的内存中。这样，离目标近的特征（单词）的影响会比较大，从而和"去"字更近的"北京"的支持者（神经元）会得到更高的权重。

再举一个例子，如果我们正在进行明天的天气的预测，输入的是过去一年的天气数据，那么是今天和昨天的天气数据比较重要，还是一个月前的天气数据比较重要呢？答案不言自明。

7.2.4 循环神经网络的结构

循环神经网络的结构，与普通的前馈神经网络差异也不是特别大，其实最关键的地方，有以下两处。

（1）以一段文字的处理为例，如果是普通的神经网络，一段文字是整体读入网络处理——只处理一次；而循环神经网络则是每一个神经节点，随着序列的发展处理 N 次，第一次处理一个字、第二次处理两个字，直到处理完为止。

（2）循环神经网络的每个神经节点增加了一个对当前状态的记忆功能，也就是除了权重 w 和偏置 b 之外，循环神经网络的神经元中还多出一个当前状态的权重 u。这个记录当前状态的 u，在网络学习的过程中就全权负责了对刚才所读的文字记忆的功能。

介绍循环神经网络的结构之前，先回忆一个普通神经网络的神经元，如右图所示。

普通的神经网络中的神经元一次性读入全部特征，作为其输入。

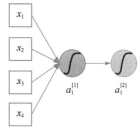

普通网络的神经元

而循环神经网络的神经元需要沿着时间轴线（也就是向量 X 的"时戳"或"序号"特征维）循环很多遍，因此也称 RNN 是带环的网络。这个"带环"，指的是神经元，也就是网络节点自身带环，如下图所示。

循环神经网络中的神经元

多个循环神经网络的神经元在循环神经网络中组合的示意如下图所示。

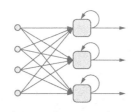

多个循环神经网络的神经元

如果把这个循环过程按序列进行展开，假设时间轴上有 4 个点，也就是 4 个序列特征，那么对于一个网络节点，就要循环 4 次。这里引入隐状态 h，并且需要多一个参数向量 U，用于实现网络的记忆功能。第一次读入特征时间点 1 时的状态如下图所示。

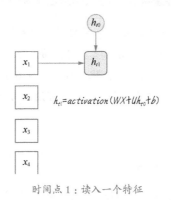

$$h_{t1}=activation(WX+Uh_{t0}+b)$$

时间点 1：读入一个特征

下一个时间点，继续读入特征 x_2，此时的状态已经变为 h_{t1}，这个状态记忆着刚才读入 x_1 时的一些信息，如下图所示。把这个状态与 U 进行点积运算。

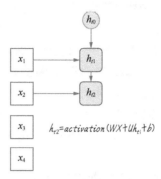

$$h_{t2}=activation(WX+Uh_{t1}+b)$$

时间点 2：读入两个特征

持续进行时间轴上其他序列数据的处理，反复更新状态，更新输出值。这里要强调的是，目前进行的只是一个神经元的操作，此处的 W 和 U，分别是一个向量。

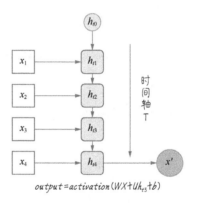

$$output=activation(WX+Uh_{t3}+b)$$

对于每一个循环神经元，需要遍历所有的特征之后再输出

时间轴上的节点遍历完成之后，循环就结束了，循环神经元向下一层网络输出 x'。不难发现，x' 受最近的状态和最新的特征（x_4）的影响最大。

7.3 原始文本如何转化成向量数据

咖哥说道："理论我们只讲这么多，还是一贯作风，只从直观上去理解原理，重点通过案例进行实战。不过在开始实战之前，小冰你先考虑一个问题。上一课，我们处理的是图像数据，文件的格式是像素矩阵，可以说数据已经被向量化。那么，现在要分析你的客户评论，如何开始数据向量化的工作？你要知道，神经网络只能读入数字，可没有办法接收字符、文本等格式的数据。"

小冰一脸无奈地看着咖哥。

7.3.1 文本的向量化：分词

文本的向量化是机器学习进行进一步数据分析、理解、处理的基础，它的作用是令文本的内容尽可能地结构化。

不同类型的文本，需要用到不同的处理方式。具体来说，分为以下几种处理方式。

- 单字符的向量表达。
- 词语的向量表达。
- 短文本（如评论、留言等）的向量表达。
- 长文本（如莎士比亚戏剧集）的向量表达。

最常见的情况，是以"词语"为单位，把文本进行向量化的表达。向量化这个过程，也可以叫作**分词**，或切词（tokenization）。在前深度学习的特征工程时代，分词是一件烦琐的任务。

小冰说："你是不是马上又要说，在深度学习时代，这种分词的任务一下子变得十分轻松，直接把文本输入机器一切就都解决了？"

咖哥不好意思地笑了，说："大概是这样吧。不过还是需要了解分词的基本原理，以及通过深度学习进行文本向量化的优势。"

7.3.2 通过 One-hot 编码分词

分词的最常见的方式是 One-hot 编码。这种编码咱们之前也见过几次了，有的地方把它叫成"独热"编码，这个译法有些奇怪，不像计算机领域的词儿，所以我不翻译，就直接叫它 One-hot 编码。

One-hot 编码很简单，是弄一个长长的单词表，也就是词典，每一个单词（或字符、词组）通过唯一整数索引 i 对应着词典里面的一个条目，然后将这个整数索引 i 转换为长度为 N 的二进制向量（N 是词表大小）。这个向量中，只有第 i 个元素是 1，其余元素都为 0。

表 7-1 给出了 5 部影片所形成的词典，索引当然就是 1～5，再转换为机器可读的 One-hot 编码就是 [1, 0, 0, 0, 0]、[0, 1, 0, 0, 0] 等。

表 7-1　5 部影片的 One-hot 编码

名字	One-hot 编码
攀登者	[1,0,0,0,0]
我和我的祖国	[0,1,0,0,0]
绝命海拔	[0,0,1,0,0]
建国大业	[0,0,0,0,1]
垂直极限	[0,0,1,0,0]

在 Keras 中，使用 Tokenizer 类就可以轻松完成文本分词的功能：

```
from keras.preprocessing.text import Tokenizer # 导入 Tokenizer 工具
words = ['LaoWang has a Wechat account.', 'He is not a nice person.', 'Be careful.']
tokenizer = Tokenizer(num_words=30) # 词典大小只设定 30 个词（因为句子数量少）
tokenizer.fit_on_texts(words) # 根据 3 个句子编辑词典
sequences = tokenizer.texts_to_sequences(words) # 为 3 个句子根据词典里面的索引进行序号编码
one_hot_matrix = tokenizer.texts_to_matrix(words, mode='binary') # 进行 One-hot 编码
word_index = tokenizer.word_index # 词典中的单词索引总数
print('找到了 %s 个词' % len(word_index))
print('这 3 句话（单词）的序号编码：', sequences)
print('这 3 句话（单词）的 One-hot 编码：', one_hot_matrix)
```

输出结果如下：

```
找到了 12 个词
这 3 句话（单词）的序号编码：[[2, 3, 1, 4, 5], [6, 7, 8, 1, 9, 10], [11, 12]]
这 3 句话（单词）的 One-hot 编码：
```

```
[[0. 1. 1. 1. 1. 1. 0. 0. 0. 0. 0. 0. 0. 0. 0. 0. 0. 0. 0. 0. 0. 0. 0. 0.
  0. 0. 0. 0. 0. 0.]
 [0. 0. 0. 0. 0. 1. 1. 1. 0. 0. 0. 0. 0. 0. 0. 0. 0. 0. 0. 0. 0. 0. 0. 0.
  0. 0. 0. 0. 0. 0.]
 [0. 0. 0. 0. 0. 0. 0. 0. 1. 1. 0. 0. 0. 0. 0. 0. 0. 0. 0. 0. 0. 0. 0. 0.
  0. 0. 0. 0. 0. 0.]]
```

上述代码段并不难理解，其中的操作流程如下。

（1）根据文本生成词典——一共 13 个单词的文本，其中有 1 个重复的词 "a"，所以经过训练词典总共收集 12 个词。

（2）词典的大小需要预先设定——本例中设为 30 个词（在实际情况中当然不可能这么小了）。

（3）然后就可以把原始文本，转换成词典索引编码和 One-hot 编码。

那么，这种 One-hot 编码所带来的问题是什么呢？主要有两个，一个是**维度灾难**。这个编码表的维度是怎么来的呢？是字典中有多少个词，就必须预先创建多少维的向量——在这里，3 个短短的句子就变成了 3 个全部是 30 维的向量。而实际字典中词的个数，成千上万甚至几十万，这个向量空间太大了。

降低 One-hot 编码数量的一种方法是 One-hot 散列技巧（one-hot hashing trick）。为了降低维度，并没有为每个单词预分配一个固定的字典编码，而是在程序中通过散列函数动态编码。这种方法中，编码表的长度（也就是散列空间大小）是预先设定的。但是这种方法也有缺点，就是可能出现**散列冲突**（hash collision），即如果预设长度不够，文本序列中，两个不同的单词可能会共享相同的散列值，那么机器学习模型就无法区分它们所对应的单词到底是什么。

如何解决散列冲突的问题呢？如果我们把散列空间的维度设定得远远大于所需要标记的个数，散列冲突的可能性当然就会减小。可是这样就又回到维度灾难……

7.3.3 词嵌入

"你别绕圈子了，咖哥！" 小冰撇了撇嘴，"你这儿大词可真多啊，维度灾难、散列冲突，加上原来说过的梯度爆炸，感觉我们不像在学机器学习，像在听恐怖大片。"

咖哥说："我还真不是在绕圈子，像这种稀疏矩阵（sparse matrix）的确容易带来维度灾难。"

稀疏矩阵，是其中元素大部分为 0 值的矩阵。反之，如果大部分元素都为非 0 值，则这个矩阵是密集的。上面 One-hot 编码后的 3 个句子形成的矩阵，就是一个稀疏矩阵。比如，刚才示例中的第 3 句话，本来只有两个词 'Be careful.'，然而，向量化之后，变成了 30 维的向量，其中多数维值为 0，只有两个值为 1。

这样的稀疏矩阵存在什么问题？首先，浪费内存，因为尺寸太大，算法操作起来效率会下降。想象一下你们要查字典，手边只有一本 2 000 多页的《辞海》，你们查的话是不是很耗时？另外，这种稀疏矩阵还有语义丢失的问题。因为编码过程完全没有考虑词的意义，词是顺着其出现的顺序形成词典索引，信息会丢失，像近义词、反义词这些语义关系也是没办法体现的。

上面的问题如何解决？这里要介绍一个叫作**词嵌入**（word embedding）的方法，它通过把 One-hot 编码压缩成密集矩阵，来降低其维度。而且，每一个维度上的值不再是二维的 0，1 值，而是一个有意义的数字（如 59、68、0.73 等），这样的值包含的信息量大。同时，在词嵌入的各个维度的组合过程中还会包含词和词之间的语义关系信息（也可以视为特征向量空间的关系）。

这个词嵌入的形成过程不像 One-hot 编码那么简单了：词嵌入张量需要机器在对很多文本的处理过程中学习而得，是机器学习的产物。学习过程中，一开始产生的都是随机的词向量，然后通过对这些词向量进行学习，词嵌入张量被不断地完善。这个学习方式与学习神经网络的权重相同，因此词嵌入过程本身就可以视为一个深度学习项目。

在实践中，有以下两种词嵌入方案。

■ 可以在完成主任务（比如文档分类或情感预测）的同时学习词嵌入，生成属于自己这批训练文档的词嵌入张量。

■ 也可以直接使用别人已经训练好的词嵌入张量。

下图帮助同学们直观上去理解训练好的词嵌入张量。

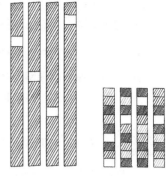

分词和词嵌入：一个高维稀疏，但信息量小；一个低维密集，但信息量大

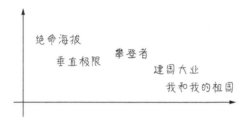

影片形成的词嵌入空间

如果把刚才的 5 部影片进行词嵌入，在一个二维空间内展示的话，大概可以推断出《绝命海拔》和《垂直极限》这两部影片的距离是非常接近的，而《建国大业》和《我和我的祖国》是非常接近的。那么，《攀登者》的位置在哪里呢？估计它在向量空间中的位置离上述两组词向量都比较接近。因此，我们还可以大胆推测，这个向量空间的两个轴，可能一个是"探险轴"，另一个是"爱国轴"。而《攀登者》这部影片则的确兼有两个特点——既有爱国情怀，又有探险精神。

通过下图总结一下文本向量化的过程。

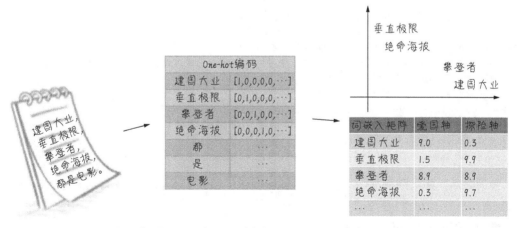

从分词到词嵌入，从稀疏矩阵到密集矩阵，这是一个维度缩减的过程

在 Keras 中，词嵌入的实现也并不复杂。下面，我们会通过具体的案例一起来看看如何把分

词和词嵌入应用到小冰的留言数据集。

7.4 用 SimpleRNN 鉴定评论文本

理论介绍完了，下面回到鉴定评论文本的情感属性这个案例。先把这些文本向量化，然后用 Keras 中最简单的循环网络神经结构——SimpleRNN 层，构建循环神经网络，鉴定一下哪些客户的留言是好评，哪些是差评。

7.4.1 用 Tokenizer 给文本分词

同学们可以在 Kaggle 网站通过关键字 Product Comments 搜索该数据集，然后基于该数据集新建 Notebook。

读入这个评论文本数据集：

```
import pandas as pd # 导入 Pandas
import numpy as np # 导入 NumPy
dir = '../input/product-comments/'
dir_train = dir+'Clothing Reviews.csv'
df_train = pd.read_csv(dir_train) # 读入训练集
df_train.head() # 输出部分数据
```

	id	Review Text	Rating
0	0	Absolutely wonderful - silky and comfortable.	4
1	1	Love this dress! it's so pretty. i happene...	5
2	2	I had such high hopes for this dress and reall...	3
3	3	I love, love, love this jumpsuit. it's fun, fl...	5
4	4	This shirt is very flattering to all due to th...	5

训练集中的前五条数据

然后对数据集进行分词工作。词典的大小设定为 2 万。

```
from keras.preprocessing.text import Tokenizer # 导入分词工具
X_train_lst = df_train["Review Text"].values # 将评论读入张量（训练集）
y_train = df_train["Rating"].values # 构建标签集
dictionary_size = 20000 # 设定词典的大小
tokenizer = Tokenizer(num_words=dictionary_size) # 初始化词典
tokenizer.fit_on_texts( X_train_lst ) # 使用训练集创建词典索引
# 为所有的单词分配索引值，完成分词工作
X_train_tokenized_lst = tokenizer.texts_to_sequences(X_train_lst)
```

分词之后，如果随机显示 X_train_tokenized_lst 的几个数据，会看到完成了以下两个目标。

■ 评论句子已经被分解为单词。

■ 每个单词已经被分配一个唯一的词典索引。

X_train_tokenized_lst 目前是列表类型的数据。

```
[[665, 75, 1, 135, 118, 178, 28, 560, 4639, 12576, 1226, 82, 324, 52, 2339, 18256,
51, 7266, 15, 63, 4997, 146, 6, 3858, 34, 121, 1262, 9902, 2843, 4, 49, 61, 267, 1,
403, 33, 1, 39, 27, 142, 71, 4093, 89, 3185, 3859, 2208, 1068],
[18257, 50, 2209, 13, 771, 6469, 71, 3485, 2562, 20, 93, 39, 952, 3186, 1194, 607,
5886, 184],
 ... ... ... ...
[5, 1607, 19, 28, 2844, 53, 1030, 5, 637, 40, 27, 201, 15]]
```

还可以随机显示目前标签集的一个数据，目前 y_train 是形状为 (22 641,) 的张量：

```
[4]
```

下面将通过直方图显示各条评论中单词个数的分布情况，这个步骤是为词嵌入做准备：

```
import matplotlib.pyplot as plt # 导入 matplotlib
word_per_comment = [len(comment) for comment in X_train_tokenized_lst]
plt.hist(word_per_comment, bins = np.arange(0,500,10)) # 显示评论长度分布
plt.show()
```

评论长度分布直方图如下图所示。

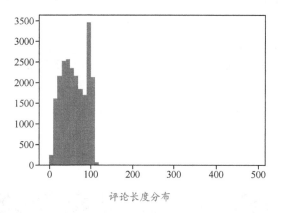

评论长度分布

上图中的评论长度分布情况表明多数评论的词数在120以内，所以我们只需要处理前120个词，就能够判定绝大多数评论的类型。如果这个数目太大，那么将来构造出的词嵌入张量就达不到密集矩阵的效果。而且，词数太长的序列，Simple RNN 处理起来效果也不好。

下面的 pad_sequences 方法会把数据截取成相同的长度。如果长度大于120，将被截断；如果长度小于120，将填充无意义的 0 值。

```
from keras.preprocessing.sequence import pad_sequences
max_comment_length = 120 # 设定评论输入长度为120，并填充默认值（如字数少于120）
X_train = pad_sequences(X_train_tokenized_lst, maxlen=max_comment_length)
```

至此，分词工作就完成了。此时尚未做词嵌入的工作，因为词嵌入是要和神经网络的训练过程中一并进行的。

7.4.2 构建包含词嵌入的 SimpleRNN

现在通过 Keras 来构建一个含有词嵌入的 SimpleRNN：

```
from keras.models import Sequential # 导入序贯模型
from keras.layers.embeddings import Embedding # 导入词嵌入层
from keras.layers import Dense # 导入全连接层
from keras.layers import SimpleRNN # 导入 SimpleRNN 层
embedding_vecor_length = 60 # 设定词嵌入向量长度为 60
rnn = Sequential() # 序贯模型
rnn.add(Embedding(dictionary_size, embedding_vecor_length,
        input_length=max_comment_length)) # 加入词嵌入层
rnn.add(SimpleRNN(100)) # 加入 SimpleRNN 层
rnn.add(Dense(10, activation='relu')) # 加入全连接层
rnn.add(Dense(6, activation='softmax')) # 加入分类输出层
rnn.compile(loss='sparse_categorical_crossentropy', # 损失函数
        optimizer='adam', # 优化器
        metrics=['acc']) # 评估指标
print(rnn.summary()) # 输出网络模型
```

神经网络的构建我们已经相当熟悉了，并不需要太多的解释，这里的流程如下。

■　先通过 Embedding 层进行词嵌入的工作，词嵌入之后学到的向量长度为 60（密集矩阵），其维度远远小于词典的大小 20 000（稀疏矩阵）。

■　加一个含有 100 个神经元的 SimpleRNN 层。

■　再加一个含有 10 个神经元的全连接层。

■　最后一个全连接层负责输出分类结果。使用 Softmax 函数激活的原因是我们试图实现的是一个从 0 到 5 的多元分类。

■　编译网络时，损失函数选择的是 sparse_categorical_crossentropy，我们是第一次使用这个损失函数，因为这个训练集的标签，是 1，2，3，4，5 这样的整数，而不是 one-hot 编码。优化器的选择是 adam，评估指标还是选择 acc。

网络结构如下：

```
Layer (type)                 Output Shape              Param #
=================================================================
embedding_1 (Embedding)      (None, 300, 60)           1200000

simple_rnn_1 (SimpleRNN)     (None, 100)               16100

dense_1 (Dense)              (None, 10)                1010

dense_2 (Dense)              (None, 6)                 66
=================================================================
Total params: 1,217,176
Trainable params: 1,217,176
Non-trainable params: 0
```

7.4.3　训练网络并查看验证准确率

网络构建完成后，开始训练网络：

```
history = rnn.fit(X_train, y_train,
                  validation_split = 0.3,
                  epochs=10,
                  batch_size=64)
```

这里在训练网络的同时把原始训练集临时拆分成训练集和验证集，不使用测试集。而且理论上 Kaggle 竞赛根本不提供验证集的标签，因此也无法用验证集进行验证。

训练结果显示，10 轮之后的验证准确率为 0.5606：

```
Train on 7000 samples, validate on 3000 samples
Epoch 1/10
15848/15848 [==============================] - 24s 1ms/step - loss: 1.2480 - acc:
0.5503 - val_loss: 1.2242 - val_acc: 0.5429
Epoch 2/10
15848/15848 [==============================] - 35s 2ms/step - loss: 1.1596 - acc:
0.5622 - val_loss: 1.1692 - val_acc: 0.5520
 ... ...
Epoch 10/10
15848/15848 [==============================] - 24s 2ms/step - loss: 0.8630 - acc:
0.6456 - val_loss: 1.1032 - val_acc: 0.5606
```

如果采用其他类型的前馈神经网络，其效率和 RNN 的成绩会相距甚远。如何进一步提高验证集准确率呢？我们下面会继续寻找方法。

7.5 从 SimpleRNN 到 LSTM

SimpleRNN 不是唯一的循环神经网络类型，它只是其中一种最简单的实现。本节中要讲一讲目前更常用的循环神经网络 LSTM。

7.5.1 SimpleRNN 的局限性

SimpleRNN 有一定的局限性。还记得瞬时记忆、短时记忆和长时记忆的区别吗？SimpleRNN 可以看作瞬时记忆，它对近期序列的内容记得最清晰。但是有时候，序列中前面的一些内容还是需要记住，完全忘了也不行。

举例来说，看一下这段话：

小猫爱吃鱼，
小狗捉老鼠，
蝴蝶喜欢停在鲜花上。

机器经过学习类似的文本之后，要回答一些问题：

小猫爱吃 ___，
小狗捉 ___，
蝴蝶喜欢停在 ___ 上。

对 SimpleRNN 来说，答这些填空问题应该是其强项。

如果换下面这段话试一试。

我从小出生在美国，后来我的爸爸妈妈因为工作原因到了日本，我就跟他们在那里住了10多年。
······
后来我回到美国，开始读大学，我学习的专业是酒店管理，
在大学校园里，我交了很多朋友。
······

机器学习问题：我除了英语之外，还精通哪种语言？_____。

这个问题对 SimpleRNN 这种短记忆网络来说会比较难处理，这后面的根本原因在于我们曾经提起过的**梯度消失**。梯度消失广泛存在于深度网络。循环神经网络通过短记忆机制，梯度消失有所改善，但是不能完全幸免。其实也就是 Uh_t 这一项，随着时间轴越来越往后延伸的过程中，前面的状态对后面权重的影响越来越弱了。

基于这个情况，神经网络的研究者正继续寻找更好的循环神经网络解决方案。

7.5.2 LSTM 网络的记忆传送带

LSTM 网络是 SimpleRNN 的一个变体，也是目前更加通用的循环神经网络结构，全称为 Long Short-Term Memory，翻译成中文叫作"长'短记忆'"网络。读的时候，"长"后面要稍作停顿，不要读成"长短"记忆网络，因为那样的话，就不知道记忆到底是长还是短。本质上，它还是短记忆网络，只是用某种方法把"短记忆"尽可能延长了一些。

简而言之，LSTM 就是携带一条记忆轨道的循环神经网络，是专门针对梯度消失问题所做的改进。它增加的记忆轨道是一种携带信息跨越多个时间步的方法。可以先想象有一条平行于时间序列处理过程的传送带，序列中的信息可以在任意位置"跳"上传送带，然后被传送到更晚的时间步，并在需要时原封不动地"跳"过去，接受处理。这就是 LSTM 的原理：就像大脑中的记忆存储器，保存信息以便后面使用，我们回忆过去，较早期的信息就又浮现在脑海中，不会随着时间的流逝而消失得无影无踪。

这个思路和残差连接非常相似，其区别在于，残差连接解决的是层与层之间的梯度消失问题，而 LSTM 解决的是循环层与神经元层内循环处理过程中的信息消失问题。

简单来说，C 轨道将携带着跨越时间步的信息。它在不同的时间步的值为 C_t，这些信息将与输入连接和循环连接进行运算（即与权重矩阵进行点积，然后加上一个偏置，以及加一个激活过程），从而影响传递到下一个时间步的状态如右图所示。

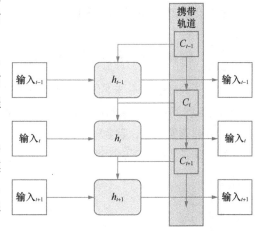

LSTM——增加了一条记忆轨道，携带序列中较早的信息

运算规则如下：

Output_t=activation（dot（state_t，U）+dot（input_t，W）+dot（C_t，V）+b）

不过，LSTM 实际上的架构要比这里所解释的复杂得多，涉及 3 种不同权重矩阵的变换，有的书中将这些变换规则解释为遗忘门、记忆门等。这些细节对于初学者来说，并没有很多的实用价值。因此，大家目前所需要了解的是，LSTM 增添了一条记忆携带轨道，用以保证较前时间点读入的信息没有被完全遗忘，继续影响后续处理过程，从而解决梯度消失问题。

7.6 用 LSTM 鉴定评论文本

下面回到前面的评论文本鉴定问题，不改变任何其他网络参数，仅是使用 LSTM 层替换 SimpleRNN 层，然后看看效率是否会有所提升：

```python
from keras.models import Sequential # 导入序贯模型
from keras.layers.embeddings import Embedding # 导入词嵌入层
from keras.layers import Dense # 导入全连接层
from keras.layers import LSTM # 导入 LSTM 层
embedding_vecor_length = 60 # 设定词嵌入向量长度为 60
lstm = Sequential() # 序贯模型
lstm.add(Embedding(dictionary_size, embedding_vecor_length,
         input_length=max_comment_length)) # 加入词嵌入层
lstm.add(LSTM(100)) # 加入 LSTM 层
lstm.add(Dense(10, activation='relu')) # 加入全连接层
lstm.add(Dense(6, activation='softmax')) # 加入分类输出层
lstm.compile(loss='sparse_categorical_crossentropy', # 损失函数
             optimizer = 'adam', # 优化器
             metrics = ['acc']) # 评估指标
history = rnn.fit(X_train, y_train,
                  validation_split = 0.3,
                  epochs=10,
                  batch_size=64)
```

输出结果显示，同样训练 10 轮之后，验证集准确率为 0.6171，比 SimpleRNN 更准确了。

```
Train on 7000 samples, validate on 3000 samples
Epoch 1/10
15848/15848 [==============================] - 88s 6ms/step - loss: 1.2131 - acc:
0.5856 - val_loss: 1.0130 - val_acc: 0.6030
Epoch 2/10
15848/15848 [==============================] - 87s 5ms/step - loss: 0.8891 - acc:
0.6363 - val_loss: 0.9449 - val_acc: 0.6015
... ...
Epoch 10/10
15848/15848 [==============================] - 88s 6ms/step - loss: 0.7999 - acc:
0.6661 - val_loss: 0.9389 - val_acc: 0.6171
```

7.7 问题定义：太阳系外哪些恒星有行星环绕

咖哥说："除了语音、文本这些语言相关的序列数据之外，另外一大类序列数据是时间序列。时间序列数据集中的所有数据都伴随着一个时戳，比如股票、天气数据。没有时戳，分析这些数据就没有任何意义。本课不会介绍机器学习在股市、天气变化中的应用，因为那些东西太老生常谈了。咱们冲出地球的限制，把机器学习用于无垠的宇宙。"

原本昏昏欲睡的同学们瞬间被咖哥这夸张的话激活了。

"说一个仍然在进行的项目。"咖哥望着窗外的天际线，缓缓说道，"让我们从头讲起……

从蒙昧时期开始，人类对宇宙的探索就从未曾止歇。人类幻想着，一望无垠的宇宙中有些什么？自从发明了开普勒天文望远镜……"

小冰说："我感觉这个开头讲得比较远，你还是不要介绍过多背景了吧。直接说数据集里面的东西，我们都听得懂。"

咖哥说："也行。这个数据集吧，是科学家们多年间用开普勒天文望远镜观察并记录下来的银河系中的一些恒星的亮度。"

广袤的宇宙，浩瀚的星空

在过去很长一段时间里，人类是没有办法证明系外行星的存在的，因为行星是不发光的。但是随着科学的发展，我们已经知道了一些方法，可以用于判定恒星是否拥有行星。方法之一就是记录恒星的亮度变化，科学家们推断行星的环绕会周期性地影响这些恒星的亮度。如果收集了足够多的时序数据，就可以用机器学习的方法推知哪些恒星像太阳一样，拥有行星系统。

这个目前仍然在不断被世界各地的科学家更新的数据集如下图所示。

	# LABEL	# FLUX.1	# FLUX.2	# FLUX.3	# FLUX.4
1	2	119.88	100.21	86.46	48.68
2	2	5736.59	5699.98	5717.16	5692.73
3	2	844.48	817.49	770.07	675.01
4	2	-826	-827.31	-846.12	-836.03
5	2	-39.57	-15.88	-9.16	-6.37
6	1	14.28	10.6299999999999	14.5599999999999	12.4199999999998
7	1	-150.479999999996	-141.720000000001	-157.599999999999	-184.599999999999
8	1	-10.06	-12.78	-13.16	-9.81
9	1	454.660000000003	440.599999999977	382.289999999979	361.629999999976
10	1	187.399999999994	209.599999999991	199.909999999989	179.619999999995

exoTest.csv (5.77 MB)　　20 of 3198 columns　　Views

恒星亮度时序数据集

其中，每一行代表一颗恒星，而每一列的含义如下。

■ 第1列，LABEL，恒星是否拥有行星的标签，2代表有行星，1代表无行星。

■ 第2列～第3 198列，即FLUX.n字段，是科学家们通过开普勒天文望远镜记录的每一颗恒星在不同时间点的亮度，其中n代表不同时间点。

这样的时序数据集因为时戳的关系，形成的张量是比普通数据集多一阶、比图像数据集少一阶的3D张量，其中第2阶就专门用于存储时戳。

咖哥发言

这是深度学习部分的最后一个示例，我们将利用它多介绍一些比较高级的深度学习技巧，请大家集中注意力。

具体要介绍的内容如下。

（1）时序数据的导入与处理。

（2）不同类型的神经网络层的组合使用，如 CNN 和 RNN 的组合。

（3）面对分类极度不平衡数据集时的阈值调整。

（4）使用函数式 API。

小冰和同学们听说有这么多新东西学，眼睛一亮，纷纷认真听课。

7.8 用循环神经网络处理时序问题

同学们可以在 Kaggle 网站通过关键字 "New Earth" 搜索该数据集，然后基于该数据集新建 Notebook。

7.8.1 时序数据的导入与处理

首先把数据从文件中读入 Dataframe：

```
import numpy as np # 导入 NumPy 库
import pandas as pd # 导入 Pandas 库
df_train = pd.read_csv('../input/new-earth/exoTrain.csv') # 导入训练集
df_test = pd.read_csv('../input/new-earth/exoTest.csv') # 导入测试集
print(df_train.head()) # 输入前几行数据
print(df_train.info()) # 输出训练集信息
```

输出结果如下：

```
   LABEL    FLUX.1    FLUX.2  ...   FLUX.3195   FLUX.3196   FLUX.3197
0      2     93.85     83.81  ...       61.42        5.08      -39.54
1      2    -38.88    -33.83  ...        6.46       16.00       19.93
2      2    532.64    535.92  ...      -28.91      -70.02      -96.67
3      2    326.52    347.39  ...      -17.31      -17.35       13.98
4      2  -1107.21  -1112.59  ...     -384.65     -411.79     -510.54
[5 rows x 3198 columns]
<class 'pandas.core.frame.DataFrame'>
RangeIndex: 5087 entries, 0 to 5086
Columns: 3198 entries, LABEL to FLUX.3197
dtypes: float64(3197), int64(1)
memory usage: 124.1 MB
```

数据集是预先排过序的，下面的代码将其进行乱序排列：

```
from sklearn.utils import shuffle # 导入乱序工具
df_train = shuffle(df_train) # 乱序训练集
df_test = shuffle(df_test)   # 乱序测试集
```

下面的代码将构建特征集和标签集，把第 2 列～第 3 198 列的数据都读入 **X** 特征集，第 1 列的数据都读入 **y** 标签集。

注意，标签数据目前的分类是 2（有行星）和 1（无行星）两个值。我们要把标签值减 1，将（1，2）分类值转换成惯用的（0，1）分类值。

```
X_train = df_train.iloc[:, 1:].values # 构建特征集（训练集）
y_train = df_train.iloc[:, 0].values # 构建标签集（训练集）
X_test = df_test.iloc[:, 1:].values # 构建特征集（验证集）
y_test = df_test.iloc[:, 0].values # 构建标签集（验证集）
y_train = y_train - 1 # 标签转换成惯用的 (0, 1) 分类值
y_test = y_test - 1 # 标签转换成惯用的 (0, 1) 分类值
print (X_train) # 输出训练集中的特征集
print (y_train) # 输出训练集中的标签集
```

上面代码中的 iloc 方法，是通过指定索引来访问 Dataframe 中的数据，形成 NumPy 数组。
输出结果如下：

```
[[ 93.85  83.81  20.1  ...   61.42   5.08 -39.54]
 [-38.88 -33.83 -58.54 ...    6.46  16.    19.93]
 [532.64 535.92 513.73 ...  -28.91 -70.02 -96.67]
 ...
 [273.39 278.   261.73 ...   88.42  79.07  79.43]
 [  3.82   2.09  -3.29 ...  -14.55  -6.41  -2.55]
 [323.28 306.36 293.16 ...  -16.72 -14.09  27.82]]
[1 1 1 ... 0 0 0]
```

看到输出结果，大家觉得现在的数据可以输入神经网络进行训练了吗？

答案是不行，张量格式还不对。

大家要牢记时序数据的结构要求是（样本，时戳，特征）。此处增加一个轴即可。

示例代码如下：

```
X_train = np.expand_dims(X_train, axis=2) # 张量升阶，以满足序列数据集的要求
X_test = np.expand_dims(X_test, axis=2) # 张量升阶，以满足序列数据集的要求
```

输出结果如下：

```
(5087, 3197, 1)
```

输出显示张量形状为（5 087，3 197，1），符合时序数据结构的规则：5 087 个样本，3 197 个时戳，1 维的特征（光线的强度）。因此，这些数据可以输入神经网络进行训练。

此时有一个同学举手发问："咖哥，不需要进行特征缩放吗？"

咖哥的脸上露出一丝痛苦的神色，说："原则上，我们应进行数据的标准化，再把数据输入神经网络。但是，就这个特定的问题而言，我经过无数次的调试后发现，这个例子中不进行数据的缩放，就我目前的模型来说反而能够起到更好的效果。毕竟，这是一个很不寻常的问题，涉及系外行星的寻找……"

咖哥发言

有的时候做机器学习项目是需要一些灵感加上反传统思维的。为什么非得要标准化呢？任何东西都有可能是双刃剑。如果数据标准化后总是得不到想要的结果，就可以尝试放弃这个步骤。下面跟着我的思路继续学习。

7.8.2 建模：CNN 和 RNN 的组合

我们已经见过不少类型的神经网络层，如 Dense、Conv2D、SimpleRNN 和 LSTM 等。实际上，它们是可以组合起来使用，以发挥其各自优势的。这里介绍一个相对小众的技巧，就是通过一维卷积网络，即 Conv1D 层，组合循环神经网络层来处理序列数据。

Conv1D 层接收形状为（样本，时戳或序号，特征）的 3D 张量作为输入，并输出同样形状的 3D 张量。卷积窗口作用于时间轴（输入张量的第二个轴）上，此时的卷积窗口不是 2D 的，而是 1D 的。

对于文本数据来说，如果窗口大小为 5，也就是说每个段落以 5 个词为单位来扫描。不难发现，这样的扫描有利于发现词组、惯用语等。

对于时间序列数据来说，1D 卷积也有其优势，因为速度更快。

因此产生了如下思路：使用一维卷积网络作为预处理步骤，把长序列提取成短序列，并把有用的特征交给循环神经网络来继续处理。

下面的这段代码，就构建了一个 CNN 和 RNN 联合发挥作用的神经网络：

```python
from keras.models import Sequential # 导入序贯模型
from keras import layers # 导入所有类型的层
from tensorflow.keras.optimizers import Adam # 导入优化器
model = Sequential() # 序贯模型
model.add(layers.Conv1D(32, kernel_size=10, strides=4,
          input_shape=(3197, 1))) # 1D CNN 层
model.add(layers.MaxPooling1D(pool_size=4, strides=2)) # 池化层
model.add(layers.GRU(256, return_sequences=True)) # GRU 层要足够大
model.add(layers.Flatten()) # 展平层
model.add(layers.Dropout(0.5)) # Dropout 层
model.add(layers.BatchNormalization()) # 批标准化
model.add(layers.Dense(1, activation='sigmoid')) # 分类输出层
opt = Adam(lr=0.0001, beta_1=0.9, beta_2=0.999, decay=0.01) # 设置优化器
model.compile(optimizer=opt, # 优化器
              loss = 'binary_crossentropy', # 交叉熵
              metrics=['accuracy']) # 准确率
```

现在，这个网络模型就搭建好了。因为要使用很多种类型的层，所以没有一一导入，而是通过 layers.Conv1D、layers.GRU 这样的方式指定层类型。此外，还通过 BatchNormalization 进行批标准化，防止过拟合。这个技巧也很重要。

下面就开始训练它。

"等会儿，咖哥！"小冰问道，"这个网络里面的 Conv1D 层你刚才讲了，但是 GRU 是怎么回事？怎么不是 LSTM 或者 SimpleRNN？"

咖哥回道："这个 GRU，也是一种循环神经网络结构。在实战中，LSTM 和 GRU 都常见，

GRU 在 LSTM 基础上做了一些简化，不如 LSTM 强大，但其优势是速度更快、计算代价更低。下面就训练这个组合型神经网络。"

```
history = model.fit(X_train, y_train, # 指定训练集
                validation_split = 0.2, # 部分训练集数据拆分成验证集
                batch_size = 128, # 指定批量大小
                epochs = 4, # 指定轮次
                shuffle = True) # 乱序
```

训练 4 轮之后得到的验证准确率如下：

```
Epoch 1/4
4069/4069 [==============================] - 24s 6ms/step - loss: 0.6437 - acc: 0.6606
                                            - val_loss: 0.3459 - val_acc: 0.9234
        ...              ...
Epoch 4/4
4069/4069 [==============================] - 17s 4ms/step - loss: 0.1010 - acc: 0.9865
                                            - val_loss: 0.0709 - val_acc: 0.9941
```

7.8.3 输出阈值的调整

在验证集上，网络的预测准确率是非常高的，达到 99.41%。然而大家想一想，这样的准确率有意义吗？

打开 exoTrain.csv 和 exoTest.csv，看一下标签，就会发现，在训练集中，5 000 多个被观测的恒星中，只有 37 个恒星已被确定拥有属于自己的行星。而测试集只有训练集的十分之一，500 多个恒星中，只有 5 个恒星拥有属于自己的行星。

这个数据集中标签的类别是非常不平衡的。因此，问题的关键绝不在于测得有多准，而在于我们能否像一个真正的天文学家那样，在茫茫星海中发现这 5 个类日恒星（也就是拥有行星的恒星）。

下面就对测试集进行预测，并通过分类报告（其中包含精确率、召回率和 F1 分数等指标）和混淆矩阵进行进一步的评估。这两个工具才是分类不平衡数据集的真正有效指标。

示例代码如下：

```
from sklearn.metrics import classification_report # 分类报告
from sklearn.metrics import confusion_matrix # 混淆矩阵
y_prob = model.predict(X_test) # 对测试集进行预测
y_pred = np.where(y_prob > 0.5, 1, 0) #将概率值转换成真值
cm = confusion_matrix(y_pred, y_test)
print('Confusion matrix:\n', cm, '\n')
print(classification_report(y_pred, y_test))
```

其中，np.where（y_prob > 0.5，1，0）这个操作就相当于以 0.5 为分界点，把概率值转换成真值。其作用类似于 np.round，也和下面的代码功能相同：

```
for i in range(len(y_prob)):
    if y_prob[i] >= 0.5:
      y_pred[i] = 1
    else:
      y_pred[i] = 0
```

输出结果如下：

```
Confusion Matrix:
 [[565    5]
 [  0    0]]
Classification Report
              precision    recall  f1-score   support

           0       1.00      0.99      1.00       570
           1       0.00      0.00      0.00         0
```

问题很严重，项目基本上白做了。测试集中，类日恒星的概率没有一个超过 0.5。这相当于完全放弃了对系外行星的搜索。对于"有行星的恒星"这个类别的 F1 分数为 0。

"我们的网络真的白训练了吗？"咖哥目光炯炯，看着每一位同学发问。

同学们都低头陷入沉思——在这种不可能答出来的问题面前，低头躲避老师的目光不失为一种策略。

而小冰脑中突然灵光乍现，她高声说："咖哥，分类结果是取决于输出的概率值的，可以看看 y_prob 里面给出来的概率具体数值吗？"

咖哥大叫："好样的，小冰！这正是我要介绍的'**阈值调整**'这个思路。对于分类极度不平衡的问题来说，我们是可以通过观察模型输出的概率值来调整并确定最终分类阈值的。"

下面输出一下 y_prob：

```
    ... ...
    [0.09832695],
    [0.06156811],
    [0.06140456],
    [0.3112346 ],
    [0.02792922],
    ... ...
```

机器学习得到的概率值告诉我们，尽管因为训练集中真值为 1 的数据过少，导致所有恒星普遍呈现低概率，但是每个恒星的具体概率值不同。仔细观察上面输出的这几行数据，在大多数恒星拥有行星的概率值小于 0.1 的情况下，其中一行所显示的约 0.31 的概率值显著大于其他结果，这个"相对较大"的概率值可能就为我们指向一个类日恒星。

下面把分类概率的参考阈值从 0.5 调整至 0.2（即大于 0.2 就认为是分类 1，小于 0.2 就认为是分类 0），重新输出分类报告和混淆矩阵：

```
y_pred = np.where(y_prob > 0.2, 1, 0) # 进行阈值调整
cm = confusion_matrix(y_pred, y_test)
print('Confusion matrix:\n', cm, '\n')
print(classification_report(y_pred, y_test))
```

输出结果如下：

```
Confusion matrix:
 [[565    3]
 [  0    2]]
Classification Report
```

	precision	recall	f1-score	support
0	1.00	0.99	1.00	568
1	0.40	1.00	0.57	2

结果令人兴奋，我们真的发现了 2 个有行星的恒星！而且召回率高达 1，也就是说没有一个误判。F1 分数也不错，达到 0.57。对于这样高难度的问题来说，这个结果已经相当不错了。

如果把阈值调整至 0.18，F1 分数还会进一步提高至 0.6（如下输出结果所示）。而且还会再多发现 1 个有行星的恒星。但是同时会出现两个误判，这影响了召回率。

```
Confusion matrix:
 [[563    2]
 [  2    3]]
Classification Report
           precision    recall   f1-score   support

        0      1.00      1.00      1.00       565
        1      0.60      0.60      0.60         5
```

在几乎没有使用测试集数据进行过多模型调试的情况下，5 个有行星的恒星，我们发现了 3 个。这是一个很了不起的成绩。这个网络的构建看起来简单，而实际上，无论是网络中层的输出参数、层数、优化器的设置、迭代次数，还是阈值的寻找，咖哥动用了九牛二虎之力，才勉强找到这 3 个恒星。台上一分钟，台下其实是 10 年功。

不信的话，你们自己从头开始搭一个网络试试，就会发现这个问题真的不是那么容易。

7.8.4 使用函数式 API

目前为止，所看到的神经网络都是用序贯模型的线性堆叠，网络中只有一个输入和一个输出，平铺直叙。

这种序贯模型可以解决大多数的问题。但是针对某些复杂任务，有时需要构建出更复杂的模型，形成多模态（multimodal）输入或多头（multihead）输出，如下图所示

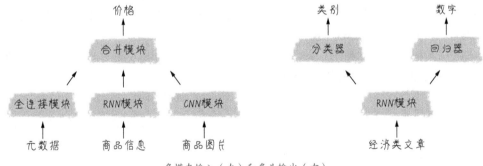

多模态输入（左）和多头输出（右）

举例来说如下面两个例子。

■ 某个价格预测的任务，其信息包括商品图片、文本表述，以及其他元数据（型号、质地、产地等）。完成这个任务需要通过卷积网络处理图片，需要通过循环神经网络处理文本信息，还需要通过全连接网络处理其他数据信息，然后合并各种模块进行价格预测。这是多模态输入。

■ 一个维基百科的经济类文章，里面包含大量的数据资料，需要通过循环神经网络进行文本处理，但是不仅要预测文章的类型，还要对经济数据进行推测。这是多头输出。

要搭建多模态和多头架构的网络，需要使用**函数式 API**。

函数式 API，就是像使用 Python 函数一样使用 Keras 模型，可以直接操作张量，也可以把层当作函数来使用，接收张量并返回张量。通过它，可以实现模块的拼接组合、把不同的输入层合并，或为一个模块生成多个输出。

下面用函数式 API 的方法构建刚才的 Conv1D +GRU 网络：

```python
from keras import layers # 导入各种层
from keras.models import Model # 导入模型
from tensorflow.keras.optimizers import Adam # 导入 Adam 优化器
input = layers.Input(shape=(3197, 1)) # 输入
# 通过函数式 API 构建模型
x = layers.Conv1D(32, kernel_size=10, strides=4)(input)
x = layers.MaxPooling1D(pool_size=4, strides=2)(x)
x = layers.GRU(256, return_sequences=True)(x)
x = layers.Flatten()(x)
x = layers.Dropout(0.5)(x)
x = layers.BatchNormalization()(x)
output = layers.Dense(1, activation='sigmoid')(x) # 输出
model = Model(input, output)
model.summary() # 显示模型的输出
opt = Adam(lr=0.0001, beta_1=0.9, beta_2=0.999, decay=0.01) # 设置优化器
model.compile(optimizer=opt, # 优化器
              loss = 'binary_crossentropy', # 交叉熵
              metrics=['accuracy']) # 准确率
```

这样，就用函数式 API 搭建起一个和刚才一模一样的网络，并且训练，使其能够得到与刚才完全相同的结果。

小冰问道："虽然用了函数式 API，但这个模型结构仍是简单地顺序堆叠。你不是说函数式 API 能搭建不一样的模型吗？"

咖哥说："你总是没耐心，我正要搭建一个不大一样的双向 RNN 模型，并把它应用于刚才的类日恒星问题。"

如右图所示，双向 RNN 模型的思路，是把同一个序列正着训练一遍，反着再训练一遍，然后把结果结合起来输出。大家想一想，以自然语言为例，倒装句是很有可能出现的。

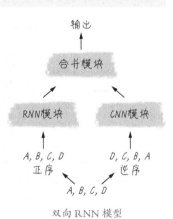

双向 RNN 模型

下图中的两句话，是一个意思。因此，对于自然语言和类似的序列问题，正反各训练一遍是有好处的。

我明天去北京
北京，我明天去

同一个意思的两句话

7

下面就构建这种双向网络。我们需要做两件事，一是把数据集做一个逆序的复制品，准备输入网络；二是用 API 搭建多头网络。

首先在给输入数据集升维之前，数据集进行逆序：

```
X_train_rev = [X[::-1] for X in X_train]
X_test_rev = [X[::-1] for X in X_test]
X_train = np.expand_dims(X_train, axis=2)
X_train_rev = np.expand_dims(X_train_rev, axis=2)
X_test = np.expand_dims(X_test, axis=2)
X_test_rev = np.expand_dims(X_test_rev, axis=2)
```

再构建多头网络：

```
# 构建正向网络
input_1 = layers.Input(shape=(3197, 1))
x = layers.GRU(32, return_sequences=True)(input_1)
x = layers.Flatten()(x)
x = layers.Dropout(0.5)(x)
# 构建逆向网络
input_2 = layers.Input(shape=(3197, 1))
y = layers.GRU(32, return_sequences=True)(input_2)
y = layers.Flatten()(y)
y = layers.Dropout(0.5)(y)
# 连接两个网络
z = layers.concatenate([x, y])
output = layers.Dense(1, activation='sigmoid')(z)
model = Model([input_1, input_2], output)
model.summary()
```

双向 RNN 模型结构如下图所示。

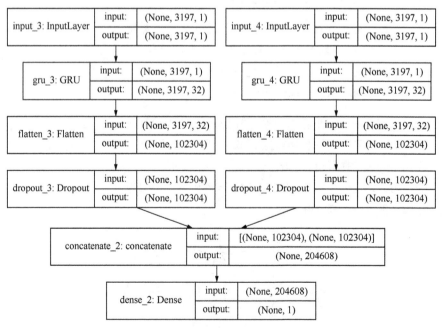

程序编译出来的双向 RNN 模型结构

最后，在训练模型时要同时指定正序、逆序两个数据集作为输入：

```
history = model.fit([X_train, X_train_rev], y_train, # 训练集
              validation_split = 0.2, # 部分训练集数据拆分成验证集
              batch_size = 128, # 批量大小
              epochs = 1, # 训练轮次
              shuffle = True) # 乱序
```

现在，这个双向 RNN 模型就搭建好了。具体这个网络效能如何、超参数如何设定，就留给同学们作为家庭作业去慢慢地调试吧。如果模型训练后得到的结果并不是非常理想，请同学们思考一下可能的原因。

小冰调试了一会儿网络，突发奇想道："我还在想，测试集中的正样本（值为 1 的类日恒星样本）一共有 5 个，咱们的 CNN+RNN 预测出来有 3 个正确，误判 2 个。那么，到底哪些恒星拥有行星？天文学家自己也没有'飞'出过太阳系啊。有没有可能是天文学家们误判了 2 个，反而咱们的 RNN 预测的结果才是真正的正确结果呀？"

咖哥说："那也完全有可能。"

7.9 本课内容小结

下面总结一下循环神经网络的几个重点。
- 学习如何利用 Embedding 层对文本数据集进行分词。
- 循环神经网络是通过网络节点中的"内连接"循环处理序列数据。
- Keras 中的循环神经网络层有下列几种。
- □ SimpleRNN。
- □ 对于 LSTM 和 GRU 这样的循环层，由于增加了一条记忆轨道，就可以在与主处理轨道平行的另一条通路上传播信息。

另外，在具体的实战过程中，还介绍了时序数据的维度、Conv1D 和循环层的结合、阈值调整，以及函数式 API 等内容。

7.10 课后练习

练习一　使用 GRU 替换 LSTM 层，完成本课中的鉴定留言案例。

练习二　在 Kaggle 中找到第 7 课的练习数据集"Quora 问答"，并使用本课介绍的方法新建神经网络处理该数据集。

练习三　自行调试、训练双向 RNN 模型。

第8课　经典算法"宝刀未老"

所谓"工欲善其事，必先利其器"，要解决问题，就要有好的工具。机器学习的工具是什么？就是算法。经过前面几课的学习，机器学习领域最基本的线性回归、逻辑回归算法以及前沿的深度神经网络算法，同学们都掌握了（咖哥说："此处可以有掌声。"）。

那么，这些是机器学习算法中的全部内容了吗？答案显然是否定的。

我们目前所掌握的仅是沧海一粟，还有很多经典机器学习算法，在深度学习时代，仍然是一笔笔宝藏，一颗颗明珠，等待我们去攫取。

要攫取"明珠"，需要有"网"，我们要使用的这张"大网"，就是 Scikit-Learn 机器学习工具库。在本课中，我会对 Scikit-Learn 中的几种经典机器学习算法进行简单介绍。这样，咱们的这次机器学习之旅也就显得更加完整。

下面看一看本课重点。

经典机器学习算法如同沧海之中的一颗颗明珠

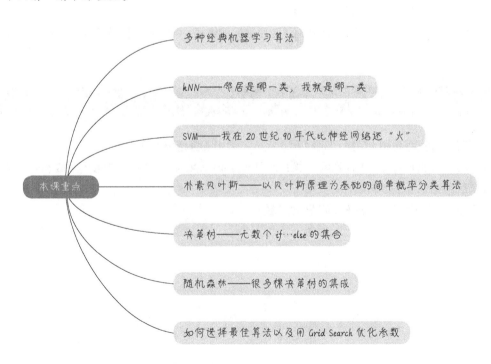

本课重点

- 多种经典机器学习算法
- kNN——邻居是哪一类，我就是哪一类
- SVM——我在 20 世纪 90 年代比神经网络还"火"
- 朴素贝叶斯——以贝叶斯原理为基础的简单概率分类算法
- 决策树——无数个 if…else 的集合
- 随机森林——很多棵决策树的集成
- 如何选择最佳算法以及用 Grid Search 优化参数

8.1 K 最近邻

咖哥说："本课要介绍的第一个算法——K 最近邻算法，简称 KNN。它的简称中也有个'NN'，但它和神经网络没有关系，它的英文是 K-Nearest Neighbor，意思是 K 个最近的邻居。这个算法的思路特别简单，就是随大流。对于需要贴标签的数据样本，它总是会找几个和自己离得最近的样本，也就是邻居，看看邻居的标签是什么。如果它的邻居中的大多数样本都是某一类样本，它就认为自己也是这一类样本。参数 K，是邻居的个数，通常是 3、5、7 等不超过 20 的数字。"

"举例来说，右图是某高中选班长的选举地图，选举马上开始，两个主要候选人（一个是小冰，另一个是咖哥，他们是高中同学）的支持者都已经确定了，A 是小冰的支持者，B 则是咖哥的支持者。从这些支持者的座位分布上并不难看出，根据 KNN 算法来确定支持者，可靠率还是蛮高的。因为每个人都有其固定的势力范围。"

小冰发问："那么数据样本也不是选民的座位，怎么衡量距离的远和近呢？"

根据 KNN 算法来确定支持者

"好问题。"咖哥说，"这需要看特征向量在**特征空间中的距离**。我们说过，样本的特征可以用几何空间中的向量来表示。特征的远近，就代表样本的远近。如果样本是一维特征，那就很容易找到邻居。比如一个分数，当然 59 分和 60 分是邻居，99 分和 100 分是邻居。那么如果 100 分是 A 类，99 分也应是 A 类。如果特征是多维的，也是一样的道理。"

咖哥发言

说说向量的距离。在 KNN 和其他机器学习算法中，常用的距离计算公式包括欧氏距离和曼哈顿距离。两个向量之间，用不同的距离计算公式得出来的结果是不一样的。

欧氏距离是欧几里得空间中两点间的"普通"（即直线）距离。在欧几里得空间中，点 $x=(x_1, \cdots, x_n)$ 和点 $y=(y_1, \cdots, y_n)$ 之间的欧氏距离为：

$$d(x,y) = \sqrt{(x_1-y_1)^2 + (x_2-y_2)^2 + \cdots + (x_n-y_n)^2}$$

曼哈顿距离，也叫方格线距离或城市区块距离，是两个点在标准坐标系上的绝对轴距的总和。在欧几里得空间的固定直角坐标系上，曼哈顿距离的意义为两点所形成的线段对轴产生的投影的距离总和。在平面上，点 $x=(x_1, \cdots, x_n)$ 和点 $y=(y_1, \cdots, y_n)$ 之间的曼哈顿距离为：

$$d(x,y) = |x_1-y_1| + |x_2-y_2| + \cdots + |x_n-y_n|$$

这两种距离的区别，是不是像极了 MSE 和 MAE 误差计算公式之间的区别呢？其实这两种距离也就是向量的 L1 范数（曼哈顿）和 L2 范数（欧氏）的定义。

右图的两个点之间，1、2 与 3 线表示的各种曼哈顿距离长度都相同，而 4 线表示的则是欧氏距离。

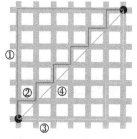

欧氏距离和曼哈顿距离

下图中的两个特征，就形成了二维空间，图中心的问号代表一个未知类别的样本。如何归类呢，它是圆圈还是叉号？如果 $K=3$，叉号所占比例大，问号样本将被判定为叉号类；如果 $K=7$，则圆圈所占比例大，问号样本将被判定为圆圈类。

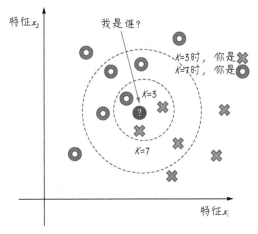

KNN 算法示意

因此，KNN 算法的结果和 K 的取值有关系。要注意的是，KNN 要找的邻居都是已经"站好队的人"，也就是已经正确分类的对象。

原理很简单，下面直接进入实战。咱们重用第 4 课中的案例，根据调查问卷中的数据推断客户是否有心脏病。

用下列代码读取数据：

```
import numpy as np # 导入 NumPy 库
import pandas as pd # 导入 Pandas 库
df_heart = pd.read_csv("../input/heart-dataset/heart.csv")  # 读取文件
df_heart.head() # 显示前 5 行数据
```

那么数据分析、特征工程部分的代码不再重复（同学们可参考第 4 课中的代码段或源码包中的内容），直接定义 KNN 分类器。而这个分类器，也不需要自己做，Scikit-Learn 库里面有，直接使用即可。

示例代码如下：

```
from sklearn.neighbors import KNeighborsClassifier # 导入 KNN 模型
K = 5 # 设定初始 K 值为 5
KNN = KNeighborsClassifier(n_neighbors = K)  # KNN 模型
KNN.fit(X_train, y_train) # 拟合 KNN 模型
y_pred = KNN.predict(X_test) # 预测心脏病结果
from sklearn.metrics import (f1_score, confusion_matrix) # 导入评估指标
print("{}NN 预测准确率 : {:.2f}%".format(K, KNN.score(X_test, y_test)*100))
print("{}NN 预测 F1 分数 : {:.2f}%".format(K, f1_score(y_test, y_pred)*100))
print('KNN 混淆矩阵 :\n', confusion_matrix(y_pred, y_test))
```

预测结果显示，KNN 算法在这个问题上的准确率为 85.25%：

```
5NN 预测准确率 : 85.25%
5NN 预测 F1 分数 : 86.15%
```

```
KNN 混淆矩阵：
 [[24  6]
 [ 3 28]]
```

怎么知道 K 值为 5 是否合适呢？

这里，5 只是随意指定的。下面让我们来分析一下到底 K 取何值才是此例的最优选择。请看下面的代码。

```python
# 寻找最佳 K 值
f1_score_list = []
acc_score_list = []
for i in range(1, 15):
    KNN = KNeighborsClassifier(n_neighbors = i)  # n_neighbors means K
    KNN.fit(X_train, y_train)
    acc_score_list.append(KNN.score(X_test, y_test))
    y_pred = KNN.predict(X_test)  # 预测心脏病结果
    f1_score_list.append(f1_score(y_test, y_pred))
index = np.arange(1, 15, 1)
plt.plot(index, acc_score_list, c='blue', linestyle='solid')
plt.plot(index, f1_score_list, c='red', linestyle='dashed')
plt.legend(["Accuracy", "F1 Score"])
plt.xlabel("k value")
plt.ylabel("Score")
plt.grid('false')
plt.show()
KNN_acc = max(f1_score_list)*100
print("Maximum KNN Score is {:.2f}%".format(KNN_acc))
```

这个代码用于绘制出 1 ~ 12，不同 K 值的情况下，模型所取得的测试集准确率和 F1 分数。通过观察这个曲线（如下图所示），就能知道针对当前问题，K 的最佳取值。

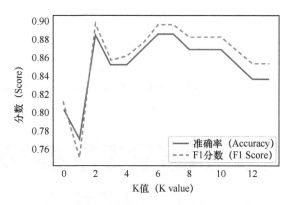

不同 K 值时，模型所取得的测试集准确率和 F1 分数

就这个案例而言，当 K=3 时，F1 分数达到 89.86%。而当 K=7 或 K=8 时，准确率虽然也达到峰值 88% 左右，但是此时的 F1 分数不如 K=3 时高。

很简单吧。如果你们觉得不过瘾，想要看看 KNN 算法的实现代码，可以进入 Sklearn 官网，单击 source 之后，到 GitHub 里面看 Python 源码，如下图所示。而且官网上也有这个库的各种参数的解释，课堂上不赘述了。

单击 source，可以看 KNN 算法的实现代码

KNN 算法的实现代码

KNN 算法在寻找最近邻居时，要将余下所有的样本都遍历一遍，以确定谁和它最近。因此，如果数据量特别大，它的计算成本还是比较高的。

8.2 支持向量机

下面说说在神经网络重回大众视野之前，一个很受推崇的分类算法：支持向量机（Support Vector Machine，SVM）。"支持向量机"这个名字，总让我联想起工厂里面的千斤顶之类的工具，所以下面我还是直接用英文 SVM。

和神经网络不同，SVM 有非常严谨的数学模型做支撑，因此受到学术界和工程界人士的共同喜爱。

下面，在不进行数学推导的前提下，我简单讲一讲它的原理。

主要说说超平面（hyperplane）和支持向量（support vector）这两个概念。超平面，就是用于特征空间根据数据的类别切分出来的分界平面。如下图所示的两个特征的二分类问题，我们就可以用一条线来表示超平面。如果特征再多一维，可以想象切割线会延展成一个平面，以此类推。而支持向量，就是离当前超平面最近的数据点，也就是下图中被分界线的两条平行线所切割的数据点，这些点对于超平面的进一步确定和优化最为重要。

如下图所示，在一个数据集的特征空间中，存在很多种可能的类分割超平面。比如，图中的 H_0 实线和两条虚线，都可以把数据集成功地分成两类。但是你们看一看，是实线分割较好，还是虚线分割较好？

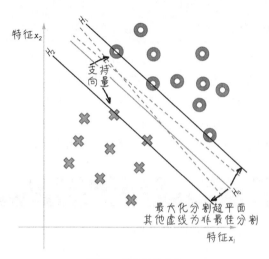

SVM：超平面的确定

答案是实线分割较好。为什么呢？

因为这样的分界线离两个类中的支持向量都比较远。SVM 算法就是要在支持向量的帮助之下，通过类似于梯度下降的优化方法，找到最优的分类超平面——具体的目标就是令支持向量到超平面之间的垂直距离最宽，称为"最宽街道"。

那么目前的特征空间中有以下 3 条线。

■ H_0 就是目前的超平面。

■ 与之平行的 H_1/H_2 线上的特征点就是支持向量。

这 3 条线，由线性函数和其权重、偏置的值所确定：

$H_0 = w \cdot x + b = 0$

$H_1 = w \cdot x + b = 1$

$H_2 = w \cdot x + b = -1$

然后计算支持向量到超平面的垂直距离，并通过机器学习算法调整参数 w 和 b，将距离（也就是特征空间中的这条街道宽度）最大化。这和线性回归寻找最优函数的斜率和截距的过程很相似。

下面用 SVM 算法来解决同样的问题：

```
from sklearn.svm import SVC # 导入 SVM 模型
svm = SVC(random_state = 1)
svm.fit(X_train, y_train)
y_pred = svm.predict(X_test) # 预测心脏病结果
svm_acc = svm.score(X_test, y_test)*100
```

```
print("SVM 预测准确率 :: {:.2f}%".format(svm.score(X_test, y_test)*100))
print("SVM 预测 F1 分数 : {:.2f}%".format(f1_score(y_test, y_pred)*100))
print('SVM 混淆矩阵 :\n', confusion_matrix(y_pred, y_test))
```

输出结果显示，采用默认值的情况下，预测准确率为 86.89%，略低于 KNN 算法的最优解：

```
SVM 预测准确率 :: 86.89%
SVM 预测 F1 分数 : 88.24%
SVM 混淆矩阵 :
[[23  4]
 [ 4 30]]
 [[22  5]
```

普通的 SVM 分类超平面只能应对线性可分的情况，对于非线性的分类，SVM 要通过**核方法**（kernel method）解决。核方法是机器学习中的一类算法，并非专用于 SVM。它的思路是，首先通过某种非线性映射（核函数）对特征粒度进行细化，将原始数据的特征嵌入合适的更高维特征空间；然后，利用通用的线性模型在这个新的空间中分析和处理模式，这样，将在二维上线性不可分的问题在多维上变得线性可分，那么 SVM 就可以在此基础上找到最优分割超平面。

8.3 朴素贝叶斯

朴素贝叶斯（Naive Bayes）这一算法的名字也有点奇怪。其中，"朴素"的英文"naive"的意思实际上是"天真的"，其原意大概是说算法有很多的预设（assumption），因此会给人一种考虑问题不周全的感觉。其实，这个算法本身是相当高效实用的。它是一个通过条件概率进行分类的算法。所谓条件概率，就是在事件 A 发生的概率下 B 发生的概率。例如，男生（事件 A）是烟民（事件 B）的概率为 30%，女生（事件 A）是烟民（事件 B）的概率为 5%。这些事件 A 就是"已发生的事件"，也就是所谓"预设"，也就是条件。

那么如何把条件概率引入机器学习呢？可以这么理解：数据集中数据样本的特征就形成了条件事件。比如：男，80 岁，血压 150mmHg，这 3 个已发生的事件，就是样本已知的特征。下面就需要进行二分类，确定患病还是未患病。此时我们拥有的信息量不多，怎么办呢？看一下训练数据集中满足这 3 个条件的数据有多少个，然后计算概率和计算分布。假如还有 3 个同样是 80 岁的男人，血压也是 150mmHg，两个有心脏病，一个健康。此时算法就告诉我们，应该判断这个人也有心脏病的概率比较大。如果没有其他血压读数刚好是 150 的人呢？那就看看其他 80 岁的男人。如果 10 个人里面 6 个人都有心脏病，我们也只好推断此人有心脏病。

这就是朴素贝叶斯的基本原理。它会假设每个特征都是相互独立的（这就是一个很强的预设），然后计算每个类别下的各个特征的条件概率。条件概率的公式如下：

$$P(c \mid x) = \frac{P(x \mid c)P(c)}{P(x)}$$

在机器学习实践中，可以将上面的公式拆分成多个具体的特征：

$$P(c_k \mid x) = P(x_1 \mid c_k) \times P(x_2 \mid c_k) \times \cdots \times P(x_n \mid c_k) \times P(c_k)$$

公式解释如下。

■ c_k，代表的是分类的具体类别 k。

■ $P(c|x)$ 是条件概率，也就是所要计算的，当特征为 x 时，类别为 c 的概率。

■ $P(x|c)$ 叫作似然（likelihood），就是训练集中标签分类为 c 的情况下，特征为 x 的概率。比如，在垃圾电子邮件中，文本中含有"幸运抽奖"这个词的概率为 0.2，换句话说，这个"0.2"也就是"幸运抽奖"这个词出现在垃圾电子邮件中的似然。

■ $P(c)$，是训练集中分类为 C 的先验概率。比如，全部电子邮件中，垃圾电子邮件的概率为 0.1。

■ $P(x)$，是特征的先验概率。

小冰突然说道："你这两个公式不大一样啊，第二个公式没有 $P(x)$ 了。"

咖哥说："在实践中，这个分母项在计算过程中会被忽略。因为这个 $P(x)$，不管它的具体值多大，具体到一个特征向量，对于所有的分类 c 来说，这个值其实是固定的——并不随 c_k 中 K 值的变化而改变。因此它是否存在，并不影响一个特定数据样本的归类。机器最后所要做的，只是确保所求出的所有类的后验概率之和为 1。这可以通过增加一个归一化参数而实现。"

下面咱们就使用朴素贝叶斯算法来解决心脏病的预测问题：

```
from sklearn.naive_bayes import GaussianNB # 导入朴素贝叶斯模型
nb = GaussianNB()
nb.fit(X_train, y_train)
y_pred = nb.predict(X_test) # 预测心脏病结果
nb_acc = nb.score(X_test, y_test)*100
print("NB 预测准确率 :: {:.2f}%".format(nb.score(X_test, y_test)*100))
print("NB 预测 F1 分数 : {:.2f}%".format(f1_score(y_test, y_pred)*100))
print('NB 混淆矩阵 :\n', confusion_matrix(y_pred, y_test))
```

输出结果显示，采用默认值的情况下，预测准确率为 86.89%：

```
NB 预测准确率 :: 86.89%
NB 预测 F1 分数 : 88.24%
NB 混淆矩阵 :
 [[23  4]
 [ 4 30]]
```

效果还不错。基本上，朴素贝叶斯是基于现有特征的概率对输入进行分类的，它的速度相当快，当没有太多数据并且需要快速得到结果时，朴素贝叶斯算法可以说是解决分类问题的良好选择。

8.4 决策树

咖哥问："同学们，你们玩过'20 个问题'这个游戏吗？"

小冰说："我知道你说的这个游戏。就是一群人在一起，出题者心里面想一个东西或者一个人，然后让其他人随便猜。其他人可以随便问出题者问题，出题者只能回答是或者不是，不给出其他信息，直到最后猜中出题者心里所想。你说的是这个吧？——咦，你问这个做什么？"

"对。"咖哥说，"一个人心里面想的东西范围那么广，可以说太难猜了，为什么正确答案最后却总是能够被猜中？其实答题者应用的策略就是决策树算法。决策树（Decision Trees，

DT），可以应用于回归或者分类问题，所以有时候也叫分类与回归树（Classification And Regression Tree，CART）。这个算法简单直观，很容易理解。它有点像是将一大堆的 if··· else 语句进行连接，直到最后得到想要的结果。算法中的各个节点是根据训练数据集中的特征形成的。大家要注意特征节点的选择不同时，可以生成很多不一样的决策树。"

"下图所示是一个相亲数据集和根据该数据集而形成的决策树。此处我们设定一个根节点，作为决策的起点，从该点出发，根据数据集中的特征和标签值给树分叉。"

相亲结果数据集

数据	相貌	收入	身高	才艺	结果
1	丑	低	高	有	拒绝
2	丑	高	高	无	考虑一下
3	帅	低	矮	有	通过
4	帅	低	高	无	通过
5	帅	低	高	有	通过

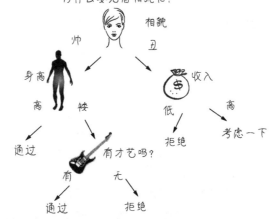

根据相亲数据集所生成的决策树

此时咖哥发问："大家说说这里为什么要选择相貌这个特征作为这棵决策树的根节点？"

小冰说："呃……这个…… 你有你的标准，我有我的标准……"

咖哥有些沉重地说："还是熵啊！"小冰心里很诧异。伤什么伤，这个标准很伤你心吗？

8.4.1 熵和特征节点的选择

此"熵"非彼"伤"。

在信息学中，**熵**（entropy），度量着信息的不确定性，信息的不确定性越大，熵越大。信息熵和事件发生的概率成反比。比如，"相亲者会认为咖哥很帅"这一句话的信息熵为 0，因为这是事实。

这里有几个新概念，下面介绍一下。

■ 信息熵代表随机变量的复杂度，也就是不确定性。

■ 条件熵代表在某一个条件下，随机变量的复杂度。

■ 信息增益等于信息熵减去条件熵，它代表了在某个条件下，信息复杂度（不确定性）减少的程度。

因此，**如果一个特征从不确定到确定，这个过程对结果影响比较大的话，就可以认为这个特**

征的分类能力比较强。那么先根据这个特征进行决策之后，对于整个数据集而言，熵（不确定性）减少得最多，**也就是信息增益最大**。相亲的时候你们最看中什么，就先问什么，如果先问相貌，说明你们觉得相貌不合格则后面其他所有问题都不用再问了，当然你们的妈妈可能一般会先问收入。

咖哥发言

除了熵之外，还有 Gini 不纯度等度量信息不确定性的指标。

8.4.2 决策树的深度和剪枝

决策树算法有以下两个特点。

（1）由于 if…else 可以无限制地写下去，因此，针对任何训练集，只要树的深度足够，决策树肯定能够达到 100% 的准确率。这听起来像是个好消息。

（2）决策树非常容易过拟合。也就是说，在训练集上，只要分得足够细，就能得到 100% 的正确结果，然而在测试集上，准确率会显著下降。

这种过拟合的现象在下图的这个二分类问题中就可以体现出来。决策树算法将每一个样本都根据标签值成功分类，图中的两种颜色就显示出决策树算法生成的分类边界。

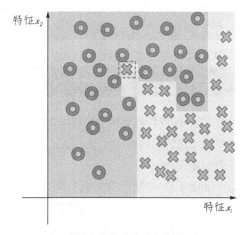

一个过拟合的决策树分类结果

而实际上，当分类边界精确地绕过了每一个点时，过拟合已经发生了。根据直觉，那个被圆圈包围着的叉号并不需要被考虑，它只是一个特例。因此，树的最后几个分叉，也就是找到虚线框内叉号的决策过程都应该省略，才能够提高模型的泛化功能。

解决的方法是为决策树进行剪枝（pruning），有以下两种形式。

■ 先剪枝：分支的过程中，熵减少的量小于某一个阈值时，就停止分支的创建。

■ 后剪枝：先创建出完整的决策树，然后尝试消除多余的节点。

整体来说，决策树算法很直观，易于理解，因为它与人类决策思考的习惯是基本契合的，而且模型还可以通过树的形式可视化。此外，决策树还可以直接处理非数值型数据，不需要进行哑变量的转化，甚至可以直接处理含缺失值的数据。因此，决策树算法是应用较为广泛的算法。

然而，它的缺点明显。首先，对于多特征的复杂分类问题效率很一般，而且容易过拟合。节点很深的树容易学习到高度不规则的模式，造成较大的方差，泛化能力弱。此外，决策树算法处理连续变量问题时效果也不太好。

因为这些缺点，决策树很少独立作为一种算法被应用于实际问题。然而，一个非常微妙的事是，决策树经过集成的各种升级版的算法——随机森林、梯度提升树算法等，都是非常优秀的常用算法。这些算法下一课还要重点介绍。

下面用决策树算法解决心脏病的预测问题：

```
from sklearn.tree import DecisionTreeClassifier # 导入决策树模型
dtc = DecisionTreeClassifier()
dtc.fit(X_train, y_train)
dtc_acc = dtc.score(X_test, y_test)*100
y_pred = dtc.predict(X_test) # 预测心脏病结果
print("Decision Tree Test Accuracy {:.2f}%".format(dtc_acc))
print(" 决策树 预测准确率 : {:.2f}%".format(dtc.score(X_test, y_test)*100))
print(" 决策树 预测F1分数 : {:.2f}%".format(f1_score(y_test, y_pred)*100))
print(' 决策树 混淆矩阵 :\n', confusion_matrix(y_pred, y_test))
```

不出所料，单纯使用决策树算法时的预测准确率和F1分数相对于其他算法偏低：

```
决策树 预测准确率 : 77.05%
决策树 预测F1分数 : 78.79%
决策树 混淆矩阵 :
 [[21  8]
 [ 6 26]]
```

8.5 随机森林

随机森林（random forest）是一种健壮且实用的机器学习算法，它是在决策树的基础上衍生而成的。决策树和随机森林的关系就是树和森林的关系。通过对原始训练样本的抽样，以及对特征节点的选择，我们可以得到很多棵不同的树。

刚才说到决策树很容易过拟合，而随机森林的思路是把很多棵决策树的结果集成起来，以避免过拟合，同时提高准确率。其中，每一棵决策树都是在原始数据集中抽取不同子集进行训练的，尽管这种做法会小幅度地增加每棵树的预测偏差，但是最终对各棵树的预测结果进行综合平均之后的模型性能通常会大大提高。

这就是随机森林算法的核心：或许每棵树都是一个非常糟糕的预测器，但是当我们将很多棵树的预测集中在一起考量时，很有可能会得到一个好的模型。

假设我们有一个包含 N 个训练样本的数据集，特征的维度为 M，随机森林通过下面算法构造树。

（1）从 N 个训练样本中以**有放回抽样**（replacement sampling）的方式，取样 N 次，形成一个新训练集（这种方法也叫 bootstrap 取样），可用未抽到的样本进行预测，评估其误差。

（2）对于树的每一个节点，都**随机选择 m 个特征**（m 是 M 的一个子集，数目远小于 M），决策树上每个节点的决定都只是基于这些特征确定的，即根据这 m 个特征，计算最佳的分裂方式。

（3）默认情况下，每棵树都会完整成长而不会剪枝。

上述算法有两个关键点：一个是有放回抽样，二是节点生成时不总是考量全部特征。这两个关键点，都增加了树生成过程中的随机性，从而降低了过拟合。

仅引入了一点小技巧，就形成了如此强大的随机森林算法。这就是算法之美，是机器学习之美。

在 Sklearn 的随机森林分类器中，可以设定的一些的参数项如下。

■ n_estimators：要生成的树的数量。

■ criterion：信息增益指标，可选择 gini（Gini 不纯度）或者 entropy（熵）。

■ bootstrap：可选择是否使用 bootstrap 方法取样，True 或者 False。如果选择 False，则所有树都基于原始数据集生成。

■ max_features：通常由算法默认确定。对于分类问题，默认值是总特征数的平方根，即如果一共有 9 个特征，分类器会随机选取其中 3 个。

下面用随机森林算法解决心脏病的预测问题：

```
from sklearn.ensemble import RandomForestClassifier # 导入随机森林模型
rf = RandomForestClassifier(n_estimators = 1000, random_state = 1)
rf.fit(X_train, y_train)
rf_acc = rf.score(X_test, y_test)*100
y_pred = rf.predict(X_test) # 预测心脏病结果
print(" 随机森林 预测准确率:: {:.2f}%".format(rf.score(X_test, y_test)*100))
print(" 随机森林 预测F1 分数: {:.2f}%".format(f1_score(y_test, y_pred)*100))
print(' 随机森林 混淆矩阵 :\n', confusion_matrix(y_pred, y_test))
```

输出结果显示，1 000 棵树组成的随机森林的预测准确率达到 88.52%：

```
随机森林 预测准确率:: 88.52%
随机森林 预测 F1 分数 : 89.86%
随机森林 混淆矩阵 :
 [[23  3]
 [ 4 31]]
```

随机森林算法广泛适用于各种问题，尤其是针对浅层的机器学习任务，随机森林算法很受欢迎。即使在目前的深度学习时代，要找到效率能够超过随机森林的算法，也不是一件很容易的事儿。

8.6 如何选择最佳机器学习算法

讲完随机森林算法之后，小冰开口问道："咖哥，上面的这几种经典算法，你讲得简明扼要，感觉都挺好。不过，现在的问题来了，算法一多，我反而不知道如何选择了。你能不能给我们说说，什么样的算法适合解决什么样的问题？"

咖哥回答："这很值得说一说。没有任何一种机器学习算法，能够做到针对任何数据集都是最佳的。通常，拿到一个具体的数据集后，会根据一系列的考量因素进行评估。这些因素包括：要解决的问题的性质、数据集大小、数据集特征、有无标签等。有了这些信息后，再来寻找适宜的算法。"

让我们从下页这张 Sklearn 的算法"官方小抄"图入手来简单说说机器学习算法的选择。顺着这张图过一遍各种机器学习算法，也是一个令我们将所学知识融会贯通的过程。

在开始选择 Sklearn 算法之前，先额外加一个 IF 语句：

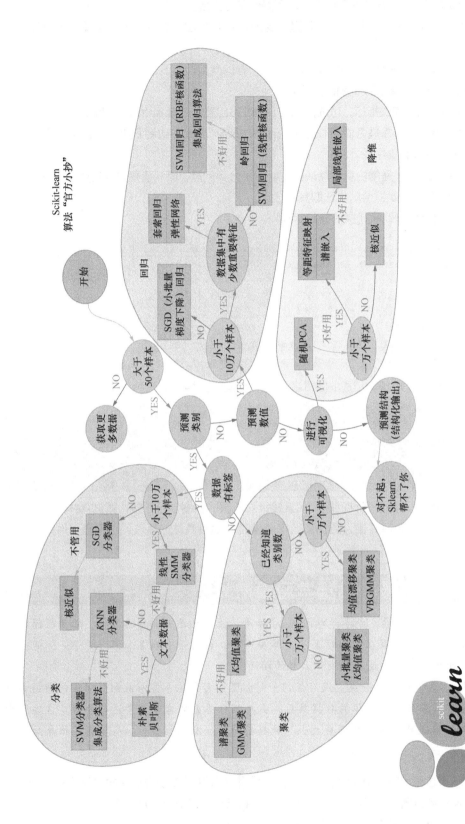

算法 "官方小抄"
Scikit-learn

Sklearn 的算法 "官方小抄"

```
IF 机器学习问题 = 感知类问题 ( 也就是图像、语言、文本等非结构化问题 )
   THEN 深度学习算法 ( 例如使用 Keras 深度学习库 )
```

因为适合深度学习的问题通常不用 Sklearn 库来解决，而对于浅层的机器学习问题，Sklearn
就可以大显身手了。

Sklearn 库中的算法选择流程如下：

```
IF 数据量小于 50 个
   数据样本太少了，先获取更多数据
ELSE 数据量大于 50 个
   IF 是分类问题
      IF 数据有标签
         IF 数据量小于 10 万个
            选择 SGD 分类器
         ELSE 数据量大于 10 万个
            先尝试线性 SVM 分类器，如果不好用，再继续尝试其他算法
            IF 特征为文本数据
               选择朴素贝叶斯
            ELSE
               先尝试 KNN 分类器，如果不好用，再尝试 SVM 分类器加集成分类算法 ( 参见第 9 课内容 )
      ELSE 数据没有标签
         选择各种聚类算法 ( 参见第 10 课内容 )
   ELSE 不是分类问题
      IF 需要预测数值，就是回归问题
         IF 数据量大于 10 万个
            选择 SGD 回归
         ELSE 数据量小于 10 万个
            根据数据集特征的特点，有套索回归和岭回归、集成回归算法、SVM 回归等几种选择
      ELSE 进行可视化，
         则考虑几种降维算法 ( 参见第 10 课内容 )
      ELSE 预测结构
         对不起，Sklearn 帮不了你
```

选择机器学习算法的思路大致如此。此外，**经验**和**直觉**在机器学习领域的重要性当然是不言
而喻。其实，不光机器学习，经验和直觉无论在什么领域也都是关键。

当然，选取多种算法去解决同一个问题，然后将各种算法的效率进行比较，也不失为一个好
的方案。

刚才，我们已经应用了好几个机器学习算法处理同一个数据集。再加上以前讲过的逻辑回归，
现在就可以对各种算法的性能进行一个横向比较。

下面是用逻辑回归算法解决心脏病的预测问题的示例代码。

```
from sklearn.linear_model import LogisticRegression # 导入逻辑回归模型
lr = LogisticRegression()
lr.fit(X_train, y_train)
y_pred = lr.predict(X_test) # 预测心脏病结果
lr_acc = lr.score(X_test, y_test)*100
lr_f1 = f1_score(y_test, y_pred)*100
print("逻辑回归预测准确率：{:.2f}%".format(lr_acc))
print("逻辑回归预测 F1 分数：{:.2f}%".format(lr_f1))
print(' 逻辑回归混淆矩阵：\n', confusion_matrix(y_test, y_pred))
```

下面就输出所有这些算法针对心脏病预测的准确率直方图：

```
methods = ["Logistic Regression", "KNN", "SVM",
          "Naive Bayes", "Decision Tree", "Random Forest"]
accuracy = [lr_acc, KNN_acc, svm_acc, nb_acc, dtc_acc, rf_acc]
colors = ["orange", "red", "purple", "magenta", "green", "blue"]
sns.set_style("whitegrid")
plt.figure(figsize=(16, 5))
plt.yticks(np.arange(0, 100, 10))
plt.ylabel("Accuracy %")
plt.xlabel("Algorithms")
sns.barplot(x=methods, y=accuracy, palette=colors)
plt.grid(b=None)
plt.show()
```

各种算法的准确率比较如下图所示。

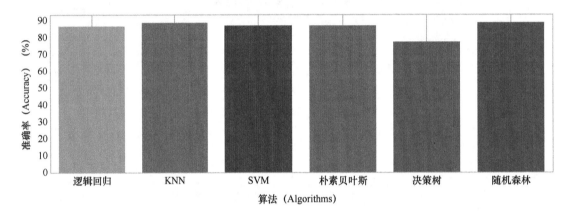

各种算法的准确率比较

从结果上看，KNN 和随机森林等算法对于这个问题来说是较好的算法。

 咖哥发言

不要对算法的优劣妄下结论，目前的比较结果仅针对这个数据集而言。

再绘制出各种算法的混淆矩阵：

```
# 绘制出各种算法的混淆矩阵
from sklearn.metrics import confusion_matrix
y_pred_lr = lr.predict(X_test)
KNN3 = KNeighborsClassifier(n_neighbors = 3)
KNN3.fit(X_train, y_train)
y_pred_KNN = KNN3.predict(X_test)
y_pred_svm = svm.predict(X_test)
y_pred_nb = nb.predict(X_test)
y_pred_dtc = dtc.predict(X_test)
y_pred_rf = rf.predict(X_test)
cm_lr = confusion_matrix(y_test, y_pred_lr)
cm_KNN = confusion_matrix(y_test, y_pred_KNN)
```

```
cm_svm = confusion_matrix(y_test, y_pred_svm)
cm_nb = confusion_matrix(y_test, y_pred_nb)
cm_dtc = confusion_matrix(y_test, y_pred_dtc)
cm_rf = confusion_matrix(y_test, y_pred_rf)
plt.figure(figsize=(24, 12))
plt.suptitle("Confusion Matrixes", fontsize=24)  # 混淆矩阵
plt.subplots_adjust(wspace = 0.4, hspace= 0.4)
plt.subplot(2, 3, 1)
plt.title("Logistic Regression Confusion Matrix")  # 逻辑回归混淆矩阵
sns.heatmap(cm_lr, annot=True, cmap="Blues", fmt="d", cbar=False)
plt.subplot(2, 3, 2)
plt.title("K Nearest Neighbors Confusion Matrix")  #KNN 混淆矩阵
sns.heatmap(cm_KNN, annot=True, cmap="Blues", fmt="d", cbar=False)
plt.subplot(2, 3, 3)
plt.title("Support Vector Machine Confusion Matrix")  #SVM 混淆矩阵
sns.heatmap(cm_svm, annot=True, cmap="Blues", fmt="d", cbar=False)
plt.subplot(2, 3, 4)
plt.title("Naive Bayes Confusion Matrix")  # 朴素贝叶斯混淆矩阵
sns.heatmap(cm_nb, annot=True, cmap="Blues", fmt="d", cbar=False)
plt.subplot(2, 3, 5)
plt.title("Decision Tree Classifier Confusion Matrix")  # 决策树混淆矩阵
sns.heatmap(cm_dtc, annot=True, cmap="Blues", fmt="d", cbar=False)
plt.subplot(2, 3, 6)
plt.title("Random Forest Confusion Matrix")  # 随机森林混淆矩阵
sns.heatmap(cm_rf, annot=True, cmap="Blues", fmt="d", cbar=False)
plt.show()
```

各种算法的混淆矩阵如下图所示。

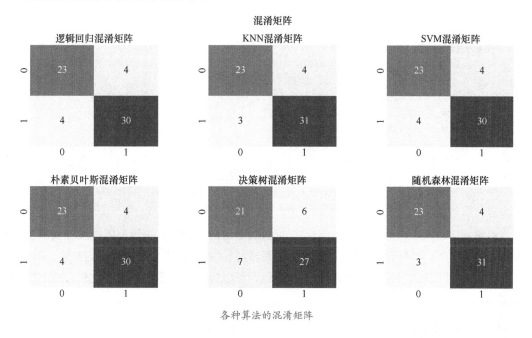

各种算法的混淆矩阵

从图中可以看出，KNN 和随机森林这两种算法中"假负"的数目为 3，也就是说本来没有心脏病，却判定为有心脏病的客户有 3 人；而"假正"的数目为 4，也就是说本来有心脏病，判定为没有

心脏病的客户有 4 人。

8.7 用网格搜索超参数调优

我们早已经知道了内容参数和超参数的区别。内容参数是算法内部的权重和偏置，而超参数是算法的参数，例如逻辑回归中的 C 值、神经网络的层数和优化器、KNN 中的 K 值，都是超参数。

算法的内部参数，是算法通过梯度下降自行优化，而超参数通常依据经验手工调整。

在第 4 课的学习中，我们手工调整过逻辑回归算法中的 C 值，那时小冰就提出过一个问题：为什么要手工调整，而不能由机器自动地选择最优的超参数？

而本次课程中，我们看到了同一个 KNN 算法，不同 K 值所带来的不同结果。因此，机器是可以通过某种方法自动找到最佳的 K 值的。

现在揭晓这个"秘密武器"：利用 Sklearn 的网格搜索（Grid Search）功能，可以为特定机器学习算法找到每一个超参数指定范围内的最佳值。

什么是指定范围内的最佳值呢？思路很简单，就是列举出一组组可选超参数值。网格搜索会遍历其中所有的可能组合，并根据指定的评估指标比较每一个超参数组合的性能。这个思路正如刚才在 KNN 算法中，选择 1 ～ 15 来逐个检查哪一个 K 值效果最好。当然，通常来说，超参数并不是一个，因此组合起来，可能的情况也多。

下面用网格搜索功能进一步优化随机森林算法的超参数，看看预测准确率还有没有能进一步提升的空间：

```
from sklearn.model_selection import StratifiedKFold # 导入 K 折验证工具
from sklearn.model_selection import GridSearchCV # 导入网格搜索工具
kfold = StratifiedKFold(n_splits=10) # 10 折验证
rf = RandomForestClassifier() # 随机森林模型
# 对随机森林算法进行参数优化
rf_param_grid = {"max_depth": [None],
            "max_features": [3, 5, 12],
            "min_samples_split": [2, 5, 10],
            "min_samples_leaf": [3, 5, 10],
            "bootstrap": [False],
            "n_estimators" :[100,300],
            "criterion": ["gini"]}
rf_gs = GridSearchCV(rf,param_grid = rf_param_grid, cv=kfold,
                scoring="accuracy", n_jobs= 10, verbose = 1)
rf_gs.fit(X_train, y_train) # 用优化后的参数拟合训练数据集
```

此处选择了准确率作为各个参数组合的评估指标，并且应用 10 折验证以提高准确率。程序开始运行之后，10 个"后台工作者"开始分批同步对 54 种参数组合中的每一组参数，用 10 折验证的方式对训练集进行训练（因为是 10 折验证，所以共需训练 540 次）并比较，试图找到最佳参数。

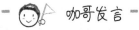 咖哥发言

对于随机森林算法中每一个超参数的具体功能，请同学们自行查阅 Sklearn 文档。

输出结果如下：

```
Fitting 10 folds for each of 54 candidates, totalling 540 fits
[Parallel(n_jobs=10)]: Using backend LokyBackend with 10 concurrent workers.
[Parallel(n_jobs=10)]: Done  30 tasks      | elapsed:      3.1s
[Parallel(n_jobs=10)]: Done 180 tasks      | elapsed:     24.3s
[Parallel(n_jobs=10)]: Done 430 tasks      | elapsed:      1.0min
[Parallel(n_jobs=10)]: Done 540 out of 540 | elapsed:      1.3min finished
```

在 GPU 的加持之下，整个 540 次拟合只用了 1.3 分钟（不是每一个训练集的训练速度都这么快，当参数组合数目很多、训练数据集很大时，网格搜索还是挺耗费资源的）。

下面使用找到的最佳参数进行预测：

```
from sklearn.metrics import (accuracy_score, confusion_matrix)
y_hat_rfgs = rf_gs.predict(X_test) # 用随机森林算法的最佳参数进行预测
print("参数优化后随机森林预测准确率：", accuracy_score(y_test.T, y_hat_rfgs))
```

在测试集上，对心脏病的预测准确率达到了 90% 以上，这是之前多种算法都没有达到过的最好成绩：

```
参数优化后随机森林测试准确率：0.9016393442622951
```

显示一下混淆矩阵，发现"假正"进一步下降为 3 人，也就是说测试集中仅有 3 个健康的人被误判为心脏病患者，同时仅有 3 个真正的心脏病患者成了漏网之鱼，被误判为健康的人：

```
cm_rfgs = confusion_matrix(y_test, y_had_rfgs) # 显示混淆矩阵
plt.figure(figsize=(4, 4))
plt.title("Random Forest (Best Score) Confusion Matrix")# 随机森林（最优参数）混淆矩阵
sns.heatmap(cm_rfgs, annot=True, cmap="Blues", fmt="d", cbar=False)
```

参数优化后随机森林算法的混淆矩阵如下图所示。

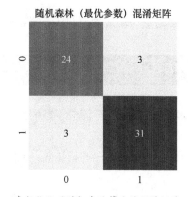

参数优化后随机森林算法的混淆矩阵

那么，如果得到了好的结果，能把参数输出来，留着以后重用吗？

输出最优模型的 best_params_ 属性就行！

示例代码如下：

```
print("最佳参数组合：", rf_gs.best_params_)
```

输出结果如下：

```
最佳参数：
{'bootstrap': False,
'criterion': 'gini',
'max_depth': None,
'max_features': 3,
'min_samples_leaf': 3,
'min_samples_split': 2,
'n_estimators': 100}
```

这就是网格搜索帮我们找到的随机森林算法的最佳参数组合。

8.8 本课内容小结

学完本课的几种算法，加上已经非常熟悉的线性回归和逻辑回归算法，我们的机器学习"弹药库"就基本完备了。

总结一下，本课学习的几种算法如下。

■ KNN——通过向量在空间中的距离来为数据样本分类。

■ SVM——一种使用核函数扩展向量空间维度，并力图最大化分割超平面的算法。

■ 朴素贝叶斯——这种算法应用概率建模原理，假设数据集的特征都是彼此独立的。

■ 决策树——类似于"20个问题"游戏，个人能力虽然较弱，却能够被集成出多种更优秀的算法。

■ 随机森林——通过 bootstrap 取样形成不同的训练集，并进行特征的随机抽取，生成多棵树，然后通过结果集成，来进行分类预测。

此外，通过网格搜索，还可以在大量参数的相互组合中找到最适合当前数据集的最佳参数组合。

下一课将会介绍如何利用这些算法进行集成学习，从而得到更优的模型。

8.9 课后练习

练习一　找到第5课中曾使用的"银行客户流失"数据集，并使用本课介绍的算法处理该数据集。

练习二　本课介绍的算法中，都有属于自己的超参数，请同学们查阅 Sklearn 文档，研究并调试这些超参数。

练习三　对于第5课中的"银行客户流失"数据集，选择哪些 Sklearn 算法可能效果较好，为什么？

练习四　决策树是如何"生长"为随机森林的？

第9课　集成学习"笑傲江湖"

咖哥问："小冰会看打篮球吗？"

小冰说："我不是球迷，但偶尔也看。"

咖哥又说："嗯，在球赛中，防守方的联防策略是非常有效的，几个队员彼此照应，随时协防、换位、补位、护送等，相互帮助，作为一个整体作战，面对再凶猛的进攻球员，也能够把他拿下。"

"咖哥，"小冰说，"本课的内容……说完球再讲？"

"本课就是要讲一讲，这种'协同作战'的威力……"咖哥回道。

"什么？！"小冰惊讶地说。

集成学习，就是机器学习里面的协同作战

集成学习，就是机器学习里面的协同作战！ 如果训练出一个模型比较弱，又训练出一个模型还是比较弱，但是，几个不大一样的模型组合起来，很可能**其效率会好过一个单独的模型**。这个思路导出的随机森林、梯度提升决策树，以及 XGBoost 等算法，都是常用的、有效的、经常在机器学习竞赛中夺冠的"法宝"。

下面看看本课重点。

本课重点
┌─ 偏差和方差，是衡量机器学习模型性能的两个指标
│
└─ 具体来说集成学习算法包含的几大类型
　　├─ Bagging——集成多个模型，以降低整体的方差
　　├─ Boosting——提升较弱的模型，以降低弱模型的偏差
　　├─ Stacking/Blending——利用基模型的预测结果，作为新特征训练新模型
　　└─ Voting/Averaging——集成基模型的预测结果

9

集成学习，是通过构建出多个模型（这些模型可以是比较弱的模型），然后将它们组合起来完成任务。名字听起来比较"高大上"，但它其实是很经典的机器学习算法。在深度学习时代，集成学习仍然具有很高的"江湖地位"。

它的核心策略是通过模型的集成减少机器学习中的**偏差**（bias）和**方差**（variance）。

9.1 偏差和方差——机器学习性能优化的风向标

小冰问道："偏差和方差？上节课讲决策树和随机森林时你好像提到过它们，当时你没有细说。"

"对。"咖哥说，"在深入介绍集成学习算法之前，先要了解的是偏差和方差这两个概念在机器学习项目优化过程中的指导意义。"

方差是从统计学中引入的概念，方差定义的是一组数据距离其均值的离散程度。而机器学习里面的偏差用于衡量模型的准确程度。

 咖哥发言

注意，机器学习内部参数 w 和 b 中的参数 b，英文也是 bias，它是线性模型内部的偏置。而这里的 bias 是模型准确率的偏差。两者英文相同，但不是同一个概念。

同学们看下面的图。

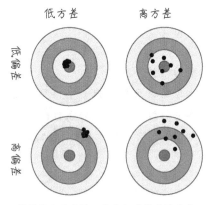

偏差和方差都低，是我们对模型的追求

偏差评判的是机器学习模型的**准确度**，偏差越小，模型越准确。它度量了算法的预测与真实结果的离散程度，**刻画了学习算法本身的拟合能力**。也就是每次打靶，都比较靠近靶心。

方差评判的是机器学习模型的**稳定性**（或称精度），方差越小，模型越稳定。它度量了训练集变动所导致的学习性能变化，**刻画了数据扰动所造成的影响**。也就是每次打靶，不管打得准不准，击中点都比较集中。

 咖哥发言

其实机器学习中的预测误差还包含另一个部分，叫作噪声。噪声表达的是在当前任务上任何学习算法所能达到的泛化误差的下界，也可以说**刻画了学习问题本身的难度**，属于不可约减的误差（irreducible error），因此就不在我们关注的范围内。

9.1.1 目标：降低偏差与方差

低偏差和低方差，是我们希望达到的效果，然而一般来说，偏差与方差是鱼与熊掌不可兼得的，这被称作偏差 – 方差窘境（bias-variance dilemma）。

■ 给定一个学习任务，在训练的初期，模型对训练集的拟合还未完善，能力不够强，偏差也就比较大。正是由于拟合能力不强，数据集的扰动是无法使模型的效率产生显著变化的——此时模型处于欠拟合的状态，把模型应用于训练集数据，会出现高偏差。

■ 随着训练的次数增多，模型的调整优化，其拟合能力越来越强，此时训练数据的扰动也会对模型产生影响。

■ 当充分训练之后，模型已经完全拟合了训练集数据，此时数据的轻微扰动都会导致模型发生显著变化。当训练好的模型应用于测试集，并不一定得到好的效果——此时模型应用于不同的数据集，会出现高方差，也就是过拟合的状态。

其实，在第 4 课的正则化、欠拟合和过拟合一节中，我们已经探讨过这个道理了。机器学习性能优化领域的最核心问题，就是不断地探求欠拟合 – 过拟合之间，也就是偏差 – 方差之间的**最佳平衡点，也是训练集优化和测试集泛化的平衡点。**

如右图所示，如果同时为训练集和测试集绘制损失曲线，大概可以看出以下内容。

■ 在训练初期，当模型很弱的时候，测试集和训练集上，损失都大。这时候需要调试的是机器学习的模型，或者甚至选择更好算法。这是在降低偏差。

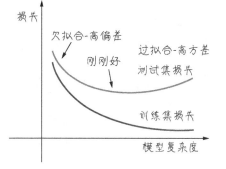

损失、偏差、方差与模型复杂度之间的关系

■ 在模型或者算法被优化之后，损失曲线逐渐收敛。但是过了一段时间之后，发现损失在训练集上越来越小，然而在测试集上逐渐变大。此时要集中精力降低方差。

因此，机器学习的性能优化是有顺序的，一般是**先降低偏差**，**再聚焦于降低方差。**

9.1.2 数据集大小对偏差和方差的影响

咖哥发问："刚才画出了损失与模型复杂度之间的关系曲线，以评估偏差和方差的大小。还有另外一种的方法，能判断机器学习模型当前方差的大致状况，你们能猜出来吗？"

小冰想了想："刚才你说到……数据的扰动……"

"不错啊"咖哥很惊讶，"没想到你的思路还挺正确。看来你经过坚持学习，能力都有提升了。答案正是通过调整数据集的大小来观测损失的情况，进而判定是偏差还是方差影响着机器学习效率。"

高方差，意味着数据扰动对模型的影响大。那么观察数据集的变化如何能够发现目前模型的偏差和方差状况？

你们看下面的图：左图中的模型方差较低，而右图中的模型方差较高。

这是因为，数据集越大，越能够降低过拟合的风险。数据集越大，训练集和测试集上的损失差异理论上应该越小，因为更大的数据集会导致训练集上的损失值上升，测试集上的损失值下降。

■　如果随着数据集逐渐增大，训练集和测试集的误差的差异逐渐减小，然后都稳定在一个值附近。这说明此时模型的方差比较小。如果这个模型准确率仍然不高，需要从模型的性能优化上调整，减小偏差。

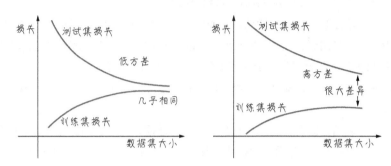

损失、偏差、方差与模型复杂度之间的关系

■　如果随着数据集的增大，训练集和测试集的误差的差异仍然很大，此时就说明模型的方差大。也就是模型受数据的影响大，此时需要增加模型的泛化能力。

9.1.3　预测空间的变化带来偏差和方差的变化

小冰想了想，又问："你煞费苦心，绘制出来上面这样的曲线，又有什么意义，我们拿来做什么啊？"

咖哥回答："当然是为了确定目前的模型是偏差大还是方差大。"

小冰接着问："然后呢？"

咖哥又答："很重要。知道偏差大还是方差大，就知道应该把模型往哪个方向调整。回到下面要谈的集成学习算法的话，就是**选择什么算法优化模型。我们需要有的放矢**。"

"不同的模型，有不同的复杂度，其预测空间大小不同、维度也不同。一个简单的线性函数，它所能够覆盖的预测空间是比较有限的，其实也可以说简单的函数模型方差都比较低。这是好事儿。那么如果增加变量的次数，增加特征之间的组合，函数就变复杂了，预测空间就随着特征空间的变化而增大。再发展到很多神经元非线性激活之后组成神经网络，可以包含几十万、几百万个参数，它的预测空间维度特别大。这个时候，方差也会迅速增大。"

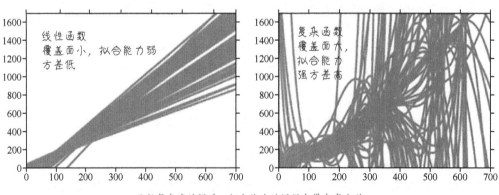

函数复杂度的提升，拟合能力的增强会带来高方差

小冰刚想说话，咖哥说："我知道你想问，为什么我们还要不断增加预测空间，增加模型的复杂度？因为现实世界中的问题的确就是这么复杂。简单的线性函数虽然方差低，但是偏差高，对于稍微复杂的问题，根本不能解决。那么只能用威力比较大的、覆盖面比较大的'大杀器'来解决问题了。而神经网络就像是原子弹，一旦被发射，肯定能够把要打击的目标击倒。但是如何避免误伤无辜，降低方差，就又回到如何提高精度的问题了。这样，偏差－方差窘境就又出现了。"

"不过，集成学习之所以好，是因为它通过组合一些比较简单的算法来保留这些算法低方差的优势。在此基础之上，它又能引入复杂的模型来扩展简单算法的预测空间。这样，我们就能理解为何集成学习是同时降低方差和偏差的大招。"

下面逐个来看每一种集成学习算法。

9.2 Bagging 算法——多个基模型的聚合

Bagging 是我们要讲的第一种集成学习算法，是 Bootstrap Aggregating 的缩写。有人把它翻译为套袋法、装袋法，或者自助聚合，没有统一的叫法，就直接用它的英文名称。其算法的基本思想是从原始的数据集中抽取数据，形成 K 个随机的新训练集，然后训练出 K 个不同的模型。具体过程如下。

（1）从原始样本集中通过随机抽取形成 K 个训练集（如下图所示）：每轮抽取 n 个训练样本（有些样本可能被多次抽取，而有些样本可能一次都没有被抽取，这叫作**有放回**的抽取）。这 K 个训练集是彼此独立的——这个过程也叫作 bootstrap（可译为自举或自助采样），它有点像 K 折验证，但不同之处是其样本是有放回的。

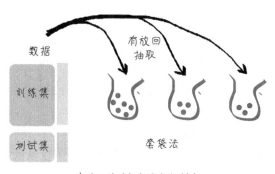

有放回的随机抽取数据样本

（2）每次使用一个训练集通过相同的机器学习算法（如决策树、神经网络等）得到一个模型，K 个训练集共得到 K 个模型。我们把这些模型称为**基模型**（base estimator），或者基学习器。

基模型的集成有以下两种情况。

■ 对于分类问题，K 个模型采用投票的方式得到分类结果。

■ 对于回归问题，计算 K 个模型的均值作为最后的结果。

这个过程如下图所示。

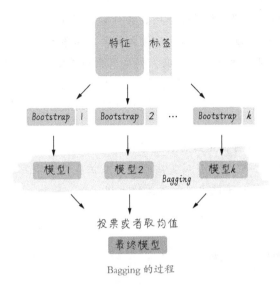

Bagging 的过程

9.2.1 决策树的聚合

小冰发言："咖哥，我怎么觉得这个 Bagging 上节课你已经讲过一遍了？"

咖哥说："很好，你还记得，就代表上一课我没有白讲。多数情况下的 Bagging，都是基于决策树的，构造随机森林的第一个步骤其实就是对多棵决策树进行 Bagging，我们把它称为**树的聚合**（Bagging of Tree）。"

树这种模型，具有显著的低偏差、高方差的特点。也就是受数据的影响特别大，一不小心，训练集准确率就接近 100% 了。但是这种效果不能够移植到其他的数据集。这是很明显的过拟合现象。集成学习的 Bagging 算法，就从树模型开始，着手解决它太过于精准，又不易泛化的问题。

当然，Bagging 的原理，并不仅限于决策树，还可以扩展到其他机器学习算法。因为通过随机抽取数据的方法减少了可能的数据干扰，所以经过 Bagging 的模型将会具有低方差。

在 Sklearn 的集成学习库中，有 BaggingClassifier 和 BaggingRegressor 这两种 Bagging 模型，分别适用于分类问题和回归问题。

现在把树的 BaggingClassifier 应用于第 5 课中预测银行客户是否会流失的案例，看一看其效果如何。数据读入和特征工程部分的代码不再重复，同学们可参考第 5 课中的代码段或源码包中的内容。

示例代码如下：

```python
# 对多棵决策树进行聚合 (Bagging)
from sklearn.ensemble import BaggingClassifier # 导入 Bagging 分类器
from sklearn.tree import DecisionTreeClassifier # 导入决策树分类器
from sklearn.metrics import (f1_score, confusion_matrix) # 导入评估指标
dt = DecisionTreeClassifier() # 只使用一棵决策树
dt.fit(X_train, y_train) # 拟合模型
y_pred = dt.predict(X_test) # 进行预测
print(" 决策树测试准确率 : {:.2f}%".format(dt.score(X_test, y_test)*100))
print(" 决策树测试 F1 分数 : {:.2f}%".format(f1_score(y_test, y_pred)*100))
```

```
bdt = BaggingClassifier(DecisionTreeClassifier()) # 树的 Bagging
bdt.fit(X_train, y_train) # 拟合模型
y_pred = bdt.predict(X_test) # 进行预测
print("决策树 Bagging 测试准确率：{:.2f}%".format(bdt.score(X_test, y_test)*100))
print("决策树 Bagging 测试 F1 分数：{:.2f}%".format(f1_score(y_test, y_pred)*100))
```

上面代码中的 BaggingClassifier 指定了 DecisionTreeClassifier 决策树分类器作为基模型的类型，默认的基模型的数量是 10，也就是在 Bagging 过程中会用 Bootstrap 算法生成 10 棵树。

输出结果如下：

```
决策树测试准确率：84.00%
决策树测试 F1 分数：53.62%
决策树 Bagging 测试准确率：85.75%
决策树 Bagging 测试 F1 分数：58.76%
```

在这里比较了只使用一棵决策树和经过 Bagging 之后的树这两种算法的预测效果，可以看到决策树 Bagging 的准确率及 F1 分数明显占优势。在没有调参的情况下，其验证集的 F1 分数达到 58.76%。当然，因为 Bagging 过程的随机性，每次测试的分数都稍有不同。

如果用网格搜索再进行参数优化：

```
from sklearn.model_selection import GridSearchCV # 导入网格搜索工具
# 使用网格搜索优化参数
bdt_param_grid = {
    'base_estimator__max_depth' : [5, 10, 20, 50, 100],
    'n_estimators' : [1, 5, 10, 50]}
bdt_gs = GridSearchCV(BaggingClassifier(DecisionTreeClassifier()),
                param_grid = bdt_param_grid, scoring = 'f1',
                n_jobs= 10, verbose = 1)
bdt_gs.fit(X_train, y_train) # 拟合模型
bdt_gs = bdt_gs.best_estimator_ # 最佳模型
y_pred = bdt.predict(X_test) # 进行预测
print("决策树 Bagging 测试准确率：{:.2f}%".format(bdt_gs.score(X_test, y_test)*100))
print("决策树 Bagging 测试 F1 分数：{:.2f}%".format(f1_score(y_test, y_pred)*100))
```

F1 分数可能会进一步提升：

```
决策树 Bagging 测试准确率：86.75%
决策树 Bagging 测试 F1 分数：59.47%
```

其中，base_estimator__max_depth 中的 base_estimator 表示 Bagging 的基模型，即决策树分类器 DecisionTreeClassifier。因此，两个下划线后面的 max_depth 参数隶属于决策树分类器，指的是树的深度。而 n_estimators 参数隶属于 BaggingClassifier，指的是 Bagging 过程中树的个数。

准确率为何会提升？其中的关键正是降低了模型的方差，增加了泛化能力。因为每一棵树都是在原始数据集的不同子集上进行训练的，这是以偏差的小幅增加为代价的，但是最终的模型应用于测试集后，性能会大幅提升。

9.2.2 从树的聚合到随机森林

当我们说到集成学习，最关键的一点是各个基模型的相关度要小，差异性要大。异质性越强，集成的效果越好。两个准确率为 99% 的模型，如果其预测结果都一致，也就没有提高的余地了。

那么对树的集成，关键在于这些树里面每棵树的差异性是否够大。

在树的聚合中，每一次树分叉时，都会遍历所有的特征，找到最佳的分支方案。而随机森林在此算法基础上的改善就是在树分叉时，增加了对特征选择的随机性，而并不总是考量全部的特征。这个小小的改进，就在较大程度上进一步提高了各棵树的差异。

假设树分叉时选取的特征数为 m，m 这个参数值通常遵循下面的规则。

- 对于分类问题，m 可以设置为特征数的平方根，也就是如果特征是 36，那么 m 大概是 6。
- 对于回归问题，m 可以设置为特征数的 1/3，也就是如果特征是 36，那么 m 大概是 12。

在 Sklearn 的集成学习库中，也有 RandomForestClassifier 和 RandomForestRegressor 两种随机森林模型，分别适用于分类问题和回归问题。

下面用随机森林算法解决同样的问题，看一下预测效率：

```
from sklearn.ensemble import RandomForestClassifier # 导入随机森林模型
rf = RandomForestClassifier() # 随机森林模型
# 使用网格搜索优化参数
rf_param_grid = {"max_depth": [None],
            "max_features": [1, 3, 10],
            "min_samples_split": [2, 3, 10],
            "min_samples_leaf": [1, 3, 10],
            "bootstrap": [True, False],
            "n_estimators" :[100, 300],
            "criterion": ["gini"]}
rf_gs = GridSearchCV(rf, param_grid = rf_param_grid,
                scoring="f1", n_jobs= 10, verbose = 1)
rf_gs.fit(X_train, y_train) # 拟合模型
rf_gs = rf_gs.best_estimator_ # 最佳模型
y_pred = rf_gs.predict(X_test) # 进行预测
print(" 随机森林测试准确率：{:.2f}%".format(rf_gs.score(X_test, y_test)*100))
print(" 随机森林测试 F1 分数：{:.2f}%".format(f1_score(y_test, y_pred)*100))
```

输出测结果如下：

```
随机森林测试准确率：86.65%
随机森林测试 F1 分数：59.48%
```

这个结果显示出随机森林的预测效率比起树的聚合更好。

9.2.3 从随机森林到极端随机森林

从树的聚合到随机森林，增加了树生成过程中的随机性，降低了方差。顺着这个思路更进一步，就形成了另一个算法叫作极端随机森林，也叫更多树（extra tree）。

这么多种"树"让小冰和同学们听得有点呆了。

咖哥笑道："虽然决策树这个算法本身不突出，但是经过集成，衍生出了许多强大的算法。而且这儿还没说完，后面还有。"

前面说过，随机森林算法在树分叉时会随机选取 m 个特征作为考量，对于每一次分叉，它还是会遍历所有的分支，然后选择基于这些特征的最优分叉。这本质上仍属于贪心算法（greedy algorithm），即在每一步选择中都采取在当前状态下最优的选择。而极端随机森林算法一点也不"贪心"，它甚至不去考量所有的分支，而是随机选择一些分支，从中拿到一个最优解。

下面用极端随机森林算法来解决同样的问题：

```python
from sklearn.ensemble import ExtraTreesClassifier # 导入极端随机森林模型
ext = ExtraTreesClassifier() # 极端随机森林模型
# 使用网格搜索优化参数
ext_param_grid = {"max_depth": [None],
            "max_features": [1, 3, 10],
            "min_samples_split": [2, 3, 10],
            "min_samples_leaf": [1, 3, 10],
            "bootstrap": [True, False],
            "n_estimators" :[100, 300],
            "criterion": ["gini"]}
ext_gs = GridSearchCV(et, param_grid = ext_param_grid, scoring="f1",
                n_jobs= 4, verbose = 1)
ext_gs.fit(X_train, y_train) # 拟合模型
ext_gs = ext_gs.best_estimator_ # 最佳模型
y_pred = ext_gs.predict(X_test) # 进行预测
print("极端随机森林测试准确率 : {:.2f}%".format(ext_gs.score(X_test, y_test)*100))
print("极端随机森林测试F1分数 : {:.2f}%".format(f1_score(y_test, y_pred)*100))
```

输出结果如下：

```
极端随机森林测试准确率 : 86.10%
极端随机森林测试F1分数 : 56.97%
```

关于随机森林和极端随机森林算法的性能，有以下几点需要注意。

（1）随机森林算法在绝大多数情况下是优于极端随机森林算法的。

（2）极端随机森林算法不需要考虑所有分支的可能性，所以它的运算效率往往要高于随机森林算法，也就是说速度比较快。

（3）对于某些数据集，极端随机森林算法可能拥有更强的泛化功能。但是很难知道具体什么情况下会出现这样的结果，因此不妨各种算法都试试。

9.2.4 比较决策树、树的聚合、随机森林、极端随机森林的效率

刚才的示例代码使用的都是上述算法的分类器版本。咱们再用一个实例来比较决策树、树的聚合、随机森林，以及极端随机森林在处理回归问题上的优劣。

处理回归问题要选择各种工具的 Regressor（回归器）版本，而不是 Classifier（分类器）。

这个示例是从 Yury Kashnitsky[1] 发布在 Kaggle 上的一个 Notebook 的基础上修改后形成的，其中展示了 4 种树模型拟合一个随机函数曲线（含有噪声）的情况，其目的是比较 4 种算法中哪一种对原始函数曲线的拟合效果最好。

案例的完整代码如下：

---

[1] 引用已经征得作者尤里·卡什尼茨基（Yury Kashnitsky）的同意，在此表示感谢。

```python
# 导入所需的库
import numpy as np
import pandas as pd
from matplotlib import pyplot as plt
from sklearn.ensemble import (RandomForestRegressor,
                              BaggingRegressor,
                              ExtraTreesRegressor)
from sklearn.tree import DecisionTreeRegressor

# 生成需要拟合的数据点——多次函数曲线
def compute(x):
    return 1.5 * np.exp(-x ** 2) + 1.1 * np.exp(-(x - 2) ** 2)
def f(x):
    x = x.ravel()
    return compute(x)
def generate(n_samples, noise):
    X = np.random.rand(n_samples) * 10 - 4
    X = np.sort(X).ravel()
    y = compute(X) + np.random.normal(0.0, noise, n_samples)
    X = X.reshape((n_samples, 1))
    return X, y
X_train, y_train = generate(250, 0.15)
X_test, y_test = generate(500, 0.15)

# 用决策树回归模型拟合
dtree = DecisionTreeRegressor().fit(X_train, y_train)
d_predict = dtree.predict(X_test)
plt.figure(figsize=(20, 12))
# ax.add_gridspec(b=False)
plt.grid(b=None)
plt.subplot(2, 2, 1)
plt.plot(X_test, f(X_test), "b")
plt.scatter(X_train, y_train, c="b", s=20)
plt.plot(X_test, d_predict, "g", lw=2)
plt.title("Decision Tree, MSE = %.2f" % np.sum((y_test - d_predict) ** 2))

# 用树的聚合回归模型拟合
bdt = BaggingRegressor(DecisionTreeRegressor()).fit(X_train, y_train)
bdt_predict = bdt.predict(X_test)
# plt.figure(figsize=(10, 6))
plt.subplot(2, 2, 2)
plt.plot(X_test, f(X_test), "b")
plt.scatter(X_train, y_train, c="b", s=20)
plt.plot(X_test, bdt_predict, "y", lw=2)
plt.title("Bagging for Trees, MSE = %.2f" % np.sum((y_test - bdt_predict) ** 2));

# 用随机森林回归模型拟合
rf = RandomForestRegressor(n_estimators=10).fit(X_train, y_train)
rf_predict = rf.predict(X_test)
# plt.figure(figsize=(10, 6))
plt.subplot(2, 2, 3)
plt.plot(X_test, f(X_test), "b")
plt.scatter(X_train, y_train, c="b", s=20)
plt.plot(X_test, rf_predict, "r", lw=2)
plt.title("Random Forest, MSE = %.2f" % np.sum((y_test - rf_predict) ** 2));
```

9

```
# 用极端随机森林回归模型拟合
et = ExtraTreesRegressor(n_estimators=10).fit(X_train, y_train)
et_predict = et.predict(X_test)
# plt.figure(figsize=(10, 6))
plt.subplot(2, 2, 4)
plt.plot(X_test, f(X_test), "b")
plt.scatter(X_train, y_train, c="b", s=20)
plt.plot(X_test, et_predict, "purple", lw=2)
plt.title("Extra Trees, MSE = %.2f" % np.sum((y_test - et_predict) ** 2));
```

从下图的输出中不难看出，曲线越平滑，过拟合越小，机器学习算法也就越接近原始函数曲线本身，损失也就越小。

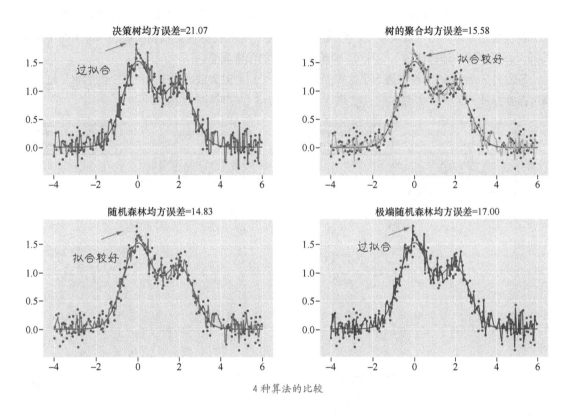

4 种算法的比较

对于后 3 种集成学习算法，每次训练得到的均方误差都是不同的，因为算法内部均含有随机成分。经过集成学习后，较之单棵决策树，3 种集成学习算法都显著地降低了在测试集上的均方误差。

总结一下：Bagging，是并行地生成多个基模型，利用基模型的独立性，然后通过平均或者投票来降低模型的方差。

9.3 Boosting 算法——锻炼弱模型的"肌肉"

Boosting 的意思就是提升，这是一种通过训练弱学习模型的"肌肉"将其提升为强学习模型的算法。要想在机器学习竞赛中追求卓越，Boosting 是一种必需的存在。这是一个属于"高手"的技术，我们当然也应该掌握。

Boosting：把模型训练得更强

Boosting 的基本思路是逐步优化模型。这与 Bagging 不同。Bagging 是独立地生成很多不同的模型并对预测结果进行集成。Boosting 则是持续地通过新模型来优化同一个基模型，每一个新的弱模型加入进来的时候，就在原有模型的基础上整合新模型，从而形成新的基模型。而对新的基模型的训练，将一直聚集于之前模型的误差点，也就是原模型预测出错的样本（而不是像 Bagging 那样随机选择样本），目标是不断减小模型的预测误差。

下面的 Boosting 示意图展示了这样的过程：一个拟合效果很弱的模型（左上图的水平红线），通过梯度提升，逐步形成了较接近理想拟合曲线的模型（右下图的红线）。

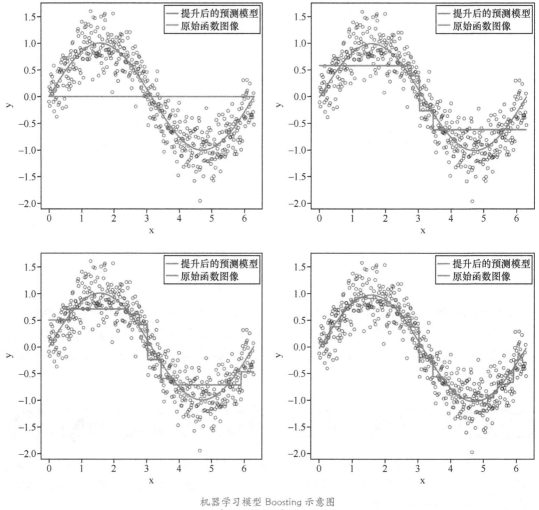

机器学习模型 Boosting 示意图
（请见 339 页彩色版插图）

梯度这个词我们已经很熟悉了。在线性回归、逻辑回归和神经网络中，梯度下降是机器得以自我优化的本源。机器学习的模型内部参数在梯度下降的过程中逐渐自我更新，直到达到最优解。

而 Boosting 这个模型逐渐优化，自我更新的过程特别类似于梯度下降，它是把梯度下降的思路从更新模型内部参数扩展到更新模型本身。因此，可以说 **Boosting 就是模型通过梯度下降自我优化的过程。**

像上图所示的弱分类器，经过 Boosting，逐渐接近原始函数图像的态势的过程，同学们有没有感觉这是和 Bagging 相反的思路。刚才的 Bagging 非常精准地拟合每一个数据点（如很深的决策树）并逐渐找到更粗放的算法（如随机森林）以**削弱对数据的过拟合**，目的**是降低方差**。而现在的 Boosting，则是把一个拟合很差的**模型逐渐提升**得比较好，目的**是降低偏差**。

Boosting 是如何实现自我优化的呢？有以下两个关键步骤。

（1）数据集的拆分过程——Boosting 和 Bagging 的思路不同。Bagging 是随机抽取，而 Boosting 是在每一轮中有针对性的改变训练数据。具体方法包括：增大在前一轮被弱分类器分错的样本的权重或被选取的概率，或者减小前一轮被弱分类器分对的样本的权重或被选取的概率。通过这样的方法确保被误分类的样本在后续训练中受到更多的关注。

（2）集成弱模型的方法——也有多种选择。可通过加法模型将弱分类器进行线性组合，比如 AdaBoost 的加权多数表决，即增大错误率较小的分类器的权重，同时减小错误率较大的分类器的权重。而梯度提升决策树不是直接组合弱模型，而是通过类似梯度下降的方式逐步减小损失，将每一步生成的模型叠加得到最终模型。

实战中的 Boosting 算法，有 AdaBoost、梯度提升决策树（GBDT），以及 XGBoost 等。这些算法都包含了 Boosting 提升的思想。也就是说，每一个新模型的生成都是建立在上一个模型的基础之上，具体细节则各有不同。

9.3.1 AdaBoost 算法

AdaBoost 算法的特点是对不同的样本赋予不同的权重。

"咖哥，等一会儿。"小冰说，"这个 Ada 什么……好像有印象似的。"

咖哥说："前面讲梯度下降优化器的时候提到过 AdaGrad，就是给不同的模型内部参数分配不同的学习速率。Ada，就是 adaptive，翻译过来也就是自适应。"

AdaBoost 是给不同的样本分配不同的权重，被分错的样本的权重在 Boosting 过程中会增大，新模型会因此更加关注这些被分错的样本，反之，样本的权重会减小。然后，将修改过权重的新数据集输入下层模型进行训练，最后将每次得到的基模型组合起来，也根据其分类错误率对模型赋予权重，集成为最终的模型。

下面应用 AdaBoost 算法，来重新解决银行客户流失问题：

```python
from sklearn.ensemble import AdaBoostClassifier # 导入 AdaBoost 模型
dt = DecisionTreeClassifier() # 选择决策树分类器作为 AdaBoost 的基准算法
ada = AdaBoostClassifier(dt) # AdaBoost 模型
# 使用网格搜索优化参数
ada_param_grid = {"base_estimator__criterion" : ["gini", "entropy"],
                  "base_estimator__splitter" :  ["best", "random"],
                  "base_estimator__random_state" :  [7, 9, 10, 12, 15],
```

```
                    "algorithm" : ["SAMME", "SAMME.R"],
                    "n_estimators" :[1, 2, 5, 10],
                    "learning_rate": [0.0001, 0.001, 0.01, 0.1, 0.2, 0.3, 1.5]}
ada_gs = GridSearchCV(adadt, param_grid = ada_param_grid,
                    scoring="f1", n_jobs= 10, verbose = 1)
ada_gs.fit(X_train, y_train) # 拟合模型
ada_gs = ada_gs.best_estimator_ # 最佳模型
y_pred = ada_gs.predict(X_test) # 进行预测
print("AdaBoost 测试准确率：{:.2f}%".format(ada_gs.score(X_test, y_test)*100))
print("AdaBoost 测试 F1 分数：{:.2f}%".format(f1_score(y_test, y_pred)*100))
```

我们仍然选择决策树分类器作为 AdaBoost 的基准算法。从结果上来看，这个问题应用 AdaBoost 算法求解，效果并不是很好：

```
AdaBoost 测试准确率：79.45%
AdaBoost 测试 F1 分数：51.82%
```

9.3.2 梯度提升算法

梯度提升（Granding Boosting）算法是梯度下降和 Boosting 这两种算法结合的产物。因为常见的梯度提升都是基于决策树的，有时就直接叫作 GBDT，即梯度提升决策树（Granding Boosting Decision Tree）。

不同于 AdaBoost 只是对样本进行加权，GBDT 算法中还会定义一个损失函数，并对损失和机器学习模型所形成的函数进行求导，每次生成的模型都是沿着前面模型的负梯度方向（一阶导数）进行优化，直到发现全局最优解。也就是说，GBDT 的每一次迭代中，新的树所学习的内容是之前所有树的结论和损失，对其拟合得到一个当前的树，这棵新的树就相当于是之前每一棵树效果的累加。

梯度提升算法，对于回归问题，目前被认为是最优算法之一。

下面用梯度提升算法来解决银行客户流失问题：

```
from sklearn.ensemble import GradientBoostingClassifier # 导入梯度提升模型
gb = GradientBoostingClassifier() # 梯度提升模型
# 使用网格搜索优化参数
gb_param_grid = {'loss' : ["deviance"],
                'n_estimators' : [100, 200, 300],
                'learning_rate': [0.1, 0.05, 0.01],
                'max_depth': [4, 8],
                'min_samples_leaf': [100, 150],
                'max_features': [0.3, 0.1]}
gb_gs = GridSearchCV(gb, param_grid = gb_param_grid,
                scoring="f1", n_jobs= 10, verbose = 1)
gb_gs.fit(X_train, y_train) # 拟合模型
gb_gs = gb_gs.best_estimator_ # 最佳模型
y_pred = gb_gs.predict(X_test) # 进行预测
print(" 梯度提升测试准确率：{:.2f}%".format(gb_gs.score(X_test, y_test)*100))
print(" 梯度提升测试 F1 分数：{:.2f}%".format(f1_score(y_test, y_pred)*100))
```

输出结果显示，梯度提升算法的效果果然很好，F1 分数达到 60% 以上：

```
GBDT 测试准确率：86.50%
GBDT 测试 F1 分数：60.18%
```

9.3.3 XGBoost 算法

极端梯度提升（eXtreme Gradient Boosting，XGBoost，有时候也直接叫作 XGB）和 GBDT 类似，也会定义一个损失函数。不同于 GBDT 只用到一阶导数信息，XGBoost 会利用泰勒展开式把损失函数展开到二阶后求导，利用了二阶导数信息，这样在训练集上的收敛会更快。

下面用 XGBoost 来解决银行客户流失问题：

```python
from xgboost import XGBClassifier # 导入 XGB 模型
xgb = XGBClassifier() # XGB 模型
# 使用网格搜索优化参数
xgb_param_grid = {'min_child_weight': [1, 5, 10],
                  'gamma': [0.5, 1, 1.5, 2, 5],
                  'subsample': [0.6, 0.8, 1.0],
                  'colsample_bytree': [0.6, 0.8, 1.0],
                  'max_depth': [3, 4, 5]}
xgb_gs = GridSearchCV(xgb, param_grid = xgb_param_grid,
                      scoring="f1", n_jobs= 10, verbose = 1)
xgb_gs.fit(X_train, y_train) # 拟合模型
xgb_gs = xgb_gs.best_estimator_ # 最佳模型
y_pred = xgb_gs.predict(X_test) # 进行预测
print("XGB 测试准确率：{:.2f}%".format(xgb_gs.score(X_test, y_test)*100))
print("XGB 测试 F1 分数：{:.2f}%".format(f1_score(y_test, y_pred)*100))
```

输出结果显示，F1 分数也相当不错：

```
XGB 测试准确率：86.25%
XGB 测试 F1 分数：59.62%
[  55  210]]
```

对于很多浅层的回归、分类问题，上面的这些 Boosting 算法目前都是很热门、很常用的。整体而言，Boosting 算法都是生成一棵树后根据反馈，才开始生成另一棵树。

9.3.4 Bagging 算法与 Boosting 算法的不同之处

咖哥说："下面请各位同学从各个角度说一说 Bagging 算法与 Boosting 算法的不同之处，这样有助于加深对这两种主要集成学习算法的理解。"

小冰先举手发言："样本的选择不同，Bagging 中从原始数据集所抽选出的各轮训练集之间是独立的；而 Boosting 中每一轮的训练集不变，只是样例在分类器中的权重发生变化，且权重会根据上一轮的分类结果调整。"

同学甲回忆了一下，也发言："样例的权重不同，Bagging 中每个样例的权重相等；而 Boosting 中的根据错误率不断调整样例的权重，错误率越大则权重越大。"

同学乙受到同学甲的启发，说道："模型的权重不同，Bagging 中所有预测模型的权重相等，而 Boosting 的 AdaBoost 算法中每个模型都有相应的权重，对于误差小的模型权重更大。"

同学丙经过深思，说："**Bagging 是削弱过于精准的基模型，避免过拟合；Boosting 是提**

升比较弱的基模型，可提高精度。"

还剩下一个同学未发言，大家都把头转过去看他。他愁眉苦脸，努力思考了一下，说："我感觉模型生成过程中，Bagging 中的各个模型是同时（并行）生成的，而 Boosting 中的各个模型只能顺序生成，因为后一个模型的参数需要根据前一个模型的结果进行调整。"

咖哥总结："大家讲得都不错，尤其是同学丙，它的答案抓住了两者的本质。最后记住 Bagging 是降低方差，利用基模型的独立性；而 Boosting 是降低偏差，基于同一个基模型，通过增加被错分的样本的权重和梯度下降来提升模型性能。"

下面休息 10 分钟吧，之后继续介绍另外一些集成学习算法。

9.4 Stacking/Blending 算法——以预测结果作为新特征

课间休息回来之后，小冰若有所思。她开口问道："集成学习的确强大，从普通的决策树、树的聚合，到随机森林，再到各种 Boosting 算法，很长见识。然而这些大多是基于同一种机器学习算法的集成，而且基本都在集成决策树。我的问题是，能不能集成不同类型的机器学习算法，比如随机森林、神经网络、逻辑回归、AdaBoost 等，然后优中选优，以进一步提升性能。"

咖哥点头微笑："小冰，你的思路很对。集成学习分为两大类。"

■ 如果基模型都是通过一个基础算法生成的同类型的学习器，叫**同质集成**。

■ 有同质集成就有**异质集成**。异质集成，就是把不同类型的算法集成在一起。那么为了集成后的结果有好的表现，异质集成中的基模型要有足够大的差异性。

下面就介绍一些不同类型的模型之间相互集成的算法。

9.4.1 Stacking 算法

先说异质集成中的 Stacking（可译为堆叠）。这种集成算法还是蛮诡异的，其思路是，使用初始训练集学习若干个基模型之后，用这几个基模型的预测结果作为新的训练集的特征来训练新模型。Stacking 算法的流程如下图所示。

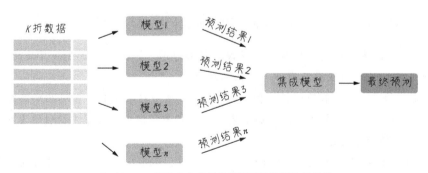

Stacking——用这几个基模型的预测结果训练新模型

这些基模型在异质类型中进行选择，比如决策树、KNN、SVM 或神经网络等，都可以组合在一起。

下面是 Stacking 的具体步骤（如下图所示）。

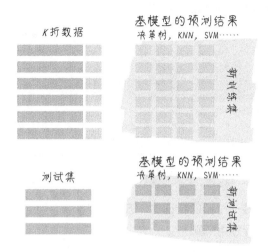

K折数据

基模型的预测结果
决策树，KNN，SVM……

新训练集

测试集

基模型的预测结果
决策树，KNN，SVM……

新测试集

Stacking——原始数据集通过 K 折验证生成新训练集

（1）通常把训练集拆成 K 折（请大家回忆第 1 课中介绍过的 K 折验证）。

（2）利用 K 折验证的方法在 K-1 折上训练模型，在第 K 折上进行验证。

（3）这样训练 K 次之后，用训练好的模型对训练集整体进行最终训练，得到一个基模型。

（4）使用基模型预测训练集，得到对训练集的预测结果。

（5）使用基模型预测测试集，得到对测试集的预测结果。

（6）重复步骤（2）～（5），生成全部基模型和预测结果（比如 CART、KNN、SVM以及神经网络，4 组预测结果）。

（7）现在可以忘记训练集和测试集这两个数据集样本了。只需要用训练集预测结果作为新训练集的特征，测试集预测结果作为新测试集的特征去训练新模型。新模型的类型不必与基模型有关联。

这个算法是不是非常奇怪呢？

下面给大家展示一个 Stacking 的简单案例[①]。

首先定义一个函数，用来实现 Stacking：

```
from sklearn.model_selection import StratifiedKFold # 导入K折验证工具
def Stacking(model, train, y, test, n_fold): # 定义 Stacking 函数
    folds = StratifiedKFold(n_splits=n_fold, random_state=1)
    train_pred = np.empty((0, 1), float)
    test_pred = np.empty((0, 1), float)
    for train_indices, val_indices in folds.split(train, y.values):
        X_train, x_val = train.iloc[train_indices], train.iloc[val_indices]
        y_train, y_val = y.iloc[train_indices], y.iloc[val_indices]
        model.fit(X=X_train, y=y_train)
        train_pred = np.append(train_pred, model.predict(x_val))
    test_pred = np.append(test_pred, model.predict(test))
    return test_pred, train_pred
```

① 参考了萨蒂亚吉特·迈特拉（Satyajit Maitra）在他的文章《A Journey into Ensemble Learning》中分享的代码段，并有所修改。

9

然后用刚才定义的 Stacking 函数训练两个不同类型的模型，一个是决策树模型，另一个是 KNN 模型，并用这两个模型分别生成预测结果：

```
from sklearn.tree import DecisionTreeClassifier # 导入决策树模型
model1 = DecisionTreeClassifier(random_state=1) # model1- 决策树
test_pred1 , train_pred1 = Stacking(model=model1, n_fold=10,
            train=X_train, test=X_test, y=y_train)
train_pred1 = pd.DataFrame(train_pred1)
test_pred1 = pd.DataFrame(test_pred1)
from sklearn.neighbors import KNeighborsClassifier # 导入 KNN 模型
model2 = KNeighborsClassifier() # model2-KNN
test_pred2 , train_pred2 = Stacking(model=model2, n_fold=10,
                         train=X_train, test=X_test, y=y_train)
train_pred2 = pd.DataFrame(train_pred2)test_pred2 = pd.DataFrame(test_pred2)
```

把上面的预测结果连接成一个新的特征集，标签保持不变，用回原始的标签集。最后使用逻辑回归模型对新的特征集进行分类预测：

```
# Stacking 的实现——用逻辑回归模型预测新的特征集
X_train_new = pd.concat([train_pred1, train_pred2], axis=1)
X_test_new = pd.concat([test_pred1, test_pred2], axis=1)
from sklearn.linear_model import LogisticRegression # 导入逻辑回归模型
model = LogisticRegression(random_state=1)
model.fit(X_train_new, y_train) # 拟合模型
model.score(x_test_new, y_test) # 分数评估
```

9.4.2 Blending 算法

再来说说 Blending（可译为混合）。它的思路和 Stacking 几乎是完全一样的，唯一的不同之处在哪里呢？就是 Blending 的过程中不进行 K 折验证，而是只将原始样本训练集分为训练集和验证集，然后只针对验证集进行预测，生成的新训练集就只是对于验证集的预测结果，而不是对对全部训练集的预测结果。Blending 算法的流程如下图所示。

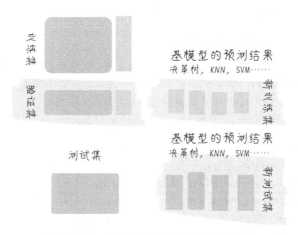

Blending——以基模型的预测结果作为新训练集

上述这两种集成算法在机器学习实战中，虽然不是经常见到，但是也有可能会产生意想不到的好效果。

9.5 Voting/Averaging 算法——集成基模型的预测结果

下面再接着说另外两种常见的异质集成算法——Voting 和 Averaging，它们的思路是直接集成各种基模型的预测结果。

9.5.1 通过 Voting 进行不同算法的集成

Voting 就是投票的意思。这种集成算法一般应用于分类问题。思路很简单。假如用 6 种机器学习模型来进行分类预测，就拥有 6 个预测结果集，那么 6 种模型，一种模型一票。如果是猫狗图像分类，4 种模型被认为是猫，2 种模型被认为是狗，那么集成的结果会是猫。当然，如果出现票数相等的情况（3 票对 3 票），那么分类概率各为一半。

下面就用 Voting 算法集成之前所做的银行客户流失数据集，看一看 Voting 的结果能否带来 F1 分数的进一步提升。截止目前，针对这个问题我们发现的最好算法是随机森林和 GBDT，随后的次优算法是极端随机森林、树的聚合和 XGBoost，而 SVM 和 AdaBoost 对于这个问题来说稍微弱一些,但还是比逻辑回归强很多(从这里也可以看出"集成学习算法家族"的整体实力是非常强的)。

把上述这些比较好的算法放在一起进行 Voting——这也可以算是**集成的集成**吧。

具体代码如下：

```
from sklearn.ensemble import  VotingClassifier # 导入 Voting 模型
# 把各种模型的预测结果进行 Voting。同学们还可以加入更多模型如 SVM, KNN 等
voting = VotingClassifier(estimators=[('rf', rf_gs),
                                      ('gb', gb_gs),
                                      ('ext', ext_gs),
                                      ('xgb', xgb_gs),
                                      ('ada', ada_gs)],
                          voting='soft', n_jobs=10)
voting = voting.fit(X_train, y_train) # 拟合模型
y_pred = voting.predict(X_test) # 进行预测
print("Voting测试准确率 : {:.2f}%", voting.score(X_test, y_test)*100)
print ("Voting 测试 F1 分数 : {:.2f} %", f1_score (y_test, y_pred)*100)
```

输出结果显示，集成这几大算法的预测结果之后，准确率进一步小幅上升至 87.00%，而更为重要的 F1 分数居然提高到 61.53%。对于这个预测客户流失率的问题而言，这个 F1 分数已经几乎是我们目前可以取得的最佳结果。

```
Voting 测试准确率 : 87.00%
Voting 测试 F1 分数 : 61.53%
```

如果显示各种模型 F1 分数的直方图，会发现 Voting 后的结果最为理想，而次优算法是机器学习中的"千年老二"——随机森林算法。

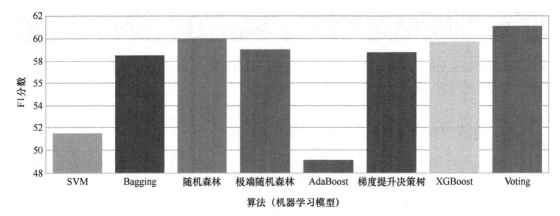

Voting 后得到的 F1 分数最高

9.5.2 通过 Averaging 集成不同算法的结果

最后，还有一种更为简单粗暴的结果集成算法——Averaging，就是完全独立地进行几种机器学习模型的训练，训练好之后生成预测结果，最后把各个预测结果集进行平均：

```
model1.fit(X_train, y_train)
model2.fit(X_train, y_train)
model3.fit(X_train, y_train)
pred_m1=model1.predict_proba(X_test)
pred_m2=model2.predict_proba(X_test)
pred_m3=model3.predict_proba(X_test)
pred_final=(pred_m1+pred_m2+pred_m3)/3
```

是不是很直接？

你们可能会问，如果觉得几个基模型中一种模型比另一种更好怎么办？那也无妨，你们在取均值的时候可以给你们觉得更优秀的算法进行加权。

```
pred_final = (pred_m1*0.5+pred_m2*0.3+pred_m3*0.2)
```

一开始的时候我曾以为这种思路并没有什么实用价值，后来在 Kaggle 的官方文档中读到了一个 Notebook——Minimal LSTM + NB-SVM baseline ensemble，其中所推荐的协作算法正是 Averaging 集成。

在通过 Averaging 集成之前，这个 Notebook 的作者已经通过 LSTM 和 SVM 两种算法训练机器，对维基百科中的评论进行分类鉴定，分别得到了两个可提交的 CSV 格式的文件。

这个 Notebook 中，并没有新的模型训练过程，只是读取了两个 CSV 的数据，然后加起来，除以 2，重新生成可提交的预测结果文件：

```
p_res[label_cols] = (p_nbsvm[label_cols] + p_lstm[label_cols]) / 2
p_res.to_csv('submission.csv', index=False)
```

不偏不倚，就是简单平均而已。

与通常只用于分类问题的 Voting 相比较，Averaging 的优点在于既可以处理分类问题，又可以处理回归问题。分类问题是将概率值进行平均，而回归问题是将预测值进行平均，而且在平均的过程中还可以增加权重。

9.6 本课内容小结

下面总结一下本课学习的内容

■ 偏差和方差，它们是机器学习性能优化的风向标。弱模型的偏差很大，但是模型性能提高后，一旦过拟合，就会因为太依赖原始数据集而在其他数据集上产生高方差。

■ Bagging 算法，通常基于决策树算法基础之上，通过数据集的随机生成，训练出各种各样不同的树。而随机森林还在树分叉时，增加了对特征选择的随机性。随机森林在很多问题上都是一个很强的算法，可以作为一个基准。如果你们的算法能胜过随机森林，就很棒。

■ Boosting 算法，把梯度下降的思想应用在机器学习算法的优化上，使弱模型对数据的拟合逐渐增强。Boosting 也常应用于决策树算法之上。这个思路中的 AdaBoost、GBDT 和 XGBoost 都是很受欢迎的算法。

■ Stacking 和 Blending 算法，用模型的预测结果，作为新模型的训练集。Stacking 中使用了 K 折验证。

■ Voting 和 Averaging 算法，把几种不同模型的预测结果，做投票或者平均（或加权平均），得到新的预测结果。

集成学习的核心思想就是训练出多个模型以及将这些模型进行组合。根据分类器的训练方式和组合预测的方法，集成学习模型中有可以降低方差的 Bagging、有降低偏差的 Boosting，以及各种模型结果的集成，如 Stacking、Blending、Voting 和 Averaging……

当你们已经尽心尽力进行模型内部外部的优化，而模型的性能还不令你们完全满意时，你们应该立刻想到集成学习策略！

讲完集成学习，咱们的机器学习课程基本上也就要进入尾声了。后面的两课，还要讲一些关于无监督学习和强化学习的内容，这些内容可能并非机器学习的主流内容，尤其是对于初学者来说，接触到的可能有些少，但也是机器学习领域发展快、潜力大的部分。

9.7 课后练习

练习一　列举出 3 种降低方差的集成学习算法、3 种降低偏差的集成学习算法，以及 4 种异质集成算法。

练习二　请同学们用 Bagging 和 Boosting 集成学习算法处理第 4 课曾使用的"心脏病二元分类"数据集。

练习三　本课中通过 Voting 算法集成了各种基模型，并针对"银行客户流失"数据集进行了预测。请同学们使用 Stacking 算法，对该数据集进行预测。

第10课 监督学习之外——其他类型的机器学习

课前，咖哥突然发问："同学们，你们觉得学习一定要有老师的指导吗？"

小冰说："当然，要不然我们来这儿上课干吗？"

一位同学说："也不能一概而论，有时候我就喜欢自学。"另一位同学说："有时候自学反而可以突破条条框框的限制，偶尔会有意外的收获。另外，老师也是一种'稀缺资源'，不是说你想要一个好的老师，他就总在你身边，如果没有老师，那当然只能靠自己了。"

咖哥点头说："嗯，大家讨论得很好。"

在机器学习领域，这正是无监督、半监督等学习类型存在的原因。

无监督学习和监督学习

（1）首先，有标签的数据往往是非常难以获得的，这个过程对人工的耗费量极大（好消息是这有可能是我们的工作机会）。

（2）其次，无监督、半监督、监督学习对解决特定问题有很好的效果。

而且，这些学习类型之间的界限是模糊的，很多时候是"你中有我，我中有你"地存在着。

目前，机器学习的"主流"无疑是监督学习，前面介绍的所有算法和案例，都属于监督学习的范畴。然而，从行业的发展动态来看，所谓"非主流"机器学习算法，尤其是自监督、生成式学习，都是非常热点的方向，很有潜力，前景广阔。

本课就对这些类型的机器学习进行探讨。

下面看看本课重点。

本课重点 —— 除了监督学习之外的其他几种"另类"学习类型
- 无监督学习
  - 聚类问题
  - 降维问题
- 半监督学习
- 自监督学习
- 生成式学习

先看看机器学习类型和算法的分类，如下图所示。

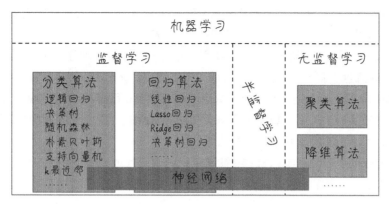

机器学习类型和算法的分类

监督学习的各种主要算法，大都已经介绍过了。而无监督学习和半监督学习在机器学习中与监督学习处在对等的位置。

无监督学习的数据集中没有输出标签 y。这里介绍两种无监督学习算法，一个是聚类，另一个是降维。

10.1 无监督学习——聚类

聚类是最常见的无监督学习算法。人有归纳和总结的能力，机器也有。聚类就是让机器把数据集中的样本按照特征的性质分组，这个过程中没有标签的存在。

聚类和监督学习中的分类问题有些类似，其主要区别在于：传统分类问题"**概念化在前**"。也就是说，在对猫狗图像分类之前，我们心里面已经对猫、狗图像形成了概念。这些概念指导着我们为训练集设定好标签。机器首先是学习概念，然后才能够做分类、做判断。分类的结果，还要接受标签，也就是已有概念的检验。

而聚类不同，虽然本质上也是"分类"，但是"**概念化在后**"或者"**不概念化**"，在给一堆数据分组时，没有任何此类、彼类的概念。譬如，漫天繁星，彼此之间并没有关联，也没有星座的概念，当人们看到它们，是先根据星星在广袤苍穹中的位置将其一组一组地"聚集"起来，然后才逐渐形成星座的概念。人们说，这一组星星是"大熊座"，那一组星星是"北斗七星"。这个先根据特征进行分组，之后再概念化的过程就是聚类。

聚类也有好几种算法，K 均值（K-means）是其中最常用的一种。

10.1.1 *K* 均值算法

K 均值算法是最容易理解的无监督学习算法。算法简单，速度也不差，但需要人工指定 K 值，也就是分成几个聚类。

具体算法流程如下。

（1）首先确定 K 的数值，比如 5 个聚类，也叫 5 个簇。

（2）然后在一大堆数据中随机挑选 K 个数据点，作为簇的**质心**（centroid）。这些随机质心当然不完美，别着急，它们会慢慢变得完美。

（3）遍历集合中每一个数据点，计算它们与每一个质心的距离（比如欧氏距离）。数据点离哪个质心近，就属于哪一类。此时初始的K个类别开始形成。

（4）这时每一个质心中都聚集了很多数据点，于是质心说，你们来了，我就要"退役"了（这个是伟大的"禅让制度"啊！），选一个新的质心吧。然后计算出每一类中最靠近中心的点，作为新的质心。此时新的质心会比原来随机选的靠谱一些（等会儿用图展示质心的移动）。

（5）重新进行步骤（3），计算所有数据点和新的质心的距离，在新的质心周围形成新的簇分配（"吃瓜群众"随风飘摇，离谁近就跟谁）。

（6）重新进行步骤（4），继续选择更好的质心（一代一代地"禅让"下去）。

（7）一直重复进行步骤（5）和（6），不断更新簇中的数据点，不断找到新的质心，直至收敛。

小冰说："不好意思，这里的收敛是什么意思？"

咖哥说："就是质心的移动变化后来很小很小了，已经在一个阈值之下，或者固定不变了，算法就可以停止了。这个无监督学习算法是不是超好理解？算法真的是很奇妙的东西，有点像变魔术。没有告诉你们其中奥秘之前，你们觉得怎么可能做得到呢？一旦揭秘之后，会有一种恍然大悟的感觉。"

"哦，原来是这样！"小冰点头说道

通过下面这个图，可以看到聚类中质心的移动和簇形成的过程。

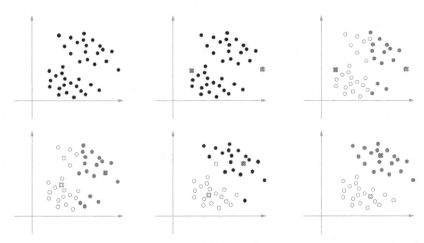

聚类中质心的移动和簇形成的过程

10.1.2 *K* 值的选取：手肘法

聚类问题的关键在于K值的选取。也就是说，把一批数据划分为多少个簇是最合理的呢？当数据特征维度较少、数据分布较为分散时，可通过数据可视化的方法来人工确定K值。但当数据特征维度较多、数据分布较为混乱时，数据可视化帮助不大。

当然，也可以经过多次实验，逐步调整，使簇的数目逐渐达到最优，以符合数据集的特点。

这里我介绍一种直观的手肘法（elbow method）进行簇的数量的确定。手肘法是基于对聚类效果的一个度量指标来实现的，这个指标也可以视为一种损失。在K值很小的时候，整体损失很大，而随着 K 值的增大，损失函数的值会在逐渐收敛之前出现一个拐点。此时的 K 值就是比较好的值。

大家看下面的图，损失随着簇的个数而收敛的曲线有点像只手臂，最佳 K 值的点像是手肘，因此取名为手肘法。

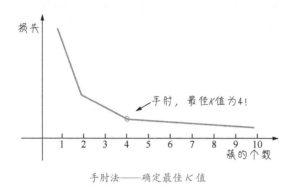

手肘法——确定最佳 K 值

同学们认真地观察着图中被称为"手臂"的曲线，并没觉得特别像。

10.1.3 用聚类辅助理解营销数据

咖哥忽然发现小冰的手已经举了好久了。咖哥说："小冰，有什么问题，说吧。"

小冰说："咖哥啊，这个聚类问题太适合帮我给客户分组了！这样我才好对隶属于不同'簇'的客户进行有针对性的营销啊！"

咖哥说："完全可以啊。看一下你的数据。"

1. 问题定义：为客户分组

小冰打开她收集的数据集，如下图所示。小冰攒到了 200 个客户的信息，主要信息有以下 4 个方面。

	A	B	C	D	E
1	iD	Gender	Age	Income	Spending
2	1	Female	47	600240	0.16
3	2	Male	60	150060	0.04
4	3	Male	63	240096	0.51
5	4	Male	48	270108	0.46
6	5	Female	35	105042	0.35
7	6	Male	68	315126	0.43
8	7	Female	46	125050	0.05
9	8	Female	38	565226	0.91
10	9	Male	19	370148	0.1
11	10	Female	35	370148	0.72

小冰收集的客户数据（未显示完）

- Gender：性别。
- Age：年龄。
- Income 年收入（这可是很不好收集的信息啊！）。
- Spending Score：消费分数。这是客户们在我的网店里面花费多少、购物频率的综合指标。这是我从后台数据中整理出来的，已经归一化成一个 0 ～ 1 的分数。

那么这个案例的目标如下。

（1）通过这个数据集，理解 K 均值算法的基本实现流程。

（2）通过 K 均值算法，给小冰的客户分组，让小冰了解每类客户消费能力的差别。

2. 数据读入

参考第 10 课源码包中的"教学用例 1 客户聚类"目录下的数据文件，创建 Customer Cluster 数据集，或在 Kaggel 中根据关键字 Customer Cluster 搜索该数据集。这里只选择两个特征，即年收入和消费分数，并对进行聚类。

示例代码如下：

```
import numpy as np # 导入 NumPy 库
import pandas as pd # 导入 pandas 库
dataset = pd.read_csv('../input/customer-cluster/Customers Cluster.csv')
dataset.head() # 显示一些数据
# 只针对两个特征进行聚类，以方便二维展示
X = dataset.iloc[:, [3, 4]].values
```

3. 聚类的拟合

下面尝试用不同的 K 值进行聚类的拟合：

```
from sklearn.cluster import KMeans # 导入聚类模型
cost=[] # 初始化损失（距离）值
for i in range(1, 11): # 尝试不同的 K 值
    kmeans = KMeans(n_clusters= i, init='k-means++', random_state=0)
    kmeans.fit(X)
    cost.append(kmeans.inertia_) #inertia_ 是我们选择的方法，其作用相当于损失函数
```

4. 绘制手肘图

下面绘制手肘图：

```
import matplotlib.pyplot as plt # 导入 Matplotlib 库
import seaborn as sns  # 导入 Seaborn 库
# 绘制手肘图找到最佳 K 值
plt.plot(range(1, 11), cost)
plt.title('The Elbow Method')# 手肘法
plt.xlabel('No of clusters')# 聚类的个数
plt.ylabel('Cost')# 成本
plt.show()
```

生成的手肘图如下图所示。

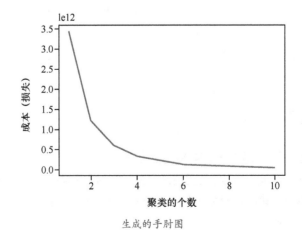

生成的手肘图

从手肘图上判断，肘部数字大概是 3 或 4，我们选择 4 作为聚类个数：

```
kmeansmodel = KMeans(n_clusters= 4, init='k-means++') # 选择 4 作为聚类个数
y_kmeans= kmeansmodel.fit_predict(X) # 进行聚类的拟合和分类
```

5. 把分好的聚类可视化

下面把分好的聚类可视化：

```
# 下面把分好的聚类可视化
plt.scatter(X[y_kmeans == 0, 0], X[y_kmeans == 0, 1],
        s = 100, c = 'cyan', label = 'Cluster 1')# 聚类 1
plt.scatter(X[y_kmeans == 1, 0], X[y_kmeans == 1, 1],
        s = 100, c = 'blue', label = 'Cluster 2')# 聚类 2
plt.scatter(X[y_kmeans == 2, 0], X[y_kmeans == 2, 1],
        s = 100, c = 'green', label = 'Cluster 3')# 聚类 3
plt.scatter(X[y_kmeans == 3, 0], X[y_kmeans == 3, 1],
        s = 100, c = 'red', label = 'Cluster 4')# 聚类 4
plt.scatter(kmeans.cluster_centers_[:, 0], kmeans.cluster_centers_[:, 1],
        s = 200, c = 'yellow', label = 'Centroids')# 质心
plt.title('Clusters of customers')# 客户形成的聚类
plt.xlabel('Income')# 年收入
plt.ylabel('Spending Score')# 消费分数
plt.legend()
plt.show()
```

客户形成的聚类如下图所示。

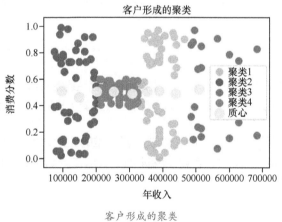

客户形成的聚类
（请见 340 页彩色版插图）

这个客户的聚类问题就解决了。其中，黄色高亮的大点是聚类的质心，可以看到算法中的质心并不止一个。

10.2 无监督学习——降维

降维是把高维的数据降到低维的空间或平面上进行处理，也就是让特征数量减少，同时保留特征中的主要信息，从而简化数据集的空间结构，更易于可视化。

10.2.1 PCA 算法

最常见的降维算法是主成分分析（Principal Component Analysis，PCA），它是通过正交变换将可能相关的原始变量转换为一组各维度线性无关的变量值，可用于提取数据的主要特征分量，以达到压缩数据或提高数据可视化程度的目的。

主成分分析这个名字也许让人觉得和"降维"不沾边，其实所谓"成分"，指的不是"地主"或者"贫下中农"，而是"特征"（即"变量"）。主成分分析，意思是抓主要特征，也就是降低特征维度。

简单说说 PCA 算法是怎么降低数据特征的维度的。先看从二维到一维的情况。下图中的叉号代表一个含有两个特征的数据集，这些数据点分散在二维平面中。那么如何把二维的数据用一维的方式进行表达，同时又保留数据集中特征的性质呢？

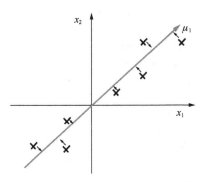

二维到一维的 PCA——平面到直线的投影

可以通过扭转坐标轴的方向，令新坐标轴 μ_1 均匀地穿过这些数据点，同时使这些数据点以最小的距离降落在新坐标轴周围，然后，就可以用新的一维空间（直线）来展示原来的二维数据集。这就是 PCA 算法的原理。

 咖哥发言

从示意图上看，二维到一维的 PCA 看起来好像是在解决线性回归问题，但其意义是不同的。回归问题是找各点到模型的最小损失，而 PCA 是找各点到新坐标轴的欧氏距离。

类推到三维数据集的情况，也可以用同样的方式把三维的数据映射到二维的平面（如下图所示），同时这个二维平面将力求最大程度保留原来的数据特性，在尽可能保存信息的同时降低数据的复杂度。

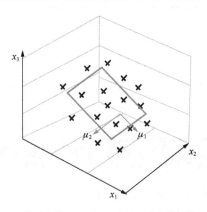

三维到二维的 PCA——空间到平面的投影

PCA 算法本质上是将数据集方差最大的方向作为主要特征，并且在各个正交方向上将数据"离相关"。那么 PCA 算法的主要局限在于，它假设数据各主特征分布在正交方向上，如果在非正交方向上存在几个方差较大的方向，PCA 算法的效果就"大打折扣"了。

 咖哥发言

对于同样的数据，PCA 由谁来做都会得到相同的结果。因此，PCA 是一种通用实现，不存在个性化的优化。

10.2.2 通过 PCA 算法进行图像特征采样

PCA 算法的理论也许比较抽象，让我们来看一个通过 PCA 算法进行数据可视化的案例。这个案例非常直观，很易于理解。

1. 问题定义：给手语数字数据集降维

这是一个手语数字数据集，它是土耳其 Ankara Ayranci Anadolu 中学创建的，同学们可以在 Kaggle 中搜索关键字 Sign Language 找到这个数据集。

数据集中有 2 062 张 64px×64px 的图像，内容是各种各样的手语，代表 0 ~ 9 的数字。可以看出该组图像有实际意义的区域都集中在图像中部的手指区域，而外面的信息都可以视为噪声，如下图所示。

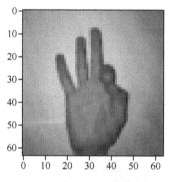

对分类有意义的图像区域

对于图像数据集来说，如何减少机器学习的处理时间、提升处理效率是很重要的，因为图像通常容量大，特征的维度也大。如果可以压缩图像数据集的特征空间，又不毁掉图像中太多有意义的内容，那么就很好地执行了降维。

因此，希望通过 PCA 算法，在为特征空间降维的同时，还能极大程度地保留有效特征，甚至突出有效特征。

下面就看一看 PCA 算法可以带来什么样的效果。

2. 导入数据并显示部分数据

首先导入数据并显示部分数据：

```
import numpy as np # 导入 NumPy 库
import pandas as pd # 导入 pandas 库
```

```
import matplotlib.pyplot as plt # 导入 Matplotlib 库
x_load = np.load('../input/sign-language-digits-dataset/X.npy') # 导入特征
y_load = np.load('../input/sign-language-digits-dataset/Y.npy') # 导入标签
img_size = 64 # 设定显示图像的大小
image_index_list = [299, 999, 1699, 699, 1299, 1999, 699, 499, 1111, 199]
for each in range(10): # 每个手语数字选取一张展示
    plt.subplot(2, 5, each+1)
    plt.imshow(x_load[image_index_list[each]].reshape(img_size, img_size))
    plt.axis('off')
    title = "Sign " + str(each)
    plt.title(title)
plt.show() # 显示图像
```

手语数字图像如下图所示。

手语数字图像

3. 进行降维模型的拟合

下面使用 Sklearn 中 decomposition 模块的 PCA 工具进行数据的降维，并显示出降维后的结果：

```
from sklearn.decomposition import PCA # 导入 Sklearn 中 decomposition 模块的 PCA 工具
X = x_load.reshape((len(x_load), -1)) # Reshaple 张量 X
n_components = 5 # 设定因子个数，因子越多，模型越复杂
(n_samples, n_features) = X.shape
pca = PCA(n_components=n_components, # PCA 工具
        svd_solver='randomized', whiten=True)
X_pca = pca.fit_transform(X) # PCA 降维拟合
components_ = pca.components_ # 保留的主要成分因子 ( 也就是被简化的模型 )
images = components_[:n_components] # 显示降维之后的特征图
plt.figure(figsize=(6, 5))
for i, comp in enumerate(images):
    vmax = max(comp.max(), -comp.min())
    plt.imshow(comp.reshape((64, 64)),
            interpolation='nearest', vmin=-vmax, vmax=vmax)
    plt.xticks(())
    plt.yticks(())
plt.savefig('graph.png')
plt.show()
```

通过降维得到的特征图显示，这个数据集的特征空间中的主要成分是手指的形状（如下图所示），也就是说所保留的特征将聚集于手指部分，并会忽略其他对手语数字判断来说并不重要的噪声。

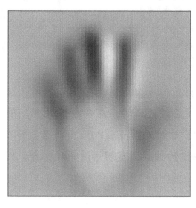

降维后的特征图

上面的 fit 方法只是进行拟合，如果要在拟合的同时给数据集 *X* 降维，使用 fit_transform 方法即可：

```
X_pca = pca.fit_transform(X)
print (X.shape)
print (X_pca.shape)
```

输出数据集张量的形状，新数据集的特征维度为 5：

```
(2062, 4096)
(2062, 5)
```

降维之后的图像库因为特征数的减少，训练速度将得到显著的提高。

那么大家是否注意到，在上面这个主要特征的学习、寻找过程中，完全没有标签集介入，这 5 个手指都是机器根据输入的特征图自己发现的。是不是很有意思？这就是为什么 PCA 是一种无监督的自我学习过程。

10.3 半监督学习

咖哥介绍："半监督学习介于监督学习和无监督学习之间，思路是利用大量的无标签样本和少量的有标签样本训练分类器，来解决有标签样本较小这个难题。半监督学习训练中使用的数据，只有一小部分是有标签的，大部分是没有标签的。因为标记数据需要大量的人工成本，因此和监督学习相比，半监督学习的成本较低，但目标仍然是要实现较高的预测准确率。"

小冰问咖哥："如何使用没有标签的数据训练机器呢？"

咖哥回答："有一种思路是这样的。先用模型对一批数据进行预测，再把所预测的结果当作真值，这样这批数据就有标签了。然后把它们混进原始数据集，再用增大了的数据集重新训练模型，得到新的预测结果。这个过程也叫作伪标签（pseudo labeling）过程。"

伪标签过程如下图所示。

伪标签过程

伪标签过程

小冰和其他同学都有点惊讶。

"你们还别不信，"咖哥说，"已经被证实，在多数情况下，在数据量较少时，即使使用伪标签的数据也可以提高模型的准确率。这的确有点让人匪夷所思。如果非要为这个现象找一个原因，人们觉得可能是伪标签增加了数据中的噪声，有助于避免过拟合。因为小数据集很容易出现过拟合的现象。"

10.3.1 自我训练

上述思想的一种应用是自我训练（self-trainning）。这种方法利用现有训练数据先训练出一个基模型，然后对无标签数据进行预测，置信度高的数据就可以加入训练集。假设模型是一个分类器，那么先对没有标签的数据贴标签的结果其实是一个概率 P。此时可以将较好的预测结果（概率接近标签值 0 或 1 的），也就是预测出来比较有把握的样本，加入训练集，而比较模棱两可的预测结果（概率为 0.5 左右的）就放弃使用。

具体流程如下。

（1）将有标签数据集作为初始的训练集。

（2）训练出一个初始分类器。

（3）利用初始分类器对无标签数据集中的样本进行分类，选出最有把握的样本。

（4）在无标签数据集中去掉这些样本。

（5）将样本加入有标签数据集。

（6）根据新的训练集训练新的分类器。

（7）重复步骤（2）～（6）直到满足停止条件（比如所有无标签样本都被贴完标签了）。

（8）最后得到的分类器就是最终的分类器。

这个方法可以应用于任何模型，如逻辑回归、神经网络、SVM 等，只是应注意选取样本加入训练集的时候不要放松要求，否则可能会出现模型"跑偏"的情况。

10.3.2 合作训练

那么大家想一想上面的模型的主要问题是什么？其实这种"用自己训练出的数据来训练自己"的做法，是很容易受到质疑的，因为难免有"自说自话"之嫌。

合作训练（co-trainning）针对这一点进行了优化。这种方法把数据集的特征分成两组，并且假设每一组特征都能够独立地训练出一个较好的模型。最后这两个模型分别对无标签数据进行预测。这里就不再是自学习，而且互相学习。在每次迭代中都得到两个模型，而且各自有独立的训练集。

具体流程如下。

（1）把特征分成两组子特征。

（2）训练出两个独立的模型。

（3）每个模型对无标签数据进行标记，例如分类。

（4）选出最有把握的样本，并把这些样本"喂"给另一个模型的训练集，这样就可起到"互相学习"的作用。

（5）每个模型都使用对方给出的附加训练样例进行再训练。

（6）重复步骤（1）～（5）。

（7）最后得到的分类器就是最终的分类器。

当特征自然地分成两组时，共同训练可能是合适的选择。此时两个模型相互矫正，互相学习，能够防止模型"跑偏"。这个过程中，两个模型可以任意独立地选择算法，并不一定是相同的算法。

10.3.3 半监督聚类

半监督学习的思路可以应用到很多机器学习模型，比如半监督 SVM、半监督 KNN、半监督聚类等。下面我简单讲一下半监督聚类。

与自我训练和合作训练的思路不同，半监督聚类不是在监督学习的基础上引入无标签数据，而是在无监督学习的基础上引入有标签数据来优化性能。

尤其是对于聚类问题来说，有时候很少的标签数量就能够起到很好的效果。例如一个垃圾电子邮件的聚类问题，要把一大堆的电子邮件分成普通电子邮件和垃圾电子邮件两大类。如果没有任何标签，那么初期可能会经历一段"盲人摸象"的过程。然而，如果拥有两个不同类别的有标签数据，虽然只有两个，一个指定为普通电子邮件，另一个指定为垃圾电子邮件。那么这两个数据可以被确定为簇的两个质心，而所有的相似电子邮件就会迅速地聚集在两者周围，这大大提升了聚类效率和精度。

小冰恍然大悟："呃，怪不得我公司的程序员一直让我帮着收集垃圾电子邮件，原来我放到垃圾文件夹的垃圾电子邮件都当了聚类的质心。"

咖哥回道："对啊，你贴的垃圾电子邮件标签越多，以后你们公司的分类算法判定也就越准。你是给后台机器学习增加数据量呢。"

除去这种有标签的质心，半监督聚类还会收到以下两种约束信息作为监督信号。

■ 第一种是"必连"（must-link）约束，指样本必定属于同一簇。

■ 第二种是"勿连"（cannot-link）约束，指样本必定不属于同一簇。

这些约束信息也会提升聚类过程中的效率和准确率。

"上面讲的这些半监督学习算法都不难理解吧。"咖哥问道。同学们点头称是。

"那么下面继续讲自监督学习。"咖哥说。

10.4 自监督学习

自监督学习这个领域的发展也很快。在自监督学习中，监督过程，也就是根据标签判断损失的过程是存在的，然而区别在于不需要手工贴标签。

那是怎么做到的呢？

10.4.1 潜隐空间

在回答该问题之前，先说说什么是特征的潜隐空间（latent space）。这个概念在机器学习中时有出现，但是并不容易被明确定义。

潜隐空间指的是从 A 到 B 的渐变空间。这个空间我们平时看不见，但是在机器学习过程中，又能够显示出来。比如，两个 28px×28px 的灰度图像，分别是 5 和 9 这两个数字，机器通过对像素点的灰度值进行从 5 到 9 的微调，并进行可视化，就可以显示出潜隐空间中的渐变，如下图所示。

潜隐空间——从 5 到 9 的渐变

把这种渐变应用于更复杂的图像，比如人脸图像，就会产生很多奇妙的效果，如下图所示。

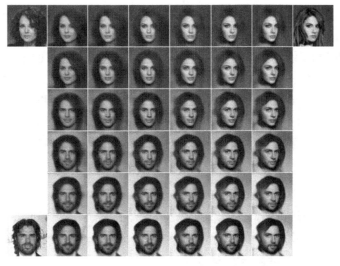

从美女到俊男的渐变

之前在词嵌入中介绍过的词向量，也可以通过潜隐空间进行过渡。从狼到狗，从青蛙到蟾蜍，从《垂直极限》到《我和我的祖国》，机器学习有能力在特征向量的潜隐空间中进行探索，找到一些很有趣的"中间状态"。

10.4.2 自编码器

下面说说自监督学习的典型应用——自编码器（autoencoders）。

咖哥说："自编码器是神经网络处理图像、压缩图像，因此也叫自编码网络。为什么说自编码器是一种自监督学习呢？我们先看看自编码器做了什么。它是通过神经网络对原始图像先进行压缩，进入一个潜隐空间，然后用另一个神经网络进行解压的过程，如下图所示。"

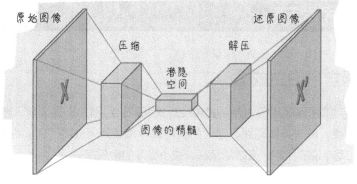

自编码器的原理

小冰感到奇怪："看起来这是用神经网络做一个压缩工具。但是这和自监督学习又有何关联？"

咖哥说："关键在于后半部分。神经网络把原始图像 X 压缩进潜隐空间，在这个过程中，我们特意减小输出维度，因此潜隐空间中只剩下了比较小的图像，但是同时保留了图像 X 各个特征之精髓。然后另一个神经网络对其解压，得到 X'。此时还没有体现出自监督学习过程。但是，马上，自监督学习过程即将发生！"

在下一个步骤中，自编码器会把 X' 和 X 进行对比，以确定损失的大小，**这时原来的 X 就变成了 X' 的标签**！也就是说，通过自己和自己的复制品进行比照，以判断神经网络的压缩和解压的效率。

■ 如果差异很大，就继续学习，调整参数。

■ 如果差异小到一个阈值范围之内，那么这个神经网络就训练好了。

然后，在实际应用中，自编码器的前半部分，也就是负责压缩的这部分网络可以用作一个图像压缩工具，它的任务就是"取其精华，去其糟粕"。

10.4.3　变分自编码器

在实践中，上面说的这种原始的自编码器已经过时了，因为它不一定会得到特别好的潜隐空间，因而没对数据做多少压缩。

而变分自编码器（Variational Auto-Encoder，VAE）在自编码器的基础上进行了优化。

VAE 把图像数据视为纯粹的统计数据，因此不是直接将输入图像压缩成潜隐空间，而是将图像的像素矩阵值转换为统计分布的参数值，即平均值和标准差。然后在解码时，VAE 也通过平均值和标准差这两个参数来从分布中随机采样一个元素，并将这个元素解码到原始输入。

上述过程的随机性提高了自编码器的稳健性，使潜隐空间的任何位置都能够对应有意义的表示，即潜在空间采样的每个点都能解码为有效的输出。

这样，VAE 就能够学习更连续的、高度结构化的潜隐空间，因此 VAE 目前是图像生成的强大工具之一。

在 Keras 中，通过对卷积层的堆叠就可以实现 VAE 网络。这里就不展示代码了，但是你们可以下载源码包，里面有 VAE 的一些案例。你们可以运行一下这些例子，看看 VAE 能够在原始图像的潜隐空间中找到什么样的新图像。

10.5.1 机器学习的生成式

有人把机器学习根据其功用分为判别式和生成式两种。判别式机器学习，当然是帮助我们进行判断、预测、分类，解决具体问题，这时的机器就像是兢兢业业的工人。而生成式机器学习，像是艺术家，比如写小说的作家、天才的画家、拉小提琴的音乐家……

把梵高名画《星夜》运用在一张图像上进行风格迁移的结果

AI 发展到一定的阶段，才开始进入这些"文艺"领域，这算是一种巨大的进步。

生成式深度学习的成功范例之一是 Google 工程师 Alexander Mordvintsev 用卷积神经网络开发出来的 DeepDream。它通过在输入空间内梯度上升将卷积神经网络的层激活最大化，在内容图像和风格图像之间风格迁移，产生夸张的梦境效果。

还有人通过循环神经网络根据对文字和序列数据的学习生成文本、创作音乐，实现智能性的聊天活动等。

例如，一个 LSTM 网络学习了《爱丽丝梦游仙境》的文本之后，如果输入种子：

```
herself lying on the bank, with her
head in the lap of her sister, who was gently brushing away s
```

神经网络就可以继续自主创作出下面的文本：

```
herself lying on the bank, with her
head in the lap of her sister, who was gently brushing away
so siee, and she sabbit said to herself and the sabbit said to herself and the sood
way of the was a little that she was a little lad good to the garden,
and the sood of the mock turtle said to herself, 'it was a little that
the mock turtle said to see it said to sea it said to sea it say it
the marge hard sat hn a little that she was so sereated to herself, and
she sabbit said to herself, 'it was a little little shated of the sooe
of the coomouse it was a little lad good to the little gooder head. and
```

看起来有点像是"痴人的梦呓"——不过这也算是一种艺术吧！

上述这些生成式机器学习的创造性的来源都是潜隐空间。深度学习模型擅长对图像、音乐和故事的潜隐空间进行学习，然后从这个空间中采样，创造出与模型在训练数据中所见到的艺术作品具有相似特征的新作品。

10.5.2 生成式对抗网络

在生成式机器学习领域的这些"天才艺术家"中，最为耀眼的莫过于一个叫作生成式对抗网络（Generative Adversarial Network，GAN）的技术。这个技术和刚刚介绍过的自编码器有异曲同工之妙。自编码器是自己监督自己，在反复迭代中通过神经网络复制出来最佳的自我；而 GAN 是两个神经网络之间"勾心斗角"，一个总是要欺骗对方，另一个则练就"火眼金睛"，以免被对方欺骗。

同学们嘴张得很大。小冰很平静地问："咖哥，你知道吗？这个机器学习课总让我有一种魔幻现实的感觉，在恍惚间质疑自己是不是穿越到别的课堂了……"

咖哥说："你并没听错。这就是 GAN 的思路。"

GAN 是由 Ian J.Goodfellow 等人在 2014 年提出的。2016 年的一个研讨会上，Yann LeCun 将 GAN 描述为"过去 20 年来机器学习中'最酷'的想法"。它的基本架构是两个神经网络在类似游戏的设定下相互竞争。举例来说，博物馆里有一批名画，包括达·芬奇的《蒙娜丽莎》之类的画作。这批名画就作为训练集。那么一个神经网络（生成器网络）学习了这些名画，就开始制造赝品；而另一个神经网络（判断器网络）则负责鉴定，分辨这个画是来自博物馆的原始数据集，还是来自造假网络的伪造画作。

开始的时候，两个网络水平都不高，生成器网络制造出来的画作和原作品差别很大（通过两者的向量空间来衡量其差异），判断器网络不费吹灰之力即可发现赝品。但是慢慢地，生成器网络失败多次后水平逐渐提升了，此时判断器网络也就开始花费更多力气练就火眼金睛。两个网络你来我往，互相印证，最后成就了彼此。最终的结果是出现了一批与原画质量相当接近的高仿品。

因此，在给定训练集之后，GAN 能够通过学习生成具有与训练集相同的统计特征的新数据，从而以假乱真。例如，在真实照片集上训练出来的 GAN 可以生成新的照片，对人类观察者来说，看起来会感觉所生成的新照片也是完全真实的。GAN 所生成的这些难辨真伪的图像，同学们上网一搜，比比皆是。

GAN 最初提出时，被归类为无监督学习的一种形式，但 GAN 如今在半监督学习、监督学习，以及强化学习中都有应用。毕竟，机器学习分类边界本身就是模糊的。

GAN 的结构中最主要的就是一个生成器（generator）网络和一个判别器（discriminator）网络，再加上一个损失函数，如下图所示。

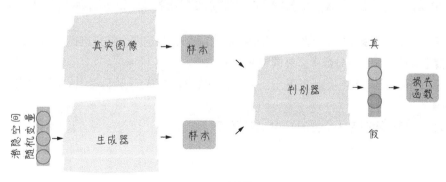

GAN 的结构

■ 生成器网络：以潜隐空间中的一个随机点作为输入，并将其解码为一张合成图像。

■ 判别器网络：是生成器网络的对手（adversary），以一张真实或合成图像作为输入，并判断该图像是来自训练集还是由生成器网络创建。

训练生成器网络的目的是欺骗判别器网络，训练判别器的目的是防止被生成器网络欺骗。经过左右手互搏式的训练，双方都越来越强，生成器网络就能够生成越来越逼真的图像。训练结束后，生成器网络就能将其潜隐空间中的任何一个向量转换为一张像样的图像。

不过，与 VAE 相比，GAN 中的潜隐空间是不连续的，无法保证其总是具有有意义的结构。而且，GAN 的训练也很不容易。

GAN 的实现方式和具体应用非常多，不仅能够生成图像，还可以生成音乐、文字等。

在 Keras 中，有很多种类型的 GAN，包括 Auxiliary Classifier GAN、Adversarial Auto-Encoder、Bidirectional GAN、Deep Convolutional GAN、Semi-Supervised GAN 和 Super-Resolution GAN 等，不一而足。

通过 GitHub 上的开源链接，你们可以去学习各种 GAN 的架构，并在自己的数据集上试着使用它们，或者去研究这些 GAN 的 Python 源码，尝试进一步地优化它们。

10.6　本课内容小结

本课讲的东西略有些杂，但这些内容都是机器学习中不可或缺的"另一面"。

■ 无监督学习部分，介绍了两种常见算法。

□ 聚类问题的 K 均值算法。

□ 降维问题的 PCA 算法。

■ 半监督学习部分，介绍了 self-training、co-training 以及半监督聚类。

■ 自监督学习部分，介绍了自编码器和变分自编码器。

■ 最后还介绍了生成式深度学习，尤其是生成式对抗网络。

有些学习类型比如自监督和生成式学习，我仅讲解了基础内容，并没有深入地讲解代码的实现以及案例。但是你们可以下载源码包自己看一看，上网研究一下，相信你们也会有"无指导"的、"自我学习"状态下的新收获吧。

当你们用这些技术，创造出来有趣的新东西时，不要忘记和咖哥分享。

10.7　课后练习

练习一　重做本课中的聚类案例，使用年龄和消费分数这两个特征进行聚类（我们的例子中是选择了年收入和消费分数），并调整 K 值的大小。

练习二　研究源码包中给出的变分自编码器的代码，试着自己用 Keras 神经网络生成变分自编码器。

练习三　研究源码包中给出的 GAN 实现代码。

10

第11课 强化学习实战——咖哥的冰湖挑战

小冰远远看见教室墙上的 PPT 显示着本课的主题——**冰湖挑战！**。

小冰说："咖哥，你没发烧吧？这大冬天的你想来一个冰桶挑战？你自己玩吧，我们不准备陪着你。"

咖哥大笑三声，说："你看清楚一点，是冰湖挑战，不是冰桶挑战。"

"有区别吗？"小冰道，"还不是往自己身上浇水的意思！"

咖哥说："严肃，严肃！这个冰湖挑战的环节是我为本次强化学习课程特别准备的。它其实是 OpenAI 公司推出的 Gym（强化学习库）里面的一个教学环境，叫作 Frozen Lake。同时，它也是一个小游戏。"

强化学习，是机器学习里面比较难的内容，说实话，它不好学，也很难找到比较接地气的教学案例。后来我发现了这个简单的 Gym 小游戏。我想，就用它来进行强化学习的入门实战吧。

下面看看本课重点。

小冰想象着咖哥往自己身上浇水的样子

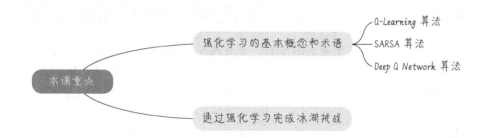

11.1 问题定义：帮助智能体完成冰湖挑战

为什么选择这个冰湖挑战小游戏作为强化学习的案例呢？因为强化学习项目和普通的机器学习项目差异还是挺大的。普通机器学习项目只需要数据集就可以开始实战。但是强化学习项目需要搭建环境，建立系统中的游戏规则，然后让智能体在这个环境中实现一些具体的目标。这个环境和游戏规则的构建是挺麻烦的事情。

而 Gym API，就为我们提供了一套强化学习的环境。有了这些环境，就可以直接把精力放在强化学习算法上面。

这个冰湖挑战小游戏，是我在 Gym 里面找到的最简单的一个游戏环境。

游戏背景如下。

冬天来了。你和你的朋友们正在公园里玩一个飞盘，突然你用力过猛，将飞盘扔到了湖中央。湖面早已冰封，但是有几个冰窟窿。如果你踏入冰窟窿，将落入水中。此时没别的飞盘了，所以你必须去湖泊中央并取回飞盘。但是，冰很滑，所以前进方向难控。

听起来很高级，是吗？其实就是一个迷宫游戏，设定如下：

```
SFFF      (S: start 起点，安全)
FHFH      (F: frozen surface 冰面，安全)
FFFH      (H: hole 冰窟窿，落水)
HFFG      (G: goal 目标，飞盘所在地)
```

这是一个 4×4 的迷宫，因此共有 16 种状态。在每种状态中，有上、下、左、右 4 种选择，也就是智能体的 4 种可能的移动方向。

智能体从 *S* 处的起点开始一步步移动，如果掉进 *H* 处的冰窟窿，当前游戏就结束；如果到达目标 *G* 点，就可得到奖励。

我们要通过强化学习模型完成的任务，就是要智能体在不熟悉环境的初始情况下，通过反复尝试、不断试错，找到自己的通关方法。

11.2 强化学习基础知识

介绍完冰湖挑战小游戏，咖哥忽然拿出一本看起来是英文的书，向大家比划了两下。同学们瞥见书名是《The Road Less Traveled》，作者是 M·斯科特·派克（M. Scott Peck）。小冰想起同学圈里盛传咖哥英文很差，四级都没过，心想这样的咖哥还能够读英文书，不禁啧啧称奇。

不料咖哥又拿出一本中文书，书名是《少有人走的路——心智成熟的旅程》，说道："其实我读的是中文版的啦。我觉得书好，就把英文版也买过来，对照着看，也是为了学习英文。

这本书让人醍醐灌顶啊。它告诉我们，人生苦难重重，乃是一场艰辛之旅，心智成熟的旅程相当漫长。必须去经历一系列艰难而痛苦的转变，才能最终达到自我认知的更高境界。

那么如何做到这个转变呢？只有通过自律。而自律有 4 个原则：延迟满足、承担责任、厘清现实、保持平衡。

第一个原则就是**延迟满足**。这是**人从心理幼儿到心理成年状态的关键性转变**。

小冰此时终于忍不下去了。"咖哥!"她大叫,"我们的新项目 3 个月内必须做完,老板只给了两个星期来学 AI,也许你的这个东西对我的人生很重要,可你能不能安排别的时间说呢?"

11.2.1 延迟满足

咖哥说:"你们觉得我跑题了,但其实并没有。人工智能,离不开人,离不开人的心理。也许会吓你们一跳,但我还是先下一个结论:**强化学习和监督学习最显著的区别,就在于延迟满足**。"

小冰如坠入五里雾中。

咖哥又说:"不懂了吧!那我再接着说什么是自律、什么是延迟满足。"

假设你们有一整个下午的时间,30 页的数学作业和一块巧克力蛋糕。你们可以选择先吃蛋糕,玩一会儿,再抓耳挠腮地做题;或者先做完 30 页的数学作业,再悠闲地吃蛋糕,边吃边玩儿。

"你怎么选呢,小冰?反正我知道,99% 的小孩子都会选择先把蛋糕吃了再说。因为他们无法抵挡'甜'的即时诱惑。当然,他们也就没有机会去感受做完功课后才享受'奖励'的悠闲感了。"

"因此,满足感的推迟,意味着不贪图暂时的安逸,并重新设置人生快乐与痛苦的次序:首先,面对问题并感受痛苦;然后,解决问题并享受更大的快乐。这是作为正常的、成熟的成年人更可行的生活方式。"

咖哥停顿,环视同学们。同学们表情中看不出什么来,这是在示意:你接着说。

"那么,监督学习,就像是那些未成年的孩子,总得需要大人管着。每做一次预测、推断,就马上要反馈、要回报。"

"——告诉我是对了还是错了!"

"——只有知道对了还是错了,我才知道该怎么调整我的权重!"

"——快告诉我!快告诉我!"

监督学习不停地喊叫着。

而强化学习,则像成年人那么安静。他耐心等待,因为他知道,他每做一个决定,都是往未来的长期目标靠近了一步,而回报和奖赏,不会那么快到来,但是总有一天会看到结果的……

这就是强化学习和监督学习最显著的区别。

11.2.2 更复杂的环境

看到同学们若有所思,咖哥说:"看来'延迟满足'这个心理学概念对大家来说比较陌生?但是同学们,你们总应该听说过'巴甫洛夫的狗'吧。"

小冰回道:"当然听说过了。我记得好像就是总在给狗吃饭的同时摇铃铛,后来狗一听到铃铛响就流口水。"

咖哥点头,说:"对,你说的就是巴甫洛夫的条件反射实验。也许他才应该被认为是强化学习研究领域的'老祖宗'吧。只是他研究的不是机器,而是狗。在巴甫洛夫的经典条件反射中,强化是自然的、被动的过程。而在后来的斯金纳的操作性条件反射中，强化是一种人为操纵，是指伴随于行为之后以有助于该行为重复出现而进行的奖惩过程。操作性条件反射是心理学中的行为主义理论和心理治疗中行为疗法的理论基础。"

据说强化学习的灵感就源于行为主义理论，即有机体如何在环境给予的奖励或惩罚的刺激下，逐步形成对刺激的预期行为，并产生能获得最大利益的习惯性行为。也就是说，人的行为是人所获刺激的函数。如果刺激对人有利，则相应行为就会重复出现；如果刺激对人无利，则相应行为就会减弱直至消逝。

强化学习的主角是**智能体**。智能体的角色大概等同于机器学习的模型。但是强化学习中，"标签"变成了在训练过程中环境给予的**回报**，回报有正有负，因此就是**奖惩**。同时，这种奖惩并不总是即时发生的。

强化学习的应用场景也和普通机器学习任务有所区别。强化学习一般是应用于智能体玩游戏、自动驾驶、下棋、机器人搬东西这一类任务中。在智能体训练的过程中，它会根据当前环境中的不同状态进行不同的动作，也就是做决策。比如，一个玩超级玛丽游戏的智能体，没有经过训练之前，它就在原地等着，时间一到就得到惩罚。那么下一次它就开始尝试采取不同的策略，比如往前走，走了一段路后碰到"小怪物"，又得到了惩罚。于是智能体就学着跳来跳去，这样一直学、一直学，最后找到了通关的策略。

不难看出，强化学习要解决的场景实际上比普通机器学习更复杂、更灵活。而且，智能体在环境之中的学习，与人类所面临的日常任务也更加相似一些。因此，强化学习在整个机器学习中属于难度较大的领域，其理论相对来说也不是很完善。而且，也没有通用的强化学习算法能够较完美地解决各种实际任务。我们可能听说过，通过强化学习训练的AlphaGo 的下围棋能力可能已经超越人类，然而围棋这个任务的规则设定仍然是很简单的，其决策只是小小棋盘上的落子。而在现实生活中，真实的环境和任务的复杂度还远不止如此。

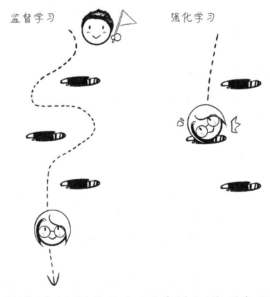

监督学习中的反馈直接、即时；强化学习中的反馈可能有延迟

11.2.3 强化学习中的元素

下面介绍一下强化学习中的元素。

首先把强化学习的主角叫作智能体：**Agent**。因为它往往会做出动作、决策，而不像普通机器学习中的模型只是进行预测、推断。

强化学习的 4 大元素如下。

■ A——**Action**，代表智能体目前可以做的**动作。**

■ S——**State**，代表当前的**环境**，也可以说是**状态。**

■ R——**Reward**，代表环境对智能体的**奖惩。**

■ P——**Policy**，代表智能体所采取的**策略**，其实也就是机器学习算法。我们把策略写成 π，π 会根据当前的环境的状态选择一个动作。而智能体根据策略所选择的每一个动作，会带来状态的**变化**，这个变化过程的英文叫作 **Transition**。

智能体与环境的交互如下图所示。

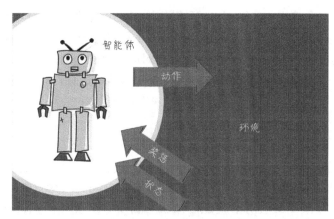

智能体与环境的交互

此外，还有智能体的**目标**——**Goal**，是十分明确的，就是**学习一种策略，以最大化长期奖励。**

11.2.4 智能体的视角

那么，从智能体的视角来看它所处的环境，它的感受及行为模式如何呢？

（1）当它一觉醒来，刚睁开眼，看到的是环境的初始状态。

（2）它随意做了一个动作。

（3）环境因为它的行为而有所改变，状态发生了变化。

（4）环境进入下一个状态，并将这个状态反馈给智能体。

（5）同时，环境也会给智能体一个奖惩。

（6）此时，智能体会根据新的状态来决定它接下来做什么样的动作，并且智能体也会根据所得的奖惩来更新自己的策略。

（7）循环（2）～（6），直到智能体的目标达成或者被"挂掉"。

（8）重启游戏，但是智能体所习得的策略不会被清空，而是继续修正。

因此，对于智能体来说，它做的只是依据当前状态和目前已有策略，做出相应的动作并收到回报，进入下一个状态，然后更新策略，继续做动作并收到回报……

有的同学可能还是不明白。——智能体到底是怎么知道自己是向着具体任务的目标前进的呢？答案是，它是通过**奖惩函数**来评判自己离目标的远近的。

我们的算法需要最大化这个奖励值（就像在监督学习中的目标是最小化损失）。然而，这个奖惩函数只是目标的一个延迟的、稀疏的形式，不同于在监督学习中能直接得到每个输入所对应的目标输出。在强化学习中，只有训练一段时间后，才能得到一个延迟的反馈，并且只有一点提示说明当前是离目标越来越远还是越来越近。

■ 在某些情况下，智能体可能无法在每一步都获得奖励，只有在完成整个任务后才能给予奖励，之前每一个没有奖励的动作都在为最终的奖励做铺垫。

■ 而在另外一种情况下，智能体可能在当前获得了很大的奖励，然后在后续的步骤中才发现，因为刚才贪了"小便宜"，最后铸成大错。这样，今后的策略甚至要修正获得奖励的那个策略。

可见，强化学习任务对"智能"的成熟度要求因为奖惩的延迟而提高了一大截！

另一个同学问道："除了'延迟满足'，这强化学习与其他机器学习还有什么不同呢？"

除了"延迟满足"，还有以下区别。

（1）闭环性质：一般来说，强化学习的环境是封闭式的，而普通机器学习是开放式的。

（2）没有主管：没有人会告诉智能体当前决策的好坏，只有环境依据游戏规则对它的奖励和惩罚。而变通机器学习每个训练集数据都有对应的真值和明确的评估标准。

（3）时间相关：普通机器学习除了时序问题之外，训练集数据顺序可以被打乱，输入先后不影响机器学习结果，而强化学习的每一个决策都取决于之前状态的输入。

咖哥发言

强化学习的热潮始于 DeepMind 团队在《自然》杂志上发表的一篇论文《Playing Atari with Deep Reinforcement learning》。论文中介绍了如何把强化学习和深度学习结合起来，让神经网络学着玩各种 Atari 游戏，使智能体在一些游戏中表现出色。后来 DeepMind 团队不断地发表强化学习研究新成果，他们团队的博客的文章非常棒，把强化学习的技术细节讲解得很清楚。你们有时间可以自己去看一看。

11.3 强化学习基础算法 Q-Learning 详解

理论咱们就说这么多，下面讲最简单、最基本的强化学习算法 Q-Learning。

Q-Learning 的基本思路是学习在特定状态下，执行一个特定动作的价值：Q 值。有了这个值，那么下一步动作就有大概的指导方向。怎么学呢？方法是建立一个表，叫作 Q-Table。这个表以状态为行、动作为列，然后不断地根据环境给的回报来更新它、优化它。

咖哥发言

这里的 Q 代表英文单词 Quality，指的是一个动作的价值。

11.3.1 迷宫游戏的示例

还是拿具体例子来说会比较容易理解。我们来看一个最简单的迷宫游戏，其示意如下图所示。

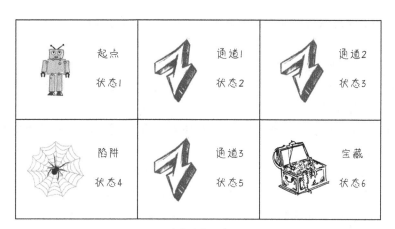

迷宫游戏示意

这是一个 3×2 的六格迷宫，包含 1 个起点、1 个宝藏、1 个陷阱，以及 3 个通道。这个游戏的规则和可能出现的情况都极为简单，我们拿它来介绍 Q-Learning 算法，尤其是 Q-Table 的更新过程。

在强化学习中，每一次游戏被称为一个 episode（这个词同学们常看美剧的话就不陌生，姑且翻译为"盘"吧，以区别于神经网络训练中的 epoch："轮"）。那么从起点到陷阱，游戏结束；从起点到宝藏，游戏也结束了。这都算是一盘。重新玩一盘，环境被重置，但是 Q-Table 作为学到的"经验"，不会被重置。而在行动的过程中，Q-Table 将会被更新。

下面复习一下强化学习中的元素。

■ 状态——在这个问题中，状态就是智能体当前所处的位置，也就是迷宫的格子号码。可以用一个取值为 1～6 的变量记录这个位置。

■ 动作——也极为简单，就是上、下、左、右 4 种可能，用一个变量表示。

■ 奖惩——我们制定简单的奖惩：掉进陷阱减 10 分，游戏结束；找到宝藏加 100 分，游戏结束。

那么 Q-Table 是什么样的呢？就是一个状态 + 动作组合起来的表格（如表 11-1 所示），记录着在每一个状态下、每一个动作的预期奖励。

表 11-1 Q-Table

状态	动作 1（上）	动作 2（下）	动作 3（左）	动作 4（右）
起点（1）	0	0	0	0
通道（2）	0	0	0	0
通道（3）	0	0	0	0
陷阱（4）	0	0	0	0
通道（5）	0	0	0	0
宝藏（6）	0	0	0	0

初始状态下，智能体一无所知，完全没有方向感，因此它的经验值全部为 0。

到这里都能听懂吧。下面，如何更新 Q-Table 呢？请看 Q-Learning 算法的公式，这也被称为 Q 函数：

$$Q(s,a) = r + \gamma(\max(Q(s',a')))$$

此处，千万不要看到公式就害怕，这个公式看上去有点"吓人"，实际上完全没有技术含量。我稍微解释一下。

■ $Q(s, a)$ 就是由当前状态和所有可能的动作所组成的 Q-Table，s、a 就是表中的两个轴。

■ r 就是奖惩，环境（也就是系统）给的奖惩。

■ $Q(s', a')$ 相当重要，它不是一个值，而是代表所有可能的动作之后的状态集合，其中 s' 代表新状态，a' 代表新动作。

■ $\max(Q(s', a'))$ ——因为新动作有几种情况，所以算法将"贪心"地选择能够最大化奖惩值的 $Q(s', a')$ 状态。

比如，在起点时，下个动作之后，只可能进入两种新状态，通道（2）或者陷阱（4）。这两种 $Q(s', a')$ 分别是 $Q(2, 右)$ 和 $Q(4, 下)$。我们当然知道，选择进入状态 $Q(2, 右)$ 比较好，因为选择 $Q(4, 下)$ 就"死翘翘"了。但是智能体根据初始的 Q-Table，无法做判断。$\max(Q(s', a'))$ 这个奖惩函数针对两个可能动作的返回值都是 0，它只好"撞大运"，随机地走。

■ 现在来解释最让人发怵的 "γ"（Gamma）。其实 Q 函数公式的两部分中分为以下 3 个部分。

□ r 代表的是眼前的利益——当前这个动作所带来的直接回报。

□ $\max(Q(s', a'))$ 代表下一步动作的**预期长远回报**，它不是直接的奖惩，但是往这个方向走，未来就可能有回报——这就是刚才说的**"延迟满足"**。因为有这一项，Q-Table 才能够从后往前，将未来得到的回报逐渐传导至前面的状态。这里大家如果有疑惑，先不要急，在 Q-Table 的更新过程中，这一点将能够被理解。

□ γ 系数是一个 0 ~ 1 的值，代表着对长期回报的**"衰减率"**。其设定得越小，系统就越不注重长远回报。如果设为 0，则智能体只考虑眼前的回报；如果设为 1，则最大化长远回报。

经过强化学习之后，我们希望 Q-Table 呈现出这样一种状态（其中的值只是大致示意），如表 11-2 所示。

表 11-2　Q-Table

状态	动作 1（上）	动作 2（下）	动作 3（左）	动作 4（右）
起点（1）	0	-10	0	40
通道（2）	0	60	60	0
通道（3）	0	80	0	0
陷阱（4）	0	0	0	0
通道（5）	0	0	-10	80
宝藏（6）	0	0	0	0

这样的 Q-Table 就能逐渐引导智能体从起点，向右走到状态通道（2），然后走到通道（3）或通道（5），直至找到宝藏，而不是往陷阱里面走。

下面就来详细地一步一步更新 Q-Table——此时先把 γ 设定为 1，以最大化长远回报。

我们一盘一盘地学习。

1. 第 1 盘

此时的状态为 $Q(0, 0)$，智能体选择动作 2 向下走，掉进陷阱，环境给出惩罚分 -10 分，$Q(1, 下)$ 被更新为 -10 分，Q-Table 被更新如表 11-3 所示，一盘游戏结束了。

表 11-3 Q-Table

状态	动作 1（上）	动作 2（下）	动作 3（左）	动作 4（右）
起点（1）	0	-10	0	0
通道（2）	0	0	0	0
通道（3）	0	0	0	0
陷阱（4）	0	0	0	0
通道（5）	0	0	0	0
宝藏（6）	0	0	0	0

2. 第 2 盘

此时 Q-Table 已经有指向性了，上一盘带来了惩罚，因此现在在两个 $Q(s', a')$ 中进行选择，智能体将选择分值相对高的动作，向右走。

游戏继续下去，那么在通道（2），智能体将随机地选择一个方向，如果智能体往下走，来到通道（5），没有任何奖励发生，Q-Table 不被更新，游戏继续。

在通道（5），在没有任何方向的前提下，如果智能体幸运地选择了向右走，则得到奖励 100 分。此时 $Q(5，右)$ 被更新为 100 分，如表 11-4 所示。

表 11-4 Q-Table

状态	动作 1（上）	动作 2（下）	动作 3（左）	动作 4（右）
起点（1）	0	-10	0	0
通道（2）	0	0	0	0
通道（3）	0	0	0	0
陷阱（4）	0	0	0	0
通道（5）	0	0	0	100
宝藏（6）	0	0	0	0

$Q(5，右)$ 被奖励 100 分，并不难理解，因为其右侧直接就是宝藏。但是这个奖励，如何传递给前面的状态呢？这是比较令人疑惑的地方。下面再多玩一盘。

3. 第 3 盘

新一盘游戏开始，像上一盘一样，智能体来到通道（2）。因为当前 $Q(2，下)$、$Q(2，左)$、$Q(2，右)$ 的值均为 0，所以智能体将随机地走一步。

假如智能体选择往下走，与此同时，系统并没有给出任何即时的奖励。但是根据公式，当前 $Q(s，a)$ 的值，也就是 $Q(2，下)$ 仍然被更新了，如表 11-5 所示。

表 11-5 Q-Table

状态	动作 1（上）	动作 2（下）	动作 3（左）	动作 4（右）
起点（1）	0	-10	0	0
通道（2）	0	100	0	0
通道（3）	0	0	0	0
陷阱（4）	0	0	0	0
通道（5）	0	0	0	100
宝藏（6）	0	0	0	0

因为根据算法，智能体开始判断 $\max(Q(s', a'))$，此时，新的状态为 5，$\max(Q(5, a'))$

11

的值为100。

尽管没有环境奖惩 r，但是**新状态的最大 Q 值 Q（5，右）**，**也带来了当前状态 Q 值 Q（2，下）的更新。**

通过这样的机制，系统给出的奖励就从通道（5）回传给通道（2）的状态 Q（2，下）。

4．第4盘

再来一盘。这时候智能体的知识已经比较丰富了，迅速地走向 1→2→5→6 这条胜利通道。同时，Q（1，右）还接到了下一步 Q（2，下）所带来的更新，100 分，如表 11-6 所示。

表 11-6　Q-Table

状态	动作1（上）	动作2（下）	动作3（左）	动作4（右）
起点（1）	0	-10	0	100
通道（2）	0	200	0	0
通道（3）	0	0	0	0
陷阱（4）	0	0	0	0
通道（5）	0	0	0	200
宝藏（6）	0	0	0	0

之后就不需要再玩了。因为智能体会越来越强化 1→2→5→6 这条路径，不会走上其他通道。这个过程大概就是一个极简的 Q-Table 更新的过程。

11.3.2 强化学习中的局部最优

上面这个极简版的 Q-Learning 的流程存在一个问题。这个问题就是，因为 Q-Table 收敛得太容易了，一旦找到了一条可用的通道，智能体就不再继续探索其他环境和状态了。

想象一下，假如通道 3 背后，还隐藏着一个价值为 10 000 分的"惊世巨大宝藏"，但是每盘游戏中智能体只是为了小小的 100 分而不去探索通道 3，那不是十分可惜吗？这种情况下路径 1→2→5→6 就成为了一个局部最优解。

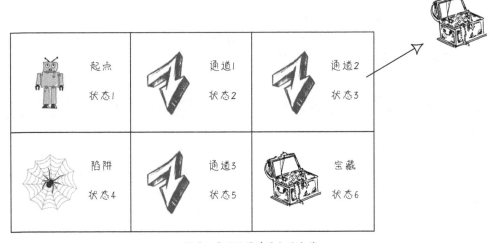

通道 3 背后隐藏着更大的宝藏

我们需要对此做一些加工，以确保智能体具有足够的环境探索（其实也是延迟满足）能力，不会为了蝇头小利而完全放弃对环境的继续探索。

11.3.3 ε-Greedy 策略

在实战中，解决智能体对环境探索能力不足的常见的方案是增加智能体行为的随机性，而不是完全依靠贪心算法最大化每一步的收益，这使智能体能够有更多的机会对环境进行更全面的探索。

因此，这种随机化策略框架包含两个部分，一是**探索**（explore）**未知**，二是**利用**（exploit）**已知**。用一部分精力进行探索，另一部分精力"收割"已经有的经验。

而我们要介绍的 ε-Greedy 就是这样的策略：在面临每一次选择时，它以 ε 的概率去"探索"，1-ε 的概率来"利用"，在"保守"和"激进"中进行平衡。它的好处是不仅能够积累成功的经验，在多数情况下按照既定策略走；而且能够保持好奇，总是有机会探索新情况，应对变化，如果环境变了，它也能及时改变策略。

不难发现，ε-Greedy 里面的参数 ε 是一个"延迟满足"的参数。即使已经知道下一步怎么走，知道未来肯定可以赚到钱，但是在某些时候，还是选择突破自我，去未知的领域探索，或许未来可以赚到更多的钱（当然也有可能失败，风险和机遇并存嘛）。

这就为发现通道 3 后面的惊世巨大宝藏保留了一定的机会。

ε 参数的具体值要视情况而定。环境不同，选择就不同。需要随着游戏的盘次逐渐调整。整体而言，ε 值越大，模型的灵活性越好，探索未知、适应变化的能力就越强；ε 值越小，则模型的稳定性越好，更多依赖于已知的经验。

在 Q-Learning 算法中，通常使用 ε-Greedy 策略进行下一步动作的选择。

11.3.4 Q-Learning 算法的伪代码

引入 ε-Greedy 策略之后，Q-Learning 算法的伪代码如下：

```
初始化 Q(s, a)
重复 (episode- 盘次)
  初始化状态 s
  重复 (step- 步骤)
    根据当前 Q-Table 选择下一步动作 a (ε-Greedy 策略)
    采取动作，同时观察 r (奖惩) 和 s' (新状态)
    更新 Q-Table, Q(s, a)=Q(s, a)+α(r+γ(max(Q(s', a'))-Q(s, a)) (贪心策略)
    更新状态
  直至游戏结束
```

此处需要指出一点，**在选择下一步动作时，算法采取 ε-Greedy 策略**。

而在更新 Q-Table 的过程中，新 Q 值的计算仍然遵循贪心策略，也就是总是取最大化下一个状态的 Q 值：

$$Q(s,a)=Q(s,a)+\alpha(r+\gamma(\max(Q(s', a'))-Q(s,a)))$$

这个公式是刚才的 Q-Table 更新公式的加强版。其中，出现了一个 α，则是学习速率，代表着智能体对环境奖惩的敏感程度，也就是学习的快慢。

Q-Learning 算法中的这种做法叫作 off-policy，即**异策略**，是指行动策略（选择下一步动作）

和评估策略（更新 Q-Table）不是同一个策略。

11.4 用 Q-Learning 算法来解决冰湖挑战问题

现在开始用 Q-Learning 算法解决冰湖挑战问题。前面说过，冰湖挑战是一个 4×4 的迷宫，共有 16 个状态（0 ～ 15）。在每个状态中，有上、下、左、右 4 种选择（也就是智能体的 4 种可能的移动方向，其中左、下、右、上分别对应 0、1、2、3）。因此 Q-table 就形成了一个 16×4 的矩阵。

11.4.1 环境的初始化

下面就导入 Gym 库：

```
import gym # 导入 Gym 库
import numpy as np # 导入 NumPy 库
```

初始化冰湖挑战的环境：

```
env = gym.make('FrozenLake-v0', is_slippery=False) # 生成冰湖挑战的环境
env.reset() # 初始化冰湖挑战的环境
print("状态数：", env.observation_space.n)
print("动作数：", env.action_space.n)
```

```
状态数：16
动作数：4
```

随机走 20 步：

```
for _ in range(20): # 随机走 20 步
    env.render() # 生成环境
    env.step(env.action_space.sample()) # 随机乱走
env.close() # 关闭冰湖挑战的环境
```

这一盘试玩中，到了第 7 步之后，就掉进了冰窟窿，游戏结束，如下所示：

SFFF	SFFF	SFFF	SFFF	SFFF	SFFF	SFFF	
FHFH	FHFH	FHFH	FHFH	FHFH	FHFH	FHFH	
FFFH	FFFH	FFFH	FFFH	FFFH	FFFH	FFFH	
HFFG	HFFG	HFFG	HFFG	HFFG	HFFG	HFFG	
（下）	（上）	（下）	（下）	（左）	（下）	（结束）	

这个问题，我们唯一的目标，就是对该环境创建一个有用的 Q-Table，以作为未来冰湖挑战者的行动指南和策略地图。

首先，来初始化 Q-Table：

```
# 初始化 Q-Table
Q = np.zeros([env.observation_space.n, env.action_space.n])
print(Q)
```

输出结果如下：

```
[[0. 0. 0. 0.]
 [0. 0. 0. 0.]
 [0. 0. 0. 0.]
 [0. 0. 0. 0.]
 [0. 0. 0. 0.]
 [0. 0. 0. 0.]
 [0. 0. 0. 0.]
 [0. 0. 0. 0.]
 [0. 0. 0. 0.]
 [0. 0. 0. 0.]
 [0. 0. 0. 0.]
 [0. 0. 0. 0.]
 [0. 0. 0. 0.]
 [0. 0. 0. 0.]
 [0. 0. 0. 0.]
 [0. 0. 0. 0.]]
```

此时 Q-Table 是 16×4 的全 0 值矩阵。

11.4.2 Q-Learning 算法的实现

下面来实现 Q-Learning 算法：

```python
# 初始化参数
alpha = 0.6 # 学习速率
gamma = 0.75 # 奖励折扣
episodes = 500 # 游戏盘数
r_history = [] # 奖励值的历史信息
j_history = [] # 步数的历史信息
for i in range(episodes):
    s = env.reset() # 重置环境
    rAll = 0
    d = False
    j = 0
    #Q-Learning 算法的实现
    while j < 99:
        j+=1
        # 通过 Q-Table 选择下一个动作，但是增加随机噪声，该噪声随着盘数的增加而减小
        # 所增加的随机噪声其实就是 ε-Greedy 策略的实现，通过它在探索和利用之间平衡
        a = np.argmax(Q[s, :] +
            np.random.randn(1, env.action_space.n)*(1./(i+1)))
        # 智能体执行动作，并从环境中得到新的状态和奖励
        s1, r, d, _ = env.step(a)
        # 通过贪心策略更新 Q-Table，选择新状态中的最大 Q 值
        Q[s, a] = Q[s, a] + alpha*(r + gamma*np.max(Q[s1, :]) - Q[s, a])
        rAll += r
        s = s1
        if d == True:
            break
    j_history.append(j)
    r_history.append(rAll)
print(Q)
```

其中两个最重要的，就是智能体动作的选择和 Q-Table 的更新这两段代码。

■　智能体动作的选择，采用的是 ε-Greedy 策略，力图在探索和利用之间平衡。ε 值在此处实际上是一个随机值。

■　Q-Table 的更新，则采用贪心策略，总是选择长期奖励最大 Q 值来更新 Q-Table。

200 盘游戏过后，Q-Table 如下：

```
[[0.00896807 0.23730469 0.          0.0110088 ]
 [0.00697516 0.          0.          0.        ]
 [0.         0.          0.          0.        ]
 [0.         0.          0.          0.        ]
 [0.03321506   0.31640625   0.          0.00498226 ]
 [0.         0.          0.          0.        ]
 [0.         0.          0.          0.        ]
 [0.         0.          0.          0.        ]
 [0.         0.          0.421875    0.        ]
 [0.         0.          0.5625      0.        ]
 [0.         0.75        0.          0.        ]
 [0.         0.          0.          0.        ]
 [0.         0.          0.          0.        ]
 [0.         0.          0.          0.        ]
 [0.         0.          1.          0.        ]
 [0.         0.          0.          0.        ]]
```

Q-Table 里面的内容，就是强化学习学到的经验，也就是后续盘中智能体的行动指南。可以看出，越是接近冰湖挑战终点的状态，Q 值越大。这是因为 γ 值的存在（$\gamma=0.75$），Q 值逆向传播的过程呈现出逐步的衰减。

还可以绘制出游戏的奖惩值随迭代次数而变化的曲线，以及每盘游戏的步数：

```python
import matplotlib.pyplot as plt # 导入 Matplotlib 库
plt.figure(figsize=(16, 5))
plt.subplot(1, 2, 1)
plt.plot(r_history)
plt.subplot(1, 2, 2)
plt.plot(j_history)
```

绘制出的曲线如下图所示。

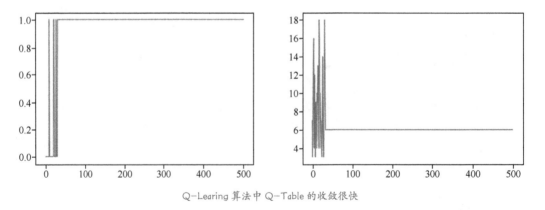

Q-Learing 算法中 Q-Table 的收敛很快

左图告诉我们的信息是，开始的时候，智能体只是盲目地走动，有时走运，可以得到 1 分，大部分是得到 0 分，直到 Q-Table 里面的知识比较丰富了，几乎每盘游戏都得到 1 分。而右图告诉我们的信息是，智能体没有知识的初期，游戏的步数摇摆不定，要么很快掉进冰窟窿，要么来回地乱走。但是到了大概 50 盘之后，Q-Table 的知识积累完成了，这以后，智能体可以保证每次都得到奖励，而且按照 6 步的速度迅速地走到飞盘所在地，完成冰湖挑战。

11.4.3 Q-Table 的更新过程

下面详细地看一下 Q-Table 的更新过程。

在开始阶段，智能体将做出大量尝试（甚至可能是 10 次、100 次的尝试），然而，因为没有任何方向感和 Q-Table 作为指引，智能体的知识空间如同一张白纸。这时智能体处于婴儿态，经常性地坠入冰窟窿，而且得不到系统的任何奖赏。因为在冰湖挑战的环境设定中，掉进冰窟窿只是结束游戏，并没有惩罚分数，因此初始很多盘的尝试并不能带来 Q-Table 的更新。

如果用 env.render 方法显示出所有的环境状态，可以看出智能体的探索过程。

第 1 盘：

SFFF FHFH FFFH HFFG （下）	SFFF FHFH FFFH HFFG （上）	SFFF FHFH FFFH HFFG （下）	SFFF FHFH FFFH HFFG （下）	SFFF FHFH FFFH HFFG （左）	SFFF FHFH FFFH HFFG （下）	SFFF FHFH FFFH HFFG （结束）	

第 2 盘：

SFFF FHFH FFFH HFFG （下）	SFFF FHFH FFFH HFFG （上）	SFFF FHFH FFFH HFFG （下）	SFFF FHFH FFFH HFFG （下）	SFFF FHFH FFFH HFFG （左）	SFFF FHFH FFFH HFFG （下）	SFFF FHFH FFFH HFFG （结束）	

第 3 盘：

SFFF FHFH FFFH HFFG （下）	SFFF FHFH FFFH HFFG （上）	SFFF FHFH FFFH HFFG （下）	SFFF FHFH FFFH HFFG （下）	SFFF FHFH FFFH HFFG （左）	SFFF FHFH FFFH HFFG （下）	SFFF FHFH FFFH HFFG （结束）	

直到终于有一天，奇迹发生了，智能体达到了状态 14（如第 N 盘的输出所示），并且随机地选择出了正确的动作，它终于可以得到它梦寐以求的奖励——就好像抓来抓去的婴儿终于抓到了一颗能吃的糖果。

第 N 盘：

...	SFFF FHFH FFFH HFFG （右）	SFFF FHFH FFFH HFFF （结束）						

11

第一个 Q-Table 状态的更新可以称之为奇点:

```
[[0. 0. 0. 0.]
 [0. 0. 0. 0.]
 [0. 0. 0. 0.]
 [0. 0. 0. 0.]
 [0. 0. 0. 0.]
 [0. 0. 0. 0.]
 [0. 0. 0. 0.]
 [0. 0. 0. 0.]
 [0. 0. 0. 0.]
 [0. 0. 0. 0.]
 [0. 0. 0. 0.]
 [0. 0. 0. 0.]
 [0. 0. 0. 0.]
 [0. 0. 0.75 0.]
 [0. 0. 0. 0.]]
```

此时 Q [14,2] 被更新为 0.75 (加了 γ 折扣的奖励值)。以后,有了这个值做引导,Q-Table
自身更新的能力被增强不少:

```
Q[s, a] = Q[s, a] + lr*(r + y*np.max(Q[s1, :]) - Q[s, a])
```

因为在 Q-Table 的更新策略中,任何奖励 r 或者 Q [s1,:] 的值都会带来之前状态 Q [s,a]
的更新。也就是说,当智能体未来有朝一日,从状态 10 或 13 踩进状态 14,都会带来状态 10 或
13 中 Q 值的更新,智能体也能够根据 Q-Table 的指引从状态 14 走到终点。之后开始发生蝴蝶效应,
第一个奖励值就像波浪一样,它荡起的涟漪越传越远,从后面的状态向前传递。

咖哥发言

冰湖挑战的环境设定的一些细节如下。

第一,环境初始化时有一个 is_slippery 开关,默认是 Ture 值,这代表冰面很滑,此时智
能体不能顺利地走到自己想去的方向。这种设定大大增加了随机性和游戏的难度。为了降低难
度,我把这个开关,设为 False,以演示 Q-Table 的正常更新过程。同学们可以尝试设置 is_
slippery=Ture,重新进行冰湖挑战。

第二,冰湖挑战设定所有的状态 Q 值的最大值为 1。也就是说,当累积得到的奖励分大于 1
时,就不继续增加该状态 Q [s,a] 的 Q 值了。

11.5 从 Q-Learning 算法到 SARSA 算法

接着介绍另外一种和 Q-Learning 算法很相似的强化学习算法——SARSA 算法 (小冰插嘴:
莎莎算法,好美的名字)。

这个算法的基本思路和 Q-Learning 算法一样,也是在智能体的行动过程中不断地更新、优
化 Q-Table,主要区别在于其中采用了不同的评估策略。

11.5.1 异策略和同策略

刚才说过什么是异策略,有异策略就有同策略 (on-policy)。看强化学习算法是异策略还是

同策略，主要是看行动策略和评估策略是不是一个策略。

- 行动策略，指的是智能体选择下一个动作时使用的策略。
- 评估策略，指的是接收了环境反馈，更新 Q-Table 值所用的策略。

我们知道 Q-Learning 算法是异策略的，因为在 Q-Learning 中行动策略是 ε-Greedy 策略，而更新 Q-Table 的策略是贪心策略（在计算下一状态的预期收益时使用了 max 函数，直接选择最优动作进行值更新）。因此两者在某些情况下，并不总是完全一致的。因为在更新了 Q-Table 之后，在下一步动作上，智能体偶然会选择"不贪心"的动作，并不总是会选择上一步中 max 函数所选择的 a'。这种随机性和不一致带来的是对环境更全面的探索，但是增加了智能体掉进冰窟窿的风险。

而 SARAS 算法则不同，它是同策略的，即 on-policy 算法。它是基于当前的策略（比如贪心策略或 ε-greedy 策略）直接执行一次动作的选择，然后用这个动作之后的新状态更新当前的策略，因此所选中的 $Q[s', a']$ 总是会被执行。

11.5.2 SARSA 算法的实现

SARSA 算法这个漂亮名称的由来（S：State，A：Action，R：Reward，S1：New State，A1：New Action），S 是当前状态，A 是动作，R 是奖励，S1 是新状态，A1 是新的动作。是不是觉得这些名词都挺熟悉的。

SARSA 算法的动作的选择可以采取贪心策略或 ε-greedy 策略，无论采取哪种策略，SARSA 都将使用当前的策略来更新 Q-Table，因此 SARSA 算法是前后一致的（而 Q-learning 算法则总是贪心地选择最大的 Q 值来更新 Q-Table）。

SARSA 算法的伪代码如下：

```
初始化 Q(s, a)
重复 (episode- 盘次)
  初始化状态 s
  根据既定策略从当前 Q-Table 选择下一步动作 a ( 贪心策略或 ε-greedy 策略 )
  重复 (step- 步骤)
    采取动作，同时观察 r ( 奖惩 ) 和 s' ( 新状态 )
    更新 Q-Table ( 贪心策略或 ε-greedy 策略 )
    更新状态
    更新动作
  直至游戏结束
```

可以看出，SARSA 和 Q-Learning 算法的差异如下。

- Q-learning 算法更新 Q-Table 时所选择的新的 $Q[s', a']$ 一定是下一步将进入的状态。
- SARSA 算法的动作的选择，依照既定策略，状态和动作同步直接更新。

11.6 用 SARSA 算法来解决冰湖挑战问题

用 SARSA 算法实现冰湖挑战的代码如下：

```
# 初始化参数
alpha = 0.6 # 学习速率
```

```
gamma = 0.75 # 奖励折扣
episodes = 500 # 游戏盘数
r_history = [] # 奖励值的历史信息
j_history = [] # 步数的历史信息
for i in range(episodes):
    s = env.reset() # 重置环境
    rAll = 0
    d = False
    j = 0
    a = 0
    #SARSA 算法的实现
    while j < 99:
        j+=1
        # 通过 Q-Table 选择下一个动作，但是增加随机噪声，该噪声随着盘数的增加而减小
        a1 = np.argmax(Q[s, :] +
            np.random.randn(1, env.action_space.n)*(1./(i+1)))
        # 智能体执行动作，并从环境中得到新的状态和奖励
        s1, r, d, _ = env.step(a)
        # 通过与策略相同的算法更新 Q-Table，选择新状态中的最大 Q 值
        Q[s, a] = Q[s, a] + alpha*(r + gamma*Q[s1, a1] - Q[s, a])
        rAll += r
        s = s1
        a = a1
        if d == True:
            break
    j_history.append(j)
    r_history.append(rAll)
print(Q)
```

和 Q-learning 算法相比，同策略的 SARSA 算法如果选择 ε-Greedy 策略，则 Q-Table 的收敛将会更为缓慢，随机性更强，如本例所示。而如果选择贪心策略，则会更加稳定、安全（但是缺乏冒险精神）。

通过绘制出游戏的奖惩曲线，以及每盘的步数曲线（如下图所示），大家可以比较 SARSA 算法与 Q-Learning 算法效果上的区别：使用 ε-Greedy 策略的 SARSA 算法，随着 Q-Table 中知识的积累，智能体找到飞盘的概率会增加，因为 200 盘以后得到 1 分的情况显著增加，但是并不像 Q-Learning 算法那样确保每次都遵循一样的成功路线。因而这种情况下的智能体总是保持了一定程度上对环境的探索。就强化学习的目标而言，这其实是我们所希望看到的现象。

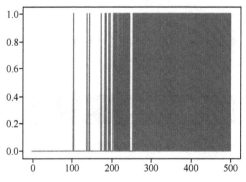 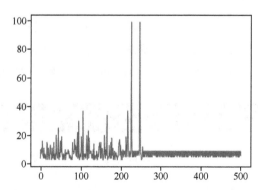

采用 ε-Greedy 策略的 SARSA 算法总保持对环境的探索

11.7 Deep Q Network 算法：用深度网络实现 Q-Learning

Deep Q Network 算法，简称 DQN 算法，是 DeepMind 公司于 2013 年 1 月在 NIPS 发表的论文《Playing Atari with Deep Reinforcement Learning》中提出的。该算法是 Q-Learning 算法的加强版。

论文摘要中指出："这是第一个使用强化学习直接从高维特征视觉输入信号中成功学习控制策略的深度学习模型。该模型通过卷积神经网络来训练 Q-Learning 算法，其输入是原始像素，输出是未来期望奖励的值函数。在不调整架构和学习算法的前提下，将此算法应用于 Arcade 学习环境中的 7 个 Atari 2600 游戏。经测试，算法在 6 个游戏中优于以前的所有算法，并且在 3 个游戏中的性能超过了人类专家。"

Atari 游戏是类似街机的游戏，在美国的流行程度大概与 20 世纪 90 年代的任天堂游戏类似。刚才也说了，在 Open AI 的 Gym 库中，提供了很多基于 Atari 2600 的 API，帮助我们生成游戏环境，训练智能体。

刚才我们是应用 Q-Table 来记录冰湖挑战中的各种状态下的最优动作，但是，那个环境是很简单的情况。不难想象，在十分复杂的环境中，状态和动作都将变得复杂，维度也非常大，那么如何记录、更新和训练 Q-Table 呢？深度神经网络成为不二之选。

而 DQN 算法使用神经网络替换 Q-Table，如下图所示。此时的 Q 函数多了一个参数 θ，表示为 $Q(s, a; \theta)$。其中的 θ，就是神经网络的可训练权重，也就是我们以前常提到的参数 w。现在把 Q 函数看作神经网络的损失函数，先复习一下这个函数：

$$Q(s, a) = r + \gamma(\max(Q(s', a')))$$

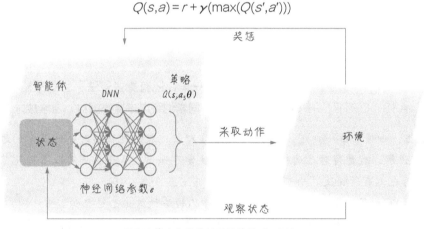

DQN 算法使用神经网络替换 Q-Table

那么需要最小化的是什么呢？

其实，在强化学习问题中，我们希望最小化的是 Q 函数的左右差异。也就是说，当 Q 值达到其收敛状态时，环境奖励和期望奖励与当前的 Q-Table 中的 Q 值应该是几乎完全相同的。而这正是我们的目标。

因此 DQN 算法的损失函数可以表示为：

$$Loss = L(\theta) = (Q(s, a; \theta) - (r + \gamma(\max(Q(s', a'; \theta)))))^2$$

是不是似曾相识？这难道不正是第一个机器学习算法线性回归中所介绍的均方误差函数的翻版吗？

有了损失函数，神经网络的训练及优化自然就有了实现的基础。这就是 DQN 算法的基本思路。

11

通过 DQN 算法完成冰湖挑战就作为家庭作业，留给同学们自己去完成。

11.8 本课内容小结

其实呢，介绍强化学习的理论与实践，对咖哥我来说也是很大的挑战。但是强化学习，以及上一课谈到的自监督、生成式学习，目前都是机器学习前沿的内容，因此我觉得特别有必要引领大家尽可能多了解一些。

强化学习这一课中，我们介绍了强化学习和普通机器学习的差别，一个重点思想是"要有为长远的利益而牺牲眼前的利益的眼光"。而且在强化学习过程中，给机器的反馈并不是实时的，因此也就需要机器有更优的算法来针对未来的结果调整当前的行为。

下面总结一下强化学习基本术语和概念。

智能体：根据环境的反馈做出动作。而智能体根据策略所选择的每一个动作，会带来状态的变化。

强化学习 4 大元素如下。

- A——**Action**，代表智能体目前可以做的动作。
- S——**State**，代表当前的环境，也可以说是状态。
- R——**Reward**，代表环境对智能体奖惩。
- P——**Policy**，智能体所采取的策略，其实也就是机器学习算法。把策略写成 π，π 会根据当前的环境的状态选择一个动作。

除了基础知识之外，我们简单介绍了几个强化学习算法。

- Q-Learning 算法。
- SARSA 算法。
- Deep Q Network 算法。

不得不说，这几种算法仅是强化学习的冰山一角，还有更多算法，包括策略梯度（Policy Gradient）、A3C、DDTP、PPO 等，如有兴趣，同学们可以去搜集资料，自学成才。

讲到这里，咖哥长出一口气，说："所谓教学相长，教的过程同时也就是学的过程。通过 11 课的课程讲解，我觉得自己的机器学习、深度学习知识，从理论到实践都内化了很多，不知道你们是否也都有所收获。"

"有收获！有收获！多讲点！多讲点！"同学们纷纷释放出感恩之心。

咖哥嘿嘿一笑："有所收获，我们这短暂的机器学习之旅就没有浪费。最后，大家先不要激动，我还有一些内容要讲，以及一份小小的礼物送给大家。"

11.9 课后练习

练习一　设定冰湖挑战 is_slippery 开关的值为 Ture，重新用 Q-Learning 和 SARSA 算法完成冰湖挑战。

练习二　阅读论文《Playing Atari with Deep Reinforcement Learning》，了解 Deep Q Network 的更多细节。

练习三　使用 Deep Q Network 算法完成冰湖挑战。

尾声 如何实现机器学习中的知识迁移及持续性的学习

在课程的最后，我想和同学们谈一谈机器的自我学习以及知识的积累，也就是如何让机器在尽可能少的人工干预下，完成持续性的学习。这个议题很大，我只是抛砖引玉。

所谓机器的自我学习，也是一个模糊的概念，我们讲过的无监督学习、半监督学习、自监督学习、强化学习等都可以算作机器的自我学习。这是一个非主流却很重要的领域。为什么这么说呢？因为人类和动物的学习模式绝大多数情况下都是自我学习模式，其中的自我探索的价值要远超过监督和指导。从知识积累的角度来说，自我学习所能够积累的知识也远超监督学习。通过自我学习可以学习更多关于世界结构的知识：数据是无限的，每个例子提供的反馈量都很大。

这种学习模式在自然语言处理方面取得了巨大成功。例如，通过 BERT（一种双向训练的语言模型）这样的半监督式的 NLP 模型，机器能预测文本中缺失的单词、自动补全程序代码，甚至生成新的代码，这都是近期机器学习领域的新趋势。

可以说，机器的自我学习能力越强，我们离强 AI 就越近。

在线学习

比如在线学习，一个典型例子是通过对用户购物篮的分析，推荐相关的商品，这就是一种典型的监督学习和机器的自我学习的结合。

 咖哥发言

推荐算法的实现方式，一是基于商品内容的推荐，把用户所购的近似商品推荐给用户，前提是每个商品都得有若干个标签，才可以知道其近似度。二是基于用户相似度的推荐，就是根据不同用户的购买历史，将与目标用户兴趣相同的其他用户购买的商品推荐给目标用户。例如，小冰买过物品 A、B 和 C，我买过了商品 A、B 和 D，于是将商品 C 推荐给我，同时将商品 D 推荐给小冰。

传统的训练方法基于固定的训练集，模型上线后，一般是静态的，不会与线上的数据流有任何互动。假设预测错了，或者推荐得不合适，只能等待进一步积累聚集，并在下次系统更新的时候完成修正。

在线学习要求系统能够更加及时地反映线上变化，它是机器学习领域中常用的技术，也就是一边学着，一边让新数据进来。大型电商网站的机器学习都是在线学习。例如，在亚马逊上购书之后，马上就会有相关新书推荐给我们。这种学习的训练集是动态的、不断变化的，呈现出一种数据流的性质。因此，算法也需要动态适应数据中的新模式，在每个步骤中更新对未来数据的最佳预测，实时快速地进行模型调整，提高线上预测的准确率。尤其是与用户交互这一块，在将模型的预测结果展现给用户的同时收集用户的反馈数据，再用来继续训练模型，及时做出修正。

例如某网上书店的推荐系统的实现，首先通过普通的机器学习模型，根据系统已有数据（如图书的特征信息）和用户的历史行为，向用户推荐其可能感兴趣的书，然后通过在线排序模型对书进行交互式排序。考虑到用户往往是使用移动端设备，每次看到的推荐条目很少，因此前面几个排序项的作用更突出。系统会在线监控用户的选择。假设用户单击了第 n 个条目，系统将只保留第 n 个条目前后几条数据作为训练数据，其他的就丢弃，以确保训练集中的数据是用户已经看到的。而且系统还将实时增加用户刚刚选择的书的权重。

迁移学习

另一个需要思索的机器学习发展方向是如何在机器学习过程中进行知识的积累。

机器学习的经典模式是：在给定一个数据集上，运行一个机器学习算法，构建一个模型，然后将这个模型应用在实际的任务上。这种学习模式被称为**孤立学习**，因为它并未考虑任意其他相关的信息和过去学习的知识。孤立学习的缺点在于没有记忆，即它没有保留学到的知识，并应用于未来的学习。因此它需要大量的训练样例。

然而，纵观人类发展的历史，之所以人类能够发展出如此辉煌的文化，筑成如此复杂的科学宫殿，其中语言和文字对于知识的保存和传续功不可没。人类是以完全不同的方式进行学习的。我们从不孤立地学习，而是不断地积累过去学习的知识，并无缝地利用它们学习更多的知识。随着时间的增长，人类将会学习越来越多的知识，而且越来越善于学习。

机器学习中的迁移学习，意味着知识的积累，它存储已有问题的解决模型，并将其利用在其他不同但相关的问题上。这是一个很有意思的思路，因为这意味着我们将站在"巨人"肩上去学习。

一个最典型的迁移学习的例子就是利用已经训练好的大型卷积网络，进行微调之后来实现自己的机器学习任务。

这个知识迁移过程并没有我们想象的那么困难。现在就来试着运行一个实例。请看下面的代码：

```python
from tensorflow.keras.applications import VGG19 # 基网络是 VGG19
from tensorflow.keras import models # 导入模块
from tensorflow.keras import layers # 导入层
from tensorflow.keras import optimizers # 导入优化器
# 预训练的卷积基
conv_base = VGG19(weights='imagenet', include_top=False,
                                input_shape=(150, 150, 3))
conv_base.trainable = True # 解冻卷积基
# 冻结其他卷积层，仅设置block5_conv1可训练
set_trainable = False
for layer in conv_base.layers:
    if layer.name == 'block5_conv1':
        set_trainable = True
    if set_trainable:
        layer.trainable = True
    else:
        layer.trainable = False
model = models.Sequential()
model.add(conv_base) # 基网络的迁移
model.add(layers.Flatten()) # 展平层
```

```
model.add(layers.Dense(128, activation='relu')) # 微调全连接层
model.add(layers.Dense(10, activation='sigmoid')) # 微调分类输出层
model.compile(loss='binary_crossentropy', # 交叉熵损失函数
              # 为优化器设置小的学习速率，就是在微调第5卷积层的权重
              optimizer=optimizers.Adam(lr=1e-4),
              metrics=['acc']) # 评估指标为准确率
model.fit(X_train, y_train, epochs=2, validation_split=0.2) # 训练网络
```

　　这段简单的代码就实现了在有名的大型卷积网络 VGG19 基础之上的微调。我们可以拿这个新模型来训练我们的任何图像集。

　　微调之后的属于我们的新模型如下图所示。

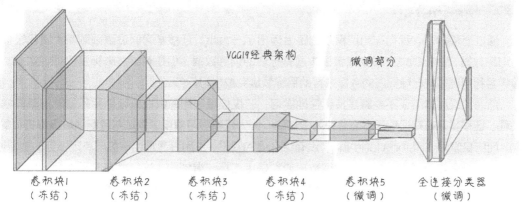

基于 VGG19 网络的迁移学习模型

　　新模型结构如下图所示。

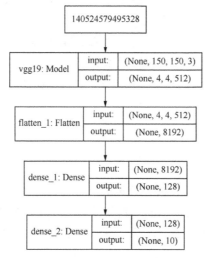

程序编译出来的基于 VGG19 迁移形成的新模型结构

　　Keras 中预置的成熟模型有很多，除了 VGG 外，你们也可以试试 ResNet、Inception、Inception-ResNet、Xception 等，这些已经在大型图像库如 ImageNet 中"千锤百炼"过的大

型卷积网络，都可以直接迁移至你们自己的机器学习模型。

下面代码中给出了多种 Keras 提供的可迁移的基网络：

```
from keras.applications import ResNet50
from keras.applications import InceptionV3
from keras.applications import MobileNetV2
from keras.applications import Xception
from keras.applications import VGG16
from keras.applications import VGG19
```

迁移学习，不仅限于卷积网络，像 BERT 这样的 NLP 模型，也可以下载下来，进行微调后复用。

终身学习

通过迁移学习，我们在知识积累的路上迈出了一大步。迁移学习假设源领域有大量已经标注的训练数据，目标领域有很少或者根本没有标注的训练数据，但是有很多未标注的训练数据。迁移学习利用源领域已经标注的数据来帮助目标领域完成学习任务。

然而，迁移学习还不能算是持续性地学习，它仅仅是利用源领域来帮助目标领域的单向学习过程。迁移学习在知识积累方面是有局限性的，因为**迁移学习假设源领域与目标领域是很相似的**。

而终身学习（lifelong learning）没有这么强的假设，使用者通常也不参与决定任务的相似性。

对于监督学习而言，大量的训练数据通常是手工标注得到的，这样既费时又费力。但是现实世界中存在很多的学习任务，为了学习一个机器学习模型，对每个任务都手工标注大量的训练数据是不可能的。

而且，事情总是处在不断变化中的，因而需要不停地标注训练数据，这显然是无法完成的任务。对建立真正的智能系统而言，当前的孤立学习是不合适的，其仅可被用于解决具体领域的任务。

机器的终身学习就是模仿人类的这种学习过程和能力。由于我们周围的事物都是紧密相关和相互联系的，因此这种学习方式更为自然。

因为过去学习的概念和关系可以帮助我们更好地理解和学习一个新的任务，所以终身学习是一个持续学习过程，模型应该可以利用其知识库中的先验知识来帮助学习新任务。知识库中存储和维护过去的任务中学习和积累的知识。知识库也会根据新任务中学习的中间或最终结果进行更新。

终身学习包括以下主要特征。

■ 持续学习。

■ 知识被积累到知识库。

■ 利用过去学习的知识，来帮助解决未来的学习问题。

当然，这里进行的只是理念上的探讨，对于自我学习、迁移学习、终身学习这些比较接近"强人工智能"领域的主题，目前仍处在刚刚起步探索的阶段，技术和实践上远远没有监督学习那么成熟。

不知不觉间，到了真要说再见的时候。咖哥说会送给每位同学一本书，作为纪念。

小冰看到，这是本非常有名的书——《高效能人士的七个习惯》。

咖哥说："这本书，是我很喜欢的一本书，也可以说陪伴了我的生活、工作和学习。我时常会把它赠送给同事和朋友们。不过，我肯定是没有时间给大家介绍每一个习惯了。但是，允许我说一下这七个习惯里面的最后一个习惯：**不断更新**。不断更新，其实也就是**终身学习**。说的是**如何在四个生活面向（生理、社会、情感、心智）中，不断更新自己**。这个习惯好比梯度提升机一样推着人持续成长。只有不断更新、不断完善自我，人才不致老化及呈现疲态，才总是能踏上新的路径，迎接新的天地。"

"同学们，在 AI 来临的时代，机器尚且能够自我更新、自我学习，我们人类更应时时刻刻记住持续学习、不断成长的重要性。"

"成长，不是负担，而是一种常态、一种快乐。"

"再见喽，同学们。"

小冰和其他同学有些恋恋不舍地往课堂外面走去。

"哎，小冰，等一等！还有一件事！"咖哥叫住小冰，"你的新项目几个月做完？3 个月？好！3 个月之后，你回来给我上上课，分享经验。"

小冰说："啊？！不可能吧。"

咖哥说："怎么不可能，完全有可能。两千多年前的孔子都认为'三人行，必有我师焉'，在现在这个时代，更是任何人都有可能成为我的老师。好了，再见！"

练习答案

第 1 课

练习一　请同学们列举出机器学习的类型，并说明分类的标准。

答案：机器学习有不同的分类标准，最常见的分类，是把它分为监督学习、无监督学习和半监督学习。监督学习的训练需要标签数据，而无监督学习不需要标签数据，半监督学习介于两者之间，使用一部分已有标签的数据。

还有一种常见的分类将机器学习分为监督学习、无监督学习和强化学习这 3 个类别。大家需要了解的一点是，各类机器学习之间的界限是很模糊的。

练习二　解释机器学习术语：什么是特征，什么是标签，什么是机器学习模型。

答案：特征是机器学习中的输入，原始的特征描述了数据的属性。它是有维度的。特征的维度就是特征的数目。标签是所要预测的真实事物或结果，也称为机器学习的目标。模型，也就是机器从数据规律中发现的函数，其功能是将样本的特征映射到预测标签。

练习三　我们已经见过了 Google 中的加州房价数据集和 Kares 自带的 MNIST 数据集，请同学们自己导入 Keras 的波士顿房价（boston_housing）数据集，并判断其中哪些是特征字段，哪些是标签字段。

（提示：使用语句 from keras.datasets import boston_housing 导入波士顿房价数据集。）

搜索 Boston Housing Keras，可以找到该数据集的具体信息。

其中特征字段包括以下内容。

CRIM：按城镇划分的人均犯罪率。

ZN：超过 25 000 平方英尺的住宅用地比例。

INDUS：每个城镇非零售业务英亩的比例。

CHAS：查尔斯河哑变量（如果靠近河流，则为 1；否则为 0）。

NOX：一氧化氮浓度（百万分之几）。

RM：每个住宅的平均房间数。

AGE：1940 年之前建造的自有单位。

DIS：与 5 个波士顿就业中心的加权距离。

RAD：高速公路通行能力指数。

TAX：每 10 000 美元的全额财产税。

PTRATIO：按城镇划分的师生比例。

B：按城镇划分的某少数族群人口结构比例。

LSTAT：低收入人口百分比。

标签字段包括以下内容。

MEDV：自有住房的中位数价值（以 1 000 美元计）。

练习四　参考本课中的两个机器学习项目代码，使用 LinearRegression 线性回归算法对波士顿房价数据集进行建模。

答案：参见源码包中"第 1 课 机器学习实战"目录下的练习案例中的源代码文件"C01-3 Boston Housing Price.ipynb"。

第 2 课

练习一　变量（ x , y ）的集合 {（ -5 , 1 ）,（ 3 , -3 ）,（ 4 , 0 ）,（ 3 , 0 ）,（ 4 , -3 ）} 是否满足函数的定义？为什么？

答案：不满足，因为输入集的元素 4，对应了两个输出（ 0 和 -3 ），这不符合每一个输入集元素只能对应输出集的唯一值的定义。也就是说，当 x 确定之后，y 并不总是能被确定，这和我们试图去发现从特征到标签的相关性的目标不符。

练习二　请同学们画出线性函数 $y=2x+1$ 的函数图像，并在图中标出其斜率和 y 轴上的截距。

答案：

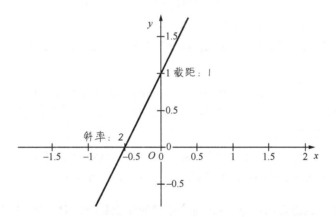

练习三　在上一课中，我们曾使用语句 from keras.datasets import boston_housing 导入了波士顿房价数据集。请同学们输出这个房价数据集对应的数据张量，并说出这个张量的形状。

答案：参见源码包中"第 2 课 Python 数据操作"目录下的源代码文件"C02-3 Tensor - Boston Housing. ipynb"。

数据集张量形状为（ 404，13 ）。

练习四　对波士顿房价数据集的数据张量进行切片操作，输出其中第 101 ～ 200 个数据样本。

（提示：注意 Python 的数据索引是从 0 开始的。）

答案：参见源码包中"第 2 课 Python 数据操作"目录下的源代码文件"C02-3 Tensor -

Boston Housing.ipynb"。

练习五　用 Python 生成对形状如下的两个张量，确定其阶的个数，并进行点积操作，最后输出结果。

A = [1，2，3，4，5]

B = [[5]，[4]，[3]，[2]，[1]]

答案：参见源码包中"第 2 课 Python 数据操作"目录下的源代码文件"C02-3 Tensor - Boston Housing. ipynb"。

第 3 课

练习一　在这一课中，我们花费了一些力气自己从头构造了一个线性回归模型，并没有借助 Sklearn 库的线性回归函数。这里请大家用 Sklearn 库的线性回归函数完成同样的任务。怎么做呢？同学们回头看看第 1 课 1.2.3 节的"用 Google Colab 开发第一个机器学习程序"的加州房价预测问题就会找到答案。

（提示：学完本课内容之后，面对线性回归问题，有两个选择，要么自己构建模型，要么直接调用机器学习函数库里现成的模型，然后用 fit 方法训练机器，确定参数。）

答案：参见源码包中"第 3 课 线性回归"目录下教学案例中的源代码文件"C03-3 Sklearn - Ads and Sales.ipynb"。

练习二　在 Sklearn 库中，除了前面介绍过的 LinearRegression 线性回归算法之外，还有 Ridge Regression（岭回归）和 Lasso Regression（套索回归）这两种变体。请大家尝试参考 Sklearn 在线文档，找到这两种线性回归算法的说明文档，并把它们应用于本课的数据集。

答案：Ridge Regression 和 Lasso Regression，都是对模型加入正则化项，惩罚过大的参数，以避免过拟合问题。其中，Lasso Regression 采取 L1 正则化，而 Ridge Regression 采取 L2 正则化。

Sklearn 库中 Ridge Regression 和 Lasso Regression 模型的使用，参见源码包中"第 3 课 线性回归"目录下教学案例中的源代码文件"C03-3 Sklearn - Ads and Sales.ipynb"。

练习三　导入第 3 课的练习数据集：Keras 自带的波士顿房价数据集，并使用本课介绍的方法完成线性回归，实现对标签的预测。

答案：参见源码包中"第 3 课 线性回归"目录下练习案例中的源代码文件"C03-5 Linear Regression - Bonston Housing.ipynb"。

第 4 课

练习一　根据第 4 课的练习案例数据集：泰坦尼克数据集（见源码包），并使用本课介绍的方法完成逻辑回归分类。

（提示：在进行拟合之前，需要将类别性质的字段进行类别到哑变量的转换。）

答案：参见源码包中"第 4 课 逻辑回归"目录下的源代码文件 C04-4 Logistic Regression Single class-Tiantic.ipynb。

练习二 在多元分类中，我们基于鸢尾花萼特征，进行了多元分类，请同学们用类似的方法，进行花瓣特征集的分类。

答案：参见源码包中"第 4 课 逻辑回归"目录下的源代码文件 C04-2 Logistic Regression Multi classes-Iris Sepal.ipynb。

练习三 请同学们基于花瓣特征集，进行正则化参数 C 值的调试。

答案：参见源码包中"第 4 课 逻辑回归"目录下的源代码文件 C04-3 Logistic Regression Multi Classes-Iris Petal.ipynb。

第 5 课

练习一 对本课示例继续进行参数调试和模型优化。

（提示：可以考虑增加或者减少迭代次数、增加或者减少网络层数、添加 Dropout 层、引入正则项，以及选择其他优化器等。）

答案：请读者自行调试各种参数。

练习二 第 5 课的练习数据集仍然是泰坦尼克数据集，使用本课介绍的方法构建神经网络处理该数据集。

答案：参见源码包中"第 5 课 深度神经网络"目录下练习案例中的源代码文件"C05-3 ANN - Titanic.ipynb"。

练习三 使用 TensorBoard 和回调函数显示训练过程中的信息。

答案：参见源码包中"第 5 课 深度神经网络"目录下教学案例中的源代码文件"C05-2 Using TensorBoard .ipynb"。

第 6 课

练习一 对本课示例继续进行参数调试和模型优化。

（提示:可以考虑增加或者减少迭代次数、增加或者减少网络层数、添加 Dropout 层、引入正则项等。）

答案：请读者自行调试各种参数。

练习二 在 Kaggle 网站搜索下载第 6 课的练习数据集"是什么花"，并使用本课介绍的方法新建卷积网络处理该数据集。

答案：参见源码包中"第 6 课 卷积神经网络"目录下练习案例中的源代码文件"C06-2 CNN - Flowers.ipynb"。

练习三 保存卷积网络模型，并在新程序中导入保存好的模型。

答案：通过下述语句可将模型保存到网络或本机文件夹。

```
cnn.save('cnn_model.h5')
```

通过下述语句可调用保存好的模型到新程序。

```
model = load_model('cnn_model.h5')
```

第 7 课

练习一　使用 GRU 替换 LSTM 层，完成本课中的鉴定留言案例。

答案：参考下面的代码。

```
from keras.layers import GRU # 导入 GRU 层
model.add(GRU(100)) # 加入 GRU 层
```

练习二　在 Kaggle 中找到第 7 课的练习数据集"Quora 问答"，并使用本课介绍的方法新建神经网络处理该数据集。

答案：参见源码包中"第 7 课 循环神经网络"目录下练习案例中的源代码文件"C07-3 RNN - Quora Queries.ipynb"。

练习三　自行调试、训练双向 RNN 模型。

答案：请读者自行调试。

第 8 课

练习一　找到第 5 课中曾使用的"银行客户流失"数据集，并使用本课介绍的算法处理该数据集。

答案：参见源码包中"第 8 课 传统算法"目录下的源代码文件"C08-2 Tools-Bank.ipynb"。

练习二　本课介绍的算法中，都有属于自己的超参数，请同学们查阅 Sklearn 文档，研究并调试这些超参数。

答案：请同学们去 Sklearn 官方网站，阅读每一种算法（模型）的官方文档。

练习三　对于第 5 课中的"银行客户流失"数据集，选择哪些 Sklearn 算法可能效果较好，为什么？

答案：参见源码包中"第 8 课 传统算法"目录下的源代码文件 C08-2 Tools-Bank.ipynb，并分析各种算法性能的优劣。

练习四　决策树是如何"生长"为随机森林的？

答案：在训练样本的选择过程中，引入了有放回的随机抽样过程，并不总是选择全部样本；在进行分支决策时，分支节点生成时不总是考量全部特征，而是随机生成特征。

这两个步骤增加了每一棵树的随机性，从而减少偏差，抑制过拟合。然后，将多棵树的结果进行集成，即为随机森林。

第 9 课

练习一 列举出 3 种降低方差的集成学习算法、3 种降低偏差的集成学习算法，以及 4 种异质集成算法。

答案：降低方差的集成学习算法包括决策树、随机森林、极端随机森林等。

降低偏差的集成学习算法包括 AdaBoost、GBDT、XGBoost 等。

异质集成算法包括 Stacking、Blending、Voting 和 Averaging 等。

练习二 请同学们用 Bagging 和 Boosting 集成学习算法处理第 4 课曾使用的 "心脏病二元分类" 数据集。

答案：参见源码包中 "第 9 课 集成学习" 目录下练习案例中的源代码文件 "C09-4 Ensemble - Heart.ipynb"。

练习三 本课中通过 Voting 算法集成了各种基模型，并针对 "银行客户流失" 数据集进行了预测。请同学们使用 Stacking 算法，对该数据集进行预测。

答案：参见源码包中 "第 9 课 集成学习" 目录下教学案例中的源代码文件 "C09-3 Stacking - Bank Customer.ipynb"。

第 10 课

练习一 重做本课中的聚类案例，使用年龄和消费分数这两个特征进行聚类（我们的例子中是选择了年收入和消费分数），并调整 K 值的大小。

答案：参见源码包中 "第 10 课 无监督及其他类型的学习" 目录下教学案例的源代码文件 "C10-2 K-means - Age and Spending.ipynb"。

练习二 研究源码包中给出的变分自编码器的代码，试着自己用 Keras 神经网络生成变分自编码器。

答案：参见源码包中 "第 10 课 无监督及其他类型" 的学习目录下 "其他" 文件夹中的源代码文件 "C10-5 VAE.ipynb"。

练习三 研究源码包中给出的 GAN 实现代码。

答案：参见源码包中 "第 10 课 无监督及其他类型" 的学习目录下 "其他" 文件夹中的源代码文件 "C10-4 GAN.ipynb"。

第 11 课

练习一 设定冰湖挑战 is_slippery 开关的值为 Ture，重新用 Q-Learning 和 SARSA 算法完成冰湖挑战。

答案：env = gym.make（'FrozenLake-v0'，is_slippery=True）。

练习二 阅读论文《Playing Atari with Deep Reinforcement Learning》，了解

Deep Q Network 的更多细节。

答案：请读者阅读相关论文。

练习三　使用 Deep Q Network 算法完成冰湖挑战。

答案：参见源码包中"第 11 课 强化学习"目录下的源代码文件"C11-3 Deep Q-learning - FrozenLake.ipynb"。

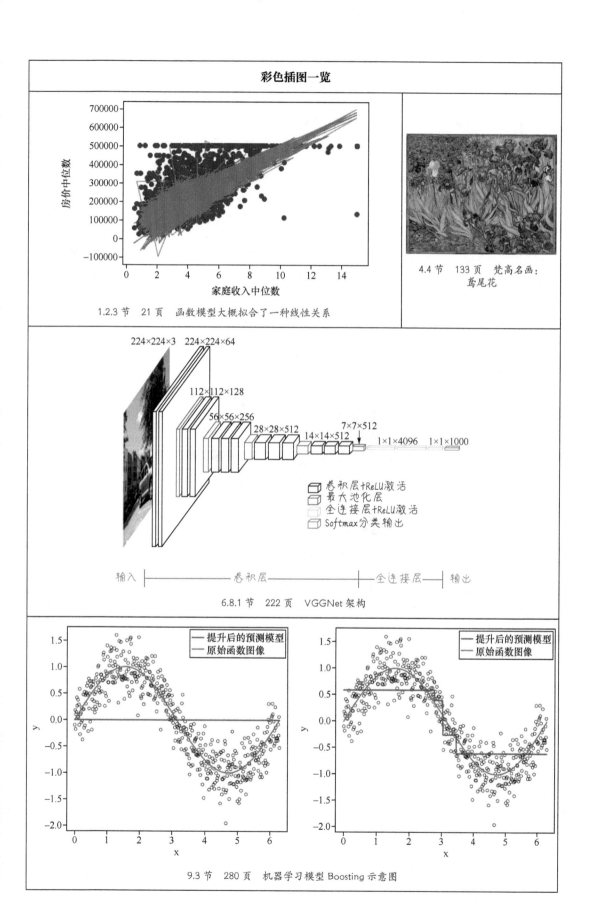

彩色插图一览

1.2.3 节　21 页　函数模型大概拟合了一种线性关系

4.4 节　133 页　梵高名画：
鸢尾花

6.8.1 节　222 页　VGGNet 架构

9.3 节　280 页　机器学习模型 Boosting 示意图

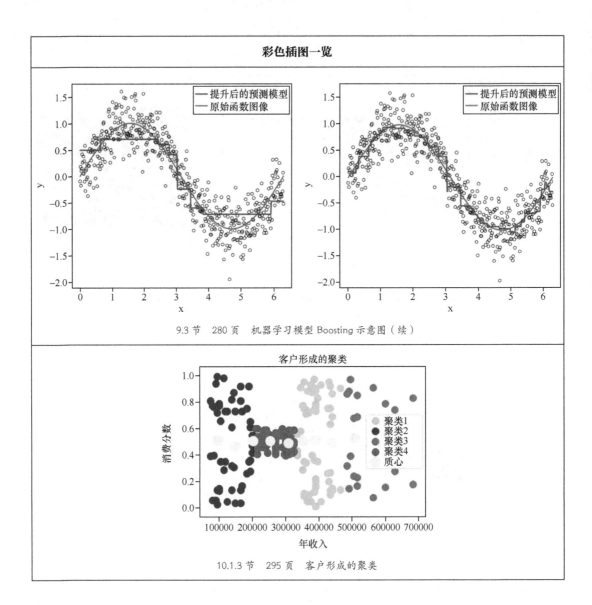

9.3 节　280 页　机器学习模型 Boosting 示意图（续）

客户形成的聚类

10.1.3 节　295 页　客户形成的聚类